GENNADI P. KLIMOW

BEDIENUNGSPROZESSE

MATHEMATISCHE REIHE
BAND 68

LEHRBÜCHER UND MONOGRAPHIEN
AUS DEM GEBIETE DER EXAKTEN WISSENSCHAFTEN

BEDIENUNGSPROZESSE

von

GENNADI P. KLIMOW

Professor an der Lomonossow-Universität Moskau

In deutscher Sprache herausgegeben von
Prof. Dr. sc. DIETER KÖNIG
Bergakademie Freiberg

1979
BIRKHÄUSER VERLAG BASEL
UND STUTTGART

Die Erstveröffentlichung erfolgt in Zusammenarbeit mit dem Autor in deutscher Sprache

Deutsche Übersetzung: Dr. VOLKER SCHMIDT

CIP-Kurztitelaufnahme der Deutschen Bibliothek

Klimov, Gennadij P.:
Bedienungsprozesse / von Gennadi P. Klimow. In dt. Sprache hrsg. von Dieter König. [Dt. Übers.: Volker Schmidt]. — Basel, Stuttgart : Birkhäuser, 1979.
(Lehrbücher und Monographien aus dem Gebiete der exakten Wissenschaften: Math. Reihe; Bd. 68)
ISBN 3-7643-1049-9

Lizenzausgabe für nichtsozialistische Länder:
Birkhäuser Verlag Basel, 1979
ISBN 3-7643-1049-9
Printed in GDR

VORWORT

Die Bedienungstheorie ist ein auf Anwendungen orientierter Teil der Wahrscheinlichkeitstheorie. Das vorliegende Buch enthält eine systematische Darlegung dieser Theorie. Dabei werden zwei gleichzeitig nicht voll erreichbare Ziele angestrebt: Die Darstellung und die Ergebnisse sollen sowohl für Spezialisten der Wahrscheinlichkeitstheorie interessant als auch für Anwender, insbesondere Ingenieure nutzbringend und zugänglich sein. Die Erfahrungen aus Vorlesungen zu dieser Thematik an der Moskauer Universität gestatteten es, eine Kompromißlösung zu finden, die dem Leser vorgelegt wird und nach Auffassung des Autors nicht die schlechteste ist.

Wenn man von einem Bedienungssystem spricht, dann stellt man es sich manchmal in der Gestalt eines gerichteten Graphen vor, dessen Knotenpunkte die Bedienungsgeräte und dessen gerichtete Kanten die Transportwege von Produkten (Ansprüche, Anrufe, Forderungen) symbolisieren, die von einem Bedienungsgerät zum anderen führen. Die Arbeit eines solchen Bedienungssystems besteht dann in dem Prozeß der Verlagerung der Produkte entlang der Kanten des gerichteten Graphen mit Aufenthalten von zufälliger Dauer in den Knotenpunkten des Graphen. Die Formalisierung von Bedienungssystemen läßt sich auf diese Weise weit vorantreiben, und man kann zumindest Algorithmen und Simulationsprogramme für solche Systeme mit anschließender statistischer Auswertung der Simulationsergebnisse aufstellen. Es ist aber bekannt, daß die Genauigkeit einer solchen Untersuchungsmethode nicht hoch ist und daß diese Methode eine große Rechenzeit auf elektronischen Rechenmaschinen erfordert sowie mathematisch nicht befriedigend ist.

Die analytischen Methoden zur Untersuchung von Bedienungssystemen bringen dagegen beträchtliche Schwierigkeiten mit sich und wurden bisher nur für eine ziemlich enge Klasse von Bedienungssystemen realisiert, die aber trotzdem noch von praktischem Interesse ist. Solche Systeme sind auch der Hauptgegenstand der Darlegungen in diesem Buch.

Nachdem in Kapitel 1 die Theorie der Eingangsströme behandelt wird, ist durch Kapitel 2 eine detaillierte Darlegung (sämtliche Behauptungen außer dem Satz von Blackwell in § 3 werden bewiesen) der Grenzwertsätze für regenerative Prozesse gegeben: für Erneuerungsprozesse, für regenerative Prozesse selbst, für Markowsche Ketten mit diskreter und stetiger Zeit, für Geburts- und Todesprozesse. Diese Sätze werden bei der Untersuchung des stochastischen Prozesses $\xi(t)$, der den zeitlichen Ablauf der Arbeit eines Bedienungssystems beschreibt, zur Klärung der Bedingungen benutzt, unter denen die Grenzwerte $\lim_{t\to\infty} \mathsf{P}(\xi(t) \in B) = \mathsf{P}(B)$ existieren und ein Wahrscheinlichkeitsmaß P induzieren.

In Kapitel 3 werden Bedienungssysteme mit einem Bedienungsgerät untersucht. Insbesondere werden die stationären Charakteristiken von Prioritätssystemen (bei verschiedenen Voraussetzungen über das Schicksal eines unterbrochenen Anrufes im Fall absoluter Priorität) betrachtet. Für ein spezielles System ohne Prioritäten wird die Verteilung der virtuellen Wartezeit im nichtstationären Fall angegegeben. Für die Untersuchungen in diesem Kapitel wird (wie auch in einigen Abschnitten des Kapitels 1) weitgehend die Methode der Einführung eines Zusatzereignisses verwendet. Es sei vermerkt, daß die mathematische Grundlage dieser Methode der Satz von der totalen Wahrscheinlichkeit ist und die Methode es wegen der wahrscheinlichkeitstheoretischen Interpretation der LAPLACE-STIELTJES-Transformierten und der erzeugenden Funktion ermöglicht, Zwischen- und Endergebnissen eine klare wahrscheinlichkeitstheoretische Deutung zu geben. Eine detailliertere Behandlung dieser und weiterer Prioritätssysteme auf der Grundlage der Methode der Einführung eines Zusatzereignisses liegt in [32], [38], [60], [95] vor. In diesem Zusammenhang sei noch auf das Buch [39] verwiesen.

Wir kommentieren nun den Abschnitt 1 des Kapitels 4 über Bedienungssysteme mit mehreren Geräten. Darin wird ein System betrachtet, das aus unendlich vielen identischen Bedienungsgeräten besteht und in dem ein inhomogener POISSONscher Forderungenstrom eintrifft, der durch die Leitfunktion $\alpha(t)$ (die mittlere Anzahl der nach t Zeiteinheiten eingetroffenen Forderungen) bestimmt wird. Die Bedienungszeit einer Forderung hat die Verteilung $B(x \mid t)$, die vom Zeitpunkt t des Eintreffens der Forderung abhängen kann. Für ein solches System wird gezeigt, daß der Strom der bedienten Forderungen wiederum ein inhomogener POISSONscher Strom mit der leicht zu bestimmenden Leitfunktion $\beta(t) = \int_0^t B(t - u \mid u)\, d\alpha(u)$ ist. Außerdem werden die endlichdimensionalen Verteilungen des Prozesses $\{\nu(t),\ t \geqq 0\}$ ermittelt, wobei $\nu(t)$ die Anzahl der Forderungen im System zum Zeitpunkt t ist. Durch die endlichdimensionalen Verteilungen dieses Prozesses können die Wahrscheinlichkeiten

$$\mathsf{P}\big(\nu(t) \leqq n\,,\quad 0 \leqq t \leqq T\big) = \lim_{N\to\infty} \mathsf{P}\left(\nu(t_k) \leqq n;\quad k = 0, 1, \ldots, N\ ;\quad t_k = k \cdot \frac{T}{N}\right)$$

dafür bestimmt werden, daß in $[0, T]$ kein Verlust einer Forderung in dem auf n Geräte „eingeschränkten" System eintritt (d. h. die gleich der Zuverlässigkeit des „eingeschränkten" Systems sind). Dieser Hinweis ist auch für andere Prozesse und Bedienungssysteme nützlich.

In Kapitel 5 wird die Auswahl einer solchen Bedienungsreihenfolge von Forderungen verschiedenen Typs untersucht, die die mittleren Wartekosten und bzw. oder die mittleren Kosten der Verweilzeit im System minimiert. Dies wird für Bedienungssysteme mit Zeitteilung getan, d. h. für Systeme, in denen gleichzeitig nicht mehr als eine Forderung bedient werden kann. Die Resultate des Kapitels 5 betreffen ein ausgeklügeltes System, auf das sich viele Bedienungssysteme mit Zeitteilung zurückführen lassen. Auf dieses Ergebnis wird ausführlich im darauffolgenden Kapitel 6 eingegangen.

In Kapitel 7 wird eine auf dem Begriff der vollständigen Statistik beruhende Methode der statistischen Analyse von Bedienungssystemen angegeben.

In dem vorliegenden Buch werden folgende Fragen, die oft im Zusammenhang mit der Bedienungstheorie betrachtet werden, nicht behandelt; wir verweisen auf entsprechende Literatur:

1. Punktprozesse [6], [25] bis [28], [41], [43], [65], [68] bis [72], [89], [90], [92], [105]
2. Invarianz der stationären Verteilung von Charakteristiken eines Bedienungsprozesses bezüglich Familien von Verteilungen, durch die der Bedienungsprozeß vorgegeben wird [1], [33], [40], [41], [65] bis [69], [73], [78], [88], [105] bis [109], [112], [120];
3. asymptotische Methoden in der Bedienungstheorie [3] bis [6], [11], [12], [13], [33], [35], [47], [49], [52], [63], [64], [79], [80], [94], [96], [98], [99], [116], [117], [126], [128], [129];
4. Abschätzungen und Ungleichungen in der Bedienungstheorie [7], [50], [72], [87], [91], [101], [102], [112];
5. detaillierte Darlegung von Bedienungssystemen, die sich durch Geburts- und Todesprozesse beschreiben lassen [2], [22], [33], [51], [103], [104], [122];
6. die Methode der Monte-Carlo-Simulation in Anwendung auf Bedienungssysteme [8], [9], [15] bis [19], [23], [24], [30], [31], [34], [36], [37], [81], [82], [93].

Das Buch enthält 129 Aufgaben. Einige dieser Aufgaben wurden mit dem Ziel gestellt, den Leser mit dem behandelten Stoff noch besser vertraut zu machen bzw. den Stoff zu vertiefen, andere wurden angeführt, um neue Forschungsrichtungen aufzuzeigen.

Dem Herausgeber, Herrn Prof. Dr. D. König, und dem Übersetzer, Herrn Dr. V. Schmidt, bin ich sehr dankbar für die Bemerkungen und Hinweise, die sie beim Lesen und Übersetzen des Manuskriptes gemacht haben.

G. Klimow

INHALTSVERZEICHNIS

KAPITEL 1

THEORIE DES EINGANGSSTROMES

§ 1. Definition des Ereignisstromes

Das Ziel dieses Abschnittes besteht darin, den Begriff des Ereignisstromes, die Möglichkeiten seiner Vorgabe, eine Klassifizierung der Ströme und den Begriff der Äquivalenz von Strömen einzuführen.

Wir betrachten einen Strom gleichartiger Ereignisse. Anstelle von Ereignissen werden wir gelegentlich von Anrufen oder vom Eintreffen von Forderungen, Kunden, Erzeugnissen usw. sprechen.

Mit $\nu(t)$ bezeichnen wir die Anzahl der Ereignisse, die bis zum Zeitpunkt t (d. h. bis $t - 0$) eintreten. Es wird vorausgesetzt, daß bis zum Zeitpunkt $t = 0$ kein Ereignis eingetreten ist. Es ist klar:

1. $\nu(0) = 0$;
2. $\nu(t)$ nimmt für jedes $t \geqq 0$ nur ganzzahlige nichtnegative Werte an;
3. die Trajektorien des Prozesses $\nu(t)$ sind nichtfallend.

Einen stochastischen Prozeß $\nu(t)$ mit diesen Eigenschaften nennen wir *Strom von (gleichartigen) Ereignissen* bzw. *Ereignisstrom.*

Der Strom (Prozeß) $\nu(t)$ wird als gegeben angesehen, falls die Verteilung des zufälligen Vektors

$$\big(\nu(\tau_1), \dots, \nu(\tau_n)\big)$$

für jede ganze Zahl $n \geqq 1$ und für beliebige nichtnegative Zahlen $\tau_1, \dots, \tau_n$ gegeben ist. Eine zweite, äquivalente (dies ist zu zeigen!) Vorgabemöglichkeit des Ereignisstromes ist die folgende. Es seien $t_1, t_2, \dots$ die aufeinanderfolgenden Zeitpunkte des Eintretens von Ereignissen, $t_k \geqq t_{k-1}$ für $k \geqq 1$ und $t_0 = 0$. Wir setzen

$$z_k = t_k - t_{k-1}, \qquad k \geqq 1,$$

und sagen, daß ein Strom (Eingangsstrom von Forderungen, Strom von Anrufen usw.) gegeben ist, falls die Verteilung des zufälligen Vektors $(z_1, \dots, z_n)$ für jede ganze Zahl $n \geqq 1$ gegeben ist.

Sind die Zufallsgrößen $z_1, z_2, \dots$ vollständig unabhängig, dann wird der entsprechende Ereignisstrom *Strom mit beschränkter Nachwirkung* genannt. Für die Vorgabe dieses Stromes genügt es, die Familie von Verteilungsfunktionen

$$A_k(t) = \mathsf{P}(z_k < t), \qquad k \geqq 1,$$

anzugeben.

Ein Strom mit beschränkter Nachwirkung, für den $A_2(t) = A_3(t) = \dots = A(t)$ gilt, wird *modifizierter (bzw. verzögerter) rekurrenter Strom* genannt und durch die Funktionen $A_1(t)$ und $A(t)$ bestimmt. Falls für einen Strom mit beschränkter Nachwirkung $A_k(t) = A(t)$ für $k \geqq 1$ gilt, dann spricht man einfach von einem durch die Funktion $A(t)$ bestimmten *rekurrenten Strom.*

Ein rekurrenter Strom mit $A(t) = 1 - e^{-at}$ für $t \geqq 0$, wobei a eine positive Konstante ist, wird Poissonscher *Strom* genannt; dabei heißt die Zahl a der *Parameter* des Poissonschen Stromes.

Ein Strom $\nu(t)$ heißt *Strom ohne Nachwirkung* oder *nachwirkungsfrei*, falls $\nu(t)$ ein Prozeß mit unabhängigen Zuwächsen ist, d. h., für jede beliebige ganze Zahl $n > 1$ und für beliebige Zahlen $0 = \tau_0 < \tau_1 < \dots < \tau_n$ sind die Zufallsgrößen (Zuwächse des Prozesses)

$$\nu(\tau_k) - \nu(\tau_{k-1}), \qquad k = 1, \dots, n,$$

vollständig unabhängig.

Ein Strom $\nu(t)$ heißt *stationär*, falls für jede ganze Zahl $n \geqq 1$ und für beliebige nichtnegative Zahlen $\tau_1, \dots, \tau_n$ die Verteilung des zufälligen Vektors

$$\big(\nu(c + \tau_k) - \nu(c), \qquad k = 1, \dots, n\big)$$

nicht von der Wahl der Zahl $c \geqq 0$ abhängt. Manchmal wird eine schwächere Form der Stationarität eines Stromes benutzt, die darin besteht, daß die vorhergehende Bedingung zumindest für $n = 1$ erfüllt ist.

Ein Strom $\nu(t)$ heißt *ordinär*, falls für jedes beliebige $t \geqq 0$

$$\mathsf{P}\big(\nu(t + h) - \nu(t) \geqq 2 \mid \nu(t + h) - \nu(t) \geqq 1\big) \to 0$$

für $h \downarrow 0$. Wir erinnern daran, daß $\nu(t + h) - \nu(t)$ die Anzahl der Ereignisse ist, die im Zeitintervall $[t, t + h)$ der Länge h eintreten. Die Forderung der Ordinarität eines Stromes soll die Möglichkeit ausschließen, daß in einem Zeitpunkt gleichzeitig mehr als ein Ereignis (Anruf) eintritt. Für einen stationären Strom läßt sich die Bedingung der Ordinarität in der Form

$$\mathsf{P}\big(\nu(h) \geqq 2 \mid \nu(h) \geqq 1\big) \to 0 \quad \text{für} \quad h \downarrow 0$$

schreiben. Ein stationärer ordinärer Strom ohne Nachwirkung wird *einfachster Strom* genannt.

Wir haben somit eine grundlegende Klassifizierung der Ströme, wie sie in der Bedienungstheorie benutzt wird, vorgenommen. Gehen wir nun zum Begriff der *Äquivalenz von Ereignisströmen* über. Zwei Ströme $\nu_1(t)$ und $\nu_2(t)$ nennen wir äquivalent, falls für jede beliebige ganze Zahl $n \geqq 1$ und für beliebige nichtnegative Zahlen $\tau_1, \dots, \tau_n$ die Verteilungen der beiden zufälligen Vektoren

$$\big(\nu_1(\tau_k), \quad k = 1, \dots, n\big) \quad \text{und} \quad \big(\nu_2(\tau_k), \quad k = 1, \dots, n\big)$$

übereinstimmen. Insbesondere ist also mit einem Ereignisstrom gleichzeitig jeder ihm äquivalente Ereignisstrom gegeben.

§ 2. Struktur des einfachsten Stromes

Das Ziel dieses Abschnittes ist es, die Struktur eines stationären ordinären Stromes ohne Nachwirkung aufzuzeigen. Die hier dargelegte Untersuchungsmethode kann auch dann benutzt werden, wenn die Ordinarität des Stromes nicht gefordert wird, siehe § 4.

Zusätzlich setzen wir voraus, daß

1. in einem endlichen Zeitintervall mit Wahrscheinlichkeit Eins nur eine endliche Anzahl von Ereignissen eintritt, d. h., es gilt $\mathsf{P}\big(\nu(t) < +\infty\big) = 1$ für alle $t \geqq 0$;

2. eine Zahl $t > 0$ existiert, so daß gilt $0 < \mathsf{P}(\nu(t) = 0) < 1$.

Weil der Strom $\nu(t)$ stationär und ohne Nachwirkung ist, gilt für beliebige Zahlen $0 = \tau_0 < \tau_1 < \dots < \tau_n$ und für beliebige nichtnegative Zahlen $k_1, \dots, k_n$

$$\mathsf{P}\big(\nu(\tau_i) - \nu(\tau_{i-1}) = k_i\,, \quad i = 1, \dots, n\big) = \prod_{i=1}^{n} \mathsf{P}\big(\nu(\tau_i - \tau_{i-1}) = k_i\big)\,.$$

Der Strom $\nu(t)$ wird deshalb durch die Wahrscheinlichkeiten

$$P_k(t) = \mathsf{P}\big(\nu(t) = k\big)$$

für alle $k = 0, 1, 2, \dots$ und alle $t \geqq 0$ vollständig bestimmt. Wir zeigen nun, daß es eine Zahl $a > 0$ gibt mit

$$P_k(t) = \frac{(at)^k}{k!}\,\mathrm{e}^{-at}\,, \qquad k \geqq 0\,, \qquad t \geqq 0\,. \tag{1}$$

Es gilt dann

$$\mathsf{E}\nu(t) = \sum_{k \geqq 0} k P_k(t) = at\,.$$

Die Zahl a verkörpert also die *Intensität* des Stromes (mittlere Anzahl der je Zeiteinheit eintretenden Ereignisse). Aus der Stationarität und der Nachwirkungsfreiheit folgt

$$P_0(x + y) = P_0(x)\, P_0(y)$$

für beliebige Zahlen $x \geqq 0$, $y \geqq 0$. Weil außerdem $\mathrm{P}_0(x)$ nichtwachsend in x ist, ergibt sich hieraus $P_0(x) = p^x$ mit $p = P_0(1)$ (dies ist zu zeigen!). Aus der Voraussetzung 2 folgt $0 < p < 1$. Wir setzen $p = \mathrm{e}^{-a}$, wobei a eine positive Zahl ist. Dann ergibt sich

$$P_0(t) = \mathrm{e}^{-at} \tag{2}$$

Anstelle eines Ereignisstromes werden wir nun von einem Strom von Anrufen sprechen. Wir wählen eine Zahl z mit $0 \leqq z < 1$. Einen eintreffenden Anruf erklären wir mit der Wahrscheinlichkeit z als rot und mit der komplementären Wahrscheinlichkeit $1 - z$ als blau, unabhängig von der Farbe der übrigen Anrufe[1]). Dann ist $P_k(t)\, z^k$ die Wahrscheinlichkeit dafür, daß bis zum Zeitpunkt t genau k Anrufe eintreffen und alle von roter Farbe sind. $\sum_{k \geqq 0} P_k(t)\, z^k$ ist die Wahrscheinlichkeit dafür, daß bis zum Zeitpunkt t keine blauen Anrufe eintreffen. Andererseits ist der Strom der blauen Anrufe wiederum ein stationärer Strom ohne Nachwirkung, für den die Bedingung 2 erfüllt ist. Aus dem oben Gezeigten folgt deshalb, daß die Wahrscheinlichkeit, daß bis zum Zeitpunkt t keine blauen Anrufe eintreffen, die Gestalt $\mathrm{e}^{-ta(z)}$ besitzt. Folglich gilt

$$\sum_{k \geqq 0} P_k(t)\, z^k = \mathrm{e}^{-ta(z)}\,.$$

Die linke Seite dieser Gleichung ist für jedes $t \geqq 0$ im Intervall $0 \leqq z \leqq 1$ nichtfallend in z und gleich $P_0(t) = \mathrm{e}^{-at}$ für $z = 0$ und gleich 1 für $z = 1$ (wodurch $a(z)$ im Punkt $z = 1$ bestimmt ist). Wir erhalten deshalb, wenn wir $a(z) = a[1 - p(z)]$ setzen,

$$\sum_{k \geqq 0} P_k(t)\, z^k = \mathrm{e}^{-at[1-p(z)]}\,, \tag{3}$$

wobei die Funktion $p(z)$ nichtfallend in z im Intervall $[0, 1]$ ist und $p(0) = 0$, $p(1) = 1$.

---

[1]) Siehe hierzu § 13 (Anmerkung des Herausgebers).

Bisher haben wir noch nirgendwo die Eigenschaft der Ordinarität des Stromes benötigt. Jetzt werden wir diese Eigenschaft verwenden. Weil

$$\frac{P_k(t)}{1 - P_0(t)} = \mathsf{P}\big(\nu(t) = k \mid \nu(t) \geqq 1\big)$$

für $k \geqq 1$ gilt, kann man die linke Seite der Gleichung (3) in der Form

$$P_0(t) + z[1 - P_0(t)]\,\mathsf{P}\big(\nu(t) = 1 \mid \nu(t) \geqq 1\big) + \varepsilon(t, z)$$

schreiben, wobei

$$\varepsilon(t, z) = \sum_{k\geqq 2} P_k(t)\, z^k = \sum_{k\geqq 2} P_k(t) = \mathsf{P}_k(\nu(t) \geqq 2) = [1 - P_0(t)]\,\mathsf{P}\big(\nu(t) \geqq 2 \mid \nu(t) \geqq 1\big) =$$
$$= \varepsilon(t)\,,$$

gilt, oder wegen (2) in der Form

$$1 - at + zat\mathsf{P}\big(\nu(t) = 1 \mid \nu(t) \geqq 1\big) + o(t) \quad \text{für} \quad t \downarrow 0\,, \tag{4}$$

weil für $0 \leqq z \leqq 1$ die Beziehung $0 \leqq \varepsilon(t, z) \leqq \varepsilon(t) = o(t)$ gilt. Die rechte Seite der Gleichung (3) kann man aber für $t \downarrow 0$ in die Form

$$1 - at + atp(z) + o(t) \tag{5}$$

bringen. Aus der Gleichheit der Ausdrücke (4) und (5) erhalten wir nun

$$p(z) = z\mathsf{P}\big(\nu(t) = 1 \mid \nu(t) \geqq 1\big) + \frac{o(t)}{t} \quad \text{für} \quad t \downarrow 0\,,$$

woraus folgt, daß der Grenzwert

$$\lim_{t\downarrow 0} \mathsf{P}\big(\nu(t) = 1 \mid \nu(t) \geqq 1\big) = p_1$$

existiert und daß $p(z) = zp_1$ gilt. Wegen $p(1) = 1$ ergibt sich $p_1 = 1$, d. h. $p(z) = z$, und somit

$$\sum_{k\geqq 0} P_k(t)\, z^k = \mathrm{e}^{-at(1-z)}\,. \tag{6}$$

Wir haben die Gleichung (6) für alle z aus dem Intervall $0 \leqq z \leqq 1$ bewiesen. Wenn wir die rechte Seite der Gleichung (6) in eine Potenzreihe bezüglich z entwickeln und die Koeffizienten bei gleichen Potenzen vergleichen, so erhalten wir (1). Ein einfachster Strom wird also vollständig durch die Zahl a, die Intensität des Stromes, bestimmt.

§ 3. Äquivalente Definitionen des einfachsten Stromes

Betrachten wir einen beliebigen Ereignisstrom. Folgende Behauptungen sind äquivalent.

1°. Der Ereignisstrom ist ein einfachster Strom mit der Intensität a.

2°. Ausgehend von einem beliebigen Zeitpunkt T tritt das nächste Ereignis im Intervall $[T, T + h)$ mit der Wahrscheinlichkeit $ah + o(h)$ für $h \downarrow 0$ ein, unabhängig davon, wie die Ereignisse bis zum Zeitpunkt T eingetreten sind (d. h. unabhängig von der Trajektorie des Stromes $\nu(t)$ bis zum Zeitpunkt T).

3°. Ausgehend von einem beliebigen Zeitpunkt T tritt das nächste Ereignis nach einer zufälligen Zeit ein, die gemäß der Exponentialverteilung $1 - \mathrm{e}^{-at}$, $t \geqq 0$, verteilt und unabhängig davon ist, wie die Ereignisse bis zum Zeitpunkt T eingetreten sind.

4°. Der Ereignisstrom ist ein POISSONscher Strom mit dem Parameter a, d. h., die Ereignisse des Stromes treten aufeinanderfolgend nach Zeitintervallen ein, deren Längen unabhängig sind und identisch gemäß der Exponentialverteilung $1 - e^{-at}$, $t \geqq 0$, verteilt sind.

Um die Äquivalenz dieser vier Behauptungen zu zeigen, genügt es zu beweisen, daß $1° \Rightarrow 2° \Rightarrow 3° \Rightarrow 4° \Rightarrow 1°$ gilt.

$1° \Rightarrow 2°$. Ausgehend von einem beliebigen Zeitpunkt T hängt die Wahrscheinlichkeit, daß im Intervall $[T, T + h)$ kein Ereignis eintritt, nicht von der Trajektorie des Stromes $\nu(t)$ bis zum Zeitpunkt T (auf Grund der Nachwirkungsfreiheit) und nicht von T (auf Grund der Stationarität des Stromes) ab. Diese Wahrscheinlichkeit ist gleich $P_0(h) = e^{-ah}$. Folglich ist die Wahrscheinlichkeit für das Eintreten eines Ereignisses im Intervall $[T, T + h)$ gleich

$$1 - P_0(h) = 1 - e^{-ah} = ah + o(h) \quad \text{für} \quad h \downarrow 0 .$$

$2° \Rightarrow 3°$. Ausgehend von einem beliebigen Zeitpunkt T trete das nächstfolgende Ereignis nach der zufälligen Zeit ξ ein. Bei einer beliebigen Voraussetzung über die Trajektorie des Stromes $\nu(t)$ bis zum Zeitpunkt T werden wir die Verteilung der Zufallsgröße ξ mit $A(t)$ bezeichnen. Für die positive Zahl h setzt sich das Ereignis $\{\xi < t + h\}$ aus zwei unverträglichen Ereignissen $\{\xi < t\}$ und $\{\xi \geqq t; t \leqq \xi < t + h\}$ zusammen. Auf Grund der Behauptung 2° erhalten wir für die Wahrscheinlichkeiten dieser Ereignisse

$$A(t + h) = A(t) + [1 - A(t)]\,[ah + o(h)] ,$$

woraus sich

$$\frac{A(t + h) - A(t)}{h} = [1 - A(t)]\,a + \frac{o(h)}{h}$$

ergibt. Folglich existiert die Ableitung $A'(t)$ (wenn man t durch $t - h$ ersetzt, dann erhält man die Stetigkeit der Funktion $A(t)$ und die Existenz ihrer linksseitigen Ableitung für $t > 0$, die mit der rechtsseitigen Ableitung zusammenfällt), und es gilt

$$A'(t) = [1 - A(t)]\,a .$$

Hieraus erhalten wir unter Berücksichtigung der Anfangsbedingung $A(+0) = \mathsf{P}(\xi = 0) = 0$

$$A(t) = 1 - e^{-at} \quad \text{für} \quad t \geqq 0 .$$

$3° \Rightarrow 4°$. Die ersten n Ereignisse des Stromes seien aufeinanderfolgend nach Zeitintervallen eingetreten, deren Längen gleich $z_1, \ldots, z_n$ sind. Nach dem Eintreten des n-ten Ereignisses tritt das $(n + 1)$-te Ereignis nach einer Zeit $z_{n+1} < t$ mit der Wahrscheinlichkeit

$$\mathsf{P}(z_{n+1} < t \mid z_1, \ldots, z_n)$$

ein. Andererseits ist diese Wahrscheinlichkeit gleich $1 - e^{-at}$, weil auf Grund der Voraussetzung 3° die Wahrscheinlichkeit des Eintretens eines Ereignisses im Intervall von $T = z_1 + \ldots + z_n$ bis $T + t$ nicht von der Anordnung der Zeitpunkte des Eintretens von Ereignissen bis T, d. h. von $z_1, \ldots, z_n$, abhängt und gleich $1 - e^{-at}$ ist. Es gilt also

$$\mathsf{P}(z_{n+1} < t \mid z_1, \ldots, z_n) = 1 - e^{-at} ,$$

d. h., die Verteilung der Zufallsgröße z_{n+1} hängt nicht von den Werten ab, die $z_1, \ldots, z_n$ annehmen, ferner nicht von n, und ist eine Exponentialverteilung. Darin besteht auch der Inhalt der Behauptung 4°.

4° ⇒ 1°. **Lemma 1.** *Die Zufallsgröße ξ sei exponentiell verteilt, d. h.*

$$\mathsf{P}(\xi < t) = 1 - e^{-at}, \qquad t \geqq 0\,; \qquad a > 0\,.$$

Dann gilt für eine beliebige Zahl $\tau \geqq 0$

$$\mathsf{P}(\xi - \tau < t \mid \xi \geqq \tau) = \mathsf{P}(\xi < t)\,.$$

Beweis des Lemmas. Es ist

$$\mathsf{P}(\xi - \tau < t, \xi \geqq \tau) = \mathsf{P}(\xi \geqq \tau)\,\mathsf{P}(\xi - \tau < t \mid \xi \geqq \tau) \tag{1}$$

und

$$\mathsf{P}(\xi - \tau < t, \xi \geqq \tau) = \mathsf{P}(\tau \leqq \xi < t + \tau) = 1 - e^{-a(t+\tau)} - (1 - e^{-a\tau})$$
$$= e^{-a\tau}(1 - e^{-at})\,.$$

Außerdem gilt $\mathsf{P}(\xi \geqq \tau) = e^{-a\tau}$. Aus (1) erhalten wir deshalb $e^{-a\tau}(1 - e^{-at}) = e^{-at}\,\mathsf{P}(\xi - \tau < t \mid \xi \geqq \tau)$
und hieraus

$$\mathsf{P}(\xi - \tau < t \mid \xi \geqq \tau) = 1 - e^{-at} = \mathsf{P}(\xi < t)\,.$$

Dieses Lemma zeigt: Falls die Ereignisse in Zeitpunkten eintreten, deren Abstände unabhängig und identisch exponentiell verteilt sind, dann hängt die Verteilung der Zeitdauer von einem beliebigen Zeitpunkt bis zum Eintreten des folgenden Ereignisses nicht davon ab, wie lange bereits kein Ereignis eingetreten ist, und ebenfalls nicht davon, wie die vorhergehenden Ereignisse eingetreten sind, und stimmt mit der obengenannten Exponentialverteilung überein.[1])

Das bedeutet, daß für den Ereignisstrom die Bedingungen der Stationarität und der Nachwirkungsfreiheit erfüllt sind. Die Ordinarität des Stromes folgt aber aus

$$\mathsf{P}\big(\nu(t) \geqq 1\big) = \mathsf{P}(z_1 < t) = 1 - e^{-at}$$

und

$$\mathsf{P}\big(\nu(t) \geqq 2\big) = \mathsf{P}(z_1 + z_2 < t) \leqq \mathsf{P}(z_1 < t, z_1 < t) = \mathsf{P}(z_1 < t)\,\mathsf{P}(z_2 < t) = (1 - e^{-at})^2\,,$$

woraus sich

$$\mathsf{P}\big(\nu(t) \geqq 2 \mid \nu(t) \geqq 1\big) = \mathsf{P}\big(\nu(t) \geqq 2\big)/\mathsf{P}\big(\nu(t) \geqq 1\big) \leqq 1 - e^{-at} \to 0$$

für $t \downarrow 0$ ergibt.

§ 4. Struktur des stationären Stromes ohne Nachwirkung

In § 2 sahen wir, daß ein stationärer Strom ohne Nachwirkung durch die Gesamtheit der Wahrscheinlichkeiten

$$P_k(t) = \mathsf{P}\big(\nu(t) = k\big)\,, \qquad k = 0, 1, 2, \ldots\,; \qquad t \geqq 0\,,$$

[1]) Diese Eigenschaft der sogenannten Gedächtnislosigkeit ist für die Exponentialverteilung in dem Sinne charakteristisch, daß sie die einzige stetige Lösung der in der Behauptung von Lemma 1 angegebenen Gleichung ist (Anm. d. Herausgebers).

charakterisiert wird. In jenem Abschnitt wurde gezeigt, daß die erzeugende Funktion dieser Wahrscheinlichkeiten in der Form, siehe (6) in § 2,

$$\sum_{k\geqq 0} P_k(t)\, z^k = \mathrm{e}^{-at[1-p(z)]} \tag{1}$$

dargestellt werden kann, wobei $0 \leqq z \leqq 1$, $a > 0$ und die Funktion $p(z)$ im Intervall $[0, 1]$ nichtfallend ist mit $p(0) = 0$, $p(1) = 1$.

Lemma. *Die Funktion $p(z)$ läßt sich in einer Potenzreihe*

$$p(z) = \sum_{k\geqq 1} p_k z^k \tag{2}$$

darstellen, wobei gilt

$$p_k = \lim_{t\downarrow 0} \mathsf{P}\bigl(\nu(t) = k \mid \nu(t) \geqq 1\bigr)\,. \tag{3}$$

Beweis. Weil die linke Seite der Gleichung (1) bezüglich z eine Potenzreihe ist, deren Konvergenzkreis einen Radius nicht kleiner als Eins hat (es reicht aus, den Fall zu betrachten, daß z zur reellen Achse — nicht zur komplexen Ebene — gehört) und für die

$$\Bigl|\sum_{k\geqq 0} P_k(t)\, z^k\Bigr| \leqq \sum_{k\geqq 0} P_k(t)\, |z|^k < \sum_{k\geqq 0} P_k(t) = 1$$

für $|z| < 1$ und $t > 0$ gilt, läßt sich die Funktion $p(z)$ bezüglich z auch als Potenzreihe darstellen, deren Konvergenzkreis einen Radius nicht kleiner als Eins hat (die Summation in (2) beginnt mit $k = 1$, weil $p(0) = 0$ ist).

Wenn wir die rechte Seite der Gleichung (1) in der Form $\mathrm{e}^{-at} \cdot \mathrm{e}^{atp(z)}$ darstellen, erkennen wir, daß ihre k-te Ableitung nach z die Form

$$\frac{\mathrm{d}^k}{\mathrm{d}z^k}\,\mathrm{e}^{-at[1-p(z)]} = Q_k(t;\, z)\, \mathrm{e}^{-at[1-p(z)]} \tag{4}$$

hat, wobei $Q_k(t; z)$ ein Polynom k-ten Grades bezüglich t mit Koeffizienten ist, die von der Funktion $p(z)$ und von deren Ableitungen bis zur k-ten Ordnung abhängen. Dabei ist das absolute Glied des Polynoms Q_k gleich Null, und der Koeffizient der ersten Potenz von t ist gleich $ap^{(k)}(z)$. Falls $z = 0$ ist und $t \downarrow 0$, dann läßt sich die rechte Seite der Gleichung (4) in der Form $\bigl(p^{(k)}(0) = k!\,p_k\bigr)$

$$at \cdot k!\,p_k + o(t)\,, \qquad k \geqq 1\,,$$

darstellen. Weil die k-te Ableitung nach z der linken Seite der Gleichung (1) im Punkt $z = 0$ gleich $k!\,P_k(t)$ ist, gilt

$$P_k(t) = atp_k + o(t) \quad \text{für} \quad t \downarrow 0\,.$$

Hieraus folgt die Existenz des Grenzwertes

$$\lim_{t\downarrow 0} \frac{P_k(t)}{at} = p_k\,. \tag{5}$$

In § 2 wurde für einen stationären Strom ohne Nachwirkung gezeigt, daß $P_0(t) = \mathrm{e}^{-at}$ (siehe § 2, (2)) gilt. Weil $1 - P_0(t) = at + o(t)$ für $t \downarrow 0$ ist und

$$\frac{P_k(t)}{1 - P_0(t)} = \mathsf{P}\bigl(\nu(t) = k \mid \nu(t) \geqq 1\bigr)\,, \qquad k \geqq 1\,,$$

folgt aus (5) die Existenz des Grenzwertes (3).

Gleichzeitig mit einem stationären (Primär-)Strom ohne Nachwirkung betrachten wir einen *Hilfsstrom*, der auf folgende Weise definiert wird. Die Anrufe des Hilfsstomes treffen nur in „Anrufzeitpunkten" ein und bilden einen einfachsten Strom mit der Intensität a. In jedem „Anrufzeitpunkt" aber trifft eine Gruppe von Anrufen ein, wobei die Anzahl der Anrufe in einer Gruppe mit der Wahrscheinlichkeit p_k gleich k ist, $k \geqq 1$, unabhängig vom Strom der „Anrufzeitpunkte" und vom jeweiligenUmfang der schon eingetroffenen Gruppen von Anrufen.

Satz. *Der Primärstrom und der Hilfsstrom sind äquivalent.*

Beweis. Es sei $\overline{P}_k(t)$ die Wahrscheinlichkeit dafür, daß bis zum Zeitpunkt t genau k Anrufe des Hilfsstromes eintreffen, $k = 0, 1, 2, \ldots$. Der Hilfsstrom wird, genauso wie auch der Primärstrom, vollständig durch die Gesamtheit der Wahrscheinlichkeiten $\overline{P}_k(t)$, $k = 0, 1, 2, \ldots; t \geqq 0$, bestimmt. Es genügt deshalb zu zeigen, daß

$$\overline{P}_k(t) = P_k(t)\,, \qquad k = 0, 1, \ldots, \qquad t \geqq 0\,,$$

bzw. auf Grund von (1)

$$\sum_{k \geqq 0} \overline{P}_k(t)\, z^k = \mathrm{e}^{-at[1-p(z)]} \tag{6}$$

für $0 \leqq z \leqq 1$ gilt. Jeden Anruf des Hilfsstromes erklären wir mit der Wahrscheinlichkeit z als rot und mit der komplementären Wahrscheinlichkeit $1 - z$ als blau, unabhängig von der Farbe der übrigen Anrufe. Dann ist die linke Seite der Gleichung (6) die Wahrscheinlichkeit dafür, daß bis zum Zeitpunkt t keine blauen Anrufe des Hilfsstromes eintreffen. Diese Wahrscheinlichkeit werden wir auf eine andere Weise berechnen. Eine Gruppe von Anrufen, die in einem „Anrufzeitpunkt" eintreffen, nennen wir rot, wenn alle Anrufe dieser Gruppe von roter Farbe sind. Es ist klar, daß eine Gruppe von Anrufen mit der Wahrscheinlichkeit $\sum_{k \geqq 1} p_k z^k = p(z)$ rot ist. Mit $P_k^*(t)$ bezeichnen wir die Wahrscheinlichkeit dafür, daß bis zum Zeitpunkt t genau k „Anrufzeitpunkte" eintreten. Dann ist $P_k^*(t)^k\,[p(z)]^k$ die Wahrscheinlichkeit dafür, daß bis zum Zeitpunkt t genau k „Anrufzeitpunkte" eintreten und in jedem dieser Zeitpunkte eine rote Gruppe von Anrufen eintrifft. $\sum_{k \geqq 0} P_k(t)\,[p(z)]^k$ ist die Wahrscheinlichkeit dafür, daß bis zum Zeitpunkt t nur rote Gruppen von Anrufen eintreffen (es treffen keine nichtroten Gruppen ein), was mit der Wahrscheinlichkeit dafür übereinstimmt, daß bis zum Zeitpunkt t keine blauen Anrufe des Hilfsstromes eintreffen, d. h.

$$\sum_{k \geqq 0} \overline{P}_k(t)\, z^k = \sum_{k \geqq 0} P_k^*(t)\,[p(z)]^k$$

Aus dieser Gleichung folgt die Gleichung (6), wenn man berücksichtigt, daß $P_k^*(t) = \frac{(at)^k}{k!}\,\mathrm{e}^{-at}$ gilt, siehe § 2, (1).

Aufgabe. Man dehne das Ergebnis dieses Abschnittes auf den Fall aus, daß $\nu(t) = \big(\nu_1(t), \ldots, \nu_r(t)\big)$ ein r-dimensionaler Vektor ist.

Hinweis. Es ist günstig, folgende Bezeichnungen zu benutzen:

$$z^k = z_1^{k_1} \ldots z_r^{k_r}\,, \qquad |k| = k + \ldots + k_r$$

mit $k = (k_1, \ldots, k_r)$, $\qquad z = (z_1, \ldots, z_r)$.
Anstelle der im eindimensionalen Fall benutzten Schreibweise $\nu(t) \geqq 1$ ist jetzt $|\nu(t)| \geqq 1$ zu verwenden. Außerdem ist ein Anruf des Stromes $\nu_k(t)$ mit der Wahrscheinlichkeit z_k, $0 \leqq z_k \leqq 1$, als rot zu erklären.

§ 5. Der Poissonsche Strom mit veränderlicher Intensität

Wir zerlegen das Intervall $[0, +\infty)$ durch die Punkte $0 = x_0 < x_1 < x_2 < \ldots$ in die disjunkten Intervalle

$$[x_0, x_1)\,, \qquad [x_1, x_2), \ldots \tag{1}$$

und betrachten eine Funktion $a(t)$ für $t \geqq 0$, die gleich a_n ist, falls $t \in [x_{n-1}, x_n)$, $n \geqq 1$. Wir betrachten weiter einen Ereignisstrom, der in jedem Intervall $[x_{n-1}, x_n)$ ein einfachster Strom mit der Intensität a_n ist. Wie vorher bezeichnen wir mit $\nu(t)$ die Anzahl der Ereignisse, die bis zum Zeitpunkt t eintreten. Weil der Prozeß $\nu(t)$, $t \geqq 0$, ein Prozeß mit unabhängigen Zuwächsen ist und die Anzahl der Ereignisse, die im Intervall $\Delta = [x, y)$, $x < y$, eintreten, gleich $\nu(\Delta) = \nu(y) - \nu(x)$ ist, wird der Strom vollständig durch die Gesamtheit der Wahrscheinlichkeiten

$$P_k(\Delta) = \mathsf{P}\big(\nu(\Delta) = k\big)\,, \qquad k = 0, 1, \ldots, \Delta = [x, y)\,, \qquad 0 \leqq x < y\,,$$

charakterisiert. Wir zeigen, daß

$$P_k(\Delta) = \frac{[\alpha(y) - \alpha(x)]^k}{k!}\, \mathrm{e}^{-[\alpha(y) - \alpha(x)]} \tag{2}$$

gilt mit

$$\alpha(x) = \int_0^x a(\tau)\, \mathrm{d}\tau \quad \text{für} \quad x \geqq 0\,. \tag{3}$$

Falls Δ in einem der Intervalle (1) enthalten ist, dann ist die Formel (2) offensichtlich. Für gewisse ganze Zahlen $1 \leqq m < n$ gelte nun

$$x_{m-1} \leqq x < x_m < \ldots < x_{n-1} < y \leqq x_n\,.$$

Dann zerlegen die Punkte $x_m, x_{m+1}, \ldots, x_{n-1}$ das Intervall $\Delta = [x, y)$ in eine endliche Anzahl diskunkter Intervalle $\Delta_m = [x, x_m)$, $\Delta_{m+1} = [x_m, x_{m+1}), \ldots, \Delta_n = [x_{n-1}, y)$, in denen die Funktion $a(t)$ jeweils konstant und gleich $a_m, \ldots, a_n$ ist. Es gilt dann

$$\nu(\Delta) = \sum_{i=m}^{n} \nu(\Delta_i)\,.$$

Weil die zufälligen Anzahlen $\nu(\Delta_m), \ldots, \nu(\Delta_n)$ unabhängig und jeweils Poissonsch mit den Parametern $a_m\,|\Delta_m|, \ldots, a_n\,|\Delta_n|$ verteilt sind (hierbei ist $|\Delta_i|$ die Länge des Intervalls Δ_i),ist ihre Summe ebenfalls Poissonsch verteilt mit dem Parameter

$$a_m\,|\Delta_m| + \ldots + a_n\,|\Delta_n| = \int_x^y a(\tau)\,\mathrm{d}\tau = \alpha(y) - \alpha(x)\,,$$

was zu beweisen war.

Es sei nun $a(t)$ für $t \geqq 0$ eine nichtnegative Funktion, die auf jedem endlichen Intervall $[0, T]$, $T > 0$, integrierbar ist. Dann kann man einen Strom $\nu(t)$ ohne Nachwirkung definieren, für den (2) und (3) erfüllt sind. Ein solcher Strom wird Poissonscher Strom *mit veränderlicher* (*momentaner*) *Intensität* $a(t)$ genannt.
Die Funktion $\mathsf{E}\nu(x) = \alpha(x)$ wird *Leitfunktion des Stromes* genannt. Für einen einfachsten Strom mit der Intensität a gilt $\alpha(x) = ax$. Es sei allgemein $\alpha(x)$ eine reelle nichtnegative nichtfallende Funktion auf $[0, \infty)$. Dann kann man einen Strom $\nu(t)$ ohne Nachwirkung definieren, für den (2) erfüllt ist. Ein solcher Strom wird Poisson*scher Strom mit der Leitfunktion* $\alpha(x)$ genannt.

§ 6. Der rekurrente Strom

Wir betrachten einen Strom von Anrufen und bezeichnen mit $t_1, t_2, \ldots$ die aufeinanderfolgenden Ankunftszeitpunkte der Anrufe; $t_{n+1} \geqq t_n$, $n \geqq 1$.
Wir setzen

$$A_n(t) = \mathsf{P}(t_n < t) , \qquad P_n(t) = \mathsf{P}(\nu(t) = n) , \qquad n = 0, 1, \ldots,$$

wobei $t_0 = 0$ und $\nu(t)$ die Anzahl der Anrufe ist, die bis zum Zeitpunkt t eintreffen. Die Funktionen $A_n(t)$ und $P_n(t)$ sind durch die Beziehung

$$A_n(t) = P_n(t) + A_{n+1}(t) , \qquad n \geqq 0 , \tag{1}$$

miteinander verknüpft. Wir setzen für $s \geqq 0$ und $|z| \leqq 1$

$$\alpha_n(s) = \mathsf{E}\, e^{-st_n} = \int_{-0}^{\infty} e^{-st}\, dA_n(t) = \int_0^{\infty} A_n(t)\, d(1 - e^{st}) = s \int_0^{\infty} e^{-st} A_n(t)\, dt$$

$$\mathsf{E} z^{\nu(t)} = \sum_{n \geqq 0} P_n(t)\, z^n .$$

Dann folgt aus (1)

$$s \int_0^{\infty} e^{-st} P_n(t)\, dt = \alpha_n(s) - \alpha_{n+1}(s) , \tag{2}$$

was wiederum

$$\pi(z, s) = s \int_0^{\infty} e^{-st}\, \mathsf{E} z^{\nu(t)}\, dt = \sum_{n \geqq 0} z^n [\alpha_n(s) - \alpha_{n+1}(s)] \tag{3}$$

zur Folge hat.

Fall 1: *Der rekurrente Strom.* Wir setzen $z_n = t_n - t_{n-1}$, $n \geqq 1$ und fordern, daß $z_1, z_2, \ldots$ unabhängige identisch verteilte Zufallsgrößen mit der gemeinsamen Verteilungsfunktion $A(t)$ sind. Das bedeutet, daß der Strom von Anrufen ein rekurrenter Strom ist. Wir setzen für $s \geqq 0$

$$\alpha(s) = \mathsf{E}\, e^{-sz_n} = \int_{-0}^{\infty} e^{-st}\, dA(t) .$$

Dann kann man die Formeln (2) und (3) unter Berücksichtigung der Gleichungen

$$t_n = z_1 + \ldots + z_n , \qquad \alpha_n(s) = \mathsf{E}\, e^{-st_n} = [\alpha(s)]^n , \qquad n \geqq 1 , \qquad \alpha_0(s) = 1$$

in der Form

$$s \int_0^{\infty} e^{-st} P_n(t)\, dt = [\alpha(s)]^n [1 - \alpha(s)] , \qquad n \geqq 0 ,$$

$$\pi(z, s) = s \int_0^{\infty} e^{-st}\, \mathsf{E}\, z^{\nu(t)}\, dt = \frac{1 - \alpha(s)}{1 - z\alpha(s)}$$

schreiben. Um die Bestimmung der Momente der Anzahl der im Intervall $[0, t)$ eintreffenden Anrufe zu vereinfachen, benutzen wir das folgende Verfahren. Wir setzen

$$B(z, t) = \mathsf{E}(1 + z)^{\nu(t)} = \sum_{k \geqq 0} z^k B_k(t) ,$$

wobei

$$B_k(t) = \sum_{n \geqq k} \binom{n}{k} P_n(t) .^{1)}$$

---

[1]) Die Größe $B_k(t)$ ist gleich $\mathsf{E}\binom{\nu(t)}{k}$ und wird auch als k-tes Binomialmoment der Verteilung $(P_n(t))_{n=0,1,\ldots}$ bezeichnet, während $B(z, t)$ die binomialmomenterzeugende Funktion ist (Anm. d. Herausgebers).

Insbesondere ist

$$B_1(t) = \sum_{n\geqq 0} nP_n(t) = \mathsf{E}\nu(t),$$

$$B_2(t) = \sum_{k\geqq 2} \frac{n(n-1)}{2!} P_n(t) = \frac{1}{2}\mathsf{E}\nu^2(t) - \frac{1}{2}\mathsf{E}\nu(t).$$

Dann gilt

$$\beta(z, s) = s\int_0^\infty e^{-st} B(z, t)\,dt = \pi(1 + z, s) =$$

$$= \frac{1-\alpha(s)}{1-\alpha(s)-z\alpha(s)} = \sum_{k\geqq 0}\left[\frac{\alpha(s)}{1-\alpha(s)} z\right]^k = \sum_{k\geqq 0} z^k\beta_k(s).$$

Hieraus erhalten wir

$$\beta_k(s) = s\int_0^\infty e^{-st} B_k(t)\,dt = \left[\frac{\alpha(s)}{1-\alpha(s)}\right]^k, \qquad k \geqq 0.$$

Fall 2: *Der modifizierte rekurrente Strom.* Falls aber die Zufallsgrößen $z_1, z_2, \ldots$ unabhängig und die Zufallsgrößen $z_2, z_3, \ldots$ identisch verteilt sind, dann haben wir es mit einem modifizierten rekurrenten Strom von Anrufen zu tun. Wir setzen für $s \geqq 0$

$$\alpha_1(s) = \mathsf{E}\,e^{-sz_1}, \qquad \alpha(s) = \mathsf{E}\,e^{-sz_n}, \qquad n \geqq 2.$$

Dann erhalten die Formeln (2)—(3), wenn man die Gleichungen ($t_n = z_1 + \ldots + z_n$)

$$\alpha_n(s) = \mathsf{E}\,e^{-st_n} = \alpha_1(s)\,[\alpha(s)]^{n-1}, \qquad n \geqq 1,$$

berücksichtigt, die Gestalt

$$s\int_0^\infty e^{-st} P_n(t)\,dt = \alpha_1(s)\,[\alpha(s)]^{n-1}\,[1-\alpha(s)], \qquad n \geqq 1,$$

$$s\int_0^\infty e^{-st} P_0(t)\,dt = 1 - \alpha_1(s),$$

$$\pi(z, s) = s\int_0^\infty e^{-st}\,\mathsf{E}z^{\nu(t)}\,dt = 1 - \alpha_1(s) + z\alpha_1(s)\frac{1-\alpha(s)}{1-z\alpha(s)}. \tag{4}$$

Zur Bestimmung der Momente der Zufallsgröße $\nu(t)$ kann man das gleiche Verfahren benutzen wie im Fall 1.

Aufgabe. Ein modifizierter rekurrenter Strom, der durch die Verteilungsfunktionen $A_1(t)$ und $A(t)$ definiert wird, ist genau dann stationär, wenn gilt

$$A_1(t) = a\int_0^t [1 - A(u)]\,du.$$

Es wird vorausgesetzt $A(+0) < 1$ und $a^{-1} = \int_0^\infty t\,dA(t) < \infty$.

§ 7. Der quasi-rekurrente Strom

Wir betrachten einen Ereignisstrom und setzen voraus, daß im Zeitpunkt des Eintretens eines Ereignisses eine Gruppe von Anrufen eintrifft. Dabei sei die Anzahl der Anrufe in einer Gruppe (der Umfang der Gruppe) mit der Wahrscheinlichkeit

a_k gleich k, unabhängig vom Ereignisstrom und vom Umfang der vorhergehenden Gruppen von Anrufen, $k = 0, 1, 2, \ldots$. In diesem Fall wird der Zeitpunkt des Eintretens eines Ereignisses gewöhnlich „Anrufzeitpunkt“ (Zeitpunkt, in dem Anrufe eintreffen können) genannt, und anstelle eines Ereignisstromes spricht man von einem Strom von „Anrufzeitpunkten“. Damit also ein Strom von Anrufen als gegeben angesehen werden kann, müssen der Strom der „Anrufzeitpunkte“ und die Verteilung $\{a_k, k \geqq 0\}$ der Anzahl der Forderungen, die in einem Anrufzeitpunkt eintreffen, gegeben sein. Wenn der Strom der Anrufzeitpunkte ein (modifizierter) rekurrenter Strom ist, dann nennen wir den Strom der Anrufe (modifizierten) *quasi-rekurrenten Strom.*[1])

Es sei $\nu(t)$ die Anzahl der Anrufzeitpunkte im Intervall $[0, t)$ und $\nu^*(t)$ die Anzahl der Anrufe, die in $[0, t)$ eintreffen.

Wir setzen

$$\Phi(z) = \sum_{k \geqq 0} a_k z^k , \qquad |z| \leqq 1 , \qquad \Phi(1) = 1 .$$

und

$$P_k(t) = \mathsf{P}(\nu(t) = k) , \qquad P_k^*(t) = \mathsf{P}\big(\nu^*(t) = k\big) , \qquad k \geqq 0 .$$

Die Formel

$$\sum_{n \geqq 0} P_n^*(t)\, z^n = \sum_{k \geqq 0} P_k(t)\, [\Phi(z)]^k \tag{1}$$

oder in anderer Schreibweise

$$\mathsf{E} z^{\nu^*(t)} = \mathsf{E}\, [\Phi(z)]^{\nu(t)} , \qquad |z| \leqq 1 , \tag{2}$$

ergibt sich aus den folgenden Überlegungen. Wir wählen eine Zahl z, $0 \leqq z \leqq 1$, und erklären wiederum jeden Anruf entweder als rot oder blau, wobei ein beliebiger Anruf mit Wahrscheinlichkeit z als rot erklärt wird, unabhängig von der Farbe der anderen Anrufe. Dann ist zum Beispiel $\pi(z) = \sum_{k \geqq 0} a_k z^k$ die Wahrscheinlichkeit dafür, daß in einem beliebigen, aber fest gewählten Anrufzeitpunkt keine blauen Anrufe eintreffen. Die Wahrscheinlichkeit dafür, daß im Intervall $[0, t)$ keine blauen Anrufe eintreffen, ist

$$\sum_{n \geqq 0} P_n^*(t)\, z^n .$$

Dies ist genau dann der Fall, wenn in jedem Anrufzeitpunkt des Intervalls $[0, t)$ keine blauen Anrufe eintreffen. Die Wahrscheinlichkeit hierfür ist gleich

$$\sum_{k \geqq 0} P_k(t)\, [\Phi(z)]^k .$$

Die Formel (1) gilt also für $0 \leqq z \leqq 1$. Weil aber die linke und die rechte Seite in (1) Potenzreihen sind, gilt diese Formel auch für $|z| \leqq 1$. Wir setzen nun (s. Formel (3) in § 6)

$$\pi(z, s) = \int_0^\infty \mathrm{e}^{-st}\, \mathsf{E} z^{\nu(t)}\, \mathrm{d}t, \quad \pi^*(z, s) = s \int_0^\infty \mathrm{e}^{-st}\, \mathsf{E} z^{\nu^*(t)}\, \mathrm{d}t$$

und erhalten aus (2)

$$\pi^*(z, s) = \pi\big(\Phi(z), s\big) .$$

[1]) Man spricht auch häufig von einem rekurrenten Strom mit Vielfachheiten (Anm. d. Herausgebers).

Aufgabe. Es sei ξ die Anzahl von Anrufen, die in einem bestimmten Anrufzeitpunkt eintreffen. Man zeige

$$\mathsf{E}\nu^*(t) = \mathsf{E}\xi \cdot \mathsf{E}\nu(t) ,$$

$$\operatorname{Var} \nu^*(t) = (\mathsf{E}\xi)^2 \cdot \operatorname{Var} \nu(t) + \operatorname{Var} \xi \cdot \mathsf{E}\nu(t) .$$

§ 8. Ein rekurrenter Strom von Erzeugnissen

Wir betrachten einen Ereignisstrom und bezeichnen wie gewöhnlich mit $t_1, t_2, \ldots$ die aufeinanderfolgenden Zeitpunkte des Eintretens von Ereignissen. Wir nehmen an, daß im Zeitpunkt t_n des Eintretens des n-ten Ereignisses ein Erzeugnis vom Ausmaß (Umfang) w_n, $n \geqq 1$, eintrifft.

Wir setzen voraus, daß die Zufallsgrößen $w_1, w_2, \ldots$ vollständig unabhängig und identisch verteilt sind.

Mit $w(t)$ bezeichnen wir die Summe der Ausmaße der Erzeugnisse, die bis zum Zeitpunkt t eintreffen. Das Ziel dieses Abschnittes ist es, die Verteilung der Zufallsgröße $w(t)$ zu finden.

Wenn $\nu(t)$ die Anzahl der Ereignisse ist, die bis zum Zeitpunkt t eintreten (Anzahl der bis t eintreffenden Erzeugnisse), dann gilt

$$w(t) = w_1 + \ldots + w_n, \quad \text{falls} \quad \nu(t) = n \geqq 1 .$$

Wir setzen

$$\omega(\lambda) = \mathsf{E}\, \mathrm{e}^{-\lambda w_1} , \qquad \lambda \geqq 0 ; \qquad P_n(t) = \mathsf{P}(\nu(t) = n) , \qquad n \geqq 0 .$$

Dann gilt

$$\mathsf{E}\, \mathrm{e}^{-\lambda w(t)} = P_0(t) + \sum_{n \geqq 1} P_n(t)\, \mathsf{E}\, \mathrm{e}^{-\lambda(w_1 + \ldots + w_n)} = \sum_{n \geqq 0} P_n(t)\, [\omega(\lambda)]^n = \mathsf{E}[\omega(\lambda)]^{\nu(t)} ,$$

woraus schließlich

$$\omega(\lambda, s) = \pi(\omega(\lambda), s)$$

folgt, wobei für $s \geqq 0$ und $|z| \leqq 1$ gilt

$$\omega(\lambda, s) = s \int_0^\infty \mathrm{e}^{-st}\, \mathsf{E}\, \mathrm{e}^{-\lambda w(t)}\, \mathrm{d}t ; \qquad \pi(z, s) = s \int_0^\infty \mathrm{e}^{-st}\, \mathsf{E}z^{\nu(t)}\, \mathrm{d}t .$$

Die Funktion $\pi(z, s)$ wurde in § 6 definiert (Formel (3)). Wenn der Strom der Zeitpunkte, in denen Erzeugnisse eintreffen, ein (modifizierter) rekurrenter Strom ist, dann nennen wir den Strom der Erzeugnisse, d. h. den Prozeß $w(t)$, (modifizierten) *rekurrenten Strom von Erzeugnissen.*

Beispiel 1. Die Zeitpunkte $t_1, t_2, \ldots$ in denen Erzeugnisse eintreffen, sollen einen Poissonschen Strom mit der Intensität a bilden. Dann ist

$$\mathsf{E}z^{\nu(t)} = \mathrm{e}^{-at(1-z)}$$

und folglich

$$\mathsf{E}\, \mathrm{e}^{-\lambda w(t)} = \mathrm{e}^{-at[1-\omega(\lambda)]} .$$

Insbesondere gilt

$$\mathsf{E}w(t) = at\mathsf{E}w_1 , \qquad \mathsf{E}w^2(t) = at\mathsf{E}w_1^2 + (at\mathsf{E}w_1)^2 , \qquad \operatorname{Var} w(t) = at\mathsf{E}w_1^2 .$$

Beispiel 2. Wenn w_n als Werte Vielfachheiten von Eins annimmt, dann liegt ein quasi-rekurrenter Strom vor, siehe § 7.

§ 9. Struktur des stationären Stromes mit beschränkter Nachwirkung

Aus der Additivitätseigenschaft des Erwartungswertes folgt, daß für einen stationären Strom eine Zahl λ, $0 \leqq \lambda \leqq \infty$, existiert, so daß $\mathsf{E}\nu(t) = \lambda t$ gilt, wobei hier $\nu(t)$ wie gewöhnlich die Anzahl der Ereignisse ist, die bis zum Zeitpunkt t eintreten. Die Zahl λ heißt *Intensität des stationären Stromes* $\nu(t)$. Wir setzen voraus, daß

$$\sum_{k \geqq 0} P_k(t) = 1 , \qquad t \geqq 0 ,$$

gilt, wobei $P_k(t) = \mathsf{P}(\nu(t) = k)$ ist.

Satz 1. *Ein Strom von Ereignissen ist genau dann ein stationärer Strom mit beschänkter Nachwirkung und endlicher positiver Intensität, wenn er ein modifizierter quasi-rekurrenter Strom (siehe § 7) ist und durch die Funktionen*

$$A_1(t) = a \int_0^t [1 - A(u)]\, \mathrm{d}u^{1)}, \qquad A(t) , \qquad \Phi(z) = z^n$$

bestimmt wird, wobei gilt

$$a^{-1} = \int_0^\infty [1 - A(u)]\, \mathrm{d}u .$$

Der Beweis dieser Behauptung ist in [53] und [59] enthalten.

Ein stationärer Strom mit beschränkter Nachwirkung und endlicher positiver Intensität wird also eindeutig durch eine Verteilungsfunktion $A(t)$ und eine positive ganze Zahl n bestimmt. Er ist dabei wie folgt gebaut. Die Ereignisse können nur in sogenannten „Anrufzeitpunkten" $t_1, t_2, \ldots$ eintreten. Die Zufallsgrößen $z_1, z_2, \ldots$ sind vollständig unabhängig mit $z_k = t_k - t_{k-1}$, $k \geqq 1$, $t_0 = 0$, und die Zufallsgrößen $z_2, z_3, \ldots$ sind identisch verteilt. Dabei gilt

$$\mathsf{P}(z_k < t) = A(t) , \qquad k \geqq 2,$$

$$\mathsf{P}(z_1 < t) = a \int_0^t [1 - A(u)]\, \mathrm{d}u = A_1(t)$$

mit

$$a^{-1} = \int_0^\infty [1 - A(u)]\, \mathrm{d}u = \int_0^\infty u\, \mathrm{d}A(u) .$$

In jedem der Zeitpunkte $t_1, t_2, \ldots$ treten genau n Ereignisse ein. Wir betonen hierbei, daß gewisse Zeitpunkte aus

$$t_1 \leqq t_2 \leqq t_3 \leqq \ldots$$

mit positiver Wahrscheinlichkeit zusammenfallen können, weil nicht $A(+0) = 0$ gefordert wurde. Schließlich sei noch vermerkt, daß $\lambda = na$ ist.

Der folgende Satz beschreibt die Struktur eines stationären ordinären Stromes mit beschränkter Nachwirkung und endlicher positiver Intensität. Einen solchen Strom nennt man manchmal auch Palm*schen Strom.*

---

1) Auf Grund des Ergebnisses der Aufgabe zum Fall 2 in § 6 bedeutet diese Gleichung, daß der dem modifizierten quasi-rekurrenten Strom zugrunde liegende modifizierte rekurrente Strom der Anrufzeitpunkte stationär ist (Anm. d. Herausgebers).

Satz 2. *Ein Strom von Ereignissen ist genau dann ein* PALM*scher Strom, wenn er ein modifizierter rekurrenter Strom ist, der durch die Funktionen $A_1(t)$ und $A(t)$ mit den Eigenschaften*

$$A_1(t) = a \int_0^t [1 - A(u)]\, du\,, \qquad A(+0) = 0 \tag{1}$$

bestimmt wird.

Beweis. 1°. Falls der Ereignisstrom ein PALMscher Strom ist, dann genügt es gemäß Satz 1 nachzuprüfen, daß $n = 1$ und $A(+0) = 0$ gilt. Es sei $n > 1$, dann ist $P_1(t) \equiv 0$, und folglich gilt für $t > 0$

$$\mathsf{P}(\nu(t) \geqq 2 \mid \nu(t) \geqq 1) = \mathsf{P}(\nu(t) \geqq 2)/\mathsf{P}(\nu(t) \geqq 1) = \mathsf{P}(\nu(t) \geqq 1)/\mathsf{P}(\nu(t) \geqq 1) = 1\,,$$

was der Ordinarität des Stromes widerspricht. Das bedeutet: $n = 1$. Wegen

$$\mathsf{P}(\nu(t) \geqq 2) = \mathsf{P}(z_1 + z_2 < t) \geqq \mathsf{P}(z_1 < t, z_2 = 0) = \mathsf{P}(z_1 < t) \cdot \mathsf{P}(z_2 = 0) =$$
$$= \mathsf{P}(\nu(t) \geqq 1) \cdot A(+0)\,,$$

d. h. wegen

$$\mathsf{P}(\nu(t) \geqq 2 \mid \nu(t) \geqq 1) \geqq A(+0) \quad \text{für} \quad t > 0$$

folgt aus der Ordinarität des Stromes $A(+0) = 0$.

2°. Der Ereignisstrom sei nun ein modifizierter rekurrenter Strom mit Funktionen $A_1(t)$ und $A(t)$, die (1) erfüllen. Gemäß Satz 1 genügt es, die Ordinarität des Stromes nachzuprüfen. Dies folgt aber aus der Ungleichung

$$\mathsf{P}(\nu(t) \geqq 2 \mid \nu(t) \geqq 1) \leqq A(t) \quad \text{für} \quad t > 0\,,$$

die wiederum aus

$$\mathsf{P}(\nu(t) \geqq 2) = \mathsf{P}(z_1 + z_2 < t) \leqq \mathsf{P}(z_1 < t, z_2 < t) = \mathsf{P}(z_1 < t) \cdot \mathsf{P}(z_2 < t) =$$
$$= \mathsf{P}(\nu(t) \geqq 1) \cdot A(t)$$

folgt.

Aufgabe 1. In jedem der Zeitpunkte $t_1, t_2, \ldots$, die einen PALMschen Strom bilden, sollen jeweils Gruppen von Anrufen vom Umfang $\xi_1, \xi_2, \ldots$ eintreffen. Wir setzen voraus, daß die Zufallsgrößen $\xi_1, \xi_2, \ldots$ identisch verteilt sind und sowohl untereinander als auch von den Zufallsgrößen $t_1, t_2, \ldots$ unabhängig sind. Wir setzen weiter voraus, daß eine ganze Zahl $n \geqq 1$ und eine nichtnegative Zahl $p < 1$ existieren, so daß

$$\mathsf{P}(\xi_1 = k \cdot n) = (1 - p)\, p^{k-1}\,, \qquad k = 1, 2, \ldots\,,$$

gilt. Man zeige, daß ein solcher Strom von Anrufen stationär und mit beschränkter Nachwirkung ist und daß umgekehrt jeder stationäre Strom mit beschränkter Nachwirkung und endlicher positiver Intensität einem obenbeschriebenen Strom äquivalent ist.

Aufgabe 2. Für stationäre ordinäre Ströme folgt aus der Bedingung der Nachwirkungsfreiheit die Bedingung der beschränkten Nachwirkung. Ohne die Bedingung der Ordinarität ist die letzte Behauptung falsch.

Aufgabe 3. Für einen stationären Strom mit beschränkter Nachwirkung sind die Bedingungen

(1) $\sum_{k \geqq 0} P_k(t) = 1$ für alle $t > 0$,

(2) $\lambda < +\infty$

äquivalent.

Aufgabe 4. Für jeden stationären Strom existiert der Grenzwert

$$\lim_{t \downarrow 0} \frac{1}{t} \mathsf{P}(\nu(t) \geqq 1) = \mu\,,$$

wobei $\nu(t)$ wie gewöhnlich die Anzahl der Ereignisse ist, die bis zum Zeitpunkt t eintreten, siehe [10]. Die (endliche oder unendliche) Zahl μ nennt man *Parameter des stationären* Stromes. Man zeige, daß die Bedingungen

a) der Ordinarität des Stromes,

b) $\lambda = \mu$

für jeden stationären Strom mit endlichem positivem Parameter äquivalent sind.

Hinweis. b) $\Rightarrow$ a): Wegen

$$\mathsf{P}\big(\nu(t) \geqq 2\big) \leqq \sum_{k \geqq 1} k P_k(t) - \sum_{k \geqq 1} P_k(t) = \lambda t - \mathsf{P}\big(\nu(t) \geqq 1\big)$$

ergibt sich

$$0 \leqq \overline{\lim_{t \downarrow 0}} \frac{1}{t} \mathsf{P}\big(\nu(t) \geqq 2\big) \leqq \lambda - \lim_{t \downarrow 0} \frac{1}{t} \mathsf{P}\big(\nu(t) \geqq 1\big) = \lambda - \mu = 0 .$$

a) $\Rightarrow$ b): Das ist der Satz von Koroljuk [10].

Aufgabe 5. Man zeige, daß für einen stationären Strom mit $\lambda < +\infty$ die Ordinarität und die Bedingung

$$\mathsf{P}(z_k > 0) = 1 , \qquad k = 1, 2, \ldots ,$$

äquivalent sind, wobei hier $t_k = z_1 + \ldots + z_k$, $k \geqq 1$, die aufeinanderfolgenden Zeitpunkte des Eintretens von Ereignissen des Stromes sind.

§ 10. Verdünnung eines Stromes

Ist ein Strom von Anrufen gegeben, so kann man durch seine Verdünnung andere Ströme bilden. Wenn zum Beispiel ein Strom von Erzeugnissen in einer Anlage eintrifft, die ihn auf verschiedene Geräte verteilt, dann ist es oft wichtig, den Strom von Erzeugnissen zu kennen, der bei jedem einzelnen Gerät eintrifft.

Wir betrachten nun einen Strom von Anrufen und nennen ihn den Grundstrom oder Primärstrom. Wir „streichen" die ersten ν_1 Anrufe, den folgenden Anruf belassen wir im Strom. Danach „streichen" wir wiederum ν_2 Anrufe und belassen den folgenden im Strom usw. Den Strom der verbleibenden Anrufe nennen wir *verdünnten Strom.* Die Operation, die aus dem Grundstrom den verdünnten Strom bildet, nennen wir *Verdünnungsoperation.* Die Verdünnungsoperation ist durch die gemeinsame Verteilung der Folge der zufälligen Zahlen $\nu_1, \nu_2, \ldots$ gegeben. Zur Bestimmung des verdünnten Stromes muß man den Grundstrom und die Verdünnungsoperation vorgeben.

Wir betrachten vorwiegend eine spezielle Verdünnungsoperation, die wir *rekurrent* nennen. Sie wird dadurch definiert, daß die Zufallsgrößen $\nu_1, \nu_2, \ldots$ unabhängig und identisch verteilt sind. Wir setzen

$$a_k = \mathsf{P}(\nu_i = k) , \qquad k = 0, 1, \ldots; F(z) = \mathsf{E} z^{\nu_i} = \sum_{k \geqq 0} a_k z^k , \qquad |z| \leqq 1 , \qquad F(1) = 1 .$$

Eine rekurrente Verdünnungsoperation ist also durch die erzeugende Funktion $F(z)$ gegeben.

Satz 1. *Die rekurrente Verdünnungsoperation überführt einen rekurrenten Strom in einen rekurrenten Strom.*

Diese offensichtliche Behauptung wird formal folgendermaßen bewiesen. Es seien $t_1, t_2, ..$ die aufeinanderfolgenden Ankunftszeitpunkte von Anrufen des Grundstromes und $\tau_1, \tau_2, \ldots$ die aufeinanderfolgenden Ankunftszeitpunkte von Anrufen des verdünnten Stromes. Wir setzen $t_0 = \tau_0 = 0$. Falls n eine nichtnegative ganze Zahl ist, dann gilt $\tau_n = t_k$ für eine gewisse zufällige Zahl $k \geqq 0$. Die Verteilung der Zufallsgröße $\tau_{n+1} - \tau_n$ wird eindeutig bestimmt durch die Verteilung der Längen der Intervalle zum Zeitpunkt $\tau_n = t_k$ bis zu den folgenden Ankunftszeitpunkten der Anrufe des Grundstromes und durch die Verteilung der Zufallsgröße ν_{n+1}. Jede dieser Verteilungen ist aber unabhängig davon, wie die Anrufe des verdünnten Stromes bis zum Zeitpunkt τ_n eingetroffen sind: die erste Verteilung auf Grund der Rekurrenz des Grundstromes, die zweite Verteilung auf Grund der Rekurrenz der Verdünnungsoperation. Damit ist die Behauptung bewiesen. Wir setzen

$$B(t) = \mathsf{P}(\tau_{n+1} - \tau_n < t) = \mathsf{P}(\tau_1 < t)\,.$$

Aus

$$\mathsf{P}(\tau_1 < t) = a_0 \mathsf{P}(t_1 < t) + a_1 \mathsf{P}(t_2 < t) + \ldots + a_k \mathsf{P}(t_{k+1} < t) + \ldots$$

folgt dann

$$B(t) = \sum_{k \geqq 0} a_k A_{k+1}(t)\,, \tag{1}$$

mit $A_k(t) = \mathsf{P}(t_k < t)$.

Wegen

$$A_1(t) = A(t)\,, \qquad A_{k+1}(t) = \int_{-0}^{t} A_k(t-x)\,\mathrm{d}A(x)\,, \qquad k \geqq 1\,,$$

bzw.

$$A_k(t) = [A(t)]^{*k}\,, \qquad k \geqq 1\,,$$

wobei die rechte Seite die Faltung k-ter Ordnung bezeichnet, kann man die Formel (1) in der Form

$$B(t) = \sum_{k \geqq 0} a_k [A(t)]^{*(k+1)} \tag{2}$$

schreiben. Wenn wir mit $\beta(s)$ die Laplace-Stieltjes-Transformierte der Funktion $B(t)$ bezeichnen, d. h.

$$\beta(s) = \int_{-0}^{\infty} \mathrm{e}^{-st}\,\mathrm{d}B(t) = \mathsf{E}\,\mathrm{e}^{-s\tau_1}\,,$$

dann erhalten wir aus (2)

$$\beta(s) = \sum_{k \geqq 0} a_k [\alpha(s)]^{k+1}$$

bzw.

$$\beta(s) = \alpha(s)\, F\big(\alpha(s)\big)\,, \tag{3}$$

wobei $\alpha(s)$ die Laplace-Stieltjes-Transformierte der Funktion $A(t)$ ist.

Wir bestimmen nun die mittlere Intensität des verdünnten Stromes, die wir mit b bezeichnen. Wegen $b^{-1} = \mathsf{E}\tau_1 = -\beta'(0)$ erhalten wir aus (3)

$$b^{-1} = -\alpha'(0)\, F\big(\alpha(0)\big) - \alpha(0)\, F'\big(\alpha(0)\big)\, \alpha'(0) = a^{-1}[1 + F'(1)]\,,$$

d. h.

$$b = \frac{a}{1 + \sum_{k \geqq 1} k a_k}\,.$$

Dabei haben wir die Beziehungen $\alpha(0) = 1$, $F(1) = 1$, $\alpha'(0) = -a^{-1}$, $F'(1) = \sum_{k \geqq 1} k a_k$ verwendet.

Falls $A(t) = 1 - \mathrm{e}^{-at}$, $t \geqq 0$, d. h., falls der Grundstrom der Anrufe Poissonsch ist mit der Intensität a, dann läßt sich durch vollständige Induktion zeigen, daß

$$[A(t)]^{*(k+1)} = \int_0^t a \frac{(au)^k}{k!} \mathrm{e}^{-au}\,\mathrm{d}u = \int_0^{at} \frac{x^k}{k!} \mathrm{e}^{-x}\,\mathrm{d}x\,.$$

In diesem Fall erhalten wir aus (2)

$$B(t) = \int_0^{at} \left(\sum_{k \geqq 0} a_k \frac{x^k}{k!} e^{-x} \right) dx . \tag{4}$$

Beispiel 1. Der Grundstrom sei POISSONsch mit der Intensität a. Die Verdünnungsoperation sei durch die folgende Bedingung gegeben: Jeder eintreffende Anruf des Grundstromes geht mit der Wahrscheinlichkeit p „verloren“ und verbleibt mit der Wahrscheinlichkeit $q = 1 - p$ im Strom (unabhängig von den anderen Anrufen). In diesem Fall gilt

$$a_k = p^k q, \qquad F(z) = \sum_{k \geqq 0} a_k z^k = \frac{1-p}{1-zp} .$$

Aus Formel (4) erhalten wir

$$B(t) = \int_0^{at} \sum_{k \geqq 0} (1-p) \frac{(px)^k}{k!} e^{-x} dx = (1-p) \int_0^{at} e^{-(1-p)x} dx = 1 - e^{-qat} .$$

Der verdünnte Strom ist also in diesem Fall ebenfalls POISSONsch, und zwar mit der Intensität qa.

Beispiel 2. Der Grundstrom sei POISSONsch mit der Intensität a, die rekurrente Verdünnungsoperation sei durch die Funktion $F(z) = z^k$ gegeben. Eine solche Verdünnungsoperation bedeutet, daß die ersten k Anrufe des Grundstromes „verlorengehen“, der $(k + 1)$-te Anruf im Strom verbleibt, danach wieder k Anrufe „verlorengehen“, der folgende $2(k + 1)$-te Anruf im Strom verbleibt usw. In diesem Fall haben wir gemäß (4)

$$B(t) = \int_0^{at} \frac{x^k}{k!} e^{-x} dx .$$

Ein rekurrenter Strom, der durch eine solche Verteilungsfunktion definiert wird, heißt ERLANG*scher Strom k-ter Ordnung*. Die Verteilung

$$E_k(t) = \int_0^{at} \frac{x^k}{k!} e^{-x} dx , \qquad t \geqq 0 ,$$

nennt man ERLANG-Verteilung k-ter Ordnung.
Der Erwartungswert bzw. die Varianz einer Zufallsgröße mit dieser Verteilung ist gleich

$$b_k^{-1} = (k + 1)\, a^{-1} \quad \text{bzw.} \quad V_k = (k + 1)\, a^{-2} .$$

Wenn wir die Gesamtheit aller ERLANGschen Ströme betrachten, die die gleiche Intensität $b_k = b = \text{const.}$, $k \geqq 0$, besitzen, dann schließen wir aus den letzten Formeln, daß

$$V_k = \frac{1}{k+1} b^{-2} \to 0$$

für $k \to \infty$; d. h., mit dem Anwachsen der Zahl k nähert sich der ERLANGsche Strom einem *regulären Strom*, dessen Verteilungsfunktion für die Länge des Intervalls zwischen zwei aufeinanderfolgenden Ankunftszeitpunkten von Anrufen gleich

$$E_\infty(t) = \begin{cases} 0 \text{ für } t \leqq b^{-1} \\ 1 \text{ für } t > b^{-1} \end{cases}$$

ist.

Satz 2. *Falls der verdünnte Strom, den man aus einem rekurrenten Strom durch eine Verdünnungsoperation erhält, wieder rekurrent ist, dann ist die Verdünnungsoperation rekurrent.*

Beweis. Es genügt zu zeigen, daß die Wahrscheinlichkeit

$$\mathsf{P}(\nu_{k+1} = n \mid \nu_1 = n_1, \dots, \nu_k = n_k)$$

für jede ganze Zahl $n \geqq 0$ weder von der ganzen Zahl $k \geqq 1$ noch von den nichtnegativen ganzen Zahlen $n_1, \dots, n_k$ (für die $\mathsf{P}(\nu_1 = n_1, \dots, \nu_k = n_k) > 0$ gilt) abhängt.

Falls dies nicht gilt, dann gibt es zwei ganze Zahlen $k \geqq 1$ und $k' \geqq 1$, ein k- und ein k'-Tupel nichtnegativer Zahlen

$$(n_1, \dots, n_k) \quad \text{und} \quad (n_1', \dots, n_{k'}') ,$$

so daß nicht sämtliche Zahlen

$$a_n = \mathsf{P}(\nu_{k+1} = n \mid \nu_1 = n_1, \dots, \nu_k = n_k) ,$$

$$a_n' = \mathsf{P}(\nu_{k'+1} = n \mid \nu_1 = n_1', \dots, \nu_{k'} = n_{k'}')$$

einander gleich sind. Wir setzen

$$F(z) = \sum_{n \geqq 0} a_n z^n \quad \text{und} \quad F'(z) = \sum_{n \geqq 0} a_n' z^n ,$$

dann gilt

$$F(z) \not\equiv F'(z) , \qquad |z| \leqq 1 . \tag{5}$$

Diese Potenzreihen konvergieren für $|z| \leqq 1$, weil $a_n \geqq 0$, $a_n' \geqq 0$ für $n \geqq 0$ und $\sum_{n \geqq 0} a_n = \sum_{n \geqq 0} a_n' = 1$ ist.

Wir setzen $N = n_1 + \dots + n_k + k$. Im Zeitpunkt t_N trifft dann der k-te Anruf des verdünnten Stromes ein. Der nächste Anruf des verdünnten Stromes trifft mit der Wahrscheinlichkeit $B(t)$ nach einem Zeitintervall der Länge $< t$ ein (der verdünnte Strom ist rekurrent, und er wird durch die Funktion $B(t)$ bestimmt). Andererseits ist diese Wahrscheinlichkeit gleich

$$a_0 \mathsf{P}(t_{N+1} - t_N < t) + a_1 \mathsf{P}(t_{N+2} - t_N < t) + \dots + a_n \mathsf{P}(t_{N+n+1} - t_N < t) + \dots$$

oder auf Grund der Rekurrenz des Grundstromes gleich

$$a_0 A(t) + a_1 [A(t)]^{*2} + \dots + a_n [A(t)]^{*(n+1)} + \dots,$$

wobei $A(t) = \mathsf{P}(t_1 < t)$ ist. Somit gilt also

$$B(t) = \sum_{n \geqq 0} a_n [A(t)]^{*(n+1)}.$$

Analog wird gezeigt (dabei ist $N' = n_1' + \dots + n_{k'}'$ zu setzen usw.)

$$B(t) = \sum_{n \geqq 0} a_n' [A(t)]^{*(n+1)} .$$

Wir haben also die Gleichung

$$\sum_{n \geqq 0} a_n [A(t)]^{*(n+1)} = \sum_{n \geqq 0} a'_n [A(t)]^{*(n+1)}$$

erhalten. Für die LAPLACE-STIELTJES-Transformierten der beiden Seiten dieser Gleichung ergibt sich

$$\sum_{n \geqq 0} a_n [\alpha(s)]^{n+1} = \sum_{n \geqq 0} a'_n [\alpha(s)]^{n+1}$$

bzw.

$$\alpha(s)\, F\big(\alpha(s)\big) = \alpha(s)\, F'\big(\alpha(s)\big) . \tag{6}$$

Wenn s den Bereich von 0 bis $+\infty$ durchläuft, dann fällt $\alpha(s)$ monoton von 1 bis 0. Deshalb erhalten wir aus (6)

$$F(z) = F'(z) \quad \text{für} \quad 0 < z \leqq 1$$

und hieraus

$$F(z) = F'(z) \quad \text{für} \quad |z| \leqq 1 ,$$

was der Beziehung (5) widerspricht.

Aufgabe 1. Eine Verdünnungsoperation nennen wir *modifizierte rekurrente Verdünnungsoperation*, wenn die zufälligen Zahlen $\nu_1, \nu_2, \nu_3, \ldots$ vollständig unabhängig sind und die zufälligen Zahlen $\nu_2, \nu_3, \ldots$ identisch verteilt sind. Es ist zu zeigen: Falls der Grundstrom und die Verdünnungsoperation modifiziert rekurrent sind, dann ist der verdünnte Strom ebenfalls modifiziert rekurrent.

Aufgabe 2. Der Grundstrom sei ein stationärer rekurrenter Strom, die Verdünnungsoperation sei rekurrent. Man zeige, daß der verdünnte Strom genau dann stationär ist, wenn

$$\mathsf{P}(\nu_1 = n) = (1 - p)\, p^n , \qquad n = 0, 1, 2, \ldots ; \qquad 0 \leqq p \leqq 1 .$$

Aufgabe 3. Die Anrufe des Grundstromes treffen jeweils nach Zeitintervallen der Länge Eins ein. Die Verdünnungsoperation sei modifiziert rekurrent. Man zeige, daß der verdünnte Strom genau dann stationär ist, wenn

$$\mathsf{P}(\nu_1 < n) = \frac{1}{1 + \mathsf{E}\nu_2} \sum_{k=0}^{n} \mathsf{P}(\nu_2 \geqq k) , \qquad \mathsf{E}\nu_2 < +\infty .$$

Eine modifizierte rekurrente Verdünnungsoperation mit dieser Eigenschaft nennen wir *stationäre rekurrente Verdünnungsoperation.*

Hinweis. Die Anrufe des verdünnten Stromes treffen nach Intervallen der Länge $\nu_1 + 1$, $\nu_2 + 2, \ldots$ ein. Wir setzen

$$B_1(t) = \mathsf{P}(\nu_1 + 1 < t) , \qquad B(t) = \mathsf{P}(\nu_2 + 1 < t) .$$

Für die Stationarität des verdünnten Stromes ist notwendig und hinreichend, daß

$$B_1(t) = b \int_0^t [1 - B(u)]\, du , \qquad b^{-1} = \mathsf{E}(\nu_2 + 1)$$

gilt, siehe die Aufgabe aus § 6 oder Satz 1 aus § 9.

Aufgabe 4. Der Grundstrom der Anrufe sei ein stationärer rekurrenter Strom, die Verdünnungsoperation sei modifiziert rekurrent. Man zeige, daß für die Stationarität des verdünnten Stromes notwendig und hinreichend ist, daß die Verdünnungsoperation stationär ist.

Aufgabe 5. Man zeige, daß aus der Rekurrenz des verdünnten Stromes und der Verdünnungsoperation nicht die Rekurrenz des Grundstromes folgt.

Aufgabe 6. Jedem rekurrenten Strom von Anrufen, der durch eine Verteilungsfunktion $A(t)$, $A(+0) < 1, a^{-1} = \int_0^\infty t\, dA(t) < +\infty$ bestimmt wird, ordnen wir mit Hilfe der folgenden Operation einen anderen rekurrenten Strom zu. Jeder Anruf des Ausgangsstromes geht mit der Wahrscheinlichkeit p „verloren" und verbleibt mit der Wahrscheinlichkeit $q = 1 - p$ im Strom (unabhängig von den anderen Anrufen). Der auf diese Weise verdünnte Strom ist rekurrent. Wir ändern den

Zeitmaßstab des verdünnten Stromes so, daß die mittlere Länge der Intervalle zwischen dem Eintreffen von zwei aufeinanderfolgenden Anrufen des verdünnten Stromes mit der entsprechenden Länge des Grundstromes übereinstimmt. Der auf diese Weise erhaltene Strom ist wieder rekurrent und wird durch eine gewisse Verteilungsfunktion $A_1(t)$ bestimmt. Diese Operation der Zuordnung eines Stromes bezeichnen wir mit T_p:

$$A_1(t) = T_p A(t) .$$

Wir definieren

$$A_{n+1}(t) = T_p A_n(t) = T_p^{n+1} A(t) .$$

Man beweise für $0 < p < 1$

$$\lim_{n \to +\infty} A_n(t) = 1 - e^{-at} , \qquad t \geqq 0 .$$

Hinweis. Es gilt

$$\alpha_{n+1}(s) = \alpha_n(qs)\, F\big(\alpha_n(qs)\big), \qquad F(z) = \frac{1-p}{1-zp}$$

bzw.

$$\frac{1}{\alpha_{n+1}(s)} - 1 = \frac{1}{q}\left[\frac{1}{\alpha_n(qs)} - 1\right]$$

bzw.

$$\frac{1}{\alpha_n(s)} - 1 = \frac{1}{q^n}\left[\frac{1}{\alpha(q^n s)} - 1\right].$$

Aufgabe 7 (Fortsetzung). Man zeige

$$\lim_{n \to \infty} T_{p_n} \ldots T_{p_1} A(t) = 1 - e^{-at} , \qquad t \geqq 0 .$$

falls $q_1 \ldots q_n \to 0$ für $n \to +\infty$, wobei $q_k = 1 - p_k$.

Hinweis. Es gilt

$$\frac{1}{\alpha_{n+1}(s)} - 1 = \frac{1}{q_{n+1}}\left[\frac{1}{\alpha_n(q_{n+1}s)} - 1\right]$$

bzw.

$$\frac{1}{\alpha_n(s)} - 1 = \frac{1}{q_1 \ldots q_n}\left[\frac{1}{\alpha(q_1 \ldots q_n s)} - 1\right].$$

Aufgabe 8 (Fortsetzung). Man zeige

$$\lim_{p \uparrow 1} T_p A(t) = 1 - e^{-at} , \qquad t \geqq 0 .$$

Aufgabe 9. Um in Aufgabe 6 den durch die Funktion $T_p A(t)$ bestimmten rekurrenten Strom zu erhalten, wurde eine spezielle, durch die Funktion $F(z) = \dfrac{1-p}{1-zp}$ bestimmte, rekurrente Verdünnungsoperation mit nachfolgender Veränderung des Zeitmaßstabes benutzt. Anstelle des Symbols T_p werden wir das Symbol T_F verwenden, wenn die rekurrente Verdünnungsoperation durch die Funktion $F(z) = \sum_{k \geqq 0} a_k z^k$ definiert wird.

Es sind Bedingungen für die Existenz des Grenzwertes $\lim_{n \to \infty} T_F^n A(t)$, der sich als eigentliche Verteilungsfunktion erweist, anzugeben. Es ist klar, falls dieser Grenzwert existiert und gleich $B(t)$ ist, dann gilt die folgende Funktionalgleichung

$$\beta(s) = \beta(\lambda s)\, F\big(\beta(\lambda s)\big), \qquad \lambda^{-1} = 1 + F'(1) ,$$

wobei $\beta(s)$ die Laplace-Stieltjes-Transformierte von $B(t)$ bezeichnet. Hieraus folgt insbesondere, daß die Bedingung

$$F(z) = \frac{1-\mu}{1-z\mu}, \qquad \mu = 1 - \lambda ,$$

n otwendig und hinreichend dafür ist, daß $B(t) = 1 - e^{-at}$, $t \geqq 0$ gilt.

§ 11. Überlagerung von Strömen

Im vorhergehenden Abschnitt betrachteten wir die Erzeugung von Strömen durch Verdünnung eines Stromes. Nun betrachten wir eine andere Methode der Erzeugung von Strömen. Sie besteht in der Überlagerung (Superposition, Summation) von Strömen.

A. Wir betrachten n Quellen, die in gewissen Zeitpunkten Anrufe aussenden. Den Strom der Anrufe, die von allen Quellen eintreffen, nennen wir *Gesamtstrom* (bzw. Summenstrom). Wir sagen, daß man den Gesamtstrom als *Überlagerung* (*Superposition*) der Ströme von Anrufen erhält, die von den einzelnen Quellen ausgesendet werden. Als Beispiel eines Gesamtstromes kann der Strom von Anrufen dienen, der von den Fernsprechteilnehmern bei einem Fernsprechamt insgesamt eintrifft. In diesem Fall sind die Teilnehmer die Quellen der Anrufe. Falls die Einzelströme untereinander unabhängig sind und jeder Strom ein POISSONscher Strom ist, dann ist es nicht schwer nachzuprüfen, daß der Gesamtstrom auch POISSONsch ist mit einem Parameter, der gleich der Summe der Parameter der Einzelströme ist, d. h., die Klasse der POISSONschen Ströme ist invariant gegenüber der Operation der Überlagerung von Strömen.

Die Ströme, die in der Praxis angetroffen werden, erweisen sich in der Mehrzahl der Fälle dem POISSONschen Strom ähnlich. Dieser bemerkenswerte Fakt kann bis zu einem gewissen Grade durch die unten angeführten Grenzwertsätze (siehe auch § 10, Aufgaben 6—8) erklärt werden.

Zuerst führen wir den Begriff der Konvergenz von Strömen ein. Es sei eine Folge von Strömen $L_0, L_1, L_2, \ldots$ gegeben;
$t_1^{(n)}, t_2^{(n)}, \ldots$ seien die aufeinanderfolgenden Ankunftszeitpunkte von Anrufen des Stromes L_n; $z_k^{(n)} = t_k^{(n)} - t_{k-1}^{(n)}$, $k \geqq 1$, $t_0^{(n)} = 0$. Der Strom L_n, $n \geqq 0$, ist gegeben, wenn für beliebiges $k \geqq 1$ und beliebige Zahlen $\tau_1 \geqq 0, \ldots, \tau_k \geqq 0$ die Wahrscheinlichkeit

$$p_n(\tau_1, \ldots, \tau_k) = \mathsf{P}(z_1^{(n)} < \tau_1, \ldots, z_k^{(n)} < \tau_k)$$

gegeben ist und wenn diese Wahrscheinlichkeiten verträglich sind.[1])

Wir sagen, daß die Folge der Ströme $L_1, L_2, \ldots$ gegen den Strom L_0 konvergiert, und bezeichnen diese Tatsache mit $L_n \to L_0$, wenn für beliebiges $k \geqq 1$ und für beliebige Zahlen $\tau_1 \geqq 0, \ldots, \tau_k \geqq 0$

$$p_n(\tau_1, \ldots, \tau_k) \to p_0(\tau_1, \ldots, \tau_k)$$

für $n \to \infty$ gilt. Wir sagen ferner, daß die Folge der Ströme $L_1, L_2, \ldots$ gleichmäßig gegen den Strom L_0 konvergiert, und bezeichnen dies mit $L_n \Rightarrow L_0$, wenn für jedes $\varepsilon > 0$, für jede beliebige Zahl $k \geqq 1$ und für beliebige Zahlen $\tau_1^0 \geqq 0, \ldots, \tau_k^0 \geqq 0$ eine Zahl N existiert, so daß

$$|p_n(\tau_1, \ldots, \tau_k) - p_0(\tau_1, \ldots, \tau_k)| \leqq \varepsilon$$

für alle Zahlen $\tau_1, \ldots, \tau_k$ gilt, die den Ungleichungen $0 \leqq \tau_1 \leqq \tau_1^0, \ldots, 0 \leqq \tau_k \leqq \tau_k^0$ genügen, und für alle $n \geqq N$.

---

[1]) Hierbei handelt es sich um die Verträglichkeitsbedingungen des Satzes von KOLMOGOROW, siehe z. B. bei A. A. BOROWKOW „Wahrscheinlichkeitstheorie", Akademie-Verlag, Berlin 1976, S. 39 (Anm. d. Herausgebers).

B. Wir betrachten zuerst den Spezialfall, daß jede Quelle (mit Wahrscheinlichkeit 1) nur einen Anruf aussendet.
Der k-te Einzelstrom, $k = 1, \dots, n$, besteht somit nur aus einem Anruf, der im zufälligen Zeitpunkt $t_1^{(k)}$ eintrifft. Für jedes $n \geqq 1$ betrachten wir den Gesamtstrom von Anrufen, der sich durch die Überlagerung dieser n voneinander unabhängigen Ströme ergibt und bezeichnen ihn mit Σ_n. Wir setzen $A_k(t) = \mathsf{P}(t_1^{(k)} < t)$ und bemerken, daß jede der Funktionen $A_1(t), \dots, A_n(t)$ von n abhängt. Wir lassen jedoch den auf diese Abhängigkeit hinweisenden Index weg. Einen Poissonschen Strom mit dem Parameter a werden wir mit $P(a)$ bezeichnen.

Satz 1. *Falls für jedes feste t und für $n \to \infty$*

$$\max_{1 \leqq k \leqq n} \{A_k(t)\} \to 0 \tag{1}$$

erfüllt ist, dann ist für $\Sigma_n \Rightarrow P(a)$ notwendig und hinreichend, daß

$$\sum_{k=1}^{n} A_k(t) \to at \tag{2}$$

gleichmäßig in jedem Intervall $[0, T]$, $T > 0$, gilt.

Bemerkung. Falls die Bedingung (1) erfüllt ist, dann ist die Bedingung (2) der folgenden Bedingung gleichwertig:

$$\prod_{k=1}^{n} [1 - A_k(t)] \to e^{-at} \tag{3}$$

gleichmäßig in jedem Intervall $[0, T]$, $T > 0$. Dies folgt aus den Beziehungen

$$\ln \prod_{k=1}^{n} [1 - A_k(t)] = \sum_{k=1}^{n} \ln [1 - A_k(t)] = -\sum_{k=1}^{n} A_k(t) + \frac{\Theta}{2} \sum_{k=1}^{n} [A_k(t)]^2 , \qquad 0 \leqq \Theta \leqq 1 ,$$

$$\sum_{k=1}^{n} [A_k(t)]^2 \leqq \sum_{k=1}^{n} A_k(t) \cdot \max_{1 \leqq k \leqq n} \{A_k(t)\} .$$

C. Für jedes $n \geqq 1$ betrachten wir einen Gesamtstrom von Anrufen, der sich durch die Überlagerung von n unabhängigen Strömen ergibt, wobei der k-te Strom nicht unbedingt nur aus einem Anruf besteht. Mit $t_1^{(k)}$ und $t_2^{(k)}$ bezeichnen wir die Ankunftszeitpunkte des ersten und zweiten Anrufes des k-ten Stromes. Wir setzen $A_k(t) = \mathsf{P}(t_1^{(k)} < t)$, $B_k(t) = \mathsf{P}(t_2^{(k)} < t)$, $k = 1, \dots, n$, und bemerken, daß die Funktionen $A_k(t)$ und $B_k(t)$ im allgemeinen von n abhängen. Wir lassen jedoch den auf diese Abhängigkeit hinweisenden Index weg. Den Gesamtstrom bezeichnen wir mit Σ_n.

Satz 2. *Es gelte*

(1) *für jedes feste t und für $n \to +\infty$*

$$\max_{1 \leqq k \leqq n} \{A_k(t)\} \to 0, \quad \sum_{k=1}^{n} B_k(t) \to 0,$$

(2) $\sum_{k=1}^{n} A_k(t) \to at$ *gleichmäßig in jedem Intervall $[0, T]$, $T > 0$.*

Dann gilt $\Sigma_n \Rightarrow P(a)$.

Beweis des Satzes 1. *Hinlänglichkeit.* Es seien $t_1, t_2, \ldots$ die aufeinanderfolgenden Ankunftszeitpunkte von Anrufen des Gesamtstromes Σ_n; $z_k = t_k - t_{k-1}$, $k \geqq 1$, $t_0 = 0$. Es genügt zu beweisen, daß

$$\mathsf{P}(z_1 \geqq t) \to \mathrm{e}^{-at} \tag{4}$$

gleichmäßig in jedem Intervall $[0, T]$, $T > 0$ gilt, und daß für jedes $\varepsilon > 0$, für jede beliebige ganze Zahl $k \geqq 1$ und für beliebige Zahlen $\tau_1^0 \geqq 0, \ldots, \tau_k^0 \geqq 0$, $t^0 \geqq 0$, eine Zahl N existiert, so daß

$$|\mathsf{P}(z_{k+1} \geqq t \mid z_1 < \tau_1, \ldots, z_k < \tau_k) - \mathrm{e}^{-at}| \leqq \varepsilon \tag{5}$$

für beliebige Zahlen $\tau_1, \ldots, \tau_k, t$, die den Ungleichungen

$$0 \leqq \tau_1 \leqq \tau_1^0, \ldots, 0 \leqq \tau_k \leqq \tau_k^0, \qquad 0 \leqq t \leqq t^0,$$

genügen, und für alle $n \geqq N$ gilt. Die Konvergenz (4) folgt wegen

$$\mathsf{P}(z_1 \geqq t) = \prod_{k=1}^{n} [1 - A_k(t)] \tag{6}$$

aus (3). Die Ungleichung (5) folgt aus (1), (3) und aus den Beziehungen

$$\mathsf{P}(z_1 < \tau_1, \ldots, z_k < \tau_k, z_{k+1} \geqq t) =$$

$$= \sum_{K_{n,k}} \int_0^{\tau_1} \mathrm{d}A_{i_1}(x_1) \int_{x_1}^{x_1+\tau_2} \mathrm{d}A_{i_2}(x_2) \ldots \int_{x_{k-1}}^{x_{k-1}+\tau_k} \mathrm{d}A_{i_k}(x_k) \prod_{i \neq i_1, \ldots, i_k} [1 - A_i(x_k + t)] \,; \tag{7}$$

$$\mathsf{P}(z_1 < \tau_1, \ldots, z_k < \tau_k) =$$

$$= \sum_{K_{n,k}} \int_0^{\tau_1} \mathrm{d}A_{i_1}(x_1) \int_{x_1}^{x_1+\tau_2} \mathrm{d}A_{i_2}(x_2) \ldots \int_{x_{k-1}}^{x_{k-1}+\tau_k} \mathrm{d}A_{i_k}(x_k) \prod_{i \neq i_1, \ldots, i_k} [1 - A_{i_s}(t)] \,; \tag{8}$$

$$\prod_{i \neq i_1, \ldots, i_k} [1 - A_i(t)] = \prod_{i-1}^{n} [1 - A_i(t)] \prod_{s=1}^{k} [1 - A_{i_s}(t)]^{-1} ,$$

wobei $K_{n,k}$ die Menge aller Kombinationen $(i_1, \ldots, i_k)$ von k Zahlen aus $\{1, 2, \ldots, n\}$ ist, für die $i_s \neq i_l$ für $s \neq l$ gilt.

Die *Notwendigkeit* folgt aus (6) und aus der Definition der gleichmäßigen Konvergenz von Strömen.

Beweis des Satzes 2. Wir werden die gleichen Bezeichnungen wie beim Beweis des Satzes 1 benutzen. Es genügt, wieder nur (4) und (5) zu beweisen. Die Konvergenz (4) folgt aus (3) und (6).

Um die Wahrscheinlichkeit $\mathsf{P}(z_1 < \tau_1, \ldots, z_k < \tau_k, z_{k+1} \geqq \mathrm{t})$ zu bestimmen, betrachten wir die folgenden Ereignisse A und B;

A: $z_1 < \tau_1, \ldots, z_k < \tau_k, z_{k+1} \geqq t$ und die ersten k Anrufe des Gesamtstromes entstammen verschiedenen Einzelströmen (wir setzen $n > k$ voraus);

B: $z_1 < \tau_1, \ldots, z_k < \tau_k, z_{k+1} \geqq t$ und unter den ersten k Anrufen des Gesamtstromes gibt es zumindest zwei Anrufe, die von dem gleichen Einzelstrom kommen.

Für $k = 1$ ist das Ereignis B unmöglich, d. h., in diesem Fall gilt $\mathsf{P}(B) = 0$. Weiter ist

$$\mathsf{P}(z_1 < \tau_1, \ldots, z_k < \tau_k, z_{k+1} > t) = \mathsf{P}(A) + \mathsf{P}(B) \,. \tag{9}$$

Es ist klar, daß

$$\mathsf{P}(B) \leqq \sum_{i=1}^{n} B_i(\tau) \,, \qquad \tau = \tau_1 + \ldots + \tau_k \tag{10}$$

gilt. Wir schätzen nun die Wahrscheinlichkeit $\mathsf{P}(A)$ ab. Gleichzeitig mit dem Gesamtstrom Σ_n betrachten wir einen Strom Σ_n' von Anrufen, der nur aus den ersten Anrufen jedes Einzelstromes besteht. Mit $t_1', t_2', \dots, t_n'$ bezeichnen wir die aufeinanderfolgenden Ankunftszeitpunkte der Anrufe des Stromes Σ_n'; $z_k' = t_k' - t_{k-1}'$, $k \geqq 1$, $t_0' = 0$. Wir führen das Ereignis

$$A' = \{z_1' < \tau_1, \dots, z_k' < \tau_k, z_{k+1}' \geqq t\}$$

ein. Es ist klar, daß

$$A' \supset A \tag{11}$$

und dabei

$$\mathsf{P}(A' \setminus A) \leqq \sum_{i=1}^{n} B_i(\tau + t) , \tag{12}$$

gilt, denn wenn das Ereignis $A' \setminus A$ realisiert wird, dann sind bis zum Zeitpunkt $\tau_1 + \dots + \tau_k + t$ zumindest von einem der Einzelströme zwei Anrufe eingetroffen. Aus (9)—(12) und aus der ersten Bedingung des Satzes 2 erhalten wir, da die Funktionen $B_k(t)$ nichtfallend sind, wiederum die Formeln (7) und (8), die allerdings nun mit einer Genauigkeit bis auf (im voraus gegebene Zahlen) $\varepsilon_1 > 0$ und $\varepsilon_2 > 0$ gelten. Dabei hängen ε_1 und ε_2 nur von $\tau_1^0, \dots, \tau_k^0, t^0$ ab, und die Anzahl der Einzelströme muß größer oder gleich einer gewissen Zahl N_0 sein. Hieraus folgt die Bedingung (5).

Aufgabe. Für jedes $n \geqq 1$ betrachten wir einen Gesamtstrom Σ_n, der sich durch Überlagerung von n unabhängigen Einzelströmen ergibt. Dabei sei der k-te Strom ein modifizierter rekurrenter Strom, der durch die Funktionen $A_{1k}(t)$ und $A_k(t)$ bestimmt wird:

$$A_{1k}(t) = a_k \int_0^t [1 - A_k(u)]\, du ,$$

wobei $a_k^{-1} = \int_0^\infty [1 - A_k(u)]\, du$ gilt.

Wir setzen für $n \to +\infty$ voraus

(1) $a_1 + \dots + a_n = a = \text{const}$;

(2) $\max\limits_{1 \leqq k \leqq n} \{a_k\} \to 0$;

(3) für jedes feste t

$\max\limits_{1 \leqq k \leqq n} \{A_k(t)\} \to 0$.

Man beweise $\Sigma_n \Rightarrow P(a)$.

Hinweis. Es gilt

$$\sum_{k=1}^{n} A_{1k}(t) = \sum_{k=1}^{n} [a_k t - a_k \int_0^t A_k(u)\, du] \to at ,$$

weil

$$\sum_{k=1}^{n} a_k \int_0^t A_k(u)\, du \leqq t \sum_{k=1}^{n} a_k A_k(t) \leqq t \sum_{k=1}^{n} a_k \cdot \max_{1 \leqq k \leqq n} \{A_k(t)\} = at \max_{1 \leqq k \leqq n} \{A_k(t)\} ;$$

$$\sum_{k=1}^{n} B_k(t) \leqq \sum_{k=1}^{n} A_{1k}(t)\, A_k(t) \leqq \sum_{k=1}^{n} A_{1k}(t) \cdot \max_{1 \leqq k \leqq n} \{A_k(t)\} \leqq at \cdot \max_{1 \leqq k \leqq n} \{A_k(t)\} ;$$

$$\max_{1 \leqq k \leqq n} \{A_{1k}(t)\} \leqq t \cdot \max_{1 \leqq k \leqq n} \{a_k\} .$$

§ 12. Der Bernoullische Strom

Bisher haben wir in der Regel unbeschränkte Ströme von Anrufen betrachtet, d. h. solche Ströme $\nu(t)$, für die es für jede ganze Zahl $N \geqq 0$ eine Zahl $T \geqq 0$ gibt, so daß $\mathsf{P}(\nu(T) \geqq N) > 0$ gilt.

Als Beispiel eines beschränkten Stromes dient der BERNOULLIsche Strom, zu dessen Beschreibung wir nun übergehen.

Es seien $\tau_1, \dots, \tau_N$ unabhängige zufällige Zahlen, von denen jede im Intervall $[0, T]$, $T > 0$, gleichverteilt ist. Wir setzen

$$\nu_k(t) = \begin{cases} 0, \text{ falls } \tau_k \geqq t \,; \\ 1, \text{ falls } \tau_k < t \,; \end{cases}$$

$$\nu(t) = \nu_1(t) + \dots + \nu_N(t) \,.$$

Der Strom $\nu(t)$, $t \geqq 0$, heißt *BERNOULLIscher Strom*. Einen solchen Strom kann man auf die folgende Weise darstellen. Jede von n unabhängigen Quellen sendet im Zeitabschnitt $[0, T]$, $T > 0$, (mit Wahrscheinlichkeit 1) nur einen Anruf aus. Dabei ist die Wahrscheinlichkeit dafür, daß von einer bestimmten Quelle ein Anruf in einem Intervall $\Delta \subset [0, T]$ der Länge $|\Delta|$ eintrifft, gleich $|\Delta|/T$. Jede Quelle erzeugt also einen Strom, der aus einem Anruf besteht. Der Gesamtstrom, der sich durch Überlagerung dieser Ströme ergibt, ist ein BERNOULLIscher Strom. Wir betonen, daß ein BERNOULLIscher Strom beschränkt ist (aus einer endlichen Anzahl von Anrufen besteht).

Es sei $P_k(t) = \mathsf{P}(\nu(t) = k)$, $k = 1, \dots, N$. Weil die Wahrscheinlichkeit für die Ankunft eines bestimmten Anrufes in $[0, t) \subseteq [0, T]$ gleich t/T ist und die Anrufe unabhängig voneinander eintreffen, gilt

$$P_k(t) = \binom{N}{k} \left(\frac{t}{T}\right)^k \left(1 - \frac{t}{T}\right)^{N-k} .$$

Falls die Intervalle $\Delta_1, \dots, \Delta_n$ disjunkt sind und falls $[0, T] = \Delta_1 \cup \dots \cup \Delta_n$ ist, dann gilt für beliebige nichtnegative ganze Zahlen $k_1, \dots, k_n$ mit der Eigenschaft $k_1 + \dots$ $\dots + k_n = N$

$$\mathsf{P}(\nu(\Delta_1) = k_1, \dots, \nu(\Delta_n) = k_n) = \frac{N!}{k_1! \dots k_n!} p_1^{k_1} \dots p_n^{k_n} , \tag{1}$$

wobei $\nu(\Delta)$ die Anzahl der Anrufe ist, die im Intervall Δ eintreffen, und

$$p_i = \frac{|\Delta_i|}{T} , \qquad i = 1, \dots, n \,.$$

Gleichzeitig mit einem BERNOULLIschen Strom $\nu(t)$ betrachten wir einen POISSONschen Strom $\nu'(t)$ mit der Intensität $a > 0$. Für $0 \leqq t \leqq T$ und $0 \leqq k \leqq N$ gilt

$$\mathsf{P}(\nu'(t) = k \mid \nu'(T) = N) = \mathsf{P}(\nu'(t) = k, \nu'(T) - \nu'(t) = N - k)/\mathsf{P}(\nu'(T) = N) =$$

$$= \mathsf{P}(\nu'(t) = k) \cdot \mathsf{P}(\nu'(T - t) = N - k)/\mathsf{P}(\nu'(T) = N) =$$

$$= \frac{(at)^k}{k!} \mathrm{e}^{-at} \frac{[a(T-t)]^{N-k}}{(N-k)!} \mathrm{e}^{-a(T-t)} \Big/ \frac{(aT)^N}{N!} \mathrm{e}^{-aT} ,$$

d.h.

$$\mathsf{P}(\nu'(t) = k \mid \nu'(T) = N) = \binom{N}{k} \left(\frac{t}{T}\right)^k \left(1 - \frac{t}{T}\right)^{N-k} .$$

Falls die Intervalle $\Delta_1, \dots, \Delta_n$ disjunkt sind und falls $[0, T] = \Delta_1 \cup \dots \cup \Delta_n$ ist, dann gilt für beliebige nichtnegative ganze Zahlen $k_1, \dots, k_n$ mit der Eigenschaft $k_1 + \dots + k_n = N$

$$\begin{aligned} &\mathsf{P}\big(\nu'(\Delta_1) = k_1, \dots, \nu'(\Delta_n) = k_n \mid \nu'(T) = N\big) = \\ &= \mathsf{P}\big(\nu'(\Delta_1) = k_1, \dots, \nu'(\Delta_n) = k_n\big)/\mathsf{P}\big(\nu'(T) = N\big) = \\ &= \mathsf{P}\big(\nu'(\Delta_1) = k_1\big) \dots \mathsf{P}\big(\nu'(\Delta_n) = k_n\big)/\mathsf{P}\big(\nu'(T) = N\big) = \\ &= \frac{(a|\Delta_1|)^{k_1}}{k_1!} e^{-a|\Delta_1|} \dots \frac{(a\,|\Delta_n|)^{k_n}}{k_n!} e^{-a|\Delta_n|} \Bigg/ \frac{(aT)^N}{N!} e^{-aT}, \end{aligned}$$

woraus wir, die Gleichung $|\Delta_1| + \dots + |\Delta_n| = T$ berücksichtigend,

$$\mathsf{P}\big(\nu'(\Delta_1) = k_1, \dots, \nu'(\Delta_n) = k_n \mid \nu'(T) = N\big) = \frac{N!}{k_1! \dots k_n!} p_1^{k_1} \dots p_n^{k_n} \tag{2}$$

erhalten.

Die Beziehungen (1) und (2) zeigen: Wenn für einen Poissonschen Strom von Anrufen bekannt ist, daß im Zeitabschnitt $[0, T]$, $T > 0$ genau N Anrufe eintreffen, dann erweist sich der Strom von Anrufen in diesem Abschnitt als Bernoullischer Strom.

Aufgabe 1. Es seien $t_1, \dots, t_N$ die aufeinanderfolgenden Ankunftszeitpunkte der Anrufe eines Bernoullischen Stromes; $z_k = t_k - t_{k-1}$; $k = 1, \dots, N$; $t_0 = 0$. Man beweise für beliebiges $k = 1, \dots, N$ und $0 \leqq t \leqq N$

$$\mathsf{P}(z_k \geqq t) = \left(1 - \frac{t}{N}\right)^N.$$

Aufgabe 2. Den obenbetrachteten Bernoullischen Strom bezeichnen wir mit Σ_N. Man zeige, daß die Folge der Bernoullischen Ströme Σ_N für $N = aT \to \infty$ mit $a > 0$ gleichmäßig gegen einen Poissonschen Strom mit dem Parameter a konvergiert, d. h. $\Sigma_N \Rightarrow P(a)$.

Hinweis. Siehe Satz 1 aus § 11; $A_k(t) = \min(t/T, 1)$ für $t \geqq 0$.

Aufgabe 3. Wir betrachten einen Poissonschen Strom $\nu(t)$ mit der Leitfunktion $\alpha(x)$, siehe § 5. Wir setzen $\nu(b) - \nu(a) = N$, $a < b$, voraus. Man zeige, daß dieser Strom von Anrufen im Intervall $[a, b)$ einem Gesamtstrom von N unabhängigen Quellen äquivalent ist, von denen jede in $[a, b)$ nur einen Anruf aussendet und dessen Ankunftszeitpunkt mit Wahrscheinlichkeit $[\alpha(d) - \alpha(c)]/[\alpha(b) - \alpha(a)]$ im Intervall $[c, d) \subseteq [a, b)$ enthalten ist.

§ 13. Methode der Einführung eines Zusatzereignisses

Bei der Lösung von Aufgaben der Bedienungstheorie werden oft die Laplace-Stieltjes-Transformierte

$$\int_0^\infty e^{-st}\, dA(t)$$

der Verteilungsfunktion $A(t)$ einer nichtnegativen Zufallsgröße oder erzeugende Funktionen der Gestalt

$$\sum_{k \geqq 0} p_k z^k \quad \text{bzw.} \quad \sum_{k \geqq 0} p_k \frac{z^k}{k!} = e^z \sum_{k \geqq 0} p_k \frac{z^k}{k!} e^{-z}$$

benötigt. Die Gestalt dieser Funktionen führte zu der Idee, ihnen einen gewissen wahrscheinlichkeitstheoretischen Sinn zu geben.

Beispiel 1. Wir betrachten einen Strom von Anrufen, der in einem gewissen Bedienungssystem eintrifft. Es sei z eine Zahl mit $0 \leqq z \leqq 1$. Wir färben die eintreffenden Anrufe auf die folgende Weise. Jeder Anruf wird entweder als rot oder als blau erklärt, wobei ein beliebiger Anruf als rot mit der Wahrscheinlichkeit z unabhängig davon erklärt wird, von welcher Farbe die übrigen Anrufe sind. Wenn nun p_k die Wahrscheinlichkeit des Eintreffens von k Anrufen in einem gewissen Zeitintervall ist, dann ist $\sum_{k \geqq 0} p_k z^k$ die Wahrscheinlichkeit dafür, daß alle (in diesem Intervall) eintreffenden Anrufe rot sind (oder die Wahrscheinlichkeit dafür, daß in diesem Intervall keine blauen Anrufe eintreffen).

Beispiel 2. Die „Lebensdauer" eines Elementes habe die Verteilungsfunktion $A(t)$. Wir wählen eine Zahl $s > 0$ und nehmen an, daß gewisse „Katastrophen" entstehen und die Zeitpunkte ihres Eintretens einen POISSONschen Strom mit dem Parameter s bilden. Dann ist die Zahl $\int_0^\infty e^{-st}\, dA(t)$ die Wahrscheinlichkeit dafür, daß während der „Lebensdauer" des Elementes eine „Katastrophe" eintritt.

Wir sehen, daß wir mit der Einführung eines gewissen zusätzlichen Ereignisses (einer „Katastrophe" oder des Ereignisses, daß sich ein Anruf als blau erweist) zugleich der LAPLACE-STIELTJES-Transformierten und der erzeugenden Funktion einen wahrscheinlichkeitstheoretischen Sinn geben. Es wird nun die Wahrscheinlichkeit eines uns interessierenden Ereignisses von zwei Gesichtspunkten aus berechnet, indem das zusätzlich eingeführte Ereignis — die „Katastrophe" genutzt wird. Wenn dabei beachtet wird, daß das zusätzlich eingeführte Ereignis in dem Sinne beliebig ist, daß z, $0 \leqq z \leqq 1$, bzw. $s > 0$ beliebig ist, dann erhalten wir eine Beziehung, die für alle z, $0 \leqq z \leqq 1$, bzw. $s > 0$ gültig ist. Wird nun dort, wo dies notwendig ist, das Prinzip der analytischen Fortsetzbarkeit benutzt, dann ergibt sich, daß die hergeleitete Beziehung für einen größeren Variationsbereich von z bzw. s gilt. Hierin besteht das Wesen der Methode der Einführung eines Zusatzereignisses. Wir bemerken, daß sich als angenehme Seite dieser Methode noch die Tatsache erweist, daß das Arbeiten mit Verteilungsfunktionen durch das Arbeiten mit ihren LAPLACE-STIELTJES-Transformierten ersetzt wird. Gleichzeitig entfällt die Notwendigkeit zu prüfen, ob der Übergang zur LAPLACE-STIELTJES-Transformierten zulässig ist (was getan werden muß, wenn die Beziehungen zum Beispiel Ableitungen von Verteilungsfunktionen enthalten).

In den vorhergehenden Abschnitten wurde diese Methode bereits ausgenutzt. Wir führen noch ein einfaches Beispiel an.

Es sei ξ eine nichtnegative Zufallsgröße mit der Verteilungsfunktion $A(t)$. Wir zeigen, daß

$$\int_0^\infty e^{-st}\, dA(t) = s \int_0^\infty e^{-st} A(t)\, dt = \int_0^\infty A(t)\, d_t\,(1 - e^{-st})$$

für alle $s > 0$ gilt. Die Größe ξ werden wir als Lebenszeit eines Elementes interpretieren. In den Termini der „Katastrophen" ist die linke Seite der Gleichung die Wahrscheinlichkeit dafür, daß während der Lebenszeit des Elementes keine Katastrophe eintritt. Die rechte Seite dagegen ist die Wahrscheinlichkeit dafür, daß die Lebenszeit des Elementes bis zum Eintreten einer Katastrophe beendet ist. Weil die angeführten

Ereignisse übereinstimmen, stimmen auch die Wahrscheinlichkeiten dieser Ereignisse überein.

§ 14. Die Bedienungszeit

Eine Einrichtung bediene die in ihr eintreffenden Anrufe, die Forderungen auf Bedienung darstellen. Die Dauer der Bedienungszeit eines Anrufes hängt von der Anzahl der bereits bedienten Anrufe, von der Dauer ihrer Bedienungszeiten, vom Strom der eintreffenden Anrufe, von der Prognose für die Zukunft und von vielen anderen Faktoren ab. Wir numerieren die Anrufe in der Reihenfolge ihres Eintreffens in der Bedienungseinrichtung mit 1, 2, ... und bezeichnen mit s_k, $k \geqq 1$, die zufällige Dauer der Bedienungszeit des k-ten Anrufes. Wir werden voraussetzen, daß die Dauer der Bedienung jedes Anrufes nicht vom Strom der Ankunftszeitpunkte abhängt. Die Bedienung wird dann als vollständig gegeben angesehen, wenn für jede natürliche Zahl $n \geqq 1$ die Verteilung des zufälligen Vektors $(s_1, \dots, s_n)$ gegeben ist und die Verteilungen verträglich sind.[1]) Hauptsächlich werden wir den Fall betrachten, daß die Zufallsgrößen $s_1, s_2, \dots$ vollständig unabhängig sind und die gleiche Verteilungsfunktion besitzen. Eine solche Bedienung nennen wir *rekurrent* (in Analogie zu dem entsprechenden Begriff für den Eingangsstrom). Wir bezeichnen

$$B(t) = \mathsf{P}(s_k < t)\,, \qquad k \geqq 1\,.$$

Für den Fall, daß $B(t) = 1 - \mathrm{e}^{-bt}$, $b > 0$, $t \geqq 0$ ist, wird die Bedienung *exponentiell* genannt.

Eine andere, oft anzutreffende Form der Bedienung ist diejenige mit konstanter Bedienungszeit jedes Anrufes, die, sagen wir, gleich $\tau > 0$ ist. In diesem Fall ist

$$B(t) = \begin{cases} 0, \text{ falls } t \leqq \tau\,, \\ 1, \text{ falls } t < \tau\,. \end{cases}$$

Wir betrachten den folgenden Fall einer mehrphasigen Bedienung.[2]) Die Dauer s der Bedienungszeit eines beliebigen Anrufes setze sich aus den voneinander unabhängigen Zufallsgrößen $s^{(1)}, \dots, s^{(m)}$ zusammen ($s^{(i)}$ ist die Dauer der Bedienungszeit in der i-ten Phase), d. h. $s = s^{(1)} + \dots + s^{(m)}$.

Mit $\mathsf{P}(s^{(i)} < t) = B_i(t)$ gilt

$$\mathsf{P}(s < t) = B(t) = (B_1 * \dots * B_m)\,(t)$$

wobei das Symbol $*$ die Faltungsoperation bezeichnet.

Zum Beispiel sollen die in einer gewissen Einrichtung eintreffenden Erzeugnisse zuerst die zufällige Zeit $s^{(1)}$ bearbeitet werden und danach eine Qualitätsprüfung durchlaufen. Für jedes Erzeugnis sei die Wahrscheinlichkeit, daß es Ausschuß darstellt,

[1]) vgl. Fußnote S. 22 (Anm. d. Herausgebers).

[2]) Der Begriff mehrphasige Bedienung wird hier noch allgemein verwendet, es erfolgt später eine Aufteilung in etappenweise Bedienung (§ 13, Kap. 4) und mehrphasige Bedienung im engeren Sinne (§ 1, Kap. 5) (Anm. d. Herausgebers).

gleich p. Nach dem Auftreten von Ausschuß wird die Einrichtung korrigiert, und die Dauer der Korrektur hat die Verteilungsfunktion $C(t)$.
In diesem Fall hat die Zeitdauer s, während der die Einrichtung für andere Erzeugnisse nicht zugänglich ist, die Verteilungsfunktion

$$B(t) = \mathsf{P}(s < t) = (B_1 * B_2)(t) ,$$

wobei für $t > 0$ gilt

$$B_2(t) = \mathsf{P}(s^{(2)} < t) = \mathsf{P}(s^{(2)} = 0) + \mathsf{P}(s^{(2)} > 0)\, \mathsf{P}(s^{(2)} < t \mid s^{(2)} > 0) = 1 - p + p\, C(t) .$$

In anderen Situationen besteht die mehrphasige Bedienung darin, daß ein Anruf nur eine Phase der Bedienung durchläuft, und zwar die i-te Phase mit der Wahrscheinlichkeit p_i, $i = 1, \ldots, m$; $p_1 + \ldots + p_m = 1$. Für die i-te Bedienungsphase wird eine zufällige Zeit mit der Verteilungsfunktion $B_i(t)$ benötigt. Die Bedienungszeit eines Anrufes hat dann die Verteilungsfunktion

$$B(t) = p_1 B_1(t) + \ldots + p_m B_m(t) .$$

Falls $B_i(t) = 1 - \mathrm{e}^{-b_i t}$, $b_i > 0$ ist, erhalten wir

$$B(t) = 1 - p_1\, \mathrm{e}^{-b_1 t} - \ldots - p_m\, \mathrm{e}^{-b_m t} ,$$

und die Bedienung wird *hyperexponentiell* genannt.
Wir betrachten noch den Fall der Bedienung, bei der die Einrichtung *unzuverlässig* arbeitet. Es sei $B(t)$ die Verteilungsfunktion der Bedienungszeit eines Anrufes. Falls die Bedienung des Anrufes im Zeitpunkt T begonnen wurde und falls die Dauer der Bedienungszeit $\geqq t$ ist, dann fällt das Gerät mit der Wahrscheinlichkeit $C(t)$ vor der Beendigung der Bedienung aus ($C(t)$ ist also die Verteilungsfunktion der „Lebenszeit" des Gerätes vom Zeitpunkt des Beginns der Bedienung des Anrufes an). Danach wird das Gerät erneuert, und die Erneuerungszeit hat die Verteilungsfunktion $D(t)$. Der Anruf, dessen Bedienung durch den Ausfall des Gerätes unterbrochen wurde, wird nach der Erneuerung des Gerätes weiterbedient, usw. Auf diese Weise ist mit jedem Anruf eine Zeit verbunden, während der das Gerät für andere Anrufe unzugänglich ist. Es ist natürlich, diese Zeit Verweilzeit des Anrufes im Gerät zu nennen. Mit $H(t)$ bezeichnen wir die Verteilungsfunktion dieser Zeit. Offensichtlich ist

$$H(t) = \sum_{n \geqq 0} \int_0^t P_n(u)\, D_n(t - u)\, \mathrm{d}B(u) . \tag{1}$$

Hierbei ist $P_n(u)$ die Wahrscheinlichkeit dafür, daß während der Bedienungszeit eines Anrufes, die gleich u ist, das Gerät n mal ausfällt, $n \geqq 0$; und $D_{k+1}(t) = (D_k * D)(t)$, $k \geqq 0$; $D_0(t) = 1$ für $t > 0$. Wir setzen

$$P(z, u) = \sum_{n \geqq 0} z^n P_n(u)$$

und erhalten aus (1)

$$h(s) = \int_0^\infty \mathrm{e}^{-st}\, P\big(\delta(s), t\big)\, \mathrm{d}B(t) . \tag{2}$$

Wir weisen darauf hin, daß gemäß § 6 (siehe Fall 1)

$$s\int_0^\infty \mathrm{e}^{-st}\, P(z, t)\, \mathrm{d}t = \frac{1-\gamma(s)}{1-z\gamma(s)}\,.$$

gilt. Insbesondere gilt

$$P(z, t) = \mathrm{e}^{-(1-z)ct}\,,$$

falls $C(t) = 1 - \mathrm{e}^{-ct}$, $c > 0$. Aus (2) erhalten wir dann

$$h(s) = \beta\big(s + c - c\delta(s)\big)$$

und hieraus zum Beispiel

$$h_1 = \beta_1(1 + c\delta_1)\,,$$

$$h_2 = \beta_2(1 + c\delta_1)^2 + \beta_1 c\delta_2\,.$$

KAPITEL 2

REGENERATIVE PROZESSE

§ 1. Der Erneuerungsprozeß

Es sei $\{z_k\}_{k \geqq 1}$ eine Folge reeller nichtnegativer Zufallsgrößen. Wir setzen

$$t_n = z_1 + \ldots + z_n\,, \qquad n \geqq 1\,; \qquad t_0 = 0\,;$$

$$\nu(t) = \max\,\{n : t_n < t\}\,, \qquad t \geqq 0\,.$$

Wenn man zum Beispiel die Größen z_k als Lebensdauern einer Folge von austauschbaren Elementen auffaßt, dann ist t_n der Austauschzeitpunkt des n-ten Elementes, und $\nu(t)$ ist die Anzahl der bis t ausgetauschten Elemente.

Der Prozeß $\nu(t)$ wird *Punktprozeß* genannt. Auf diese Weise ist durch jede Folge $\{z_k\}_{k \geqq 1}$ von reellen nichtnegativen Zufallsgrößen ein Punktprozeß $\nu(t)$ gegeben. Im Zusammenhang damit kann man einen Punktprozeß auch als Folge $\{z_k\}_{k \geqq 1}$ reeller nichtnegativer Zufallsgrößen auffassen. Ein Punktprozeß wird als gegeben angesehen, falls die Verteilung des zufälligen Vektors $(z_1, \ldots, z_n)$ für jede ganze Zahl $n \geqq 1$ gegeben ist. Wir sehen, daß die Begriffe des Punktprozesses und des Ereignisstromes (siehe Kap. 1, § 1) zusammenfallen.

Ein Punktprozeß $\{z_k\}_{k \geqq 1}$ heißt *modifizierter Erneuerungsprozeß*, wenn die Zufallsgrößen $z_1, z_2, z_3, \ldots$ unabhängig und $z_2, z_3, \ldots$ identisch verteilt sind.
Wenn sämtliche Zufallsgrößen $z_1, z_2, \ldots$ identisch verteilt (und unabhängig) sind, dann werden wir von einem *gewöhnlichen Erneuerungsprozeß* sprechen.[1])

Im folgenden werden nur modifizierte Erneuerungsprozesse betrachtet. Wir setzen

$$A_1(t) = \mathsf{P}(z_1 < t), \qquad A(t) = \mathsf{P}(z_k < t)\,, \qquad k \geqq 2\,.$$

Für einen gewöhnlichen Erneuerungsprozeß gilt $A_1(t) = A(t)$.
Zusätzlich setzen wir $\mathsf{P}(z_k = 0) < 1$ für alle $k \geqq 1$ voraus.

Satz. *Es existiert eine Zahl $\Theta_0 > 0$, so daß*

$$\mathsf{E}\{\exp(\Theta\nu(t))\} < +\infty$$

für alle $t \geqq 0$ und für beliebige $\Theta \leqq \Theta_0$ gilt. Insbesondere hat die zufällige Anzahl $\nu(t)$ für beliebige $t \geqq 0$ endliche Momente beliebiger Ordnung.

Beweis. Es genügt, die Behauptung für den Fall des gewöhnlichen Erneuerungsprozesses zu beweisen.

---

[1]) Der Begriff des modifizierten bzw. gewöhnlichen Erneuerungsprozesses stimmt mathematisch mit dem in Kap. 1, § 1, eingeführten Begriff des modifizierten rekurrenten Stromes bzw. des rekurrenten Stromes überein (Anm. d. Herausgebers).

Wegen $\mathsf{P}(z_k = 0) < 1$ existiert eine Zahl $\delta > 0$ mit $\mathsf{P}(z_k \geqq \delta) = \varepsilon > 0$. Durch die Gleichung

$$z_k' = \begin{cases} \delta, & \text{falls } z_k \geqq \delta, \\ 0, & \text{falls } z_k < \delta. \end{cases}$$

definieren wir einen neuen gewöhnlichen Erneuerungsprozeß $\{z_k'\}_{k \geqq 1}$. Wegen $z_k' \leqq z_k$ für alle k gilt $\nu'(t) \geqq \nu(t)$. Die Zufallsgröße $\nu'(t)$ ist aber binomialverteilt, woraus die Behauptung des Satzes folgt.

Für einen modifizierten Erneuerungsprozeß setzen wir

$$H_1(t) = \mathsf{E}\nu(t)\,.$$

Ist $A_1(t) \equiv A(t)$, dann benutzen wir die Bezeichnung

$$H(t) = \mathsf{E}\nu(t)$$

und nennen $H_1(t)$ bzw. $H(t)$ *Erneuerungsfunktion*. Es sei

$$\sigma_k = \begin{cases} 1, & \text{falls } t_k < t\,, \\ 0, & \text{falls } t_k \geqq t\,. \end{cases}$$

Dann gilt

$$\nu(t) = \sum_{k \geqq 1} \sigma_k\,, \qquad \mathsf{E}\sigma_k = \mathsf{P}(t_k < t) = A_k(t)\,,$$

$$A_{k+1}(t) = (A_k * A)\,(t) = A_1(t) * \mathsf{P}(z_2 + \dots + z_{k+1} < t)\,,$$

$$\mathsf{E}\nu(t) = \sum_{k \geqq 1} \mathsf{E}\sigma_k = \sum_{k \geqq 1} A_k(t)\,.$$

Hieraus folgt

$$H_1(t) = A_1(t) + \int_{-0}^{t} H_1(t-u)\,\mathrm{d}A(u)\,, \tag{1}$$

$$H(t) = A(t) + \int_{-0}^{t} H(t-u)\,\mathrm{d}A(u)\,, \tag{2}$$

$$H_1(t) = A_1(t) + \int_{-0}^{t} A_1(t-u)\,\mathrm{d}H(u)\,. \tag{3}$$

Die Gleichung (2) trägt den Namen *Erneuerungsgleichung.*

§ 2. Das elementare Erneuerungstheorem

Die Hauptergebnisse der Theorie der Erneuerungsprozesse lassen sich in Gestalt dreier Theoreme darstellen: das elementare Erneuerungstheorem (dargelegt in diesem Abschnitt), der Satz von Blackwell (s. § 3) und der Fundamentalsatz der Erneuerungstheorie (s. § 4). Die Namen dieser Theoreme wurden von W. L. Smith [113] eingeführt.

Satz (elementares Erneuerungstheorem). *Es gilt*

$$\lim_{t \to +\infty} \frac{H_1(t)}{t} = a\,, \quad \textit{wobei} \int_0^\infty t\,\mathrm{d}A(t) = a^{-1}$$

(dabei wird $\int_0^\infty t\,\mathrm{d}A(t) = +\infty$ *nicht ausgeschlossen und in diesem Fall* $a = 0$ *gesetzt). Die Zahl a heißt Erneuerungsintensität.*

Beweis. 1°. Wir zeigen zuerst, falls einer der Grenzwerte

$$\lim_{t\to\infty} \frac{H(t)}{t} \quad \text{oder} \quad \lim_{t\to\infty} \frac{H_1(t)}{t} \tag{1}$$

existiert, dann existiert auch der andere, und es gilt

$$\lim_{t\to\infty} \frac{H(t)}{t} = \lim_{t\to\infty} \frac{H_1(t)}{t} \tag{2}$$

Aus (3) in § 1 erhalten wir in der Tat für $0 < \varepsilon < 1$

$$H_1(T) \leqq A_1(T) + H(T) ,$$

$$H_1(T) \geqq \int_{-0}^{T-\varepsilon T} A_1(T-u) \, \mathrm{d}H(u) \geqq A_1(\varepsilon T) \, H(T-\varepsilon T)$$

bzw.

$$\frac{H_1(T)}{T} \leqq \frac{H(T)}{T} + \frac{A_1(T)}{T} ,$$

$$\frac{H_1(T)}{T} \geqq \frac{H(T-\varepsilon T)}{T-\varepsilon T} (1-\varepsilon) \, A_1(\varepsilon T) .$$

Weil $\varepsilon > 0$ beliebig ist, folgt aus diesen Ungleichungen: Falls einer der Grenzwerte (1) existiert, dann existiert auch der andere, und dabei gilt (2).

2°. Wir betrachten den Fall $a^{-1} = \int_0^\infty t \, \mathrm{d}A(t) < +\infty$ und wählen für $A_1(t)$ die spezielle Gestalt

$$A_1(t) = a \int_0^t [1 - A(u)] \, \mathrm{d}u , \qquad t \geqq 0 . \tag{3}$$

$A_1(t)$ ist eine Verteilungsfunktion, weil $a^{-1} = \int_0^\infty [1 - A(u)] \, \mathrm{d}u$, die Funktion $A_1(t)$ nichtfallend und stetig und weil $A_1(+\infty) = 1$ ist (wir nehmen $A_1(t) = 0$ für $t < 0$ an).

Es seien $h_1(s)$, $h(s)$, $\alpha_1(s)$, $\alpha(s)$ die jeweiligen Laplace-Stieltjes-Transformierten von $H_1(t)$, $H(t)$, $A_1(t)$, $A(t)$. Dann nehmen (1) aus § 1 und (3) die folgende Gestalt an:

$$h_1(s) = \alpha_1(s) + h_1(s) \, \alpha(s) , \qquad \alpha_1(s) = \frac{a}{s} [1 - \alpha(s)] .$$

Hieraus folgt $h_1(s) = \dfrac{a}{s}$, d. h. $H_1(t) = at$.

Unter Benutzung der Behauptung des Punktes 1° erhalten wir, daß erstens $\lim_{t\to\infty} \dfrac{H(t)}{t}$ existiert und gleich a ist und daß zweitens $\lim_{t\to\infty} \dfrac{H_1(t)}{t}$ für eine beliebige Verteilungsfunktion $A_1(t)$ existiert und ebenfalls gleich a ist.

3°. Wir haben nun noch den Fall $\int_0^\infty t \, \mathrm{d}A(t) = +\infty$ zu betrachten. Für ein beliebiges $\varepsilon > 0$ definieren wir einen modifizierten Erneuerungsprozeß $\{z_k'\}$ durch

$$z_k' = \left\{ \begin{matrix} z_k, & \text{falls} \ z_k < \varepsilon^{-1} \\ \varepsilon^{-1}, & \text{falls} \ z_k \geqq \varepsilon^{-1} \end{matrix} \right\} = \min (z_k , \varepsilon^{-1}) .$$

In diesem Fall ist

$$A'(t) = \begin{cases} A(t), & \text{falls} \quad t \leqq \varepsilon^{-1}, \\ 1, & \text{falls} \quad t > \varepsilon^{-1}; \end{cases}$$

$$a_\varepsilon^{-1} = \int_0^\infty t \, \mathrm{d}A'(t) = \int_0^{\varepsilon^{-1}} t \, \mathrm{d}A(t) + \varepsilon^{-1}[1 - A(\varepsilon^{-1})];$$

$$0 \leqq \lim_{t\to\infty} \frac{H_1(t)}{t} \leqq \lim_{t\to\infty} \frac{H_1'(t)}{t} = a_\varepsilon \to 0 \quad \text{für} \quad \varepsilon \downarrow 0,$$

was zu beweisen war.

§ 3. Der Satz von Blackwell

Ein Punkt x heißt *Wachstumspunkt*[1]) der Verteilungsfunktion $A(t)$, wenn für beliebige Zahlen a und b mit der Eigenschaft $a < x < b$ die Ungleichung $A(b) - A(a) > 0$ erfüllt ist. Eine Verteilungsfunktion $A(t)$ heißt *arithmetisch*[2]), wenn eine Zahl $\lambda > 0$ existiert, so daß jeder Wachstumspunkt der Verteilungsfunktion $A(t)$ ein Vielfaches von λ ist, d. h. die Gestalt $n\lambda$ besitzt, wobei n eine ganze Zahl ist. Falls eine solche Zahl λ nicht existiert, dann wird die Verteilungsfunktion $A(t)$ nichtarithmetisch genannt. Wir vermerken, daß eine arithmetische Verteilung der Verteilung einer Zufallsgröße entspricht, die (mit Wahrscheinlichkeit 1) nur Werte der Gestalt $n\lambda$ annimmt, wobei $\lambda > 0$ und n eine ganze Zahl ist.

Satz von Blackwell[3]). *Falls $A(t)$ eine nichtarithmetische Verteilungsfunktion ist, dann gilt für jede Zahl h*

$$H(t + h) - H(t) \to ah \tag{1}$$

für $t \to \infty$.

Beweis. Siehe [21], Kapitel II.

§ 4. Der Fundamentalsatz der Erneuerungstheorie

Wir führen zunächst den Begriff einer auf $[0, \infty)$ direkt Riemann-integrierbaren Funktion ein. Es sei Q eine reellwertige Borel-meßbare Funktion[4]), die auf $[0, \infty)$ definiert ist. Für eine Zahl $h > 0$ bezeichnen wir mit m_k und M_k die untere und obere Schranke der Funktion Q im Intervall $(k - 1)\, h \leqq x < kh$, $k \geqq 1$. Wir setzen voraus, daß die Reihen

$$s = h \sum_{k\geqq 1} m_k \quad \text{und} \quad S = h \sum_{k\geqq 1} M_k$$

absolut konvergieren. Wir sagen, daß die Funktion Q *auf* $[0, \infty)$ *direkt* Riemann-*integrierbar* ist, wenn $S - s \to 0$ für $h \downarrow 0$ gilt. In diesem Fall setzen wir

$$\int_0^\infty Q(t) \, \mathrm{d}t = \lim_{h\downarrow 0} s = \lim_{h\downarrow 0} S. \tag{1}$$

---

1) Auch Steigungspunkt genannt, s. [14], [119] (Anm. d. Herausgebers).

2) Im Sinne dieser Definition ist eine arithmetische Verteilungsfunktion eine spezielle gitterförmige Verteilungsfunktion (vgl. [119]) (Anm. d. Herausgebers).

3) Dieser Satz wird häufig auch der verallgemeinerte Satz von Blackwell genannt, bezüglich der Beweise zur Erneuerungstheorie s. auch [14], [119] (Anm. d. Herausgebers).

4) siehe § 1 des Anhanges (Anm. d. Herausgebers).

Satz (Fundamentalsatz der Erneuerungstheorie). *Es sei Q eine auf* $[0, \infty)$ *direkt* RIEMANN-*integrierbare Funktion. Wenn* $A(t)$ *eine nichtarithmetische Verteilungsfunktion ist, dann gilt*

$$\lim_{t\to\infty} \int_0^t Q(t-x)\, \mathrm{d}H(x) = a \int_0^\infty Q(t)\, \mathrm{d}t \tag{2}$$

(*das linke Integral ist im* LEBESGUE-STIELTJES*schen Sinne zu verstehen; es existiert, weil Q eine beschränkte* BOREL-*meßbare Funktion und die Funktion H monoton ist; das rechte Integral ist ein gewöhnliches* RIEMANN*sches Integral*).

Bemerkung. Dieser Satz wurde von W. L. SMITH [113] für den Fall formuliert, daß die Funktion Q monoton (nichtwachsend) ist. Der Fall, daß Q eine auf $[0, \infty)$ direkt RIEMANN-integrierbare Funktion ist, wurde von W. FELLER betrachtet, siehe [21], Kapitel II. Wir erinnern daran, daß das gewöhnliche RIEMANNsche Integral auf $[0, \infty)$ als Grenzwert des RIEMANNschen Integrals auf $[0, u]$ für $u \to +\infty$ definiert wird. Für eine Funktion Q, die außerhalb eines endlichen Intervalls gleich Null ist, stimmt die direkte Integrierbarkeit mit der gewöhnlichen Integrierbarkeit im RIEMANNschen Sinne überein. Das gleiche gilt auch für monotone Funktionen Q. Man kann jedoch ein Beispiel einer stetigen, auf $[0, \infty)$ im RIEMANNschen Sinne integrierbaren Funktion angeben, die nicht direkt integrierbar ist (siehe [21]). Andererseits ist jede auf $[0, \infty)$ direkt RIEMANN-integrierbare Funktion auch im gewöhnlichen Sinne RIEMANN-integrierbar. Dies folgt aus der Ungleichung

$$\left| \int_0^u Q(t)\, \mathrm{d}t - \sigma \right| \leqq |S - s| + |s - \sigma| + h \sum_{kh > u} m_k ,$$

wobei $u > 0$, $\sigma = \lim_{h \downarrow 0} s$, und aus der gewöhnlichen RIEMANN-Integrierbarkeit der Funktion Q auf jedem endlichen Intervall $[0, u]$.

Beweis. Wir zerlegen den Beweis in drei Schritte.

1°. Für $h > 0$ bezeichnen wir mit $w_n(t)$ eine Funktion, die für $(n-1)\, h \leqq t < nh$ den Wert 1 und außerhalb dieses Intervalls den Wert 0 annimmt. Wir setzen

$$m(t) = \sum_{n \geqq 1} m_n w_n(t) , \qquad M(t) = \sum_{n \geqq 1} M_n w_n(t) .$$

Dann gilt für alle $t \geqq 0$

$$m(t) \leqq Q(t) \leqq M(t)$$

uns insbesondere

$$\int_0^t m(t-u)\, \mathrm{d}H(u) \leqq \int_0^t Q(t-u)\, \mathrm{d}H(u) \leqq \int_0^t M(t-u)\, \mathrm{d}H(u) .$$

Ist nun

$$\lim_{t\to\infty} \int_0^t m(t-u)\, \mathrm{d}H(u) = as, \qquad \lim_{t\to\infty} \int_0^t M(t-u)\, \mathrm{d}H(u) = aS , \tag{3}$$

dann gilt

$$as \leqq \varliminf_{t\to\infty} \int_0^t Q(t-u)\, \mathrm{d}H(u) \leqq \varlimsup_{t\to\infty} \int_0^t Q(t-u)\, \mathrm{d}H(u) \leqq aS ,$$

woraus wegen (1) die Gleichung (2) folgt.

2°. Es genügt also, (3) zu beweisen. Hierfür weisen wir zunächst nach, daß eine Zahl $C = C(h)$ existiert, so daß

$$0 \leqq H(t+h) - H(t) \leqq C \tag{4}$$

für alle $t \geqq 0$ gilt. Und zwar schreiben wir die Formel (2) aus § 1 in der Gestalt

$$H(t) = A(t) + \int_0^t A(t-u)\, \mathrm{d}H(u)$$

und erhalten

$$H(t+h) \leqq 1 + \int_0^{t+h} A(t+h-u)\, \mathrm{d}H(u) = 1 + \int_0^t A(t+h-u)\, \mathrm{d}H(u) +$$
$$+ \int_t^{t+h} A(t+h-u)\, \mathrm{d}H(u) \leqq 1 + H(t) + A(h)\,[H(t+h) - H(t)]$$

bzw.

$$[H(t+h) - H(t)]\,[1 - A(h)] \leqq 1\,. \tag{5}$$

Ist $1 - A(h) > 0$, dann genügt es, als $C(h)$ die Zahl $[1 - A(h)]^{-1}$ zu wählen. Ist jedoch $1 - A(h) = 0$, dann machen wir davon Gebrauch, daß eine Zahl $\varepsilon > 0$ existiert mit der Eigenschaft $1 - A(\varepsilon) > 0$. Wegen (5) gilt aber somit für jede ganze Zahl $m \geqq 1$

$$H(t+m\varepsilon) - H(t) = \sum_{k=0}^{m-1} [H(t+k\varepsilon+\varepsilon) - H(t+k\varepsilon)] \leqq \frac{m}{1 - A(\varepsilon)}$$

und folglich für $0 \leqq h \leqq m\varepsilon$

$$0 \leqq H(t+h) - H(t) \leqq H(t+m\varepsilon) - H(t) \leqq \frac{m}{1 - A(\varepsilon)} = C(h)\,.$$

3°. Nun sind wir in der Lage, (3) zu beweisen. Wegen

$$\int_0^t w_n(t-u)\, \mathrm{d}H(u) = H(t-nh+h) - H(t-nh)$$

gilt

$$\int_0^t m(t-u)\, \mathrm{d}H(u) = \sum_{n \geqq 1} m_n[H(t-nh+h) - H(t-nh)]\,.$$

Wir setzen

$$w(t) = \int_0^t m(t-u)\, \mathrm{d}H(u)\,, \qquad I_N(t) = \sum_{n=1}^{N} m_n[H(t-nh+h) - H(t-nh)]$$

und erhalten unter Berücksichtigung von (4)

$$I_N(t) - C \sum_{n>N} |m_n| \leqq w(t) \leqq I_N(t) + C \sum_{n>N} |m_n|\,.$$

Auf Grund des Satzes von Blackwell (§ 3) gilt

$$\lim_{t\to\infty} I_N(t) = ah \sum_{n=1}^{N} m_n$$

und deshalb

$$ah \sum_{n=1}^{N} m_n - C \sum_{n>N} |m_n| \leqq \underline{\lim}_{t\to\infty}\, w(t) \leqq \overline{\lim}_{t\to\infty}\, w(t) \leqq ah \sum_{n=1}^{N} m_n + C \sum_{n>N} |m_n|\,.$$

Weil die Reihe $\sum_{n \geqq 1} m_n$ absolut konvergiert und die Zahl $N \geqq 1$ beliebig gewählt werden kann, folgt hieraus der erste Teil der Formel (3). Der zweite Teil wird analog bewiesen.

Folgerung. *Es sei*

(1) *Q eine auf* $[0, \infty)$ *direkt* RIEMANN-*integrierbare Funktion,*

(2) *A eine nichtarithmetische Verteilungsfunktion auf* $[0, \infty)$,

(3) *W die Lösung der Gleichung*

$$W = Q + A * W\,. \tag{6}$$

Dann gilt

$$\lim_{t\to\infty} W(t) = a \int_0^\infty Q(x)\,dx\,, \tag{7}$$

mit

$$a^{-1} = \int_0^\infty x\,dA(x) = \int_0^\infty [1 - A(x)]\,dx\,.$$

Der Beweis ergibt sich aus der Darstellung

$$W = Q + Q * A + Q * A^{*2} + \ldots = Q + Q * \dot{H}\,,$$

unter Berücksichtigung der Formel (2) und aus

$$\lim_{t\to\infty} Q(t) = 0\,.$$

Aufgabe 1. Es sei Q eine BOREL-meßbare und LEBESGUE-integrierbare Funktion auf $[0, \infty)$. Man zeige

$$\lim_{T\to\infty} \frac{1}{T}\int_0^T \left\{\int_0^t Q(t-u)\,dH_1(u)\right\} dt = a\int_0^\infty Q(t)\,dt\,.$$

Hinweis. Durch Vertauschung der Integrationsreihenfolge ergibt sich

$$\frac{1}{T}\int_0^T\int_0^t Q(t-u)\,dH_1(u)\,dt = \frac{H_1(T)}{T}\int_0^T Q(v)\,dv + \varepsilon_T\,,$$

$$|\varepsilon_T| \leqq \frac{H_1(T)}{T}\int_{T-u_0}^\infty |Q(v)|\,dv + \frac{H_1(u_0)}{T}\int_0^\infty |Q(v)|\,dv, \qquad 0 \leqq u_0 \leqq T\,.$$

Aufgabe 2. Man beweise für $h \geqq 0$

$$\lim_{T\to\infty}\frac{1}{T}\int_0^T [H_1(t+h) - H_1(t)]\,dt = ah\,.$$

Hinweis. Man setze in der vorhergehenden Aufgabe

$$Q(t) = \begin{cases} 1 & \text{für } 0 \leqq t < h\,, \\ 0 & \text{für } t \geqq h\,. \end{cases}$$

Aufgabe 3. Es sei Q eine auf $[0, \infty)$ direkt RIEMANN-integrierbare Funktion; A sei eine nichtarithmetische Verteilung. Dann gilt

$$\lim_{t\to\infty}\int_0^t Q(t-u)\,dH_1(u) = a\int_0^\infty Q(t)\,dt\,.$$

Hinweis. Auf Grund von (1) in § 1 gilt

$$Q * H_1 = W = Q * A_1 + A * W\,.$$

Ferner ist die obenstehende Folgerung zu benutzen und zu berücksichtigen

$$\int_0^\infty (Q * A_1)(t)\,dt = \int_0^\infty\left\{\int_u^\infty Q(t-u)\,dt\right\} dA_1(u) = \int_0^\infty dA_1(u)\cdot\int_0^\infty Q(t)\,dt = \int_0^\infty Q(t)\,dt\,.$$

Aufgabe 4. Wenn A eine nichtarithmetische Verteilungsfunktion ist, dann gilt

$$H_1(t+h) - H_1(t) \to ah \quad \text{für} \quad t \to \infty .$$

Hinweis. Siehe Hinweis zur Aufgabe 2.

Aufgabe 5. Wenn A eine nichtarithmetische Verteilungsfunktion ist, dann gilt für $t \to \infty$

$$H(t) - at \to \frac{a^2\mu_2}{2} - 1 , \qquad \mu_2 = \int_0^\infty x^2 \, dA(x) .$$

Hinweis. Man setze $W(t) = H(t) + 1 - at$ für $t > 0$ und gleich Null für $t \leqq 0$, und man zeige, daß dann (6) gilt, wobei

$$Q(t) = a \int_t^\infty [1 - A(u)] \, du$$

ist. Danach benutze man (7) und

$$\mu_2 = \int_0^\infty x^2 \, dA(x) = \int_0^\infty [1 - A(x)] \, dx^2 .$$

§ 5. Definition des regenerativen Prozesses

Ein geordnetes Paar $(z, \eta(t))$, wobei z eine reelle nichtnegative (zufällige) Zahl und $\eta(t)$ ein stochastischer Prozeß ist, der für $0 \leqq t < z$ definiert ist und Werte in einem meßbaren Raum $[X, \mathfrak{B}]$ annimmt, nennen wir *Zyklus* (Regenerationszyklus) der Dauer z. Wir werden stets voraussetzen

$$\mathsf{P}(z = 0) < 1 , \qquad \mathsf{P}(z < \infty) = 1 .$$

Wir betrachten eine Folge $\{(z_k, \xi_k(t))\}_{k \geqq 1}$ von Zyklen und setzen voraus, daß die Zyklen dieser Folge stochastisch unabhängig sind (jeder Zyklus wird als Familie von Zufallsgrößen aufgefaßt) und daß sämtliche Zyklen vom zweiten an stochastisch äquivalent sind. Die Folge der zufälligen Zahlen $\{z_k\}_{k \geqq 1}$ bildet insbesondere einen modifizierten Erneuerungsprozeß, für den wir

$$A_1(x) = \mathsf{P}(z_1 < x) , \qquad A(x) = \mathsf{P}(z_k < x) , \qquad k \geqq 2 ,$$

setzen. Wir konstruieren einen Prozeß $\xi(t)$, $0 \leqq t < \infty$, mit Werten in $[X, \mathfrak{B}]$ und setzen

$$\xi(t) = \begin{cases} \xi_1(t - t_0) & \text{für} \quad t_0 = 0 \leqq t < t_1 = z_1 , \\ \xi_2(t - t_1) & \text{für} \quad t_1 = z_1 \leqq t < t_2 = z_1 + z_2 , \\ \cdots\cdots\cdots\cdots & \\ \xi_k(t - t_{k-1}) & \text{für} \quad t_{k-1} \leqq t < t_k , \end{cases}$$

wobei $t_k = z_1 + \ldots + z_k$, $k \geqq 1$ ist. Der so definierte stochastische Prozeß $\xi(t)$ heißt *regenerativer Prozeß*; die Zeitpunkte $t_1, t_2, \ldots$ werden *Regenerierungspunkte* genannt.

Es sei $B \in \mathfrak{B}$. Das Hauptziel der Theorie der regenerativen Prozesse besteht darin, Bedingungen für die Existenz der Grenzwerte

$$\lim_{t \to \infty} \mathsf{P}(\xi(t) \in B) , \qquad B \in \mathfrak{B} , \tag{1}$$

und eine Methode zu ihrer Berechnung anzugeben:

Wir setzen

$$\mu_B'(t) = \mathsf{P}(\xi_1(t) \in B, z_1 > t) = \mathsf{P}(\xi(t) \in B, z_1 > t) ,$$

$$\mu_B(t) = \mathsf{P}(\xi_k(t) \in B, z_k > t) = \mathsf{P}(\xi(t_{k-1} + t) \in B, z_k > t) , \qquad k \geqq 2 .$$

Die Grundidee bei der Berechnung der Grenzwerte (1) beruht auf der Beziehung

$$\mathsf{P}(\xi(t) \in B) = \mu_B'(t) + \sum_{k \geqq 1} \int_0^t \mu_B(t-x)\,\mathrm{d}A_k(x)$$

bzw.

$$\mathsf{P}(\xi(t) \in B) = \mu_B'(t) + \int_0^t \mu_B(t-x)\,\mathrm{d}H_1(x)\,, \tag{2}$$

die sich aus der Formel der totalen Wahrscheinlichkeit ergibt. Hierbei ist

$$H_1(x) = \sum_{k \geqq 1} A_k(x) \quad \text{mit} \quad A_k(x) = \mathsf{P}(t_k < x)$$

die Erneuerungsfunktion des modifizierten Erneuerungsprozesses $\{z_k\}_{k \geqq 1}$.

Im folgenden Abschnitt wird ersichtlich, wie der Fundamentalsatz der Erneuerungstheorie (genauer: Aufgabe 3 in § 4) die Berechnung von (1) mit Hilfe der Beziehung (2) gestattet.

§ 6. Grenzwertsatz für regenerative Prozesse

Satz. *Es sei*

(1) *A eine nichtarithmetische Verteilungsfunktion,*

(2) *$n \geqq 0$ eine ganze Zahl mit der Eigenschaft, daß die Funktion*

$$Q(t) = \int_0^t \mu_B(t-x)\,\mathrm{d}F(x)\,, \qquad t \geqq 0\,, \quad \textit{mit} \quad F(x) = A^{*n}(x)$$

auf $[0, \infty)$ *direkt* RIEMANN-*integrierbar ist.*

Dann gilt

$$\lim_{t\to\infty} \mathsf{P}(\xi(t) \in B) = a \int_0^\infty \mu_B(x)\,\mathrm{d}x\,, \qquad a^{-1} = \int_0^\infty x\,\mathrm{d}A(x)\,.$$

Beweis. Für $n = 0$ gilt $Q(t) = \mu_B(t)$, und die Behauptung folgt aus dem Fundamentalsatz der Erneuerungstheorie (siehe Aufgabe 3 in § 4) und aus

$$0 \leqq \mu_B'(t) = 1 - A_1(t) \to \infty \quad \text{für} \quad t \to \infty\,.$$

Diese Überlegungen sind aber auch für $n \geqq 1$ anwendbar, denn in diesem Fall folgt aus (2) in § 5

$$\mathsf{P}(\xi(t) \in B) = \mu_B'(t) + \sum_{k=1}^{n} \int_0^t \mu_B(t-x)\,\mathrm{d}A_k(x) + \int_0^t Q(t-x)\,\mathrm{d}H_1(x)$$

und außerdem für $t \to \infty$

$$0 \leqq \int_t^0 \mu_B(t-x)\,\mathrm{d}A_k(x) \leqq \int_0^t [1 - A(t-x)]\,\mathrm{d}A_k(x) = A_k(t) - A_{k+1}(t) \to 0\,.$$

Folgerung (Satz von W. L. SMITH). *Es sei A eine nichtarithmetische Verteilungsfunktion, und es sei zumindest eine der folgenden Bedingungen erfüllt:*

(i) *Die Funktion $\mu_B(t)$ ist nichtwachsend und integrierbar.*

(ii) *Die Variation der Funktion $\mu_B(t)$ ist auf jedem endlichen Zeitintervall beschränkt, und es gilt $a^{-1} = \int_0^\infty x\,\mathrm{d}A(x) < \infty$.*

(iii) *Für eine gewisse ganze Zahl* $n \geqq 1$ *ist die durch die Gleichungen*

$$A^{(1)} = A\,, \quad A^{(k+1)}(t) = \int_0^t A^{(k)}(t-x)\,\mathrm{d}A(x)\,, \qquad k \geqq 1\,,$$

definierte Funktion $A^{(n)}$ *absolut stetig und* $\int_0^\infty x\,\mathrm{d}A(x) < \infty$.

Dann gilt

$$\lim_{t\to\infty} \mathsf{P}\big(\xi(t) \in B\big) = a \int_0^\infty \mu_B(x)\,\mathrm{d}x\,.$$

Beweis. 1°. Aus der Bedingung (i) folgt, daß die Funktion μ_B auf $[0, \infty)$ direkt RIEMANN-integrierbar ist. Aus diesem Grund kann der oben bewiesene Satz angewendet werden.

2°. Das gleiche folgt aber auch aus der Bedingung (ii). In diesem Fall genügt die Funktion $Q = \mu_B$ tatsächlich den Bedingungen

(1) Q ist eine BOREL-meßbare Funktion;

(2) Q ist im gewöhnlichen Sinne auf $[0, \infty)$ RIEMANN-integrierbar;

(3) $0 \leqq Q(t) \leqq G(t) = 1 - A(t)$, wobei $G(t)$ eine auf $[0, \infty)$ direkt RIEMANN-integrierbare Funktion ist.

Hieraus folgt aber, daß die Funktion Q direkt RIEMANN-integrierbar ist (dies ist zu zeigen!).

3°. Es sei nun die Bedingung (iii) erfüllt. Wir setzen

$$Q(t) = \int_0^t \mu_B(t-x)\,\mathrm{d}A^{(n)}(x)\,, \qquad t \geqq 0\,.$$

Im folgenden wird gezeigt, daß die Funktion Q stetig ist. Außerdem gilt

$$0 \leqq Q(t) \leqq \int_0^t [1 - A(t-x)]\,\mathrm{d}A^{(n)}(x) = A^{(n)}(t) - A^{(n+1)}(t) = G(t)\,.$$

Dabei ist die Funktion G auf $[0, \infty)$ direkt RIEMANN-integrierbar, weil

$$G(t) = [1 - A^{(n+1)}(t)] - [1 - A^{(n)}(t)]\,,$$

$$\int_0^\infty [1 - A^{(k)}(t)]\,\mathrm{d}t = \int_0^\infty t\,\mathrm{d}A^{(k)}(t) = k \int_0^\infty t\,\mathrm{d}A(t) < \infty$$

gilt, und weil jede der Funktionen $1 - A^{(k)}(t)$ monoton ist.
Die Bedingungen (1)—(3) des vorhergehenden Beweisschrittes sind also erfüllt. Folglich ist die Funktion Q auf $[0, \infty)$ direkt RIEMANN-integrierbar. Die Behauptung ergibt sich nun durch Anwendung des oben bewiesenen Satzes.

Zum Nachweis der Stetigkeit der Funktion Q benutzen wir die Sätze von RADON-NIKODYM und von LUSIN. Mit P bezeichnen wir das durch die Verteilung $A^{(n)}$ erzeugte Wahrscheinlichkeitsmaß. Weil das Maß P (bezüglich des LEBESGUEschen Maßes auf den Geraden) absolut stetig ist, existiert auf $[0, \infty)$ eine integrierbare Funktion p, so daß

$$\mathsf{P}(M) = \int_M p(x)\,\mathrm{d}x$$

für jede meßbare Menge $M \subseteq [0, \infty)$ gilt. Wir erhalten also

$$Q(t) = \int_0^t \mu_B(t-x)\,p(x)\,\mathrm{d}x\,.$$

Weil

$$Q(t+h) = \int_0^{t+h} \mu_B(t+h-x)\, p(x)\, dx = \int_{-h}^{t} \mu_B(t-u)\, p(u+h)\, du$$

für $h \geqq 0$ ist, gilt

$$Q(t+h) - Q(t) = \int_{-h}^{0} \mu_B(t-u)\, p(u+h)\, du + \int_0^t \mu_B(t-u)\, [p(u+h) - p(u)]\, du\,.$$

Hieraus folgt auf Grund von $0 \leqq \mu_B(t) \leqq t$

$$|Q(t+h) - Q(t)| \leqq A^{(n)}(h) + \int_0^t |p(u+h) - p(u)|\, du\,.$$

Analog ergibt sich

$$|Q(t-h) - Q(t)| \leqq \int_0^t |p(u-h) - p(u)|\, du\,.$$

Weil $A^{(n)}(h) \to 0$ für $h \downarrow 0$ ist, genügt es zu zeigen, daß

$$\int_0^t |p(u+h) - p(u)|\, du \to 0 \quad \text{für} \quad h \to 0$$

bzw.

$$\int_0^t |p_n(u+h) - p_n(u)|\, du \to 0 \quad \text{für} \quad h \to 0 \tag{1}$$

gilt, wobei $p_n(u) = \min\,\{n, p(u)\}$ ist. Denn für jedes $t \geqq 0$ gilt

$$\int_0^t |p(u) - p_n(u)|\, du = \int_0^t p(u)\, du - \int_0^t p_n(u)\, du \to 0$$

für $n \to \infty$.

Zum Beweis von (1) benutzen wir den Satz von Lusin.
Gemäß dieses Satzes existiert für ein fest gewähltes $T > 0$ und für jedes $\varepsilon > 0$ eine stetige Funktion φ auf $[0, T]$ mit der Eigenschaft, daß das Lebesguesche Maß der Menge

$$M = \{x \in [0, T] : p_n(x) \neq \varphi(x)\}$$

kleiner als ε und $|\varphi(x)| \leqq n$ ist. Es sei $T > t + h$. Dann gilt

$$\int_0^t |p_n(u+h) - p_n(u)|\, du \leqq \int_0^t |\varphi(u+h) - \varphi(u)|\, du +$$

$$+ \int_0^t |\varphi(u) - p(u)|\, du + \int_0^t |\varphi(u+h) - p(u+h)|\, du \leqq$$

$$\leqq \int_0^t |\varphi(u+h) - \varphi(u)|\, du + 2 \int_M |\varphi(u) - p(u)|\, du \leqq$$

$$\leqq \int_0^t |\varphi(u+h) - \varphi(u)|\, du + 4\, n\varepsilon\,.$$

Der Wert des letzten Integrals strebt auf Grund der gleichmäßigen Stetigkeit der Funktion φ in $[0, T]$ gegen Null für $h \to 0$.

Aufgabe 1. Es sei
(1) A eine nichtarithmetische Verteilungsfunktion;
(2) $n \geqq 0$ eine ganze Zahl mit der Eigenschaft, daß die Funktion

$$Q(t) = \int_0^t \mu_B(t-x)\, dA_n(x)$$

auf $[0, \infty)$ direkt Riemann-integrierbar ist.

Man zeige

$$\lim_{t\to\infty} \mathsf{P}\big(\xi(t) \in B\big) = a \int_0^\infty \mu_B(x)\,\mathrm{d}x\,.$$

Aufgabe 2. Es sei

(1) $a^{-1} = \int_0^\infty x\,\mathrm{d}A(x) < \infty$;

(2) $\mu'_B(t)$ eine LEBESGUE-meßbare Funktion;

(3) $\mu_B(t)$ eine BOREL-meßbare Funktion (und somit eine auf $[0, \infty)$ LEBESGUE-integrierbare Funktion, weil $0 \leqq \mu_B(t) \leqq 1 - A(t)$, $\int_0^\infty [1 - A(t)]\,\mathrm{d}t = a^{-1} < \infty$).

Dann gilt:

(1) $\mathsf{P}\big(\xi(t) \in B\big)$ ist eine auf jedem Intervall $(0, T]$ LEBESGUE-integrierbare Funktion.

(2) Es existiert der Grenzwert $\lim\limits_{T\to+\infty} \frac{1}{T}\int_0^T \mathsf{P}\big(\xi(t) \in B\big)\,\mathrm{d}t = P_B$.

(3) $P_B = a \int_0^\infty \mu_B(t)\,\mathrm{d}t$.

Hinweis. Siehe Aufgabe 1 in § 4 und Formel (2) in § 5.

Aufgabe 3. An einer Haltestelle sollen die Omnibusse zu Zeitpunkten eintreffen, die einen durch die Verteilungsfunktion $A(t)$ bestimmten rekurrenten Strom bilden. Mit $\xi(t)$ bezeichnen wir die Wartezeit vom Zeitpunkt t bis zur Ankunft eines Omnibusses. Unter der Voraussetzung, daß A eine nichtarithmetische Verteilungsfunktion ist, zeige man

$$\lim_{t\to\infty} \mathsf{P}\big(\xi(t) < x\big) = a \int_0^x [1 - A(u)]\,\mathrm{d}u\,, \qquad x \geqq 0\,,$$

$$a^{-1} = \int_0^\infty u\,\mathrm{d}A(u) \leqq \infty$$

und insbesondere

$$\lim_{t\to\infty} \mathsf{E}\xi(t) = \tfrac{1}{2}\,a^{-1} + \tfrac{1}{2}\,a\sigma^2\,.$$

Hierbei ist $\sigma^2 = \int_0^\infty (x - a^{-1})^2\,\mathrm{d}A(x)$ $\big($obwohl scheinbar $\lim\limits_{t\to\infty} \mathsf{E}\xi(t) = \frac{1}{2}\,a^{-1}$ gilt$\big)$.

Hinweis. $\xi(t)$ ist ein regenerativer Prozeß; die Ankunftszeitpunkte der Omnibusse $t_k = z_1 + \dots + z_k$, $k \geqq 1$ erweisen sich als Regenerierungspunkte. Die Abbildung 1 enthält das Diagramm einer Realisierung des Prozesses $\xi(t)$.

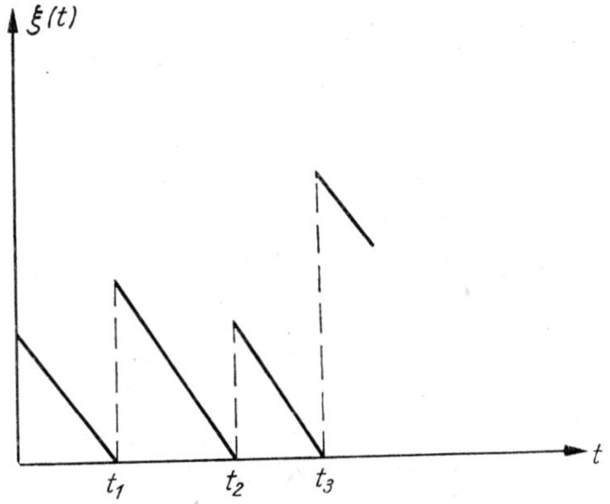

Abb. 1

$B = [0, x)$;

$$\mu_B(\tau) = \mathsf{P}\big(\xi(\tau) < x, z_1 > \tau\big) = \mathsf{P}(z_1 - \tau < x, z_1 > \tau) = \mathsf{P}(\tau < z_1 < x + \tau) = A(x + \tau) - A(\tau + 0);$$

$$a \int_0^\infty \mu_B(\tau)\,\mathrm{d}\tau = a \int_0^\infty [A(x + \tau) - A(\tau + 0)]\,\mathrm{d}\tau = a \int_0^x [1 - A(u)]\,\mathrm{d}u\,.$$

Aufgabe 4 (Fortsetzung). Es sei $\eta(t)$ die Zeit des Ausbleibens eines Omnibusses bis zum Zeitpunkt t oder, genauer gesagt, die Länge des Zeitintervalls, vom Ankunftszeitpunkt des letzten vor t eingetroffenen Omnibusses bis zum Zeitpunkt t. Man zeige

$$\lim_{t\to\infty} \mathsf{P}\big(\eta(t) < x\big) = a \int_0^x [1 - A(u)]\,\mathrm{d}u\,.$$

Hinweis. $\eta(t)$ ist ein regenerativer Prozeß mit den Regenerierungspunkten $t_1, t_2, \ldots$. Die Abbildung 2 enthält das Diagramm einer Realisierung des Prozesses $\eta(t)$.

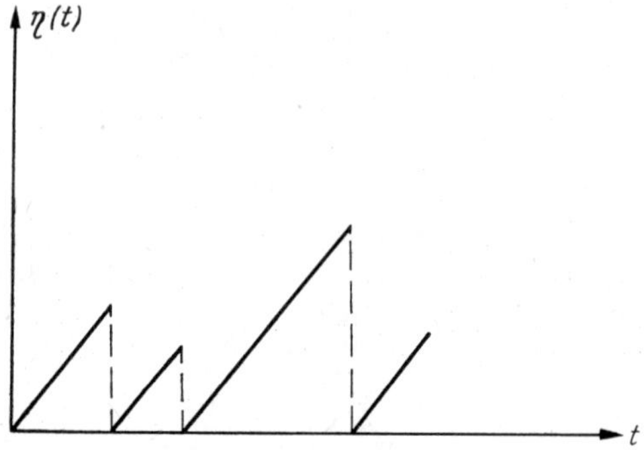

Abb. 2

$$\mu_B(\tau) = \mathsf{P}\big(\eta(\tau) < x, z_1 > \tau\big) = \mathsf{P}(\tau < x, z_1 > \tau) =$$

$$= \begin{cases} 1 - A(\tau + 0)\,, & \text{falls} \quad \tau < x\,, \\ 0\,, & \text{falls} \quad \tau \geqq x\,. \end{cases}$$

Aufgabe 5. Die Behauptungen der Aufgaben 3 und 4 sind auf den Fall eines modifizierten rekurrenten Stromes auszudehnen.

Aufgabe 6. Die Arbeitsperioden einer gewissen Einrichtung sollen sich mit Perioden ihrer Erneuerung abwechseln. Mit $\{u_k\}_{k\geqq 1}$ bezeichnen wir die Folge der Arbeitsperioden der Einrichtung. Die entsprechende Folge der Erneuerungsperioden bezeichnen wir mit $\{v_k\}_{k\geqq 1}$. Wir setzen voraus, daß die Zufallsgrößen $\{u_k\}_{k\geqq 1}$, $\{v_k\}_{k\geqq 1}$ unabhängig und innerhalb jeder Folge identisch verteilt sind. Es sei $\sigma(t) = 0$, falls die Einrichtung zum Zeitpunkt t erneuert wird und $\sigma(t) = 1$ im entgegengesetzten Fall. Unter der Voraussetzung, daß $\mathsf{E}u_1 + \mathsf{E}v_1 < \infty$ und daß die Verteilungsfunktion $A(x) = \mathsf{P}(u_1 + v_1 < x)$ nichtarithmetisch ist, zeige man

$$\lim_{t\to\infty} \mathsf{P}\big(\sigma(t) = 1\big) = \frac{\mathsf{E}u_1}{\mathsf{E}u_1 + \mathsf{E}v_1}\,.$$

Hinweis. $\sigma(t)$ ist ein regenerativer Prozeß[1]) mit den Regenerierungspunkten $t_1, t_2, \ldots$, wobei gilt

$$t_k = z_1 + \ldots + z_k,\ z_k = u_k + v_k\,;$$

$$\mu_B(t) = \mathsf{P}\big(\sigma(t) = 1\,,\ \ z_1 > t\big) = \mathsf{P}(u_1 > t\,,\ \ u_1 + v_1 > t) = \mathsf{P}(u_1 > t)\,;$$

$$\int_0^\infty \mu_B(t)\,\mathrm{d}t = \int_0^\infty \mathsf{P}(u_1 > t)\,\mathrm{d}t = \mathsf{E}u_1.$$

---

[1]) Es handelt sich um einen sog. alternierenden Erneuerungsprozeß (Anm. d. Herausgebers).

§ 7. MARKOWsche Ketten mit stetiger und diskreter Zeit[1])

Wir betrachten eine homogene MARKOWsche Kette mit der Zustandsmenge $I = \{0, 1, 2, \ldots\}$. Es sei p_{ij}^t die Wahrscheinlichkeit eines Überganges von i nach j in der Zeit $t \in T$. Hierbei sei $T = \{1, 2, \ldots\}$ bzw. $T = (0, \infty)$. Eine Verteilung $\pi = (\pi_0, \pi_1, \ldots)$ auf I (d. h. eine Familie von Zahlen $\pi_0, \pi_1, \ldots$ mit den Eigenschaften $\pi_i \geqq 0$ und $\sum_{i \geqq 0} \pi_i = 1$) heißt *stationär* (stationäre Anfangsverteilung), falls

$$\pi_j = \sum_{i \geqq 0} \pi_i p_{ij}^t \quad \text{für alle} \quad j \geqq 0 \quad \text{und} \quad t \in T$$

gilt. Eine MARKOWsche Kette nennen wir *kontraktiv*, wenn es für jedes Paar von Zuständen i_1 und i_2 aus I einen Zustand $j \in I$ und ein $t \in T$ gibt, so daß $p_{i_1 j}^t > 0$ und $p_{i_2 j}^t > 0$ ist.

Satz 1. *Es sei eine kontraktive* MARKOWsche *Kette gegeben. Dann existiert* $\lim_{t \to \infty} p_{ij}^t$ *für beliebige i und j* aus *I. Dabei gilt:*

1. *Falls keine stationäre Anfangsverteilung existiert, ist* $\lim_{t \to \infty} p_{ij}^t = 0$ *für alle Zustände i und j.*
2. *Falls eine stationäre Anfangsverteilung* $\pi = (\pi_0, \pi_1, \ldots)$ *existiert, ist sie eindeutig bestimmt, und es gilt* $\lim_{t \to \infty} p_{ij}^t = \lambda_i \pi_j$ *für beliebige i und j, wobei die Zahl* λ_i *von i abhängen kann und* $0 < \lambda_i \leqq 1$ *ist.*

Wir vermerken, daß umgekehrt aus der Existenz einer stationären Anfangsverteilung und aus 2° die Kontraktivität der MARKOWschen Kette folgt.

Natürlich gilt in 2° nicht unbedingt $\lambda_i \equiv 1$. Ist zum Beispiel

$$T = \{1, 2, \ldots\}, \qquad p_{00} = 1, \qquad p_{i,i+1} = 1 - p_{i0} = e^{-u_i} \quad \text{für} \quad i \geqq 1, \quad u_i > 0$$

und $\sum_{i \geqq 1} u_i = u < +\infty$, dann ist die Kette kontraktiv, und es gilt $p_{1j}^t \to \lambda_1 \pi_j$, wobei $0 < \lambda_1 = 1 - e^{-u} < 1$ und $\pi = (1, 0, 0, \ldots)$ die stationäre Anfangsverteilung ist.

Satz 2. *Es existiere eine stationäre Anfangsverteilung* $\pi = (\pi_0, \pi_1, \ldots)$. *Dann sind die die folgenden zwei Behauptungen äquivalent:*

1. $\lim_{t \to \infty} p_{ij}^t = \pi_j$ *für beliebige i und j.*
2. *Die Kette ist kontraktiv, und jede beschränkte Lösung des Gleichungssystems*

$$\sum_{j \geqq 0} p_{ij}^t x_j = x_i, \qquad i \geqq 0, \qquad t \in T$$

besitzt die Gestalt $x = (x_0, x_1, \ldots) = c(1, 1, \ldots)$.

Eine MARKOWsche Kette heißt *irreduzibel*, wenn es für jedes Paar von Zuständen i und j ein $t \in T$ gibt, so daß $p_{ij}^t > 0$ gilt.

Satz 3. *Es existiere eine stationäre Anfangsverteilung* $\pi = (\pi_0, \pi_1, \ldots)$. *Dann sind die folgenden zwei Behauptungen äquivalent:*

1. $\lim_{t \to \infty} p_{ij}^t = \pi_j > 0$ *für alle i und j.*
2. *Die Kette ist kontraktiv und irreduzibel.*

Die Beweise der Sätze 1 bis 3 werden im § 13.6 des Anhangs durchgeführt.

Wir verweisen darauf, daß folgende Behauptungen äquivalent sind:

1. Die Kette ist kontraktiv und irreduzibel.

[1]) vgl. auch § 4, Kap. 3 (Anm. d. Herausgebers).

2. Für jedes Paar von Zuständen i und j gibt es ein $\tau = \tau(i, j) \in T$ mit der Eigenschaft, daß $p_{ij}^t > 0$ für alle $t \geqq \tau$ ist.

Ist $T = \{1, 2, \ldots\}$, dann ist jede dieser Behauptungen äquivalent zu

3. Die Kette ist irreduzibel und aperiodisch.

Wir erinnern daran, daß eine irreduzible Markowsche Kette *aperiodisch* genannt wird, falls für jedes Paar von Zuständen i und j der größte gemeinsame Teiler der Zahlen $\{k : p_{ij}^k > 0\}$ gleich Eins ist.

Folgerung. *Dafür, daß eine homogene kontraktive irreduzible* Markow*sche Kette eine stationäre Anfangsverteilung besitzt, ist hinreichend, daß es ein* $\tau \in T$, *ein* $\varepsilon > 0$, *eine natürliche Zahl* i_0 *und eine Familie nichtnegativer Zahlen* $x_0, x_1, \ldots$ *gibt, so daß gilt*

$$\sum_{j \geqq 0} p_{ij}^\tau x_j \leqq x_i - \varepsilon \quad \textit{für} \quad i > i_0 ,$$

$$\sum_{j \geqq 0} p_{ij}^\tau x_j < +\infty \quad \textit{für} \quad i \leqq i_0 .$$

Beweis. Ohne Einschränkung der Allgemeinheit kann man $\tau = 1$, $p_{ij}^\tau = p_{ij}$ voraussetzen. Wir setzen

$$x_i^{(1)} = x_i , \qquad i \geqq 0 ,$$

$$x_i^{(n+1)} = \sum_{j \geqq 0} p_{ij} x_j^{(n)} = \sum_{j \geqq 0} p_{ij}^n x_j , \qquad n \geqq 1 , \qquad i \geqq 0 .$$

Dann gilt

$$x_i^{(n+1)} = \sum_{j \geqq 0} p_{ij}^{n-1} x_j^{(2)} \leqq \sum_{j=0}^{i_0} p_{ij}^{n-1} x_j^{(2)} + \sum_{j > i_0} p_{ij}^{n-1} (x_j - \varepsilon) =$$

$$= x_i^{(n)} + \sum_{j=0}^{i_0} p_{ij}^{n-1} [x_j^{(2)} - x_j + \varepsilon] - \varepsilon \leqq$$

$$\leqq x_i^{(2)} + \sum_{j=0}^{i_0} (p_{ij}^1 + p_{ij}^2 + \ldots + p_{ij}^{n-1}) (x_j^{(2)} - x_j + \varepsilon) - (n-1) \varepsilon$$

bzw.

$$0 \leqq \frac{x_i^{(n+1)}}{n-1} \leqq \frac{x_i^{(2)}}{n-1} + \sum_{j=0}^{i_0} \frac{p_{ij}^1 + \ldots + p_{ij}^{n-1}}{n-1} (x_j^{(2)} - x_j + \varepsilon) - \varepsilon ,$$

woraus wir

$$0 \leqq \sum_{j=0}^{i_0} \pi_j (x_j^{(2)} - x_j + \varepsilon) - \varepsilon$$

erhalten, indem wir berücksichtigen, daß die Grenzwerte

$$\lim_{n \to \infty} \frac{p_{ij}^1 + \ldots + p_{ij}^{n-1}}{n-1} = \lim_{k \to \infty} p_{ij}^k = \pi_j \geqq 0$$

existieren. Hieraus wird ersichtlich, daß eine der Zahlen π_j, $j = 0, \ldots, i_0$, verschieden von Null sein muß. Mit den Sätzen 1 und 3 folgt die Behauptung.

Aufgabe 1. Wir betrachten eine homogene Markowsche Kette mit endlicher Zustandsmenge. p_{ij}^t ist die Übergangswahrscheinlichkeit von i nach j in der Zeit $t \in T$; $T = \{1, 2, \ldots\}$ bzw $= (0, \infty)$. Man zeige, daß die folgenden zwei Behauptungen äquivalent sind:

1. Für jedes Paar von Zuständen i und j existiert der Grenzwert $\lim_{t \to \infty} p_{ij}^t = \pi_j$, der nicht von i abhängt, wobei $\sum_j \pi_j = 1$ und die stationäre Anfangsverteilung $\{\pi_j\}$ eindeutig bestimmt ist.
2. Die Kette ist kontraktiv.

Hinweis. Man benutze die Sätze 1—3.

§ 8. Der Geburts- und Todesprozeß

Wir betrachten einen stochastischen Prozeß $\nu(t)$, $t \geqq 0$, mit Werten in $I = \{0, 1, 2, \dots\}$, der den folgenden Bedingungen genügt:

(1) Die Aufenthaltsdauer im Zustand $i \in I$ unterliegt der Exponentialverteilung $1 - e^{-\alpha_i x}$, $x \geqq 0$, mit dem Parameter $\alpha_i > 0$, der nicht von der Trajektorie des Prozesses bis zum Erreichen dieses Zustandes abhängt.

(2) Aus dem Zustand $i \in I$ geht der Prozeß mit der Wahrscheinlichkeit p_i bzw. $q_i = 1 - p_i$ in den Zustand $i + 1$ bzw. $(i - 1)^+ = \max(0, i - 1)$ über.

Ein stochastischer Prozeß $\nu(t)$, $t \geqq 0$, mit diesen Eigenschaften heißt *Geburts- und Todesprozeß*[1]. Ist $p_i = 1$ für alle $i \in I$, dann spricht man von einem *reinen Geburtsprozeß*. Ein Beispiel hierfür ist der Poissonsche Strom. Ist dagegen $p_i = 0$ für alle $i \in I$, dann nennt man den Prozeß $\nu(t)$ *reinen Todesprozeß*.

Wir setzen

$$P_k(t) = \mathsf{P}\big(\nu(t) = k\big)\,, \qquad t \geqq 0\,, \qquad k \geqq 0\,.$$

Satz 1. *Es sei $p_0 = 1$ und $0 < p_i < 1$ für alle $i \geqq 1$.*

Dann gilt

1. $P_0'(t) = a_0 P_0(t) + b_1 P_1(t)\,,$

$$P_k'(t) = a_{k-1} P_{k-1}(t) - (a_k + b_k)\, P_k(t) + b_{k+1} P_{k+1}(t)\,, \qquad k \geqq 1\,,$$

wobei $a_i = \alpha_i p_i\,,\quad b_i = \alpha_i q_i$ *für* $i \geqq 0$ *ist.*

2. *Es existieren die Grenzwerte*

$$\lim_{t\to\infty} P_k(t) = \pi_k \text{ für alle } k \geqq 0,$$

die vom Anfangszustand des Prozesses $\nu(t)$ unabhängig sind.

3. *Die Reihe* $\sum_{k\geq 0} \varrho_k$ *konvergiert genau dann, wenn* $\pi_k > 0$ *für alle* $k \geqq 0$, $\sum_{k\geq 0} \pi_k = 1$, $\pi_k = \varrho_k \pi_0$ *ist.*

Hierbei ist $\varrho_0 = 1$, $\varrho_k = \dfrac{a_0 \dots a_{k-1}}{b_1 \dots b_k}$ *für* $k > 0$.

4. *Die Reihe* $\sum_{k\geq 0} \varrho_k$ *divergiert genau dann, wenn* $\pi_k = 0$ *für alle* $k \geqq 0$.

Bemerkung. Der Geburts- und Todesprozeß wird gewöhnlich wie folgt definiert. Es sei $\nu(t)$, $t \geqq 0$, ein Markowscher Prozeß mit Werten in $I = \{0, 1, \dots\}$ und

$$P_{ij}(t) = \mathsf{P}\big(\nu(t + s) = j \mid \nu(s) = i\big)\text{[2]}$$

hänge für beliebige i, j, t nicht von $s \geqq 0$ ab.

Es wird vorausgesetzt, daß die Funktionen $P_{ij}(t)$ folgenden Bedingungen genügen:

(1) $\sum_{j\geq 0} P_{ij}(t) = 1\,, \qquad P_{ij}(t + s) = \sum_{k\geq 0} P_{ik}(t)\, P_{kj}(s)\,,$[3]

(2) $P_{i,i+1}(h) = a_i h + o(h)$ für $h \downarrow 0\,, \quad i \geqq 0\,,$

(3) $P_{i,i-1}(h) = b_i h + o(h)$ für $h \downarrow 0\,, \quad i \geqq 1\,,$

(4) $P_{ii}(h) = 1 - (a_i + b_i)\, h + o(h)$ für $h \downarrow 0\,, \quad i \geqq 0\,,$

(5) $b_0 = 0, \quad a_0 > 0\,, \quad a_i > 0, \quad b_i > 0$ für $i \geqq 1\,,$

(6) $P_{ij}(0) = \delta_{ij}\,.$

---

[1]) Hiermit ist stets ein homogener Geburts- und Todesprozeß gemeint (Anm. d. Herausgebers).

[2]) Diese Größen stimmen mit den Größen p_{ij}^t in § 7 für den Fall homogener Geburts- und Todesprozesse überein (Anm. d. Herausgebers).

[3]) Es handelt sich um die Gleichung von Chapman-Kolmogorow (Anm. d. Herausgebers).

Einen Prozeß $\nu(t)$ mit diesen Eigenschaften nennt man Geburts- und Todesprozeß[1]). Der zu Beginn dieses Abschnittes definierte Geburts- und Todesprozeß genügt den Bedingungen (1)—(6). Dies folgt aus der grundlegenden Eigenschaft der Exponentialverteilung, siehe Lemma 1 in § 3, Kapitel 1. Die umgekehrte Behauptung gilt jedoch nicht, weil im allgemeinen mehrere MARKOWsche Prozesse existieren können, die den Bedingungen (1)—(6) genügen. Eine hinreichende Bedingung dafür, daß genau ein MARKOWscher Prozeß existiert, der die Bedingungen (1)—(6) erfüllt, ist

$$\sum_{n\geqq 0} \varrho_n \sum_{k=0}^{n} \frac{1}{a_k \varrho_k} = +\infty .$$

Beweis des Satzes 1: 1. Aus (1)—(4) erhalten wir für $j > 0$

$$P_j(t+h) = \sum_{k\geqq 0} P_k(t)\, P_{kj}(h) =$$

$$= P_{j-1}(t)\, P_{j-1,j}(h) + P_j(t)\, P_{jj}(h) + P_{j+1}(t)\, P_{j+1,j}(h) + \sum_k{}' P_k(t)\, P_{kj}(h) ,$$

wobei sich die letzte Summe über alle $k \neq j-1, j, j+1$ erstreckt. Weil

$$P_{j-1,j}(h) = a_{j-1}h + o(h) , \qquad P_{jj}(h) = 1 - (a_j + b_j)\, h + o(h) ,$$

$$P_{j+1,j}(h) = b_{j+1}h + o(h) ,$$

$$\sum_k{}' P_k(t)\, P_{kj}(h) = o(h) \cdot \sum_k{}' P_k(t) = o(h)$$

für $h \downarrow 0$ ist, gilt für $t > 0$

$$P_j(t+h) = a_{j-1}hP_{j-1}(t) + [1 - (a_j + b_j)h]\, P_j(t) + b_{j+1}hP_{j+1}(t) + o(h)$$

und somit

$$\frac{P_j(t+h) - P_j(t)}{h} = a_{j-1}P_{j-1}(t) - (a_j + b_j)\, P_j(t) + b_{j+1}P_{j+1}(t) + \frac{o(h)}{h} .$$

Hieraus (und t durch $t-h$ ersetzend) erhalten wir, daß die Funktionen $P_j(t)$ stetig und differenzierbar sind. Für $j = 0$ werden analoge Überlegungen durchgeführt. Im Punkt $t = 0$ dagegen sind die Funktionen $P_j(t)$ stetig und besitzen rechtsseitige Ableitungen.

2. Weil die MARKOWsche Kette $\nu(t)$ kontraktiv ist, folgt die Existenz der erwähnten Grenzwerte aus Satz 1 in § 7. Auf Grund der Irreduzibilität der Kette $\nu(t)$ folgt aus Satz 3 in § 7, daß nur einer der beiden folgenden Fälle möglich ist: Es gilt entweder $\pi_k = 0$ für alle $k \geqq 0$ oder $\pi_k > 0$, $\sum_{k\geqq 0} \pi_k = 1$, und die Verteilung $\pi = (\pi_0, \pi_1, \ldots)$ auf I ist die eindeutig bestimmte stationäre Anfangsverteilung der Kette $\nu(t)$.

Hieraus ergibt sich, daß die Behauptung 4 aus der Behauptung 3 folgt.

3. Aus 1. und 2. folgt, daß die Grenzwerte $\lim_{t\to\infty} P_k'(t)$ existieren und daß die Ableitungen $P_k'(t)$ für jedes $k \geqq 0$ bezüglich t beschränkte Funktionen sind. Hieraus ergibt sich $\lim_{t\to\infty} P_k'(t) = 0$. Das Differentialgleichungssystem aus 1) geht also dann für $t \to \infty$

[1]) vgl. Fußnote 1 Seite 47 (Anm. d. Herausgebers).

in ein algebraisches Gleichungssystem über:

$$0 = -a_0\pi_0 + b_1\pi_1 ,$$
$$0 = a_{k-1}\pi_{k-1} - (a_k + b_k)\pi_k + b_{k+1}\pi_{k+1} , \qquad k > 0 .$$

Wir setzen $z_k = a_{k-1}\pi_{k-1} - b_k\pi_k$, $k \geqq 1$, und erhalten $z_1 = 0$, $z_k - z_{k+1} = 0$ für $k \geqq 1$, d.h. $z_k = 0$ für alle $k = 1, 2, \ldots$. Hieraus folgt $\pi_k = \frac{a_{k-1}}{b_k}\pi_{k-1}$ bzw. $\pi_k = \varrho_k\pi_0$ für alle $k \geqq 0$. Ist nun $\sum_{k\geqq 0} \pi_k = 1$, dann gilt

$$\sum_{k\geqq 0} \varrho_k < \infty .$$

4. Es genügt nun zu zeigen, daß aus $\sum_{k\geqq 0} \varrho_k < \infty$ die Gleichung $\sum_{k\geqq 0} \pi_k = 1$ folgt. Hierfür benutzen wir den Grenzwertsatz für regenerative Prozesse, siehe Bedingung (iii) der Folgerung in § 6. Der Prozeß $\nu(t)$ ist ein regenerativer Prozeß. Als Regenerierungspunkte dienen die Zeitpunkte des Eintretens in den Zustand „0". Natürlich müssen wir uns davon überzeugen, daß die Länge des Intervalls zwischen zwei aufeinanderfolgenden Regenerierungspunkten mit Wahrscheinlichkeit Eins endlich ist. Dies gilt dann, wenn die mittlere Länge eines solchen Intervalls endlich ist. Die Länge dieses Intervalls läßt sich aber als Summe zweier unabhängiger Zufallsgrößen darstellen: die Aufenthaltsdauer im Zustand „0" und die Länge ξ des Intervalls, das im Zeitpunkt des Übergangs des Prozesses $\nu(t)$ in den Zustand „1" beginnt und im Zeitpunkt des nächsten Übergangs des Prozesses in den Zustand „0" endet. Die Verteilung der ersten Zufallsgröße besitzt aber eine Dichte, deshalb trifft das gleiche auch für den Regenerationszyklus zu. Es genügt also, $\mathsf{E}\xi < \infty$ nachzuprüfen, weil die mittlere Aufenthaltsdauer im Zustand „0" offensichtlich endlich ist.

Zur Bestimmung von $\mathsf{E}\xi$ werden wir annehmen, daß „0" ein absorbierender Zustand ist. Es sei w_i die mittlere (möglicherweise unendliche) Zeitdauer bis zum Erreichen des Zustandes „0" ausgehend vom Anfangszustand $i \geqq 1$. Wir zeigen $\mathsf{E}\xi = w_1 = a_0^{-1} \sum_{k\geqq 1} \varrho_k$. Dies folgt aus

$$w_i = \alpha_i^{-1} + p_i w_{i+1} + q_i w_{i-1} , \qquad i \geqq 1 ,$$

wobei $w_0 = 0$ ist.

Satz 2. *Es sei* $p_0 = 1$, $0 < p_i < 1$ *für* $0 < i < n$, $p_n = 0$.
Dann gilt

1. $P_0'(t) = a_0P_0(t) + b_1P_1(t)$;
$$P_k'(t) = a_{k-1}P_{k-1}(t) - (a_k + b_k)P_k(t) + b_{k+1}P_{k+1}(t) , \qquad 0 < k < n ;$$
$$P_n'(t) = a_{n-1}P_{n-1}(t) - b_nP_n(t)$$
2. *Es existieren die Grenzwerte*
$$\lim_{t\to\infty} P_k(t) = \pi_k \quad \textit{für alle} \quad 0 \leqq k \leqq n ,$$
die vom Anfangszustand $0 \leqq \nu(0) \leqq n$ *des Prozesses* $\nu(t)$ *unabhängig sind.*
3. $\pi_k = \varrho_k\pi_0 > 0$ *für alle* $k = 0, 1, \ldots, n$ *und* $\sum_{k=0}^{n} \pi_k = 1$.

Beweis. Das Differentialgleichungssystem wird genauso wie in Satz 1 hergeleitet. Die übrigen Behauptungen ergeben sich aus Satz 1 in § 7, vgl. auch Aufgabe 1 in § 7.

Aufgabe (lineares Wachstum einer Population mit Immigration). Es sei

$$a_k = ka + c , \quad b_k = kb , \quad a > 0 , \quad b > 0 , \quad c > 0 ;$$
$$\mu_1(t) = \mathsf{E}\nu(t), \quad \mu_2(t) = \mathsf{E}[\nu(t)]^2 .$$

Wir bemerken, daß man $k\,a$ als Wachstumsintensität einer Population der Größe k, c als Intensität des Wachstums der Population, hervorgerufen durch eine äußere Quelle (Immigration), und $k\,b$ als Sterbeintensität einer Population der Größe k interpretieren kann. Man zeige

$$\mu_1'(t) = (a - b)\,\mu_1(t) + c\,,$$

$$\mu_2'(t) = 2(a - b)\,\mu_2(t) + (a + b + 2c)\,\mu_1(t) + c\,,$$

$$\mu_1(0) = i\,, \qquad \mu_2(0) = i^2\,, \quad \text{falls } \nu(0) = i\,.$$

§ 9. Ergodensatz für regenerative Prozesse

Es sei $\xi(t)$ ein regenerativer Prozeß, der für jedes $t \geqq 0$ Werte in einem meßbaren Raum $[X, \mathfrak{B}]$ annimmt. $t_1, t_2, \ldots$ sei die Folge der Regenerierungspunkte des Prozesses, $z_k = t_k - t_{k-1}$, $k \geqq 1$, $t_0 = 0$. Die Folge von Zufallsgrößen $\{z_k\}_{k \geqq 1}$ bildet dann einen modifizierten Erneuerungsprozeß.

Wir setzen $A_1(x) = \mathsf{P}(z_1 < x)$ und $A_k(x) = \mathsf{P}(z_k < x)$ für $k > 1$. Wir setzen voraus, daß

$$0 < a^{-1} = \mathsf{E} z_k = \int_0^\infty x \,\mathrm{d}A(x) < \infty \quad \text{für} \quad k > 1$$

gilt. Für eine beliebige, aber fest gewählte Menge $B \in \mathfrak{B}$ setzen wir

$$p_1(t) = \mathsf{P}\big(\xi(t) \in B,\, z_1 > t\big)\,, \qquad p(t) = \mathsf{P}\big(\xi(t_k + t) \in B,\, z_{k+1} > t\big)\,, \qquad k \geqq 1\,, \qquad t \geqq 0\,.$$

Mit $x(t)$ bezeichnen wir schließlich die Indikatorfunktion des Ereignisses $\{\xi(t) \in B\}$.

Satz (Ergodensatz). *Falls jede Trajektorie des Prozesses $x(t)$ und die Funktion $p_1(t)$* LEBESGUE-*meßbar sind und falls die Funktion $p(t)$* BOREL-*meßbar ist, dann ist die Funktion $P(t) = \mathsf{P}\big(\xi(t) \in B\big)$* LEBESGUE-*meßbar, und für jede Zahl $\lambda > 0$ gilt für $T \to \infty$*

$$\mathsf{E}\left|\frac{1}{T}\int_0^T x(t)\,\mathrm{d}t - p\right|^\lambda \to 0\,, \tag{1}$$

$$\left|\frac{1}{T}\int_0^T P(t)\,\mathrm{d}t - p\right| \to 0\,, \qquad p = a\int_0^\infty p(t)\,\mathrm{d}t\,. \tag{2}$$

Bemerkung. $\bar{x}(T) = \dfrac{1}{T}\displaystyle\int_0^T x(t)\,dt$ ist der Anteil der Verweilzeit des Prozesses $\xi(t)$ in der Menge $B \in \mathfrak{B}$ während der Zeitdauer T. Falls der Grenzwert $\lim\limits_{t\to\infty} \mathsf{P}\big(\xi(t) \in B\big) = p$ existiert, dann bedeutet die Behauptung des Satzes insbesondere, daß die Schätzfunktion $x(T)$ für p konsistent ist.

Beweis. 1°. Betreffs Behauptung (2) siehe Aufgabe 2 in § 6. Bei der Behauptung (1) dagegen genügt es, sie für $\lambda = 2$ nachzuprüfen. Denn wegen $0 \leqq \bar{x}(T) \leqq 1$, $0 \leqq p \leqq 1$ gilt $|\bar{x}(T) - p| \leqq 1$ und

$$\mathsf{E}\,|\bar{x}(T) - p|^\lambda \leqq \begin{cases} \mathsf{E}\,|\bar{x}(T) - p|^2 & \text{für } \lambda \geqq 2\,, \\ [\mathsf{E}\,|\bar{x}(T) - p|^2]^{\lambda/2} & \text{für } 0 < \lambda \leqq 2\,. \end{cases}$$

2°. Für $\lambda = 2$ läßt sich die linke Seite von (1) in der Form

$$\mathsf{E}[\bar{x}(T) - p]^2 = \mathsf{E}\bar{x}^2(T) - p^2 - 2p[\mathsf{E}\bar{x}(T) - p]$$

darstellen. Gemäß (2) gilt für $T \to \infty$

$$\mathsf{E}\bar{x}(T) - p = \frac{1}{T}\int_0^T P(t)\,\mathrm{d}t - p \to 0\,.$$

Es genügt also zu zeigen

$$\overline{\lim_{t\to\infty}}\, \mathsf{E}\bar{x}^2(T) \leqq p^2\,. \tag{3}$$

3°. Es gilt

$$\mathsf{E}\bar{x}^2(T) = \frac{1}{T^2}\int_0^T\!\!\int_0^T \mathsf{E}\big(x(s)\,x(\tau)\big)\,\mathrm{d}s\,\mathrm{d}\tau = \frac{2}{T^2}\iint\limits_{s+t\leqq T} \mathsf{E}\big(x(s)\,x(s+t)\big)\,\mathrm{d}s\,\mathrm{d}t =$$

$$= \frac{2}{T^2}\iint\limits_{s+t\leqq T} \mathsf{P}\big(\xi(s)\in B\,,\quad \xi(s+t)\in B\big)\,\mathrm{d}s\,\mathrm{d}t\,, \tag{4}$$

wobei $s \geqq 0$, $t \geqq 0$. Das Ereignis $\{\xi(s)\in B,\ \xi(s+t)\in B\}$ ist für $s \geqq 0$, $t \geqq 0$ in der Vereinigung der folgenden Ereignisse enthalten:

E_1 — die Punkte s und $s+t$ fallen in einen Regenerationszyklus

E_2 — der Punkt s fällt in den ersten Regenerationszyklus

E_0 — die Punkte s und $s+t$ fallen in verschiedene (nicht in den ersten) Regenerationszyklen, und es gilt $\xi(s)\in B$, $\xi(s+t)\in B$.

Folglich ist

$$\mathsf{P}\big(\xi(s)\in B\,,\quad \xi(s+t)\in B\big) \leqq \mathsf{P}(E_1) + \mathsf{P}(E_2) + \mathsf{P}(E_0)\,. \tag{5}$$

4°. Es gilt

$$\mathsf{P}(E_1) = \sum_{k\geqq 0} P(t_k < s;\, t_{k+1} \geqq s+t) = \sum_{k\geqq 0} \mathsf{P}(s+t-z_{k+1} \leqq t_k < s) =$$

$$= 1 - A_1(s+t) + \sum_{k\geqq 1}\int_0^s [1 - A(s+t-x)]\,\mathrm{d}A_k(x) =$$

$$= 1 - A_1(s+t) + \int_0^s [1 - A(s+t-x)]\,\mathrm{d}H_1(x)\,, \tag{6}$$

mit $A_k(x) = \mathsf{P}(t_k < x)\,,\qquad H_1(x) = \sum_{k\geqq 1} A_k(x)\,;$

$$\mathsf{P}(E_2) = \mathsf{P}(z_1 \geqq s) = 1 - A_1(s)\,; \tag{7}$$

$$\mathsf{P}(E_0) = \sum_{n\geqq 1}\sum_{k\geqq 1} \mathsf{P}\big(\xi(s)\in B;\quad t_n < s;\quad t_{n+1} \geqq s\,;\quad \xi(s+t)\in B\,,$$

$$t_{n+k} < s+t;\ t_{n+k+1} \geqq s+t\big) =$$

$$= \sum_{n\geqq 1}\sum_{k\geqq 1}\int_0^s p(s-u)\,\mathrm{d}A_n(u)\int_s^{s+t} p(s+t-v)\,\mathrm{d}A_{n+k}(v) =$$

$$= \int_0^s p(s-u)\,\mathrm{d}H_1(u)\int_s^{s+t} p(s+t-v)\,\mathrm{d}_v H(v-u)\,, \tag{8}$$

wobei $H(x) = \sum_{k \geqq 1} A^{*k}(x)$ und A^{*k} die k-fache Faltung der Verteilungsfunktion A ist. Hierbei wurde ausgenutzt, daß für $t_n = u$ gilt

$$A_{n+k}(v) = \mathsf{P}(t_{n+k} < v \mid t_n = u) = \mathsf{P}(z_{n+1} + \dots + z_{n+k} < v - u) = A^{*k}(v - u) .$$

5°. Wir zeigen

$$I_1 = \frac{1}{T^2} \iint\limits_{s+t \leqq T} [1 - A_1(s + t)] \, \mathrm{d}s \, \mathrm{d}t = \frac{1}{T^2} \int\limits_0^T u[1 - A_1(u)] \, \mathrm{d}u , \tag{9}$$

$$I_2 = \frac{1}{T^2} \iint\limits_{s+t \leqq T} \mathrm{d}s \, \mathrm{d}t \int\limits_0^s [1 - A(s + t - x)] \, \mathrm{d}H_1(x) \leqq \frac{H_1(T)}{T} \cdot \frac{1}{T} \int\limits_0^T u[1 - A(u)] \, \mathrm{d}u, \tag{10}$$

$$I_3 = \frac{1}{T^2} \iint\limits_{s+t \leqq T} [1 - A_1(s)] \, \mathrm{d}s \, \mathrm{d}t = \frac{1}{T} \int\limits_0^T [1 - A_1(s)] \, \mathrm{d}s - \frac{1}{T^2} \int\limits_0^T s[1 - A_1(s)] \, \mathrm{d}s , \tag{11}$$

$$I_4 = \frac{1}{T^2} \iint\limits_{s+t \leqq T} \mathrm{d}s \, \mathrm{d}t \int\limits_0^s p(s - u) \, \mathrm{d}H_1(u) \int\limits_s^{s+t} p(s + t - v) \, \mathrm{d}_v H(v - u) \leqq$$

$$\leqq \left[\int\limits_0^\infty p(x) \, \mathrm{d}x \right]^2 \left\{ \frac{H(T)}{T^2} + \frac{1}{T^2} \int\limits_0^T H(T - x) \, \mathrm{d}H(x) \right\} . \tag{12}$$

Die Gleichungen (9) und (11) sind offensichtlich, die Ungleichung (10) erhält man durch die Substitution der Integrationsvariablen $(s, t, x) \to (u, t, x)$ mit $u = s + t - x$ und durch Ersetzen des Integrationsgebietes durch das größere Gebiet $\{(u, t, x) \colon 0 \leqq t \leqq \leqq u \leqq T, 0 \leqq x \leqq T\}$. Wir leiten nun die Ungleichung (12) her. Durch die Substitution der Integrationsvariablen $(u, v, s, t) \to (u, w, x, y)$ mit $s - u = x, s + t - -v = y, v - u = w$ und durch Ersetzen des Integrationsgebietes durch das größere Gebiet

$$\{0 \leqq u + w \leqq T, \quad u \geqq 0, \quad w \geqq 0; \quad x \geqq 0, \quad y \geqq 0\}$$

erhalten wir

$$I_4 \leqq \int\limits_0^\infty p(x) \, \mathrm{d}x \int\limits_0^\infty p(y) \, \mathrm{d}y \, \frac{1}{T^2} \int\limits_0^T \mathrm{d}H(w) \int\limits_0^{T-w} \mathrm{d}H_1(u) =$$

$$= \left[\int\limits_0^\infty p(x) \, \mathrm{d}x \right]^2 \frac{1}{T^2} \int\limits_0^T H_1(T - w) \, \mathrm{d}H(w) .$$

Nun ergibt sich (12) aus der Ungleichung (siehe (3), § 1)

$$H_1(x) \leqq A_1(x) + H(x) \leqq 1 + H(x) .$$

6°. Aus (4)—(8) folgt

$$\mathsf{E}\bar{x}^2(T) \leqq 2[I_1 + I_2 + I_3 + I_4] .$$

Weil

$$\frac{H_1(T)}{T} \to a , \qquad \frac{H(T)}{T} \to a , \qquad \frac{1}{T} \int\limits_0^T [1 - A_1(x)] \, \mathrm{d}x \to 0$$

für $T \to \infty$ ist, genügt zum Beweis der Ungleichung (3) wegen (9)—(12) nachzuprüfen

$$\frac{1}{T}\int_0^T u[1 - A(u)]\, du \to 0 \tag{13}$$

und

$$\overline{\lim_{T\to\infty}} \frac{1}{T^2}\int_0^T H(T - x)\, dH(x) \leqq \frac{a^2}{2}. \tag{14}$$

7°. Die Behauptung (13) folgt aus $T[1 - A(T)] \to 0$, was wiederum aus

$$T[1 - A(T)] = \int_0^T [1 - A(u)]\, du - \int_0^T [A(T) - A(u)]\, du$$

folgt, denn es gilt

$$\int_0^T [1 - A(u)]\, du \uparrow \int_0^\infty [1 - A(u)]\, du = \int_0^\infty u\, dA(u) = a^{-1} < \infty$$

und

$$\int_0^T [A(T) - A(u)]\, du \uparrow a^{-1}.$$

8°. Wir beweisen (14). Es sei $\varepsilon \in (0, 1)$. Dazu setzen wir

$$\int_0^T H(T - x)\, dH(x) = I + I_0, \quad I_0 = \int_{T-\varepsilon T}^T H(T - x)\, dH(x).$$

Weil die Funktion $H(x)$ nichtfallend ist, gilt

$$I_0 \leqq \int_{T-\varepsilon T}^T H(\varepsilon T)\, dH(x) \leqq H(\varepsilon T)\, H(T). \tag{15}$$

Wir wählen nun eine Zahl T_0 mit

$$\left|\frac{H(x)}{x} - a\right| \leqq \varepsilon \quad \text{für} \quad \varepsilon x \geqq T_0.$$

Dann erhalten wir für $\varepsilon T \geqq T_0$ die Ungleichungskette

$$I = \int_0^{T-\varepsilon T} \frac{H(T - x)}{T - x}(T - x)\, dH(x) \leqq (a + \varepsilon)\int_0^{T-\varepsilon T} (T - x)\, dH(x) \leqq$$

$$\leqq (a + \varepsilon)\int_0^T (T - x)\, dH(x) = (a + \varepsilon)\int_0^T H(x)\, dx. \tag{16}$$

Außerdem gilt

$$\int_0^T H(x)\, dx = \int_0^{\varepsilon T} H(x)\, dx + \int_{\varepsilon T}^T \frac{H(x)}{x} x\, dx \leqq$$

$$\leqq H(\varepsilon T)\, \varepsilon T + (a + \varepsilon)\int_{\varepsilon T}^T x\, dx \leqq H(\varepsilon T)\, \varepsilon T + (a + \varepsilon)\frac{T^2}{2}. \tag{17}$$

Aus (15)—(17) ergibt sich nun für $\varepsilon T \geqq T_0$

$$\frac{1}{T^2}\int_0^T H(T-x)\,\mathrm{d}H(x) \leqq \varepsilon\,\frac{H(\varepsilon T)}{T}\cdot\frac{H(T)}{T} + (a+\varepsilon)\left\{\varepsilon^2\,\frac{H(\varepsilon T)}{\varepsilon T} + \frac{a+\varepsilon}{2}\right\},$$

woraus wir für $T \to \infty$

$$\overline{\lim}\,\frac{1}{T^2}\int_0^T H(T-x)\,\mathrm{d}H(x) \leqq a^2\varepsilon + (a+\varepsilon)\,\varepsilon^2 a + \frac{(a+\varepsilon)^2}{2}$$

erhalten. Weil ε eine beliebige Zahl aus (0, 1) ist, ergibt sich hieraus (14).

Aufgabe. Es sei $\nu(t)$, $t \geqq 0$, ein durch die Intensitäten $\{a_i > 0\}_{i\geqq 0}$ und $\{b_i > 0\}_{i\geqq 1}$ bestimmter Geburts- und Todesprozeß. Wir setzen

$$\sum_{k\geqq 1} \varrho_k < +\infty\,, \qquad \varrho_k = \frac{a_0 \dots a_{k-1}}{b_1 \dots b_k}\,, \qquad k \geqq 1\,,$$

voraus. Für jede ganze Zahl $n \geqq 0$ bezeichnen wir mit $x_n(T) = \frac{1}{T}\int_0^T 1_{\{\nu(t)=n\}}\,\mathrm{d}t$ den relativen Anteil der Verweilzeit des Prozesses $\nu(t)$ im Zustand n bis zum Zeitpunkt T. Man zeige, daß $x_n(T)$ für $T \to \infty$ in Wahrscheinlichkeit gegen $\pi_n = \lim_{t\to\infty} \mathsf{P}\big(\nu(t) = n\big)$ konvergiert.

KAPITEL 3

BEDIENUNGSSYSTEME MIT EINEM BEDIENUNGSGERÄT

§ 1. Bestimmung der Übergangswahrscheinlichkeiten für Bedienungssysteme mit beschränkter Warteschlange, Poissonschem Eingangsstrom und exponentieller Bedienung

Beschreibung des Systems, Aufgabenstellung. In einem Bedienungssystem, das aus einem Bedienungsgerät besteht, trifft ein Anrufstrom ein. Die Ankunftszeitpunkte der Anrufe bilden einen Poissonschen Strom mit dem Parameter a, die Bedienungsdauer eines Anrufes genügt einer Exponentialverteilung mit dem Parameter b. Findet ein Anruf zum Zeitpunkt seines Eintreffens das Bedienungsgerät frei vor, dann wird sofort mit seiner Bedienung begonnen. Im entgegengesetzten Fall reiht er sich in die Warteschlange ein. Wir setzen voraus, daß die maximale Anzahl von Anrufen, die sich gleichzeitig im System befinden können, gleich $n \geqq 1$ ist. Dies bedeutet, falls ein Anruf zum Zeitpunkt seines Eintreffens n Anrufe im System vorfindet, dann geht er „verloren", d. h., er wird nicht zur Bedienung angenommen und hat keinen Einfluß auf den weiteren Anrufstrom.

Falls sich zu einem Zeitpunkt k Anrufe, $0 \leqq k \leqq n$, im System befinden, dann sagen wir, daß sich das System im *Zustand* k befindet. Mit $\nu(t)$ bezeichnen wir den Zustand des Systems zum Zeitpunkt t. Infolge der grundlegenden Eigenschaften der Exponentialverteilung (siehe § 3, Kapitel 1) ist $\nu(t)$ ein Geburts- und Todesprozeß, der durch die Intensitäten

$$a_k = \begin{cases} a, & \text{falls } 0 \leqq k < n, \\ 0, & \text{falls } k \geqq n \end{cases}$$

und $b_k = b$ für $1 \leqq k \leqq n$ bestimmt wird. Für $t \geqq 0$ setzen wir

$$P_{ij}(t) = \mathsf{P}\big(\nu(t) = j \mid \nu(0) = i\big) .$$

Das Ziel dieses Abschnittes besteht darin, die $P_{ij}(t)$, $0 \leqq i, j \leqq n$, zu bestimmen.

Formulierung des Ergebnisses. Es gilt

$$P_{ij}(t) = \varrho^j \frac{1-\varrho}{1-\varrho^{n+1}} + \frac{2}{n+1} \varrho^{1+\frac{j-i}{2}} \sum_{k=1}^{n} \frac{a_{ik} a_{jk}}{\alpha_k} \mathrm{e}^{-\alpha_k bt} , \tag{1}$$

mit

$$\varrho = \frac{a}{b}, \qquad \alpha_k = a + \varrho - 2\sqrt{\varrho} \cos \Theta_k ,$$

$$a_{ik} = \sin (i+1)\, \Theta_k - \varrho^{-1/2} \sin i\Theta_k , \qquad 1 \leqq i \leqq n ,$$

$$\Theta_k = k \cdot \frac{\pi}{n+1}, \qquad 1 \leqq k \leqq n .$$

Für $t \to \infty$ folgt aus (1) insbesondere

$$\lim_{t \to \infty} P_{ij}(t) = p_j = \frac{1-\varrho}{1-\varrho^{n+1}} \varrho^j .$$

Bemerkung. Wir setzen

$$a(\Theta) = 1 + \varrho - 2\sqrt{\varrho}\cos\Theta\,, \qquad a_i(\Theta) = \sin(i+1)\,\Theta - \varrho^{-1/2}\sin i\Theta\,,$$

$$f_{ij}(\Theta) = \frac{a_i(\Theta)a_j(\Theta)}{a(\Theta)}\,\mathrm{e}^{-a(\Theta)\cdot bt}\,, \qquad h = \frac{\pi}{n+1}$$

und schreiben die Formel (1) in der Form

$$P_{ij}(t) = \varrho^j\,\frac{1-\varrho}{1-\varrho^{n+1}} + \varrho^{1+\frac{j-1}{2}}\cdot\frac{2}{\pi}\sum_{k=1}^{n} f_{ij}(kh)\cdot h\,.$$

Falls die Anzahl der Warteplätze nicht beschränkt ist ($n \to \infty$), folgt hieraus

$$P_{ij}(t) = (1-\varrho)\,\varrho^j + \varrho^{1+\frac{j-i}{2}}\,\frac{2}{\pi}\int_0^{\pi} f_{ij}(\Theta)\,\mathrm{d}\Theta$$

bzw.

$$P_{ij}(t) = (1-\varrho)\,\varrho^j + \varrho^{\frac{j-i}{2}}\,\frac{2}{\pi}\int_0^{\pi}\frac{[\sqrt{\varrho}\sin(i+1)\,\Theta - \sin i\Theta]\,[\sqrt{\varrho}\sin(j+1)\,\Theta - \sin j\Theta]}{1+\varrho-2\sqrt{\varrho}\cos\Theta}\times$$

$$\times\,\mathrm{e}^{-(1+\varrho-2\sqrt{\varrho}\cos\Theta)\,bt}\,\mathrm{d}\Theta\,,$$

wobei der erste Summand zu streichen ist, falls $\varrho \geqq 1$ ist. Ist $\varrho < 1$ und

$$m_i(t) = \mathsf{E}\big(\nu(t) \mid \nu(0) = i\big)\,,$$

dann gilt insbesondere

$$m_i(t) = \frac{\varrho}{1-\varrho} - \varrho^{-i/2}\,\frac{2}{\pi}\int_0^{\pi}\frac{\sqrt{\varrho}\sin(i+1)\,\Theta - \sin i\Theta}{(1+\varrho-2\sqrt{\varrho}\cos\Theta)^2}\sqrt{\varrho}\sin\Theta\cdot\mathrm{e}^{-(1+\varrho-2\sqrt{\varrho}\cos\Theta)\,bt}\,\mathrm{d}\Theta\,.$$

Die Differentialgleichungen des Problems. Weil $\nu(t)$ ein Geburts- und Todesprozeß ist, gilt (siehe § 8, Kapitel 2)

$$P'_{i0}(t) = -aP_{i0}(t) + bP_{i1}(t)\,,$$

$$P'_{ij}(t) = aP_{ij-1}(t) - (a+b)\,P_{ij}(t) + bP_{ij+1}(t)\,, \qquad 0 < j < n\,,$$

$$P'_{in}(t) = aP_{in-1}(t) - bP_{in}(t)\,,$$

$$P_{ij}(0) = \delta_{ij}\,.$$

Lösung. Durch die Substitution $u = bt$, $\varrho = \dfrac{a}{b}$ erhalten wir das System

$$P'_{i0}(u) = -\varrho P_{i0}(u) + P_{i1}(u)\,,$$

$$P'_{ij}(u) = \varrho P_{ij-1}(u) - (1+\varrho)\,P_{ij}(u) + P_{ij+1}(u)\,, \qquad 0 < j < n\,,$$

$$P'_{in}(u) = \varrho P_{in-1}(u) - P_{in}(u)\,,$$

$$P_{ij}(0) = \delta_{ij}\,.$$

Wir benutzen den Satz aus § 8 des Anhanges. Im vorliegenden Fall ist

$$A = \begin{bmatrix} -\varrho & 1 & 0 & \vdots & 0 & 0 \\ \varrho & -(1+\varrho) & 1 & \vdots & 0 & 0 \\ 0 & \varrho & -(1+\varrho) & \vdots & 0 & 0 \\ \cdots & \cdots & \cdots & \vdots & \cdots & \cdots \\ 0 & 0 & 0 & \vdots & -(1+\varrho) & 1 \\ 0 & 0 & 0 & \vdots & \varrho & -1 \end{bmatrix},$$

$$M_0(s) = 1\,, \qquad M_1(s) = s + \varrho$$
$$M_{k+1}(s) = (1 + \varrho + s)\, M_k(s) - \varrho M_{k-1}(s)\,, \qquad 0 < k < n\,,$$
$$M_{n+1}(s) = (1 + s)\, M_n(s) - \varrho M_{n-1}(s)\,.$$

Wir führen die Substitution

$$\frac{1 + \varrho + s}{2\sqrt{\varrho}} = x\,, \qquad M_k(s) = \varrho^{k/2} P_k(x)$$

aus und erhalten

$$P_0(x) = 1\,, \qquad P_1(x) = 2x - \frac{1}{\sqrt{\varrho}}\,,$$
$$P_{k+1}(x) = 2xP_k(x) - P_{k-1}(x)\,, \qquad 0 < k < n\,,$$
$$P_{n+1}(x) = (2x - \sqrt{\varrho})\, P_n(x) - P_{n-1}(x)\,.$$

Es seien $U_k(x)$, $k \geqq 0$, die TSCHEBYSCHEWschen Polynome zweiter Art, d. h.

$$U_0(x) = 1\,, \qquad U_1(x) = 2x\,,$$
$$U_{k+1}(x) = 2xU_k(x) - U_{k-1}(x)\,, \qquad k \geqq 1\,,$$

dann ist

$$P_k(x) = U_k(x) - \frac{1}{\sqrt{\varrho}} U_{k-1}(x)\,, \qquad 0 \leqq k \leqq n\,,$$

wobei $U_{-1}(x) = 0$ gesetzt wurde, und

$$P_{n+1}(x) = (2x - \sqrt{\varrho}) \left[U_n(x) - \frac{1}{\sqrt{\varrho}} U_{n-1}(x) \right] - \left[U_{n-1}(x) - \frac{1}{\sqrt{\varrho}} U_{n-2}(x) \right] =$$
$$= 2xU_n(x) - \sqrt{\varrho}\, U_n(x) - \frac{1}{\sqrt{\varrho}} \left[2x\, U_{n-1}(x) - U_{n-2}(x) \right] =$$
$$= \left(2x - \sqrt{\varrho} - \frac{1}{\sqrt{\varrho}} \right) U_n(x) = \frac{s}{\sqrt{\varrho}} U_n(x)\,.$$

Zu $M_k(s)$ zurückkehrend erhalten wir

$$M_k(s) = \varrho^{k/2} U_k(x) - \varrho^{(k-1)/2} U_{k-1}(x)\,, \qquad 0 \leqq k \leqq n\,, \qquad M_{n+1}(s) = s\varrho^{n/2} U_n(x)\,. \tag{2}$$

Weil das Polynom $U_n(x)$ die Wurzeln

$$x_j = \cos \Theta_j\,, \qquad \Theta_j = j \frac{\pi}{n+1}\,, \qquad j = 1, \ldots, n\,,$$

besitzt, hat das Polynom $M_{n+1}(s)$ die Wurzeln

$$\lambda_0 = 0\,, \qquad \lambda_j = -[1 + \varrho - 2\sqrt{\varrho} \cos \Theta_j]\,;$$
$$\Theta_j = j \frac{\pi}{n+1}\,, \qquad j = 1, \ldots, n\,.$$

Ferner gilt

$$U_i(x_j) = \frac{\sin (i + 1)\, \Theta_j}{\text{sind}\, \Theta_j}$$

und somit (siehe (2))

$$M_i(\lambda_j) = \frac{\varrho^{i/2}}{\sin \Theta_j} \cdot a_{ij}\,, \qquad 1 \leqq j \leqq n\,, \tag{3}$$

mit

$$a_{ij} = \sin\,(i+1)\,\Theta_j - \varrho^{-1/2} \sin i\Theta_j\,.$$

Weil

$$\beta^{(i)} = \beta_0\beta_1 \dots \beta_i = \varrho^i\,,$$

$$\gamma^{(i)} = \gamma_0\gamma_1 \dots \gamma_i = 1\,, \qquad 0 \leqq i \leqq n\,, \tag{4}$$

gilt, genügt es nun, die Größen $L_n(\lambda_j)$ zu bestimmen.

Wenn wir die Formeln

$$\sum_{k=1}^{n} \sin^2 k\Theta = \frac{n}{2} - \frac{1}{2}\left[\frac{\sin\,(2n+1)\,\Theta}{2\sin\Theta} - \frac{1}{2}\right],$$

$$\frac{\sin\,(2n+1)\,\Theta_j}{2\sin\Theta_j} = -\frac{1}{2}\,, \ \sin\,(n+1)\,\Theta_j = 0\,, \qquad 1 \leqq j \leqq n\,,$$

$$\sum_{k=1}^{n} 2\sin\,(k+1)\,\Theta \cdot \sin k\Theta = (n+1)\cos\Theta - \frac{\sin 2(n+1)\,\Theta}{2\sin\Theta}$$

benutzen, dann erkennen wir unter Berücksichtigung der Beziehungen (3) und (4) die Gültigkeit von

$$L_n(\lambda_j) = \sum_{k=0}^{n} \frac{M_k(\lambda_j)}{\beta^{(k)}\gamma^{(k)}} = \sum_{k=0}^{n} [\sin\,(k+1)\,\Theta_j - \varrho^{-1/2} \sin k\Theta_j]^2 \frac{1}{\sin^2\Theta_j} =$$

$$= \frac{1}{\sin^2\Theta_j}\left\{(1+\varrho^{-1}) \sum_{k=1}^{n} \sin^2 k\Theta_j - \varrho^{-1/2} \sum_{k=1}^{n} 2\sin(k+1)\Theta_j \sin\, k\Theta_j\right\} =$$

$$= \frac{1}{\sin^2\Theta_j}\left[(1+\varrho^{-1})\frac{n+1}{2} - \varrho^{-1/2}(n+1)\cos\Theta_j\right] = -\frac{n+1}{2\,\varrho\sin^2\Theta_j}\lambda_j\,. \tag{5}$$

Für $\lambda_0 = 0$ gilt

$$M_k(0) = \varrho^k\,, \qquad 0 \leqq k \leqq n\,,$$

$$L_n(0) = \sum_{k=0}^{n} \varrho^k = \frac{1-\varrho^{n+1}}{1-\varrho}\,. \tag{6}$$

Aus (3) bis (6) und aus dem Satz in § 8 des Anhanges erhalten wir nun (1).

§ 2. Die Belegungsperiode

In einem Bedienungssystem, das aus einem Bedienungsgerät besteht, trifft ein rekurrenter Anrufstrom ein, der durch die Verteilungsfunktion $A(t)$ bestimmt wird. Es wird vorausgesetzt, daß die Bedienungszeiten unabhängig und identisch gemäß der Verteilungsfunktion $B(t)$ verteilt sind. Ein Anruf, der zum Zeitpunkt seines Eintreffens das Bedienungsgerät belegt vorfindet, stellt sich in die Warteschlange und wartet auf den Beginn der Bedienung.[1])

Ein Zeitintervall, das in einem Zeitpunkt beginnt, in dem ein eintreffender Anruf das Bedienungsgerät frei vorfindet, und das bis zum darauffolgenden Zeitpunkt des

[1]) Genauso wie bisher wird mit $\alpha(s)$ bzw. $\beta(s)$ die Laplace-Stieltjes-Transformierte von $A(t)$ bzw. $B(t)$ bezeichnet; $\alpha_1 = \int_0^\infty t\,\mathrm{d}A(t)$, $\beta_1 = \int_0^\infty t\,\mathrm{d}B(t)$ (Anm. d. Herausgebers).

Freiwerdens des Systems reicht, nennen wir *Belegungsperiode* des Systems. Die Verteilungsfunktion der Länge einer Belegungsperiode bezeichnen wir mit $\Pi(t)$.

Satz 1. *Ist* $A(t) = 1 - e^{-at}$, *dann gilt*

$$\pi(s) = \beta\big(s + a - a\pi(s)\big) , \tag{1}$$

wobei die Funktion $\pi(s)$ *durch diese Funktionalgleichung eindeutig bestimmt wird, in der Halbebene* Re $s > 0$, *in der* $|\pi(s)| < 1$ *gilt, analytisch ist und sich in der Form* $\pi(s) = \int\limits_0^\infty e^{-st}\, d\Pi(t)$ *darstellen läßt, wobei* $\Pi(t)$ (*eine nichtfallende Funktion ist und*) *die Eigenschaft*

$$\Pi(+\infty) = \begin{cases} 1, & \text{falls} \quad a\beta_1 \leqq 1 , \\ \varrho, & \text{falls} \quad a\beta_1 > 1 \end{cases} \tag{2}$$

besitzt. Hierbei ist ϱ (*für* $a\beta_1 > 1$) *die eindeutig bestimmte Wurzel der Gleichung* $\varrho = \beta(a - a\varrho)$ *innerhalb des Intervalls* (0, 1). *Außerdem gilt*

$$\pi_1 = \int\limits_0^\infty t\, d\Pi(t) = \begin{cases} \dfrac{\beta_1}{1 - a\beta_1}, & \text{falls} \quad a\beta_1 < 1 , \\ +\infty , & \text{falls} \quad a\beta_1 \geqq 1 . \end{cases}$$

Satz 2. *Ist* $B(t) = 1 - e^{-bt}$, $b > 0$, *dann gilt*

$$\pi(s) = \frac{b[1 - \gamma(s)]}{s + b[1 - \gamma(s)]}, \tag{3}$$

$$\gamma(s) = \alpha\big(s + b - b\gamma(s)\big) , \tag{4}$$

wobei die Funktionen $\gamma(s), \pi(s)$ *durch diese Bedingungen eindeutig bestimmt werden, in der Halbebene* Re $s > 0$, *in der* $|\gamma(s)| < 1$ *und* $|\pi(s)| < 1$ *gilt, analytisch sind und* $\pi(s)$ *sich in der Form* $\pi(s) = \int\limits_0^\infty e^{-st}\, d\Pi(t)$ *darstellen läßt, wobei* $\Pi(t)$ (*eine nichtfallende Funktion ist und*) *die Eigenschaften*

$$\Pi(+0) = 0 , \qquad \Pi(+\infty) = \min(1, \alpha_1 b) \tag{5}$$

besitzt. Außerdem gilt

$$\pi_1 = \begin{cases} \dfrac{b^{-1}}{1 - \sigma}, & \text{falls} \quad \alpha_1 b > 1 , \\ + \infty , & \text{falls} \quad \alpha_1 b \leqq 1 , \end{cases}$$

wobei σ *für* $\alpha_1 b > 1$ *die eindeutig bestimmte Wurzel der Gleichung* $\sigma = \alpha(b - b\sigma)$ *innerhalb des Intervalls* (0, 1) *ist.*

Bemerkung. Der Fall $\Pi(+\infty) < 1$ bedeutet, daß die Länge einer Belegungsperiode auch den Wert Unendlich annehmen kann (d. h. das System wird niemals frei) und zwar mit der Wahrscheinlichkeit $1 - \Pi(+\infty)$.

Zum Beweis des Satzes 1 bemerken wir, daß die Formeln

$$\Pi(t) = \sum_{n \geqq 0} \int\limits_0^t \frac{(au)^n}{n!} e^{-au}\, \Pi_n(t - u)\, dB(u) , \qquad \Pi_n(t) = [\Pi(t)]^{*n} \tag{6}$$

gelten, die man aus den folgenden Überlegungen erhält. Wir nehmen an, daß die inverse *Bedienungsdisziplin* vorliegt, d. h., von den auf Bedienung wartenden Anrufen wird der Anruf ausgewählt, der zuletzt eingetroffen ist[1]). Es ist klar, daß solch eine Bedienungsdisziplin keinen Einfluß auf die Länge einer Belegungsperiode des Systems hat. Zu Beginn einer Belegungsperiode befindet sich ein Anruf im System (mit dessen Bedienung zu diesem Zeitpunkt begonnen wurde). Wir setzen voraus, daß seine Bedienungszeit gleich u ($\leqq t$) ist. Während dieser Zeit können n Anrufe mit der Wahrscheinlichkeit $\frac{(au)^n}{n!} e^{-au}$ im System eintreffen. Die restliche Länge der Belegungsperiode des Systems ist dann gleich der Summe der Längen von n Belegungsperioden (und darf den Wert $t - u$ nicht überschreiten). Für die entsprechenden Laplace-Stieltjes-Transformierten nimmt die Formel (6) folgende Gestalt an:

$$\pi(s) = s \int_0^\infty e^{-st} \, dt \int_0^t \sum_{n \geqq 0} \frac{(au)^n}{n!} e^{-au} \Pi_n(t-u) \, dB(u) =$$

$$= s \int_0^\infty dB(u) \int_u^\infty \sum_{n \geqq 0} \frac{(au)^n}{n!} e^{-au} \Pi_n(t-u) \, e^{-st} \, dt =$$

$$= s \int_0^\infty \sum_{n \geqq 0} \frac{(au)^n}{n!} e^{-au} \, e^{-su} \, dB(u) \int_0^\infty e^{-sv} \Pi_n(v) \, dv =$$

$$= \int_0^\infty \sum_{n \geqq 0} \frac{(au)^n}{n!} e^{-(a+s)u} [\pi(s)]^n \, dB(u) = \int_0^\infty e^{-(s+a-a\pi(s))u} \, dB(u) \, .$$

Hieraus folgt (1). Es sei nun s eine komplexe Zahl, so daß $\operatorname{Re} s > 0$ gilt. Wir betrachten die Gleichung

$$z = \beta(s + a - az) \, . \tag{7}$$

Die linke und rechte Seite von (7) sind bezüglich z in einem gewissen Gebiet analytisch, das den Einheitskreis $|z| \leqq 1$ enthält (z. B. im Gebiet $\operatorname{Re}(s + a - az) > 0$, d. h. $\operatorname{Re} z < 1 + a^{-1} \operatorname{Re} s$). Für $|z| = 1$ gilt außerdem

$$\operatorname{Re}(s + a - az) = \operatorname{Re} s + a(1 - \operatorname{Re} z) > 0 \, ,$$

weil

$$|\beta(s + a - az)| \leqq \beta\big(\operatorname{Re}(s + a - az)\big) < 1 = |z| \, .$$

Hieraus und aus dem Satz von Rouché folgt, daß die Funktionen z und $z - \beta(s + a - az)$ in $|z| \leqq 1$ die gleiche Anzahl von Nullstellen — und somit nur eine — besitzen. Die Gleichung (7) bestimmt also für jedes s mit $\operatorname{Re} s > 0$ auf eindeutige Weise ein $z = \pi(s)$, so daß $|\pi(s)| \leqq 1$ gilt. Mit Hilfe des Satzes über die implizite Funktion (siehe § 10 des Anhanges) wird nachgewiesen, daß $\pi(s)$ in der Halbebene $\operatorname{Re} s > 0$ eine analytische Funktion ist.

---

[1]) Diese inverse Bedienungsdisziplin wird auch als Disziplin LIFO (last in — first out) bezeichnet (Anm. d. Herausgebers).

Mit Hilfe des Satzes von BOCHNER-CHINTSCHIN (siehe § 2 des Anhanges) wird nachgewiesen, daß sich $\pi(s)$ als LAPLACE-STIELTJES-Transformierte einer gewissen nichtfallenden Funktion $\tilde{\Pi}(t)$ darstellen läßt[1]). Weil der Grenzwert $\lim_{t \downarrow 0} \tilde{\Pi}(t)$ existiert, gilt $\tilde{\Pi}(+0) = \pi(+\infty)$ (siehe § 3 des Anhanges) bzw. auf Grund von (1), $|\pi(s)| \leqq 1$, $\beta(+\infty) = B(+0)$

$$\tilde{\Pi}(+0) = B(+0) .$$

Weil der endliche oder unendliche Grenzwert $\lim_{t \to \infty} \tilde{\Pi}(t) = \tilde{\Pi}(+\infty)$ existiert, gilt analog

$$\tilde{\Pi}(+\infty) = \pi(+0) , \tag{8}$$

wobei

$$\pi(+0) = \beta\big(a - a\pi(+0)\big) \tag{9}$$

ist. Hierbei ist $\pi(+0)$ eine reelle Zahl (siehe (8)) mit der Eigenschaft $0 \leqq \pi(+0) \leqq 1$, weil $0 \leqq \pi(+0) = \lim_{s \downarrow 0} \pi(s)$ und $|\pi(s)| \leqq 1$ in der Halbebene Re $s > 0$ gilt.

Wir zeigen, daß die Gleichung

$$x = \beta(a - ax) \tag{10}$$

für $a\beta_1 \leqq 1$ eine eindeutig bestimmte Lösung in [0, 1] hat, die gleich $x_1 = 1$ ist, und für $a\beta_1 > 1$ zwei Lösungen in [0, 1] hat, die gleich $x_0 = \varrho$ und $x_1 = 1$, $0 < \varrho < 1$, sind. In Abbildung 3 stellen wir die linke und rechte Seite von (10) graphisch dar. Weil die Funktion $\beta(a - ax)$ von unten konvex ist, wird das Problem der Existenz einer Wurzel im Intervall (0, 1) auf die Klärung des Verhaltens der Funktion $\beta(a - ax)$ im Punkt $x = 1 - 0$ zurückgeführt. Die Ableitung in diesem Punkt ist gleich $a\beta_1$.

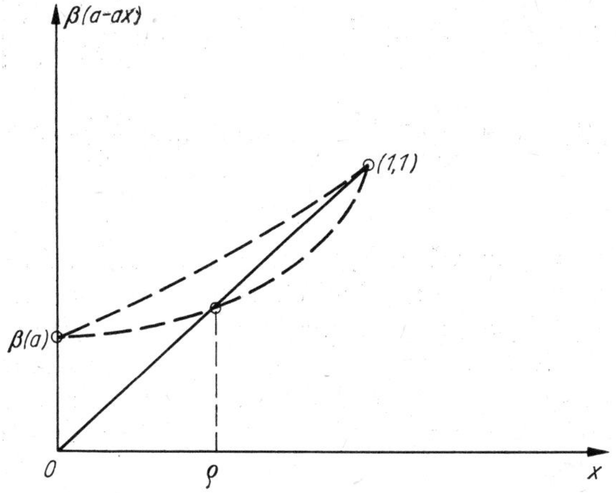

Abb. 3.

Ist $a\beta_1 > 1$, dann existiert eine (eindeutig bestimmte) Wurzel der Gleichung (10) in (0, 1). Für $a\beta_1 \leqq 1$ ist die Gleichung (10) im Intervall (0, 1) nicht lösbar. Wir vermerken noch, daß die Gleichung im abgeschlossenen Einheitskreis $|x| \leqq 1$ (der komplexen Ebene) nur reelle Lösungen hat (siehe Aufgabe 6), die demzufolge mit den oben ermittelten übereinstimmen.

---

[1]) Weil $\pi(s)$ hier zunächst nicht als LAPLACE-STIELTJES-Transformierte der Verteilungsfunktion $\Pi(t)$ aufgefaßt wird, steht $\tilde{\Pi}(t)$ anstelle von $\Pi(t)$ (Anm. d. Herausgebers).

Es gilt also $\pi(+0) = 1$, falls $a\beta_1 \leqq 1$ ist. Für $a\beta_1 > 1$ gibt es für $\pi(+0)$ zunächst zwei Möglichkeiten: $\pi(+0) = 1$ oder $= \varrho < 1$. Tatsächlich gilt aber $\pi(+0) = \varrho$. Dies folgt aus dem (oben bewiesenen) Fakt, daß $\pi(\varepsilon)$ für jedes $\varepsilon > 0$ die eindeutig bestimmte Lösung der Gleichung

$$\pi(\varepsilon) = \beta\big(\varepsilon + a - a\pi(\varepsilon)\big)$$

mit der Eigenschaft $|\pi(\varepsilon)| < 1$ ist. Wir bemerken, daß

$$\pi_1 = \int_0^\infty t \,\mathrm{d}\tilde{\Pi}(t) = -\pi'(+0)$$

gilt, und haben somit die Behauptung des Satzes 1 vollständig bewiesen.

Beweis des Satzes 2. Mit ζ_k, $k \geqq 0$, bezeichnen wir die Länge eines Zeitintervalls, das in einem Zeitpunkt beginnt, in dem ein eintreffender Anruf k Anrufe im System vorfindet, und bis zum darauffolgenden Zeitpunkt des Freiwerdens des Systems reicht. Da die Bedienungszeit exponentiell verteilt ist, hängt die Zufallsgröße ζ_k für $k \geqq 1$ nicht davon ab, wie lange der Anruf bereits bedient wird, der sich zu Beginn dieses Intervalls in Bedienung befindet. Es ist klar, daß ζ_0 die Länge einer Belegungsperiode des Systems ist. Die Größe ζ_k werden wir Länge einer Belegungsperiode vom Typ k, $k \geqq 0$, nennen. Wir setzen

$$\Pi_k(t) = \mathsf{P}(\zeta_k < t)\,, \qquad \overline{\Pi}_k(t) = 1 - \Pi_k(t)\,, \qquad k \geqq 0\,.$$

Die Beziehungen

$$\overline{\Pi}_k(t) = [1 - A(t)]\left[\mathrm{e}^{-bt} + \frac{bt}{1!}\mathrm{e}^{-bt} + \dots + \frac{(bt)^k}{k!}\mathrm{e}^{-bt}\right] +$$
$$+ \int_0^t \left[\mathrm{e}^{-bu}\,\overline{\Pi}_{k+1}(t-u) + \frac{bu}{1!}\mathrm{e}^{-bu}\,\overline{\Pi}_k(t-u) + \dots + \frac{(bu)^k}{k!}\mathrm{e}^{-bu}\,\overline{\Pi}_1(t-u)\right]\mathrm{d}A(u)\,,$$
$$k \geqq 0\,, \tag{11}$$

ergeben sich aus den folgenden Überlegungen. Dafür, daß die Länge einer Belegungsperiode vom Typ k den Wert t überschreitet, ist notwendig und hinreichend, daß entweder während t Zeiteinheiten keine Anrufe eintreffen und während dieser Zeit nicht mehr als k Anrufe bedient werden oder daß das erste Eintreffen eines Anrufes nach einer Zeitdauer $u < t$ erfolgt, während der das Gerät i Anrufe, $i = 0, 1, \dots, k$, bedient hat, und die danach beginnende Belegungsperiode vom Typ $k + 1 - i$ größer als $t - u$ ist. Wir setzen

$$\overline{R}(z, t) = \sum_{k \geqq 0} z^k \overline{\Pi}_k(t)\,,$$
$$R(z, t) = \sum_{k \geqq 0} z^k \Pi_k(t) = (1 - z)^{-1} - \overline{R}(z, t)\,, \tag{12}$$
$$\overline{r}(z, s) = \int_0^\infty \mathrm{e}^{-st}\,\mathrm{d}_t\,\overline{R}(z, t)\,,$$
$$r(z, s) = \int_0^\infty \mathrm{e}^{-st}\,\mathrm{d}_t\,R(z, t) = (1 - z)^{-1} - \overline{r}(z, s)\,,$$

multiplizieren die linke und rechte Seite von (11) mit z^{k+1}, summieren über k von 0 bis $+\infty$ und erhalten

$$z\bar{R}(z,t) = [1 - A(t)]\frac{z}{1-z}\,e^{-bt(1-z)} + \int_0^\infty e^{-bu(1-z)}\,[\bar{R}(z, t-u) - \bar{R}(0, t-u)]\,dA(u)$$

und für die LAPLACE-STIELTJES-Transformierten

$$z\bar{r}(z,s) = \frac{z}{1-z}\,\frac{s}{s+b-bz}\,[1 - \alpha(s+b-bz)] + \alpha(s+b-bz)\,[\bar{r}(z,s) - \bar{r}(0,s)]$$

bzw.

$$\bar{r}(z,s)\,[z - \alpha(s+b-bz)] =$$

$$= \frac{z}{1-z}\cdot\frac{s}{s+b-bz}\,[1 - \alpha(s+b-bz)] - \alpha(s+b-bz)\,\bar{r}(0,s)\,. \qquad (13)$$

Ebenso wie beim Beweis des Satzes 1 erhalten wir, daß die Funktionalgleichung $\gamma(s) = \alpha\big(s + b - b\gamma(s)\big)$ eine eindeutig bestimmte Lösung $\gamma(s)$ hat, die sich in der Form

$$\gamma(s) = \int_0^\infty e^{-st}\,dC(t)$$

darstellen läßt, wobei $C(t)$ eine nichtfallende Funktion ist. Es gilt

$$C(+0) = \gamma(+\infty) = A(+0)\,,$$

$$C(+\infty) = \gamma(+0) = \begin{cases} 1, & \text{falls } \alpha_1 b \leqq 1\,, \\ \sigma, & \text{falls } \alpha_1 b > 1\,, \end{cases}$$

wobei σ für $\alpha_1 b > 1$ die eindeutig bestimmte Wurzel der Gleichung $\sigma = \alpha(b - b\sigma)$ innerhalb des Intervalls (0, 1) ist. Für $z = \gamma(s)$ erhalten wir aus (13)

$$\bar{r}(0,s) = \frac{s}{s+b-b\gamma(s)} \qquad (14)$$

und hieraus

$$\pi(s) = r(0,s) = 1 - \bar{r}(0,s) = \frac{b[1-\gamma(s)]}{s + b[1-\gamma(s)]}\,.$$

Die Tatsache, daß $\pi(s)$ in der Form

$$\pi(s) = \int_0^\infty e^{-st}\,d\tilde{\Pi}(t)$$

darstellbar ist, wobei $\tilde{\Pi}(t)$ eine nichtfallende Funktion ist, folgt aus der Gleichung

$$\pi(s) = \frac{\frac{b}{s}[1-\gamma(s)]}{1 + \frac{b}{s}[1-\gamma(s)]}$$

und daraus, daß die Funktion $\frac{b}{s}[1-\gamma(s)]$ die LAPLACE-STIELTJES-Transformierte der (nichtfallenden) Funktion

$$b\int_0^t [1 - C(u)]\,du$$

ist.

Die übrigen Behauptungen des Satzes 2 lassen sich auf die übliche Weise (wie beim Beweis von Satz 1) nachprüfen.

In Wirklichkeit haben wir eine etwas stärkere Aussage bewiesen. Aus (13)—(14) folgt nämlich

$$\bar{r}(z, s) = [z - \alpha(s + b - bz)]^{-1} \times$$
$$\times z \left\{ \frac{1 - \alpha(s + b - bz)}{1 - z} \cdot \frac{s}{s + b - bz} \alpha(s + b - bz) \frac{s}{s + b - b\gamma(s)} \cdot \right. \qquad (15)$$

Diese Formel wird uns später von Nutzen sein.

Wir betrachten nun einige Beispiele (im folgenden wird vorausgesetzt, daß $\int_0^\infty t \, \mathrm{d}B(t) < \int_0^\infty t \, \mathrm{d}A(t) < +\infty$).

Beispiel 1. $A(t) = 1 - \mathrm{e}^{-at}$, $a > 0$. Wir geben die ersten beiden Momente der Länge einer Belegungsperiode an (siehe (1)):

$$\pi_1 = \frac{\beta_1}{1 - a\beta_1}, \qquad \pi_2 = \frac{\beta_2}{(1 - a\beta_1)^3},$$

wobei $\beta_2 = \int_0^\infty t^2 \, \mathrm{d}B(t)$ ist.

Beispiel 2. $A(t) = 1 - \mathrm{e}^{-at}$, $B(t) = 1 - \mathrm{e}^{-bt}$. Aus (1) erhalten wir

$$\pi(s) = \frac{b}{s + b + a - a\pi(s)}$$

und hieraus

$$\pi(s) = \frac{1}{2a} \left(s + a + b - \sqrt{(s + a + b)^2 - 4ab} \right)$$

(Es wird das Vorzeichen Minus gewählt, weil $|\pi(s)| \leqq 1$). Durch Umkehrung der Laplace-Stieltjes-Transformation erhalten wir

$$\Pi'(t) = \frac{1}{t\sqrt{\varrho}} J_1(2t\sqrt{ab}) \, \mathrm{e}^{-(a+b)t}, \qquad \varrho = \frac{a}{b}.$$

Hierbei ist $J_1(t)$ die Bessel-Funktion erster Art[1]).

Für die Momente $\pi_k = \int_0^\infty t^k \, \mathrm{d}\Pi(t)$, $k = 1, 2, 3, 4$, erhalten wir

$$\pi_1 = (b - a)^{-1},$$
$$\pi_2 = 2b(b - a)^{-3},$$
$$\pi_3 = 6b(a + b)(b - a)^{-5},$$
$$\pi_4 = 24b(a^2 + 3ab + b^2)(b - a)^{-7}.$$

Die Varianz der Länge einer Belegungsperiode ist gleich

$$\pi_2 - \pi_1^2 = (a + b)(b - a)^{-3}.$$

---

[1]) d. h. $J_1(t) = \sum_{k=0}^{\infty} \frac{(-1)^k}{k!\,(k + 1)!} \left(\frac{t}{2}\right)^{2k+1}$ (Anm. d. Herausgebers).

Beispiel 3. $A(t) = 1 - e^{-at}$; die Bedienungszeit sei konstant und gleich b^{-1}. Es gilt dann

$$B(t) = \begin{cases} 0, & t \leqq b^{-1}, \\ 1, & t > b^{-1}, \end{cases}$$

$$\beta(s) = e^{-sb^{-1}}.$$

Unter Benutzung von (1) erhalten wir

$$\pi_1 = (b - a)^{-1},$$

$$\pi_2 = b(b - a)^{-3},$$

$$\pi_3 = b(2a + b)(b - a)^{-5},$$

$$\pi_4 = b(6a^2 + 8ab + b^2)(b - a)^{-7},$$

$$\pi_2 - \pi_1^2 = a(b - a)^{-3}.$$

Beispiel 4. $B(t) = 1 - e^{-bt}$, $b > 0$; die Zeitdauer zwischen dem Eintreffen von zwei aufeinanderfolgenden Anrufen sei konstant und gleich a^{-1}. Es gilt dann

$$A(t) = \begin{cases} 0, & t \leqq a^{-1}, \\ 1, & t > a^{-1}, \end{cases}$$

$$\alpha(s) = e^{-sa^{-1}}.$$

Unter Benutzung von (3)—(4) erhalten wir (im Fall $a < b$)

$$\pi_1 = b^{-1}(1 - \sigma)^{-1},$$

$$\pi_2 = 2b^{-2}(1 - \sigma)^{-2}\left(1 - \sigma\frac{b}{a}\right)^{-1},$$

$$\pi_2 - \pi_1^2 = b^{-2}(1 - \sigma)^{-2}\left(1 + \sigma\frac{b}{a}\right)\left(1 - \sigma\frac{b}{a}\right)^{-1},$$

wobei σ die eindeutig bestimmte Wurzel der Gleichung $\sigma = e^{-(b/a)(1-\sigma)}$ innerhalb des Intervalls (0, 1) ist. Wir bemerken, daß $1 - \sigma\frac{b}{a} > 0$, d. h. $0 < \sigma < \frac{a}{b} < 1$ gilt.

Wir behandeln nun folgende Verallgemeinerungen[1]):
In einem Bedienungssystem, das aus einem Bedienungsgerät besteht, treffen r Anrufströme $L_1, \dots, L_r$ ein. Wir werden voraussetzen, daß

1. die Ströme $L_1, \dots, L_r$ unabhängig sind,
2. der Anrufstrom L_k ein POISSONscher Strom mit dem Parameter a_k ist, $k = 1, \dots, r$,
3. die Bedienungszeiten der Anrufe vollständig unabhängig sind,
4. die Bedienungszeit eines Anrufes des Stromes L_k eine Zufallsgröße mit der Verteilungsfunktion $B_k(t)$, $k = 1, \dots, r$, ist.

Unter der Belegungsperiode des Systems verstehen wir wiederum ein Zeitintervall, das in einem Zeitpunkt beginnt, in dem ein eintreffender Anruf das Bedienungsgerät frei vorfindet, und das bis zum darauffolgenden Zeitpunkt des Freiwerdens des Systems reicht. Es ist klar, daß die Reihenfolge der Bedienung der Anrufe hierbei keine Bedeutung hat.

---

[1]) vgl. § 6, Kap. 2, wo weitere Charakteristiken für diese Prioritätssysteme bestimmt werden (Anm. d. Herausgebers).

Wir führen noch den Begriff der *Priorität* ein und bestimmen dessen Verhältnis zur Bedienungsreihenfolge. Die Anrufe des Stromes L_k werden wir Anrufe der *Priorität* k nennen und sagen, daß die Anrufe des Stromes L_i von höherer Priorität als die Anrufe des Stromes L_j sind, falls $i < j$. Dabei werden die Anrufe der Priorität i gegenüber den Anrufen der Priorität j, $i < j$, auf die folgende Weise bevorzugt. Unter den Anrufen, die auf den Beginn der Bedienung warten, werden die Anrufe mit höherer Priorität früher als die Anrufe mit niederer Priorität bedient. Für Anrufe der gleichen Priorität setzen wir die inverse Bedienungsdisziplin voraus, d. h. von den wartenden Anrufen gleicher Priorität wird als erster der Anruf bedient, der später als die übrigen eingetroffen ist. Eine solche Situation kann man auf die folgende Weise darstellen. Man hat r Fächer, die mit den Zahlen 1, ..., r numeriert sind. Ein eintreffender Anruf (ein Erzeugnis) der Priorität k wird in das Fach mit der Nummer k auf die sich darin befindenden Erzeugnisse gelegt. Zur Bedienung wird in jedem Fach, beginnend mit dem Fach mit der kleinsten Nummer, zuerst das obenaufliegende Erzeugnis ausgewählt.
Falls während der Bedienung eines Anrufes ein Anruf höherer Priorität eintrifft, dann kann man sich Fälle vorstellen, bei denen die Bedienung unterbrochen und sofort mit der Bedienung des eingetroffenen Anrufes höherer Priorität begonnen wird. Im Zusammenhang damit unterscheiden wir die folgenden Bedienungsmodelle mit Prioritäten.[1])

Modell 1.1. Falls während der Bedienung eines Anrufes ein Anruf höherer Priorität eintrifft, dann wird die laufende Bedienung unterbrochen und mit der Bedienung des eingetroffenen Anrufes begonnen. Wenn danach im System keine Anrufe höherer Priorität als der unterbrochene Anruf vorhanden sind, dann wird die Bedienung des letzteren fortgesetzt.

Modell 1.2 unterscheidet sich von Modell 1.1 nur dadurch, daß der Anruf mit unterbrochener Bedienung verlorengeht.

Modell 1.3 unterscheidet sich von Modell 1.1. nur dadurch, daß die unterbrochene Bedienung eines Anrufes von Neuem beginnt (die bereits abgelaufene Bedienungszeit wird nicht berücksichtigt).

Modell 2. Wenn mit der Bedienung eines Anrufes begonnen wurde, dann wird diese zu Ende geführt, unabhängig davon, ob inzwischen Anrufe höherer Priorität eingetroffen sind (keine Unterbrechung).

Für die obengenannten Modelle wird uns die Belegungsperiode des Systems interessieren. Wir führen für sämtliche dieser Modelle folgende Bezeichnungen ein:

---

[1]) In der Literatur sind für die folgenden Modelle auch nachstehende Bezeichnungen gebräuchlich.

Modell 1.1 Absolute Priorität mit Fortsetzung
(preemptive resume discipline)
Modell 1.2 Absolute Priorität mit Verlust
(preemptive loss discipline)
Modell 1.3 Absolute Priorität mit Neubeginn
(preemptive repeat-different discipline)
Modell 2 Relative Priorität
(head-of-the-line priority discipline)
(Anm. d. Herausgebers).

$\Pi(t)$ — Verteilungsfunktion der Länge einer Belegungsperiode des Systems,

$\Pi_k(t)$ — Verteilungsfunktion der Länge einer Belegungsperiode des Systems durch Anrufe k-ter und höherer Priorität, d. h. der Länge eines Zeitintervalls, das in einem Zeitpunkt beginnt, in dem ein eintreffender Anruf k-ter oder höherer Priorität das System frei von Anrufen k-ter und höherer Priorität vorfindet, und bis zum darauffolgenden Zeitpunkt des Freiwerdens des Systems von Anrufen k-ter und höherer Priorität reicht.

Falls zusätzlich bekannt ist, daß die zuletzt genannte Belegungsperiode mit der Bedienung eines Anrufes der Priorität i $(i = 1, \ldots, k)$ beginnt, dann werden wir die entsprechende Verteilungsfunktion mit $\Pi_{ik}(t)$ bezeichnen. Es ist klar, daß $\Pi(t) = \Pi_r(t)$ gilt. Des weiteren bezeichnen wir mit $H_k(t)$ die Verteilungsfunktion der Länge eines Zeitintervalls, das in einem Zeitpunkt beginnt, in dem ein eintreffender Anruf der Priorität k das System leer vorfindet, und bis zum darauffolgenden Zeitpunkt des Freiwerdens des Systems von diesem Anruf und von Anrufen der Priorität höher als k reicht. Wir setzen

$$\sigma_i = a_1 + \ldots + a_i\,, \quad i = 1, \ldots, r\,, \quad \sigma_0 = 0\,, \quad \sigma = \sigma_r\,, \quad \Pi_0(t) \equiv 0\,,$$

$$\beta_i(s) = \int_0^\infty e^{-st}\, dB_i(t)\,, \quad \beta_{ij} = \int_0^\infty t^j\, dB_i(t)\,, \quad i = 1, 2, \ldots, r\,, \quad j = 1, 2, \ldots .$$

Satz 3. *Für die Modelle 1.1 und 2 gilt:*

a) $\sigma\pi(s) = \sum_{i=1}^{r} a_i\beta_i\big(s + \sigma - \sigma\pi(s)\big)$,

wobei die Funktion $\pi(s)$ durch diese Funktionalgleichung eindeutig bestimmt und analytisch in der Halbebene Re $s > 0$ *ist, in der $|\pi(s)| \leqq 1$ gilt.*

b) *Ist $a_1\beta_{11} + \ldots + a_r\beta_{r1} \leqq 1$, dann gilt $|\pi(+0)| = 1$, im entgegengesetzten Fall $0 < \pi(+0) < 1$.*

c) *Ist $a_1\beta_{11} + \ldots + a_r\beta_{r1} < 1$, dann gelten für die ersten drei Momente der Verteilungsfunktion $\Pi(t)$ die Beziehungen*

$$\sigma\pi_1 = \frac{\varrho_1}{\varrho}\,,$$

$$\sigma\pi_2 = \frac{\varrho_2}{\varrho^3}\,,$$

$$\sigma\pi_3 = \frac{\varrho_3}{\varrho^4} + 3\,\frac{\varrho_2^2}{\varrho^5}\,,$$

mit

$$\varrho_1 = a_1\beta_{11} + \ldots + a_r\beta_{r1}\,,$$

$$\varrho_2 = a_1\beta_{12} + \ldots + a_r\beta_{r2}\,,$$

$$\varrho_3 = a_1\beta_{13} + \ldots + a_r\beta_{r3}\,,$$

$$\varrho = 1 - \varrho_1\,.$$

Satz 4. *Für das Modell 1.2 gilt*

a) $h_k(s) = \beta_k(s + \sigma_{k-1}) + \frac{\sigma_{k-1}}{s + \sigma_{k-1}} [1 - \beta_k(s + \sigma_{k-1})]\, \pi_{k-1}(s)$,

$$\sigma_k \pi(s) = a_1 \pi_{k1}(s) + \dots + a_k \pi_{kk}(s) ,$$

$$\pi_{ki}(s) = \pi_{k-1,i}\big(s + a_k - a_k \pi_{kk}(s)\big) , \qquad i < k ,$$

$$\pi_{kk}(s) = h_k\big(s + a_k - a_k \pi_{kk}(s)\big) ,$$

wobei die Funktionen $h_k(s)$, $\pi_{ki}(s)$, $\pi_k(s)$, $i = 1, \dots, k$, $k = 1, \dots, r$, *durch dieses System von Funktionalgleichungen eindeutig bestimmt und analytisch in der Halbebene* Re $s > 0$ *sind, in der* $|h_k(s)| < 1$, $|\pi_{ki}(s)| < 1$, $|\pi_k(s)| < 1$ *gilt.*

b) *Ist*

$$a_1 \beta_{11} + \frac{a_2}{\sigma_1} [1 - \beta_2(\sigma_1)] + \dots + \frac{a_k}{\sigma_{k-1}} [1 - \beta_k(\sigma_{k-1})] \leqq 1 ,$$

dann gilt $h_{k+1}(+0) = \pi_{ki}(+0) = \pi_k(+0) = 1$, *im entgegengesetzten Fall*

$$0 < h_{k+1}(+0) < 1, \qquad 0 < \pi_{ki}(+0) < 1 , \qquad 0 < \pi_k(+0) < 1 .$$

c) *Wir setzen*

$$\varrho_{k1} = a_1 \beta_{11} + \frac{a_2}{\sigma_1} [1 - \beta_2(\sigma_1)] + \dots + \frac{a_k}{\sigma_{k-1}} [1 - \beta_k(\sigma_{k-1})] ,$$

$$\varrho_k = 1 - \varrho_{k1} ,$$

$$\varrho_{k2} = a_1 \beta_{12} + 2 \Bigg[- \frac{a_2}{\sigma_1} C_2 \varrho_1 - \dots - \frac{a_k}{\sigma_{k-1}} C_k\, \varrho_{k-1} + \frac{\varrho_1}{\sigma_1} (\varrho_1 - \varrho_2) + \dots + \frac{\varrho_{k-1}}{\sigma_{k-1}} (\varrho_{k-1} - \varrho_k) \Bigg] ,$$

$$C_i = \int_0^\infty t\, \mathrm{e}^{-\sigma_{i-1} t}\, \mathrm{d}B_i(t) ,$$

$\pi_{ki} = (-1)^i\, \pi_k^{(i)}(+0)$, *wobei* $\pi_k^{(i)}$ *die i-te Ableitung der Funktion* π_k *bezeichnet. Dann gilt für* $\varrho_{k1} < 1$

$$\sigma_k \pi_{k1} = \frac{\varrho_{k1}}{\varrho_k} ,$$

$$\sigma_k \pi_{k2} = \frac{\varrho_{k2}}{\varrho_k^3} ,$$

$$h_{k1} = \frac{1}{1 - \varrho_{k-1}} \frac{1 - \beta_k(\sigma_{k-1})}{\sigma_{k-1}} ,$$

$$h_{k2} = \frac{2}{\sigma_{k-1} \varrho_{k-1}} - C_k + \frac{1 - \beta_k(\sigma_{k-1})}{\sigma_{k-1}} + \frac{\varrho_{k-1,2}}{\varrho_{k-1}^3} \frac{1 - \beta_k(\sigma_{k-1})}{\sigma_{k-1}} .$$

Satz 5. *Für das Modell 1.3 gilt*

a) $h_k(s) = \beta_k(s + \sigma_{k-1}) \left\{ 1 - \frac{\sigma_{k-1}}{s + \sigma_{k-1}} [1 - \beta_k(s + \sigma_{k-1})]\, \pi_{k-1}(s) \right\}^{-1}$,

$$\sigma_k \pi_k(s) = a_1 \pi_{k1}(s) + \dots + a_k \pi_{kk}(s) ,$$

$$\pi_{ki}(s) = \pi_{k-1,i}\big(s + a_k - a_k \pi_{kk}(s)\big) ,$$

$$\pi_{kk}(s) = h_k\big(s + a_k - a_k \pi_{kk}(s)\big) ,$$

wobei die Funktionen $h_k(s)$, $\pi_{ki}(s)$, $\pi_k(s)$, $i = 1, \ldots, k$, $k = 1, \ldots, r$, *durch dieses System von Funktionalgleichungen eindeutig bestimmt und analytisch in der Halbebene* $\operatorname{Re} s > 0$ *sind, in der* $|h_k(s)| < 1$, $|\pi_{ki}(s)| < 1$, $|\pi_k(s)| < 1$ *gilt.*

b) *Ist*

$$a_1\beta_{11} + \frac{a_2}{\sigma_1}\left[\frac{1}{\beta_2(\sigma_1)} - 1\right] + \ldots + \frac{a_k}{\sigma_{k-1}}\left[\frac{1}{\beta_k(\sigma_{k-1})} - 1\right] \leqq 1,$$

dann gilt $h_{k+1}(+0) = \pi_{ki}(+0) = \pi_k(+0) = 1$, *im entgegengesetzten Fall* $0 < h_{k+1}(+0) < 1$, $0 < \pi_{ki}(+0) < 1$, $0 < \pi_k(+0) < 1$.

c) *Wir setzen*

$$\varrho_{k1} = a\beta_{11} + \frac{a_2}{\sigma_1}\left[\frac{1}{\beta_2(\sigma_1)} - 1\right] + \ldots + \frac{a_k}{\sigma_{k-1}}\left[\frac{1}{\beta_k(\sigma_{k-1})} - 1\right],$$

$$\varrho_k = 1 - \varrho_{k1}.$$

Dann gilt für $\varrho_{k1} < 1$

$$\sigma_k\pi_{k1} = \frac{\varrho_{k1}}{\varrho_k},$$

$$h_{k1} = \frac{1}{(1 - \varrho_{k-1})\,\sigma_{k-1}}\left[\frac{1}{\beta_k(\sigma_{k-1})} - 1\right].$$

Bevor wir zum Beweis der oben formulierten Behauptungen übergehen, betrachten wir den Fall $r = 1$ (es trifft nur ein Anrufstrom ein; die Modelle 1.1, 1.2, 1.3 und 2 unterscheiden sich nicht) und erhalten mit Hilfe der Methode der Einführung eines Zusatzereignisses (siehe § 13, Kap. 1, in diesem Fall — von „Katastrophen") die Formel

$$\pi(s) = \beta\big(s + a - a\pi(s)\big),$$

wobei $a = a_1$, $\beta(s) = \beta_1(s)$, und $\pi(s)$ die Laplace-Stieltjes-Transformierte von $\Pi(t)$ bezeichnet.

$\pi(s)$ ist die Wahrscheinlichkeit dafür, daß während einer Belegungsperiode keine „Katastrophe" eintritt. Einer Belegungsperiode ordnen wir den Anruf zu, mit dessen Bedienung die Belegungsperiode beginnt. Umgekehrt können wir auch jedem Anruf eine „Belegungsperiode" zuordnen und verstehen darunter die Länge des Zeitintervalls, das mit der Bedienung dieses Anrufes beginnt und bis zum darauffolgenden Zeitpunkt reicht, in dem dieser Anruf und sämtliche nach ihm eingetroffenen Anrufe das System verlassen haben (wir erinnern daran, daß die inverse Bedienungsdisziplin vorliegt).

Wir bemerken, daß die Belegungsperioden, die Anrufen entsprechen, die während der Bedienung eines Anrufes im System eintreffen, sich nicht überschneiden, vollständig unabhängig und identisch verteilt sind. Ferner sei erwähnt, daß die einem Anruf entsprechende Belegungsperiode sich aus seiner Bedienungszeit und aus den Belegungsperioden der Anrufe zusammensetzt, die während seiner Bedienung eintreffen. Damit also während der einem Anruf zugeordneten Belegungsperiode keine „Katastrophe" eintritt (die Wahrscheinlichkeit hierfür ist gleich $\pi(s)$), ist notwendig und hinreichend, daß während der Bedienung dieses Anrufes kein Ereignis desjenigen Gesamtstromes eintritt, der aus dem Strom der „Katastrophen" und aus dem Strom der Anrufe besteht, in deren Belegungsperiode eine „Katastrophe" eintritt. Dabei sind die sich überlagernden Ströme unabhängig, und jeder Teilstrom ist POISSONsch mit dem Parameter s bzw. $a\,[1-\pi(s)]$. Der Gesamtstrom ist deshalb auch POISSONsch mit dem Parameter $s+a[1-\pi(s)]$. Hieraus folgt die oben angegebene Formel.

Beweis des Satzes 3. Es ist klar, daß die Längen der Belegungsperioden für das Modell 1.1, für das Modell 2 und für das (im folgenden betrachtete) Modell ohne ,,Unterbrechung" mit der inversen Bedienungsdisziplin identisch verteilt sind. Dafür, daß während einer Belegungsperiode keine ,,Katastrophe" eintritt, ist notwendig und hinreichend, daß während der Bedienung des ersten Anrufes (der die Belegungsperiode einleitet und der mit der Wahrscheinlichkeit $\frac{a_i}{\sigma}$ die Priorität i besitzt) kein Ereignis des Gesamtstromes eintritt, der aus dem Strom der ,,Katastrophen" und aus dem Strom der Anrufe besteht, in deren Belegungsperiode eine ,,Katastrophe" eintritt. Dabei sind die sich überlagernden Ströme unabhängig, und jeder Teilstrom ist POISSONsch mit dem Parameter s bzw. $\sigma[1-\pi(s)]$. Der Gesamtstrom ist deshalb auch POISSONsch mit dem Parameter $s+\sigma-\sigma\pi(s)$. Hieraus folgt

$$\pi(s)=\sum_{i=1}^{r}\frac{a_i}{\sigma}\beta_i\big(s+\sigma-\sigma\pi(s)\big)\,.$$

Es sei s ein beliebiger Punkt der Halbebene $\operatorname{Re} s>0$. Wir zeigen, daß die Gleichung

$$\sigma z-\sum_{i=1}^{r}a_i\beta_i(s+a-az)=0$$

eine eindeutig bestimmte Lösung $z=\pi(s)$ mit der Eigenschaft $|z|<1$ hat. Dies folgt aus dem Satz von ROUCHÉ, denn wenn z auf der Kreislinie $|z|=1$ liegt, dann gilt

$$\operatorname{Re}(s+\sigma-\sigma z)>0\,,$$

$$\left|\sum_{i=1}^{r}a_i\beta_i(s+a-az)\right|\leqq\sum_{i=1}^{r}a_i\,|\beta_i(s+\sigma-\sigma z)|<\sum_{i=1}^{r}a_i=\sigma=|\sigma z|\,.$$

Folglich hat die Gleichung

$$\sigma\pi(s)=\sum_{i=1}^{r}a_i\beta_i\big(s+\sigma-\sigma\pi(s)\big)$$

in der Halbebene $\operatorname{Re} s>0$ eine eindeutig bestimmte Lösung $z=\pi(s)$ mit der Eigenschaft $|\pi(s)|<1$. Aus dem Satz über die implizite Funktion (siehe § 10 des Anhanges) folgt, daß $\pi(s)$ in der Halbebene $\operatorname{Re} s>0$ analytisch ist.

Es sei $s=0$, dann erhalten wir zur Bestimmung von $\pi(+0)=\Pi(+\infty)$ die Gleichung

$$\sigma z=\sum_{i=1}^{r}a_i\beta_i(\sigma-\sigma z)\,.$$

Die Diagramme der linken und rechten Seite dieser Gleichung sind für $z\in(-1,+1)$ in Abb. 4 dargestellt. Weil die rechte Seite von unten konvex ist, wird das Problem der Existenz einer Lösung der letzten Gleichung in $(-1,+1)$ auf die Untersuchung der Ableitung der rechten Seite im Punkt $z=1-0$, die gleich $\sum_{i=1}^{r}a_i\beta_{i1}$ ist, zurückgeführt. Für $\sum_{i=1}^{r}a_i\beta_{i1}\leqq 1$ gibt es keine Lösungen in $(-1,+1)$. Im entgegengesetzten Fall gibt es genau eine Lösung, die gleich $\pi(+0)=\lim_{s\downarrow 0}\pi(s)$ ist.

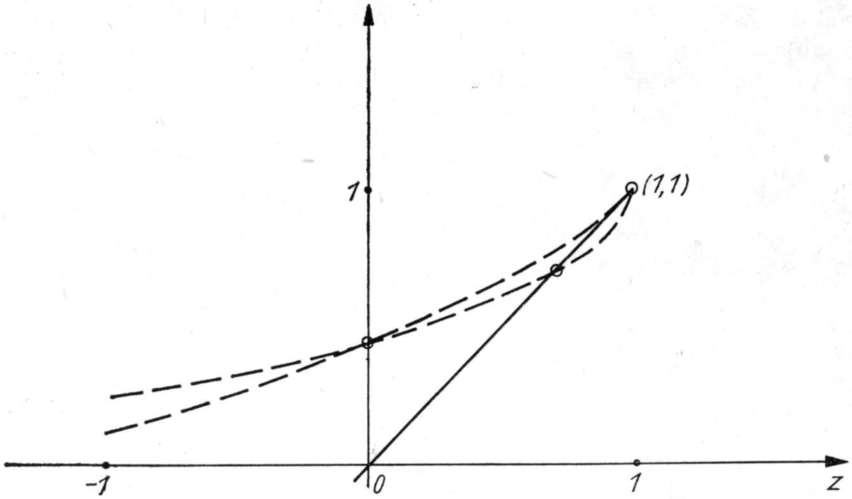

Abb. 4

Beweis des Satzes 4. Dafür, daß während eines Zeitintervalls, das vom Beginn der Bedienung eines Anrufes der Priorität k bis zum darauffolgenden Zeitpunkt des Freiwerdens des Systems von diesem Anruf und von Anrufen der Priorität höher als k reicht (wir erinnern daran, daß Anrufe der gleichen Priorität gemäß der inversen Bedienungsdisziplin bedient werden), keine „Katastrophe" eintritt (die Wahrscheinlichkeit hierfür beträgt $h_k(s)$, wobei $h_k(s)$ die LAPLACE-STIELTJES-Transformierte von $H_k(t)$ ist, $k = 1, \dots, r$), ist notwendig und hinreichend, daß *entweder* während der Bedienung eines Anrufes der Priorität k kein „unerwünschtes" Ereignis des Gesamtstromes eintritt, der aus dem Strom der „Katastrophen" und aus dem Strom der Anrufe mit einer Priorität höher als k besteht (die Wahrscheinlichkeit hierfür beträgt $\beta_k(s + \sigma_{k-1})$, denn die Teilströme sind unabhängig und POISSONsch mit dem Parameter s bzw. σ_{k-1}), *oder* daß während der Bedienung eines Anrufes der Priorität k ein „unerwünschtes" Ereignis eintritt $\big($die Wahrscheinlichkeit hierfür beträgt $1 - \beta_k(s + \sigma_{k-1})\big)$, wobei dieses „unerwünschte" Ereignis ein eintreffender Anruf der Priorität höher als k ist $\left(\text{die Wahrscheinlichkeit hierfür beträgt } \frac{\sigma_{k-1}}{s + \sigma_{k-1}}\right)$, und daß während einer durch die Bedienung von Anrufen der Priorität höher als k hervorgerufenen Belegungsperiode des Systems keine „Katastrophe" eintritt (die Wahrscheinlichkeit hierfür beträgt $\pi_{k-1}(s)$, wobei $\pi_i(s)$ die LAPLACE-STIELTJES-Transformierte von $\Pi_i(t)$ ist, $i = 1, 2, \dots, r$). Hieraus ergibt sich

$$h_k(s) = \beta_k(s + \sigma_{k-1}) + 1 - \beta_k(s + \sigma_{k-1}) \frac{\sigma_{k-1}}{s + \sigma_{k-1}} \pi_{k-1}(s).$$

Die wahrscheinlichkeitstheoretische Deutung der übrigen Formeln in der Sprache der „Katastrophen" bereitet nunmehr keine Schwierigkeiten. Die weiteren Überlegungen werden nach dem bereits bekannten Schema durchgeführt (siehe Beweis des Satzes 3).

Beweis des Satzes 5. Man lese den langen Satz, mit dem der Beweis des Satzes 4 beginnt, und beende ihn mit den folgenden Worten „... danach wird erneut mit der Bedienung des unterbrochenen Anrufes der Priorität k begonnen und gefordert, daß während des Zeitintervalls, das vom Beginn der (erneuten) Bedienung des Anrufes der Priorität k bis zum darauffolgenden Zeitpunkt des Freiwerdens des Systems von diesem Anruf und von Anrufen der Priorität höher als k reicht, keine ‚Katastrophe' eintritt (die Wahrscheinlichkeit hierfür beträgt $h_k(s)$)". Hieraus folgt

$$h_k(s) = \beta_k(s + \sigma_{k-1}) + [1 - \beta_k(s + \sigma_{k-1})] \frac{\sigma_{k-1}}{s + \sigma_{k-1}} \pi_{k-1}(s)\, h_k(s) .$$

Die übrigen Beziehungen unterscheiden sich nicht von den entsprechenden Beziehungen des Satzes 4. Die weiteren Überlegungen werden nach dem üblichen Schema durchgeführt.

Aufgabe 1. Man beweise, daß die Verteilungsfunktion $\Pi(t)$ der Länge einer Belegungsperiode des Systems für den Fall, daß $A(t) = 1 - e^{-at}$ und die Bedienungszeit konstant gleich b^{-1} ist, die Form besitzt

$$\Pi(t) = \sum_{n=1}^{[bt]} e^{-\varrho n} \frac{(\varrho n)^{n-1}}{n!}, \qquad \varrho = \frac{a}{b},$$

wobei $[x] = \max\{n : n = 1, 2, \ldots, n \leqq x\}$ gesetzt wird.

Hinweis. Man verwende dabei, daß die Gleichung

$$R(x) = x \cdot e^{R(x)}$$

die Lösung

$$R(x) = \sum_{n\geqq 1} \frac{n^{n-1}}{n!} x^n$$

besitzt (die man aus der LAGRANGEschen Zerlegung erhält).

Aufgabe 2. Man beweise, daß σ aus Beispiel 4 gleich

$$\sigma = \sum_{n\geqq 1} \frac{\left(n \frac{b}{a}\right)^{n-1}}{n!} e^{-n(b/a)}$$

ist.

Aufgabe 3. Ein POISSONscher Anrufstrom mit der Intensität a trifft in einer Bedienungseinrichtung ein. Die Bedienungszeit der Anrufe besitze die Verteilungsfunktion $B(t)$. Mit ξ_T bezeichnen wir die Summe der Bedienungszeiten der Anrufe, die im Intervall $(0, T]$ eingetroffen sind. Es wird vorausgesetzt, daß das System zum Anfangszeitpunkt $t = 0$ leer ist. Man zeige

$$\varphi(s) = \mathsf{E} e^{-s\xi_T} = \exp\{aT[\beta(s) - 1]\} .$$

Es sei erwähnt, daß allgemein bei einem rekurrenten Anrufstrom

$$\varphi(s) = \sum_{k\geqq 0} P_k(T)\, [\beta(s)]^k$$

gilt, wobei $P_k(T)$ die Wahrscheinlichkeit dafür ist, daß in $[0, T]$ genau k Anrufe eintreffen. Hieraus folgt

$$\mathsf{E}\xi_T = \beta_1 \sum_{k\geqq 1} k \cdot P_k(T) ,$$

was ein Spezialfall der WALDschen Identität ist (siehe § 5 des Anhanges).

Aufgabe 4. In einer Bedienungseinrichtung trifft ein POISSONscher Anrufstrom mit dem Parameter a ein. Die Bedienungszeit der Anrufe besitze die Verteilungsfunktion $B(t)$. Mit $C(t)$ bezeichnen wir die Verteilungsfunktion der Summe der Bedienungszeiten der Anrufe, die während derBedienung eines Anrufes eintreffen. Man zeige

$$\gamma(s) = \beta(a - a\beta(s)), \qquad \gamma_1 = a\beta_1^2 ,$$

wobei $\gamma(s) = \int^{\infty} e^{-st}\, dC(t)$, $\gamma_1 = \int_0^{\infty} t\, dC(t)$ ist.

Hinweis. Man benutze entweder die Methode der „Katastrophen“ oder die Beziehung

$$C(t) = \sum_{n \geqq 0} \int_0^\infty e^{-ax} \frac{(ax)^n}{n!} \, dB(x) \cdot B_n(t) , \qquad B_n(t) = [B(t)]^{*n} .$$

Aufgabe 5. Man dehne den Satz 1 auf den Fall aus, daß die Anrufe nur in „Anrufzeitpunkten“ eintreffen können, die einen Poissonschen Strom mit dem Parameter a bilden. In jedem „Anrufzeitpunkt“ treffen mit der Wahrscheinlichkeit a_k genau k Anrufe ein, $k \geqq 0$, $\sum_{k \geqq 0} a_k = 1$.

Aufgabe 6. Man zeige, daß die Gleichung $z = \beta(a - az)$ für $a\beta_1 > 1$ eine eindeutig bestimmte Wurzel im Einheitskreis $|z| < 1$ besitzt.

Hinweis. Man benutze den Satz von Rouché; als Kontur wähle man den Rand des Gebietes $\{z : |z| \leqq 1, |z - 1| \geqq \varepsilon\}$; es gilt

$$|\beta(a - az)| < 1 \quad \text{für} \quad |z| = 1 , \qquad z \neq 1 ;$$

ist $z = 1 + \varepsilon e^{i\varphi}$, dann gilt

$$|\beta(a - az)|^2 = 1 + 2\varepsilon a\beta_1 \cos\varphi + o(\varepsilon) ,$$

$$|z|^2 = 1 + 2\varepsilon \cos\varphi + o(\varepsilon) .$$

Aufgabe 7. Man zeige, daß die Gleichung

$$\sigma z = \sum_{i=1}^{r} a_i \beta_i(\sigma - \sigma z)$$

(siehe Satz 3) für $a_1\beta_{11} + \dots + a_r\beta_{r1} > 1$ eine eindeutig bestimmte Wurzel im Einheitskreis $|z| < 1$ besitzt.

Aufgabe 8. Man zeige, daß man die Gleichung

$$\pi(s) = \beta\big(s + a - a\pi(s)\big)$$

bezüglich $\pi(s)$ für jedes s, $\operatorname{Re} s \geqq 0$, mit Hilfe einer Iterationsmethode lösen kann, und zwar gilt

$$\pi(s) = \lim_{n \to \infty} \pi_n(s) ,$$

wobei

$$\pi_{n+1}(s) = \beta\big(s + a - a\pi_n(s)\big) , \qquad \pi_0(s) = 0$$

ist (die Bezeichnungen sind die gleichen wie in Satz 1).

§ 3. Anzahl der während einer Belegungsperiode bedienten Anrufe

Es sei p_k die Wahrscheinlichkeit dafür, daß während einer Belegungsperiode des Systems k Anrufe bedient werden, $k \geqq 1$. Wir setzen

$$p(z) = \sum_{k \geqq 1} p_k z^k , \qquad |z| \leqq 1 .$$

Satz. *Ist* $A(t) = 1 - e^{-at}$, $a > 0$, *dann gilt*

$$p(z) = z\beta\big(a - ap(z)\big) , \tag{1}$$

wobei die Funktion $p(z)$ *durch diese Funktionalgleichung eindeutig bestimmt und analytisch im Einheitskreis* $|z| < 1$ *ist, in dem* $|p(z)| < 1$. *Dabei gilt*

$$p(1) = \begin{cases} 1, & \text{falls} \quad a\beta_1 \leqq 1 , \\ \varrho, & \text{falls} \quad a\beta_1 > 1 , \end{cases} \tag{2}$$

wobei ϱ *(im Fall, daß* $a\beta_1 > 1$*) die eindeutig bestimmte Wurzel der Gleichung* $\varrho = \beta(a - a\varrho)$ *innerhalb des Intervalls* $(0, 1)$ *ist.*

Beweis. Es sei $0 \leqq z \leqq 1$. Jeden Anruf erklären wir mit der Wahrscheinlichkeit z als rot und mit der Wahrscheinlichkeit $1 - z$ als blau, unabhängig davon, von welcher Farbe die vorhergehenden Anrufe waren. Dann ist $p_k z^k$ die Wahrscheinlichkeit dafür, daß während einer Belegungsperiode k Anrufe bedient werden und daß alle diese Anrufe rot sind. $p(z) = \sum_{k \geqq 1} p_k z^k$ ist die Wahrscheinlichkeit dafür, daß während einer Belegungsperiode nur rote Anrufe bedient werden. Ferner setzen wir voraus, daß die inverse Bedienungsdisziplin vorliegt. Das bedeutet, daß von den auf Bedienung wartenden Anrufen zuerst der Anruf bedient wird, der später als die übrigen eingetroffen ist. Diese Annahme hat natürlich weder Einfluß auf die Länge der Belegungsperiode noch auf die Anzahl der während einer Belegungsperiode bedienten Anrufe. Innerhalb der roten Anrufe werden wir auf die folgende Weise dunkel- und hellrote Anrufe unterscheiden. Jedem Anruf wird eine Belegungsperiode des Systems zugeordnet, die durch die Bedienung der nach ihm eingetroffenen Anrufe hervorgerufen wird. Einen Anruf nennen wir dunkelrot, wenn er selbst rot ist und wenn während der ihm zugeordneten Belegungsperiode des Systems nur rote Anrufe bedient wurden. Nun können wir $p(z)$ eine andere Deutung geben, nämlich: $p(z)$ ist die Wahrscheinlichkeit dafür, daß ein gegebener Anruf dunkelrot ist.

Weil $\int_0^\infty \frac{(au)^k}{k!} e^{-au} \, dB(u)$ die Wahrscheinlichkeit dafür ist, daß während der Bedienung eines Anrufes k Anrufe im System eintreffen, ist $\int_0^\infty \frac{[aup(z)]^k}{k!} e^{-au} \, dB(u)$ die Wahrscheinlichkeit dafür, daß während der Bedienung eines Anrufes k Anrufe im System eintreffen, von denen jeder dunkelrot ist (wir bemerken, daß jeder Anruf, der während der Bedienungsperiode eines gegebenen Anrufes eintrifft, mit der Wahrscheinlichkeit $p(z)$ dunkelrot ist, unabhängig davon, von welcher Farbe die Anrufe sind, die außerdem während dieser Bedienungsperiode eintreffen). Hieraus folgt, daß $\sum_{k \geqq 0} \int_0^\infty \frac{[aup(z)]^k}{k!} e^{-au} \, dB(u) = \beta(a - ap(z))$ die Wahrscheinlichkeit dafür ist, daß während der Bedienung eines Anrufes nur dunkelrote Anrufe im System eintreffen. Dafür, daß während einer Belegungsperiode nur rote Anrufe bedient werden (die Wahrscheinlichkeit hierfür ist $p(z)$), ist notwendig und hinreichend, daß der erste Anruf (mit dessen Bedienung die Belegungsperiode eingeleitet wird) rot ist (die Wahrscheinlichkeit hierfür ist z) und daß während seiner Bedienung nur dunkelrote Anrufe im System eintreffen (die Wahrscheinlichkeit hierfür ist $\beta(a - ap(z))$.

Hieraus ergibt sich

$$p(z) = z\beta(a - ap(z)) .$$

Wir vermerken, daß wir bezüglich z keinerlei Einschränkungen außer $0 \leqq z \leqq 1$ gemacht haben. Die Formel (1) gilt also für sämtliche z mit der Eigenschaft $0 \leqq z \leqq 1$. Mit Hilfe des Satzes von Rouché wird nachgewiesen, daß die Gleichung

$$w = z\beta(a - aw) \tag{3}$$

für jedes z aus dem Einheitskreis $|z| < 1$ eine eindeutig bestimmte Lösung mit der Eigenschaft $|w| < 1$ besitzt, denn auf der Kreislinie $|w| = 1$ gilt

$$|z\beta(a - aw)| \leqq |z| < 1 = |w| .$$

Aus dem Satz über die implizite Funktion (siehe § 10 des Anhanges) folgt, daß die Lösung der Gleichung (3) analytisch im Einheitskreis $|z| < 1$ ist. Die Formel (2) wird genauso wie im analogen Fall beim Beweis des Satzes 1 in § 2 bewiesen.

Aufgabe 1. Man zeige, daß für $B(t) = 1 - \mathrm{e}^{-bt}$, $b > 0$, $\varrho = \frac{a}{b} < 1$ die Beziehung

$$p_k = \frac{1}{k}\binom{2(k-1)}{k-1}\varrho^{k-1}(1+\varrho)^{-2k+1} = C_k\varrho^{k-1}(1+\varrho)^{-2k+1}, \qquad k \geqq 1,$$

gilt, wobei $C_k = \frac{1}{k}\binom{2(k-1)}{k-1}$ die sogenannten CATALANschen Zahlen sind.

Hinweis. Bei der Lösung dieser und der unten angeführten Aufgaben benutze man die LAGRANGEsche Umkehrformel (siehe § 10 des Anhanges).

Aufgabe 2. Ist $B(t) = \int\limits_0^{bt} \frac{x^{n-1}}{(n-1)!}\,\mathrm{e}^{-x}\,\mathrm{d}x$, dann gilt

$$p_k = \frac{1}{k}\binom{kn+k-2}{k-1}\cdot\varrho^{k-1}(1+\varrho)^{-(kn+k-1)}, \qquad n \geqq 1, \qquad k \geqq 1.$$

Hinweis. $\beta(s) = \left(\frac{b}{s+b}\right)^n$.

Aufgabe 3. Man zeige, daß für den Fall konstanter Bedienungszeit, und zwar gleich b^{-1}, und $\varrho = \frac{a}{b} < 1$ die Beziehung

$$p_k = \frac{(k\varrho)^{k-1}}{k!}\,\mathrm{e}^{-k\varrho}, \qquad k \geqq 1,$$

gilt.

Aufgabe 4. Wir betrachten den Fall, daß die Anrufe nur in „Anrufzeitpunkten" eintreffen können, die einen POISSONschen Strom mit dem Parameter a bilden. In jedem „Anrufzeitpunkt" treffen mit der Wahrscheinlichkeit a_k genau k Anrufe ein,

$$k \geqq 0, \qquad \Phi(z) = \sum_{k\geqq 0} a_k z^k, \qquad \Phi(1) = 1.$$

Man zeige

$$p(z) = \Phi[z\beta(a - ap(z))].$$

Aufgabe 5 (Fortsetzung). Ist $\Phi(z) = z^N$, dann gilt

$$q(z) = z[\beta(a - aq(z))]^N$$

mit $q(z) = \sum\limits_{k\geqq 1} q_k z^k$, $q_k = p_{k\cdot N}$ und $q_m = 0$ für $m \neq k\cdot N$.

Aufgabe 6 (Fortsetzung). Ist außerdem $B(t) = 1 - \mathrm{e}^{-bt}$, dann gilt

$$q_k = \frac{1}{k}\binom{kN+k-2}{k-1}\varrho^{k-1}(1+\varrho)^{-(kN+k-1)}.$$

Aufgabe 7 (Fortsetzung der Aufgabe 5). Falls die Bedienungszeit konstant und gleich b^{-1} ist, dann gilt

$$q_k = \frac{(k\hat{\varrho})^{k-1}}{k!}\,\mathrm{e}^{-k\hat{\varrho}}, \qquad k \geqq 1,$$

wobei $\hat{\varrho} = \frac{a}{b}N$ ist.

Aufgabe 8. Man dehne das Ergebnis dieses Abschnittes auf die Modelle 1.1, 1.2, 3 und 2 von § 2 aus.

§ 4. Wartesysteme mit unzuverlässigem Bedienungsgerät, Poissonschem Eingangsstrom, beliebiger Bedienungszeitverteilung und beliebiger Lebens- und Reparaturzeitverteilung des Gerätes sowohl im freien als auch im belegten Zustand

Beschreibung des Bedienungssystems. Die mit dem Eingangsstrom eintreffenden Kunden (Anrufe) werden von einem Bedienungsgerät in der Reihenfolge ihres Eintreffens bedient. Über den Kundenstrom und die Bedienungsdisziplin wird folgendes vorausgesetzt:

1. Die Ankunftszeitpunkte der Kunden bilden einen Poissonschen Strom mit dem Parameter a; mit $A(t)$ bezeichnen wir die Verteilungsfunktion des Abstandes zwischen zwei aufeinanderfolgenden Ankunftszeitpunkten. Es sei
$$A(t) = 1 - \mathrm{e}^{-at}, \qquad a > 0; \qquad t \geqq 0.$$
2. Die Bedienungszeiten der Kunden sind unabhängige Zufallsgrößen mit einer beliebigen Verteilungsfunktion $B(t)$.
3. Falls das Gerät zum Zeitpunkt T mit der Bedienung eines Kunden begonnen hat und die Bedienung eine Zeit $\geqq t$ dauert, dann fällt das Gerät mit der Wahrscheinlichkeit $C(t)$ im Intervall $[T, T + t)$ aus.
4. Danach wird das Gerät repariert, und die Reparaturzeit ist eine Zufallsgröße mit der Verteilungsfunktion $D(t)$.
5. Eine unterbrochene Bedienung eines Kunden wird später fortgesetzt.
6. Falls zu einem Zeitpunkt T das Gerät frei wird und während der Zeitdauer t keine Kunden eintreffen, dann fällt das Gerät mit der Wahrscheinlichkeit $E(t)$ im Intervall $[T, T + t)$ aus.
7. Danach wird das Gerät repariert, und die Reparaturzeit ist eine Zufallsgröße mit der Verteilungsfunktion $F(t)$.

Für dieses System werden wir Funktionen bestimmen, die die Schlangenlänge (Anzahl der auf den Bedienungsbeginn wartenden Kunden), die Wartezeit und die Verweilzeit eines Kunden im System charakterisieren.

Wir führen folgende Bezeichnungen ein (die Numerierung der Kunden erfolgt in der Reihenfolge ihres Eintreffens): p_{kN} ist die Wahrscheinlichkeit dafür, daß der N-te Kunde beim Verlassen des Systems (d. h. bei Beendigung seiner Bedienung) k Kunden im System zurückläßt, $k \geqq 0$, $N \geqq 1$; es seien

$$P_N(z) = \sum_{k \geqq 0} p_{kN} z^k, \qquad |z| \leqq 1,$$

$W_N(t)$ die Verteilungsfunktion der Wartezeit des N-ten Kunden, $V_N(t)$ die Verteilungsfunktion der Verweilzeit des N-ten Kunden im System.

Wir setzen voraus, daß das Gerät zum Anfangszeitpunkt $t = 0$ intakt und bereit ist, eine Bedienung zu beginnen, und daß der Anfangszustand des Systems durch eine Verteilung $\{p_{k0}\}$, $k \geqq 0$, charakterisiert wird. Hierbei ist p_{k0} die Wahrscheinlichkeit dafür, daß sich zum Anfangszeitpunkt k Kunden im System befinden, $k \geqq 0$;

$$P_0(z) = \sum_{k \geqq 0} p_{k0} z^k, \qquad |z| \leqq 1, \; P_0(1) = 1.$$

Es seien $\beta(s)$, $\gamma(s)$, $\delta(s)$, $e(s)$, $\varphi(s)$, $\omega_N(s)$, $v_N(s)$ die jeweiligen Laplace-Stieltjes-Transformierten der Verteilungsfunktionen $B(t)$, $C(t)$, $D(t)$, $E(t)$, $F(t)$, $W_N(t)$ und $V_N(t)$.

Satz 1. a) *Die Funktionen $P_N(z)$, $W_N(t)$, $V_N(t)$ lassen sich für $N \geqq 1$ aus den folgenden Rekursionsformeln bestimmen:*

$$zP_{N+1}(z) = [P_N(z) - P_N(0) + P_N(0)\, R(z)]\, h(a - az)\,,$$

$$P_N(z) = \omega_N(a - az)\, h(a - az)\,, \qquad |z| \leqq 1\,,$$

$$v_N(s) = \omega_N(s)\, h(s)\,, \qquad \mathrm{Re}\, s \geqq 0\,,$$

wobei gilt

$$R(z) = z\frac{1 - e(a)}{1 - e(a)\,\varphi(a)} + e(a)\frac{\varphi(a - az) - \varphi(a)}{1 - e(a)\,\varphi(a)}\,;$$

$$h(s) = \int_0^\infty e^{-st} P\,(\delta(s), t)\, dB(t)\,;$$

$$s\int_0^\infty e^{-st}\, P(z, t)\, dt = \frac{1 - \gamma(s)}{1 - z\gamma(s)}\,.$$

b) *$h(s)$ ist die Laplace-Stieltjes Transformierte der Verteilungsfunktion $H(t)$ der Länge des Zeitintervalls vom Beginn der Bedienung eines Kunden bis zum Zeitpunkt der Beendigung seiner Bedienung.*

c) *Es existieren die Grenzwerte*

$$\lim_{N\to\infty} P_N(z) = P(z), \quad \lim_{N\to\infty} W_N(t) = W(t), \quad \lim_{N\to\infty} V_N(t) = V(t)\,.$$

d) *Für $ah_1 \geqq 1$ gilt*

$$P(z) \equiv 0, \qquad W(t) \equiv 0, \qquad V(t) \equiv 0.$$

e) *Für $ah_1 < 1$ und $\varphi_1 < \infty$ gilt*

$$P(z) = \sum_{k \geqq 0} p_k z^k\,; \qquad p_k > 0,\ k \geqq 0;\ P(1) = 1;$$

$$P(z) = \frac{1 - R(z)}{h(a - az) - z} \cdot P(0) \cdot h(a - az)\,, \qquad |z| \leqq 1\,;$$

$$P(0) = \frac{(1 - ah_1)\,[1 - e(a)\,\varphi(a)]}{1 - e(a)\,[1 - a\varphi_1]}\,;$$

$W(t)$ ist eine Verteilungsfunktion, die sich aus der Beziehung

$$P(z) = \omega(a - az) \cdot h(a - az)\,, \qquad |z| \leqq 1,$$

bestimmen läßt. $V(t)$ ist eine Verteilungsfunktion, die sich aus der Beziehung

$$v(s) = \omega(s) \cdot h(s)\,, \qquad \mathrm{Re}\, s \geqq 0,$$

bestimmen läßt.

Dabei ist $\varphi_i = \int_0^\infty t^i dF(t)$, $h_i = \int_0^\infty t^i\, dH(t)$ für $i = 1, 2, 3,$. Ferner sei $\omega_i = \int_0^\infty t^i\, dW(t)$, $v_i = \int_0^\infty t^i\, dV(t)$, $i = 1, 2$.

Bemerkungen. 1. Die Bedingung $ah_1 \geqq 1$ (überlastete Systeme) bedeutet auf Grund von d), daß die Schlangenlänge mit wachsender Zeit unendlich wächst. Im Fall $ah_1 < 1$ sind die ersten beiden Momente der Schlangenlänge (genauer: der Anzahl der Kunden, die sich im stationären Fall im System befinden), der Wartezeit und der Verweilzeit eines Kunden im System (im stationären Fall, d. h. für $N \to +\infty$) jeweils gleich

$$\sum_{k\geqq 1} kp_k = P'(1) = \frac{a^2h_2}{2(1-ah_1)} + \frac{1}{2}\,\frac{a^2\varphi_2 e(a)}{1-e(a)\,[1-a\varphi_1]} + ah_1\,;$$

$$\sum_{k\geqq 1} k^2p_k = P'(1) + P''(1) =$$

$$= \frac{a^3h_3}{3(1-ah_1)} + a^2h_2 + \frac{e(a)}{3}\,\frac{a^3[\varphi_3 + 3h_1\varphi_2]}{1-e(a)\,[a-a\varphi_1]} +$$

$$+ \left[\frac{a^2h_2}{1-ah_1} + 1\right]\cdot\frac{e(a)}{2}\,\frac{a^2\varphi_2}{1-e(a)\,[1-a\varphi_1]} +$$

$$+ ah_1\left[1 + \frac{a^2h_2}{1-ah_1}\right] + \frac{1}{2}\left[\frac{a^2h_2}{1-ah_1}\right]^2 + \frac{1}{2}\,\frac{a^2h_2}{1-ah_1}\,;$$

$$\omega_1 = a^{-1}P'(1) - h_1\,; \qquad \omega_2 = a^{-2}P''(1) - 2\omega_1h_1 - h_2\,;$$

$$v_1 = \omega_1 + h_1\,, \qquad v_2 = \omega_2 + 2\omega_1\cdot h_1 + h_2\,.$$

2. Im Fall $C(t) = 1 - \mathrm{e}^{-ct}$, $c \geqq 0$, gilt

$$h(s) = \beta\big(s + c - c\delta(s)\big)\,.$$

3. Im Fall $B(t) = 1 - \mathrm{e}^{-bt}$, $b > 0$, gilt

$$h(s) = \frac{b}{s+b}\,\frac{1-\gamma(s+b)}{1-\delta(s)\cdot\gamma(s+b)}\,.$$

Den Beweis des Satzes zerlegen wir in einige Schritte.

A. *Vereinfachung des Problems.* Wenn das Gerät mit der Bedienung eines Kunden begonnen hat, dann ist für die wartenden und neu eintreffenden Kunden nur die Verweilzeit des Kunden am Bedienungsgerät von Wichtigkeit oder genauer: die Zeit, die vom Beginn der Bedienung des Kunden bis zum Zeitpunkt der Beendigung seiner Bedienung vergeht. Diese Zeit besteht aus der Bedienungszeit des Kunden und aus den Reparaturzeiten des Gerätes, die durch die Ausfälle des Gerätes während der Bedienung dieses Kunden entstehen. Mit $H(t)$ bezeichnen wir wie oben die Verteilungsfunktion der Verweilzeit eines Kunden am Gerät. Wenn $P_k(t)$ die Wahrscheinlichkeit dafür ist, daß während der Bedienung eines Kunden (hierfür mögen t Zeiteinheiten benötigt werden) das Gerät k-mal ausfällt, und wenn

$$P(z, t) = \sum_{k\geqq 0} z^k P_k(t)\,,$$

ist, dann gilt

$$h(s) = \int_0^\infty \mathrm{e}^{-st}\,P\big(\delta(s), t\big)\,\mathrm{d}B(t)\,,$$

was auf die folgende Weise bewiesen wird. Die linke Seite dieser Beziehung ist die Wahrscheinlichkeit dafür, daß während der Verweilzeit eines Kunden am Gerät keine „Katastrophe" eintritt. Auf welche Weise kann dies geschehen? Die Zeit, die zur

Bedienung dieses Kunden benötigt wird, sei gleich t. Dann ist dafür, daß keine „Katastrophe" eintritt, notwendig und hinreichend, daß erstens während der Zeit t keine „Katastrophe" eintritt, die Wahrscheinlichkeit hierfür ist e^{-st}, und daß zweitens während der Reparaturzeit des Gerätes keine „Katastrophe" eintritt, die Wahrscheinlichkeit hierfür ist $\sum_{k\geqq 0} P_k(t)\,[\delta(s)]^k = P\big(\delta(s), t\big)$ (Es sei vermerkt, daß $\delta(s)$ die Wahrscheinlichkeit dafür ist, daß während einer Reparatur keine „Katastrophe" eintritt). Dies beweist die obengenannte Beziehung.

Zur Bestimmung von $P(z, t)$ kann man die Formel (4) aus § 6, Kap. 1 benutzen. Insbesondere gilt für $C(t) = 1 - e^{-ct}$, $c > 0$,

$$P_k(t) = \frac{(ct)^k}{k!}\,e^{-ct}, \qquad k \geqq 0; \qquad P(z, t) = e^{-ct(1-z)},$$

woraus sich

$$h(s) = \beta\big(s + c - c\delta(s)\big)$$

ergibt. Für $B(t) = 1 - e^{-bt}$, $b > 0$, erhalten wir

$$h(s) = \int_0^\infty b\,e^{-(s+b)t}\,P\big(\delta(s), t\big)\,dt$$

bzw.

$$h(s) = \frac{b}{s+b}\,\frac{1 - \gamma(s+b)}{1 - \delta(s)\cdot\gamma(s+b)}.$$

Diese Überlegungen und Formeln gestatten es, das Problem für das ursprüngliche Bedienungssystem auf das gleiche Problem für ein Bedienungssystem, das während einer Belegungsperiode nicht ausfällt, zurückzuführen.

B. *Herleitung der grundlegenden Formeln.* Wir setzen voraus, daß jeder Kunde entweder rot oder blau ist, wobei ein beliebiger Kunde mit der Wahrscheinlichkeit z, $0 \leqq z \leqq 1$, rot gefärbt wird, unabhängig, von welcher Farbe die übrigen Kunden sind. Da p_{kN} die Wahrscheinlichkeit dafür ist, daß der N-te Kunde beim Verlassen des Systems (nach Beendigung der Bedienung) k Kunden in ihm zurückläßt, ist $p_{kN}z^k$ die Wahrscheinlichkeit dafür, daß der N-te Kunde beim Verlassen des Systems k Kunden, und zwar rote, in ihm zurückläßt.

Folglich ist $P_N(z) = \sum_{k\geqq 0} p_{kN}z^k$ die Wahrscheinlichkeit dafür, daß sämtliche Kunden die nach der Bedienung des N-ten Kunden im System zurückbleiben, rot sind, und $z^k \int_0^\infty \frac{(at)^k}{k!}\,e^{-at}\,dH(t)$ ist die Wahrscheinlichkeit dafür, daß während der Verweilzeit eines Kunden am Gerät k Kunden, und zwar rote, im System eintreffen. Somit erhalten wir

$$\sum_{k\geqq 0} z^k \int_0^\infty \frac{(at)^k}{k!}\,e^{-at}\,dH(t) = \int_0^\infty e^{-at(1-z)t}\,dH(t) = h(a - az)$$

als die Wahrscheinlichkeit dafür, daß während der Verweilzeit eines Kunden am Gerät keine blauen Kunden im System eintreffen. Analog ist $\omega_N(a - az)$ die Wahrscheinlichkeit dafür, daß sämtliche Kunden rot sind, die im System eintreffen, während der N-te Kunde auf den Beginn der Bedienung wartet.

Wir bemerken, daß man die Wahrscheinlichkeitsdeutung von $h(a - az)$ und $\omega_N(a - az)$ auch auf die folgende Weise erhalten kann. Weil der Kundenstrom Poissonsch mit dem Parameter a ist und jeder Kunde mit der Wahrscheinlichkeit z rot ist, erweist sich der Strom der roten Kunden als Poissonscher Strom mit dem Parameter az. Der Strom der blauen Kunden dagegen ist Poissonsch mit dem Parameter $a(1 - z)$. Hieraus folgt, daß die Wahrscheinlichkeit dafür, daß während der Verweilzeit eines Kunden am Gerät keine blauen Kunden im System eintreffen, gleich $\int_0^\infty e^{-a(1-z)t}\,dH(t) = h(a - az)$ ist. Die Größe $\omega_N(a - az)$ wird analog interpretiert. Dafür, daß sämtliche Kunden, die nach Beendigung der Bedienung des N-ten Kunden im System verbleiben, rot sind, ist notwendig und hinreichend, daß während der Wartezeit des N-ten Kunden auf den Bedienungsbeginn und während seiner Verweilzeit am Gerät nur rote Kunden im System eintreffen. Hieraus folgt

$$P_N(z) = \omega_N(a - az) \cdot h(a - az)\,. \tag{1}$$

Falls das System nach der Beendigung der Bedienung eines Kunden leer ist, dann sei $R(z)$ die bedingte Wahrscheinlichkeit dafür, daß sämtliche Kunden rot sind, die bis zum Beginn der Bedienung des nächsten Kunden (der auch rot sein soll) im System eintreffen, unter der Bedingung, daß das System vorher leer ist. Dann gilt

$$zP_{N+1}(z) = [P_N(z) - P_N(0) + P_N(0)\,R(z)] \cdot h(a - az)\,. \tag{2}$$

Tatsächlich ist dafür, daß der $(N+1)$-te Kunde rot ist und beim Verlassen des Gerätes nur rote Kunden im System zurückläßt (die Wahrscheinlichkeit hierfür ist $zP_{N+1}(z)$), notwendig und hinreichend, daß der N-*te* Kunde beim Verlassen des Gerätes *entweder* das System nicht leer zurückläßt, wobei die zurückgelassenen Kunden rot sind, (die Wahrscheinlichkeit hierfür ist $P_N(z) - P_N(0)$) und während der Verweilzeit des nächsten roten Kunden am Gerät keine blauen Kunden im System eintreffen (die Wahrscheinlichkeit hierfür ist $h(a - az)$ *oder* das System leer zurückläßt (die Wahrscheinlichkeit hierfür ist $P_N(0)$) und sämtliche Kunden rot sind, die bis zum Beginn der Bedienung des nächsten Kunden (der auch rot sein soll) im System eintreffen (die Wahrscheinlichkeit hierfür ist $R(z)$), sowie daß während der Verweilzeit dieses Kunden am Gerät keine blauen Kunden im System eintreffen.

Im Punkt C zeigen wir

$$R(z) = z\,\frac{1 - e(a)}{1 - e(a)\,\varphi(a)} + e(a)\,\frac{\varphi(a - az) - \varphi(a)}{1 - e(a)\,\varphi(a)}\,. \tag{3}$$

Weil sich die Verweilzeit eines Kunden im System aus der Wartezeit auf den Bedienungsbeginn und aus der Verweilzeit am Gerät zusammensetzt und die letzten beiden Zufallsgrößen unabhängig sind, gilt schließlich

$$v_N(s) = \omega_N(s) \cdot h(s)\,. \tag{4}$$

C. *Beweis der Formel* (3). Wenn das Gerät von einem gewissen Zeitpunkt an (wir können diesen Zeitpunkt als Null annehmen) nicht durch Kunden belegt ist, dann kann ein Ausfall des Gerätes nach Δ_1 Zeiteinheiten eintreten. Danach wird das Gerät ∇_1 Zeiteinheiten repariert. Die nächste „Lebenszeit" des Gerätes sei gleich Δ_2, und die nächste Reparaturzeit gleich ∇_2 usw. Jedes Element der Folge $\{\Delta_i\}_{i\geq 1}$ bzw.

der Folge $\{\nabla_i\}_{i\geqq 1}$ hat die Verteilungsfunktion $E(t)$ bzw. die Verteilungsfunktion $F(t)$.

Wir betrachten die folgenden Ereignisse:

1. Der erste Kunde trifft in einem der Intervalle Δ_i ein und erweist sich als rot.
2. Der erste Kunde trifft in einem der Intervalle ∇_i ein und erweist sich als rot; während der verbleibenden Reparaturzeit des Gerätes treffen keine blauen Kunden im System ein. Offensichtlich gilt

$$R(z) = \mathsf{P}(\{1\}) + \mathsf{P}(\{2\}) .$$

Wir setzen

$$\zeta_n = \sum_{i=1}^{n} (\Delta_i + \nabla_i) , \qquad \zeta_0 = 0 .$$

Wenn der erste Anruf nach x Zeiteinheiten eintrifft und das 1. Ereignis eintritt, dann liegt eines der folgenden für verschiedene n unvereinbaren Ereignisse vor

$$\{\zeta_n < x \leqq \zeta_n + \Delta_{n+1}\} , \qquad n \geqq 0 .$$

Hieraus schlußfolgern wir

$$\mathsf{P}(\{1\}) = z \sum_{n\geqq 0} \int_0^\infty \mathsf{P}(\zeta_n < x \leqq \zeta_n + \Delta_{n+1}) \, \mathrm{d}(1 - \mathrm{e}^{-ax}) .$$

Es gilt aber

$$\{\zeta_n < x \leqq \zeta_n + \Delta_{n+1}\} = \{x - \Delta_{n+1} \leqq \zeta_n < x\}$$

und daher

$$\mathsf{P}(\zeta_n < x \leqq \zeta_n + \Delta_{n+1}) = \int_0^\infty [G_n(x) - G_n(x-u)] \, \mathrm{d}E(u) =$$

$$= G_n(x) - \int_0^x G_n(x-u) \, \mathrm{d}E(u) = G_n(x) * \big(1 - E(x)\big) ,$$

wobei $G_n(t) = \mathsf{P}(\zeta_n < t) = [(E * F)(t)]^{*n}$ ist.

Für $\mathsf{P}(\{1\})$ erhalten wir somit

$$\mathsf{P}(\{1\}) = z \sum_{n\geqq 0} g_n(a) \, [1 - e(a)] =$$

$$= z[1 - e(a)] \sum_{n\geqq 0} [e(a) \cdot \varphi(a)]^n = z \frac{1 - e(a)}{1 - e(a)\,\varphi(a)} .$$

Wir bestimmen nun $\mathsf{P}(\{2\})$. Wenn der erste Kunde nach x Zeiteinheiten eintrifft und das 2. Ereignis eintritt, dann liegt eines der folgenden für verschiedene n unvereinbaren Ereignisse vor

$$\{\zeta_n + \Delta_{n+1} < x \leqq \zeta_{n+1}\} = \{x - \nabla_{n+1} \leqq \zeta_n + \Delta_{n+1} < x\} , \qquad n \geqq 0 .$$

Falls nun $\nabla_{n+1} = v$ und $\zeta_n + \Delta_{n+1} = w$, dann ist die nach dem Eintreffen des ersten Kunden verbleibende Reparaturzeit gleich $w + v - x$. Hieraus folgt

$$\mathsf{P}(\{2\}) = z \sum_{n\geqq 0} \int_0^\infty \mathrm{d}(1 - \mathrm{e}^{-ax}) \int_0^\infty \mathrm{d}F(v) \times$$

$$\times \int_{x-v}^{x} \sum_{k\geqq 0} \frac{[a(w + v - x)]^k}{k!} \mathrm{e}^{-a(w+v-x)} z^k \, \mathrm{d}K_n(w) ,$$

wobei $K_n(t) = \mathsf{P}(\zeta_n + \Delta_{n+1} < t) = G_n * E(t)$ ist.

Durch Ausführung der Summation über k und Vertauschung der Integrationsreihenfolge bezüglich der Veränderlichen v und w erhalten wir

$$\mathsf{P}(\{2\}) = z \sum_{n\geq 0} \int_0^\infty \mathrm{d}(1 - \mathrm{e}^{-ax}) \int_0^x \mathrm{d}K_n(w) \int_{x-w}^\infty \mathrm{e}^{-a(w+v-x)(1-z)} \mathrm{d}F(v) =$$

$$= z \sum_{n\geq 0} \int_0^\infty \mathrm{d}(1 - \mathrm{e}^{-ax}) \int_0^\infty \mathrm{d}K_n(w) \, [\mathrm{e}^{a(1-z)(x-w)} \varphi(a - az) - F(x - w) * \mathrm{e}^{a(1-z)(x-w)}] =$$

$$= z \sum_{n\geq 0} \int_0^\infty \mathrm{d}(1 - \mathrm{e}^{-ax}) \, K_n(x) * \mathrm{e}^{a(1-z)x} * [\varphi(a - az) - F(x)] =$$

$$= z \sum_{n\geq 0} K_n(a) \frac{a}{a - a(1 - z)} [\varphi(a - az) - \varphi(a)] =$$

$$= [\varphi(a - az) - \varphi(a)] \sum_{n\geq 0} [e(a) \cdot \varphi(a)]^n \, e(a) = e(a) \frac{\varphi(a - az) - \varphi(a)}{1 - e(a)\,\varphi(a)} .$$

Hieraus ergibt sich nun unmittelbar die Formel (3).

Unabhängig davon empfehlen wir, die Formel (3) ausgehend von der wahrscheinlichkeitstheoretischen Deutung der in sie eingehenden Ausdrücke zu beweisen. Beispielsweise ist $\varphi(a)$ die Wahrscheinlichkeit dafür, daß während einer Reparaturzeit des Gerätes (das ausgefallen ist, als keine Kunden im System waren) keine Kunden im System eintreffen.

$e(a)$ besitzt eine analoge Deutung. $\varphi(a - az)$ ist die Wahrscheinlichkeit dafür, daß während einer Reparaturzeit keine blauen Kunden im System eintreffen. Dabei ist es zweckmäßig, die Formel (3) wie folgt umzuformen:

$$R(z) = \sum_{n\geq 0} [e(a) \cdot \varphi(a)]^n \cdot \{z[1 - e(a)] + e(a) \, [\varphi(a - az) - \varphi(a)]\} .$$

D. *Bedingung für die Existenz einer stationären Verteilung.* Bei den weiteren Überlegungen werden wir die folgenden Aussagen aus der Theorie der MARKOWschen Ketten (s. § 7, Kap. 2) benötigen. Durch die Matrix der Übergangswahrscheinlichkeiten $\{a_{ij}\}_{i,j\geq 0}$ sei eine irreduzible aperiodische homogene MARKOWsche Kette gegeben. Mit a_{ij}^k bezeichnen wir dabei die Wahrscheinlichkeit eines Überganges vom Zustand i in den Zustand j in k Schritten. Es ist bekannt, daß eine MARKOWsche Kette mit den obengenannten Eigenschaften zu einer der folgenden zwei Klassen gehört:[1])

entweder gilt $a_{ij}^k \xrightarrow[k\to\infty]{} 0$ für jedes Paar von Zuständen i und j, und in diesem Fall existiert keine stationäre Anfangsverteilung;

oder sämtliche Zustände sind ergodisch, d. h., es gilt $\lim\limits_{k\to\infty} a_{ij}^k = \pi_j > 0$. In diesem Fall ist $\{\pi_j\}$ eine stationäre Anfangsverteilung, und es gibt keine weiteren stationären Anfangsverteilungen außer ihr.

Die folgende Bedingung erweist sich als hinreichend für die Ergodizität der Zustände einer MARKOWschen Kette.[2]) Dafür, daß eine irreduzible aperiodische homogene MARKOWsche Kette eine stationäre Anfangsverteilung besitzt (und folglich sämt-

---

[1]) vgl. Satz 3 in § 7, Kap. 1 bzw. Satz 1 in § 13.1 des Anhanges (Anm. d. Herausgebers).

[2]) vgl. die Folgerung zu Satz 3 in § 7, Kap. 1 (Anm. d. Herausgebers).

liche Zustände ergodisch sind), ist hinreichend, daß ein $\varepsilon > 0$, eine natürliche Zahl i_0 und nichtnegative Zahlen $x_0, x_1, x_2, \ldots$ existieren, so daß gilt

$$\sum_{j \geqq 0} a_{ij} x_j \leqq x_i - \varepsilon \quad \text{für} \quad i > i_0,$$

$$\sum_{j \geqq 0} a_{ij} x_j < +\infty \quad \text{für} \quad i \leqq i_0.$$

Wir bemerken, daß man die Summe $\sum_{j \geqq 0} a_{ij} x_j$ wie folgt deuten kann. Nehmen wir an, ein gewisses System könne sich in einem der Zustände 0, 1, 2, ... befinden. Die Entwicklung des Systems sei durch eine Markowsche Kette mit der Übergangsmatrix $\{a_{ij}\}$ festgelegt. Des weiteren betrachten wir eine Zufallsgröße x, die die Werte $x_0, x_1, x_2, \ldots$ in Abhängigkeit davon annimmt, in welchem Zustand sich das System befindet. Dann ist $\sum_{j \geqq 0} a_{ij} x_j$ der Erwartungswert der Zufallsgröße x nach einem Schritt, falls sich das System vor diesem Schritt im Zustand i befand. Diese Deutung werden wir im folgenden noch benutzen.

E. *Die eingebettete* Markow*sche Kette.* Wir kehren nun zu dem oben beschriebenen Bedienungssystem zurück. Wenn wir den Zustand des Systems (d. h. die Anzahl der Kunden, die sich im System befinden) nur in den Zeitpunkten betrachten, in denen die Bedienung eines Kunden beendet wird, dann erhalten wir eine Markowsche Kette, die sog. eingebettete Markowsche Kette. Es ist klar, daß diese Kette homogen, irreduzibel und aperiodisch ist. Mit $\{a_{ij}\}_{i,j \geqq 0}$ bezeichnen wir die Matrix ihrer Übergangswahrscheinlichkeiten.

Der Fall $ah_1 < 1$. Es sei x eine zufällige Zahl, die gleich $x_i = ih_1$ ist, falls nach der Beendigung der Bedienung eines Kunden i Kunden im System verbleiben. x ist also die Zeit, die im Mittel zur Bedienung dieser Kunden benötigt wird. Dann gilt für $i > 0$ (vgl. auch die Bemerkung am Ende des vorhergehenden Abschnittes)

$$\sum_{j \geqq 0} a_{ij} x_j = (i - 1 + ah_1) \cdot h_1 = i \cdot h_1 - h_1(1 - ah_1) = x_i - \varepsilon\ ;$$

mit $\varepsilon = h_1(1 - ah_1) > 0$; und für $i = 0$

$$\sum_{j \geqq 0} a_{ij} x_j < +\infty\,, \quad \text{falls} \quad \varphi_1 = \int_0^\infty t\, \mathrm{d}F(t) < +\infty\,.$$

Im vorliegenden Fall gilt also

$$x_i = ih_1,\ \varepsilon = h_1(1 - ah_1), \qquad i_0 = 0\,,$$

und dies bedeutet, daß sämtliche Zustände der betrachteten Markowschen Kette ergodisch sind. Weil p_{kN} die Wahrscheinlichkeit für den Übergang des Systems von einem Anfangszustand in den Zustand k in N Schritten ist, gilt für $N \to +\infty$

$$p_{kN} \to p_k > 0,\ k \geqq 0\ ; \qquad \sum_{k \geqq 0} p_k = 1\ ;$$

und die Wahrscheinlichkeiten p_k, $k \geqq 0$, hängen nicht vom Anfangszustand des Bedienungssystems ab.

Wir setzen

$$P(z) = \sum_{k \geqq 0} p_k z^k = \lim_{N \to \infty} P_N(z)$$

und erhalten aus (2)

$$zP(z) = [P(z) - P(0) + P(0)\, R(z)] \cdot h(a - az) \tag{5}$$

bzw.

$$P(z) = P(0) \cdot \frac{1 - R(z)}{h(a - az) - z} \cdot h(a - az)\,.$$

Man kann sich leicht davon überzeugen (zum Beispiel mit Hilfe des Satzes von ROUCHÉ unter Beachtung der Bedingung $ah_1 < 1$), daß die Funktion $h(a - az) - z$ keine Nullstellen im Einheitskreis $|z| < 1$ besitzt. Die Konstante $P(0)$ wird durch die Bedingung $P(1) = 1$ festgelegt. Aus (1)—(4) folgt nun die Existenz der Grenzwerte

$$\lim_{N\to\infty} \omega_N(s) = \omega(s), \qquad \lim_{N\to\infty} v_N(s) = v(s)\,, \tag{6}$$

die sich mit Hilfe der Beziehungen

$$P(z) = \omega(a - az) \cdot h(a - az)\,, \tag{7}$$

$$v(s) = \omega(s) \cdot h(s) \tag{8}$$

bestimmen lassen.

Der Fall $ah_1 \geqq 1$. Weil die eingebettete MARKOWsche Kette homogen, irreduzibel und aperiodisch ist, existieren die Grenzwerte (s. Anfang des vorhergehenden Abschnittes) $\lim_{N\to\infty} p_{kN} = p_k \geqq 0$, $k \geqq 0$, und die Grenzwerte (6). Es gelten ebenfalls die Beziehungen (5), (7), (8). Dagegen ist $P(1) = 1$ in diesem Fall nicht erfüllt. Wir zeigen, daß $p_k = 0$, $k \geqq 0$, d. h. $P(z) \equiv 0$. Tatsächlich erhalten wir aus (5)

$$P(z)\,[h(a - az) - z] = P(0)\,[1 - P(z)] \cdot h(a - az)\,.$$

Ist $ah_1 > 1$, dann hat die Funktion $h(a - az) - z$ eine Wurzel in $(0, 1)$, und die Funktion $1 - R(z)$ (ebenso wie die Funktion $h(a - az)$) besitzt keine Nullstelle in $(0, 1)$. Denn die Funktion $1 - R(z)$ ist streng fallend in $(0, 1)$, und es gilt $1 - R(0) = 1$, $1 - R(1) = 0$.

Hieraus folgt $P(0) = 0$ und damit $P(z) \equiv 0$ für $|z| \leqq 1$. Es sei nun $ah_1 = 1$. Dann setzen wir für eine gewisse Zahl $T > 0$

$$\hat{H}(t) = \begin{cases} H(t), & \text{falls} \quad t \leqq T, \\ 1, & \text{falls} \quad t > T, \end{cases}$$

wobei wir T so wählen, daß $a\hat{h}_1 < 1$ gilt (mit dem Zeichen $\wedge$ werden wir die Wahrscheinlichkeiten und Größen versehen, die der Substitution von $H(t)$ durch $\hat{H}(t)$ entsprechen). Dann gilt $\hat{p}_0 \geqq p_0$ und

$$\hat{p}_0 = (1 - a\hat{h}_1)\,\frac{1 - e(a)\,\varphi(a)}{1 - e(a)\,[1 - a\varphi_1]}\,.$$

Für $T \to +\infty$ gilt aber $\hat{h}_1 \to h_1$ und folglich $\hat{p}_0 \to 0$, woraus sich $p_0 = 0$ ergibt, was zu beweisen war.

Aufgabe 1. Wir betrachten den Fall, daß das Gerät zuverlässig arbeitet (nicht ausfällt). Es sei ξ_N die Anzahl der Kunden, die nach der Bedienung des N-ten Kunden im System verbleiben (die Numerierung der Kunden erfolgt in der Reihenfolge ihres Eintreffens), η_N sei die Anzahl der Kunden, die während der Bedienung des N-ten Kunden im System eintreffen. Dann gilt

$$\xi_{N+1} = (\xi_N - 1)^+ + \eta_{N+1}$$

mit $x^+ = \max\,(0, x)$. Aus dieser Beziehung leite man die Formel (2) her, in der $R(z) = z$ gesetzt wird.

Man verallgemeinere die Aufgabe für den Fall eines unzuverlässig arbeitenden Gerätes.

Hinweis. Die Zufallsgrößen ξ_N und η_{N+1} sind unabhängig;

$$P_N(z) = \mathsf{E} z^{\xi_N}, \qquad \mathsf{E} z^{\eta_N} = \beta(a - az).$$

Aufgabe 2. Wir betrachten den Fall, daß das Gerät zuverlässig arbeitet. Man beweise, daß von sämtlichen rekurrenten Bedienungen mit ein und derselben mittleren Bedienungszeit die reguläre Bedienung (konstante Bedienungszeit) die kleinste mittlere Schlangenlänge aufweist.

Aufgabe 3 (Fortsetzung). Man löse das gleiche Problem, wenn das Gerät unzuverlässig arbeitet.

Aufgabe 4. Wir betrachten den Fall, daß das Gerät zuverlässig arbeitet. Dafür, daß sich die Wahrscheinlichkeiten p_k, $k \geqq 0$, in der Form $p_k = p_0 \lambda^k$, $k \geqq 0$, mit $0 < \lambda < 1$ darstellen lassen, ist notwendig und hinreichend, daß die Verteilungsfunktion $B(t)$ die Gestalt

$$B(t) = 1 - \mathrm{e}^{-bt}, \qquad a < b,$$

besitzt.

Aufgabe 5. Über den Kundenstrom setzen wir voraus, daß die Kunden nur zu „Anrufzeitpunkten" eintreffen können, die einen POISSONschen Strom mit dem Parameter a bilden, wobei zu jedem „Anrufzeitpunkt" k Kunden mit der Wahrscheinlichkeit a_k, $k \geqq 0$, eintreffen:

$$\Phi(z) = \sum_{k \geqq 0} a_k z^k, \qquad \Phi(1) = 1.$$

Man beweise, daß der in diesem Abschnitt angegebene Satz seine Gültigkeit behält, wenn anstelle von

$$R(z),\ h(a - az),\ \omega_N(a - az),\ v_N(a - az),\ \omega(a - az),\ v(a - az),\ ah_1$$

jeweils

$$R(\Phi(z)),\ h(a - a\Phi(z)),\ \omega_N(a - a\Phi(z)),\ v_N(a - a\Phi(z)),\ \omega(a - a\Phi(z)),\ v(a - a\Phi(z)),\ a\Phi'(1)\, h_1$$

eingesetzt wird.

Aufgabe 6. Wir betrachten den Fall, daß das Gerät im freien Zustand (beim Nichtvorhandensein von Kunden) nicht ausfällt. Ferner setzen wir voraus, daß ein Kunde, der das System zum Zeitpunkt seines Eintreffens frei (von Kunden) vorfindet, bis zum Beginn der Bedienung eine zufällige Zeit mit der Verteilungsfunktion $K(t)$ wartet (das Gerät wird „erwärmt"). Man beweise, daß der in diesem Abschnitt angegebene Satz seine Gültigkeit behält, wenn

$$R(z) = z^k(a - az), \qquad k(s) = \int_0^\infty \mathrm{e}^{-st}\, \mathrm{d}K(t)$$

gesetzt wird.

Aufgabe 7. Man beweise: Ist $ah_1 < 1$ und sind die ersten $n + 1$ Momente der Verteilungsfunktionen $H(t)$ und $F(t)$ endlich, dann gilt

$$P^{(k)}(1) = \lim_{z \uparrow 1} P^{(k)}(z) < +\infty \quad \text{für} \quad k = 1, \dots, n.$$

Hinweis. Die Lösung ergibt sich aus der Beziehung

$$zP(z) = [P(z) - P(0) + P(0)\, R(z)] \cdot h(a - az).$$

Aufgabe 8. Wir betrachten den Fall, daß das Gerät zuverlässig arbeitet und die Ankunftszeitpunkte der Anrufe (Kunden) einen ERLANGschen Strom n-ter Ordnung bilden, d. h.

$$A(t) = \mathsf{P}(z_k < t) = \int_0^{at} \frac{x^n}{n!} \mathrm{e}^{-x}\, \mathrm{d}x, \qquad n \geqq 0.$$

Man zeige, daß

$$\omega(a - az)\,[\beta(a - az) - z^{n+1}] = R_{n+1}(z)$$

ein Polynom $(n + 1)$-ten Grades ist. Ferner zeige man, daß die Gleichung $z^{n+1} = \beta(a - az)$ im Einheitskreis $|z| \leqq 1$ genau $n + 1$ Wurzeln hat (durch die das Polynom $R_{n+1}(z)$ auch bestimmt wird; wir verweisen darauf, daß eine der Wurzeln $z = 1$ ist).

Hinweis. Wir erinnern daran,[1]) daß man einen ERLANGschen Strom n-ter Ordnung durch Verdünnung eines POISSONschen Stromes mit dem Parameter a mit Hilfe der folgenden Verdünnungsoperation erhalten kann: Die ersten n Anrufe des POISSONschen Stromes werden gestrichen, der folgende Anruf verbleibt. Danach werden wiederum n Anrufe gestrichen, der folgende verbleibt usw. Daher ist das genannte System „äquivalent" mit dem folgenden: Die Anrufe treffen gemäß einem POISSONschen Strom ein, werden aber in Gruppen zu je $n + 1$ Anrufen bedient. Dabei hat die Dauer der Bedienung jeder Gruppe die Verteilungsfunktion $B(t)$. Man leite nun, die Bezeichnungen dieses Abschnittes benutzend, die folgenden, zu (1) und (2) analogen Formeln her:

$$P_N(z) = \omega_N(a - az) \cdot \beta(a - az) ,$$

$$z^{n+1}P_{N+1}(z) = [P_N(z) - p_{0N} - p_{1N}z - \dots - p_{nN}z^n +$$
$$+ (p_{0N} + p_{1N} + \dots + p_{nN})\, z^{n+1}] \cdot \beta(a - az) .$$

Wir bemerken, daß N die Nummer einer Anrufgruppe (bestehend aus $n + 1$ Anrufen) bezeichnet. Dabei werden die Anrufgruppen in der Reihenfolge ihrer Bedienung numeriert. $P_N(z)$ ist die erzeugende Funktion

$$P_N(z) = \sum_{k \geqq 0} p_{kN} z^k ,$$

wobei p_{kN} die Wahrscheinlichkeit dafür ist, daß nach Beendigung der Bedienung der N-ten Anrufgruppe k Anrufe im System verbleiben.

Aufgabe 9. Wir betrachten nun das in diesem Abschnitt behandelte Bedienungssystem mit einem unzuverlässigen Gerät, jedoch unter der Voraussetzung, daß der Strom der eintreffenden Anrufe ein ERLANGscher Strom der Ordnung n ist, d. h.

$$A(t) = \int_0^{at} \frac{x^n}{n!} e^{-x}\, dx, \qquad n \geqq 0 .$$

Man zeige

$$\omega(a - az)\,[h(a - az) - z^{n+1}] = p_0 U_0(z) + p_1 U_1(z) + \dots + p_n U_n(z) ,$$

wobei die Funktionen $U_k(z)$ durch die Beziehungen

$$U_i(z) = z^i[1 - R_i(z)] , \qquad i = 0, 1, \dots, n ;$$

$$R_{n-k}(z) = (-1)^k \frac{(az)^k}{k!} z \frac{\partial^k}{\partial \lambda^k} R(\lambda, z)\, |_{\lambda = a} , \qquad k = 0, 1, \dots, n ;$$

$$R(\lambda, z) = \frac{1 - e(\lambda)}{1 - e(\lambda)\,\varphi(\lambda)} + e(\lambda) \frac{\varphi(a - az) - \varphi(\lambda)}{1 - e(\lambda)\,\varphi(\lambda)} \cdot \frac{\lambda}{\lambda - a + az}$$

bestimmt werden (wir vermerken, daß die Konstanten $p_0, p_1, \dots, p_n$ die $n + 1$ Wurzeln der Gleichung $z^{n+1} = h(a - az)$, sind, die in $|z| \leqq 1$ liegen).

Hinweis. Man benutze den Hinweis zur vorhergehenden Aufgabe sowie folgende Beziehungen. Als Analogon der Formel (1) und (2) dienen

$$P_N(z) = \omega_N(a - az)\, h(a - az) ,$$

$$z^{n+1}P_{N+1}(z) = [P_N(z) - p_{0N} - p_{1N}z - \dots - p_{nN}z^n +$$
$$+ p_{0N}R_0(z) + p_{1N}R_1(z)z + \dots + p_{nN}R_n(z) \cdot z^n]\, h(a - az) .$$

Hierbei ist $R_k(z)$ die bedingte Wahrscheinlichkeit dafür, daß sämtliche bis zum Beginn der Bedienung der nächstfolgenden Gruppe von Anrufen im System eintreffenden Anrufe rot sind, unter der Bedingung, daß nach der Beendigung der Bedienung einer Gruppe von $n + 1$ Anrufen k Anrufe, $k = 0, 1, \dots, n$, im System verbleiben. Entsprechend dem Hinweis zur Aufgabe 8 sei daran erinnert, daß die Bedienung in Gruppen zu je $n + 1$ Anrufen erfolgt. Wir erhalten nun analog zur

[1]) vgl. § 10, Kap. 1 (Anm. d. Herausgebers).

Herleitung der Formel (3) die Beziehung

$$R_{n-k}(z) = z^{k+1} \sum_{m \geqq 0} \int_0^\infty \{G_m(x) * [1 - E(x)] +$$

$$+ K_m(x) * e^{a(1-z)x} * [\varphi(a - az) - F(x)]\} \, d\left(\int_0^{ax} \frac{u^k}{k!} e^{-u} \, du\right).$$

Aufgabe 10. Ein mit der Intensität a eintreffender POISSONscher Anrufstrom wird von einem Gerät bedient. Die Bedienungszeit hat die Verteilungsfunktion $B(t)$. Es wird vorausgesetzt, daß die Reihenfolge der Bedienung invers ist, d. h. von den Anrufen, die auf den Beginn der Bedienung warten, wird als erster der Anruf bedient, der zuletzt eingetroffen ist. Man zeige

$$\omega(s) = 1 - \varrho + \frac{\frac{a}{s}[1 - \pi(s)]}{1 + \frac{a}{s}[1 - \pi(s)]},$$

wobei $\pi(s)$ durch die Bedingungen

$$\pi(s) = \beta(s + a - a\pi(s)), \qquad |\pi(s)| < 1, \qquad \operatorname{Re} s > 0$$

bestimmt wird.

Hinweis. Es gilt

$$\omega(s) = p_0 + (1 - p_0)\,\beta_1(s + a - a\pi(s))$$

mit $\beta_1(s) = \frac{b}{s}[1 - \beta(s)]$.

Aufgabe 11. Wir betrachten das in diesem Abschnitt behandelte Bedienungssystem, jedoch unter der Bedingung, daß das Gerät zuverlässig arbeitet. Wir setzen voraus, daß $\beta(s)$ eine rationale Funktion ist, d. h. daß sie sich als Quotient zweier Polynome darstellen läßt, wobei der Grad des im Nenner stehenden Polynomes gleich n sei. Man zeige, daß die p_k, $k \geqq 0$, die Gestalt

$$p_k = c_1\varrho_1^k + \dots c_n\varrho_n^k, \qquad k \geqq 0,$$

besitzen, wobei $\varrho_1^{-1}, \dots, \varrho_n^{-1}$ die Wurzeln (es wird vorausgesetzt, daß sie voneinander verschieden sind) der Gleichung

$$z = \beta(a - az)$$

sind, die im Gebiet $|z| > 1$ liegen.

§ 5. Bedienung mit unzuverlässigem Gerät und beschränkter Warteschlange

Wir betrachten nun das gleiche Bedienungssystem wie in § 4, jedoch unter der zusätzlichen Bedingung, daß sich im System gleichzeitig nicht mehr als n Kunden befinden können, so daß ein eintreffender Kunde, der zum Zeitpunkt seines Eintreffens im System n Kunden vorfindet, „verlorengeht", d. h., er wird nicht zur Bedienung angenommen und hat keinen Einfluß auf die nach ihm eintreffenden Kunden, $n \geqq 1$. Die bisher benutzten Bezeichnungen werden mit dem Unterschied beibehalten, daß jetzt die Numerierung der Kunden in der Reihenfolge, in der sie bedient werden, erfolgt und somit die „abgewiesenen" Kunden nicht in die Numerierung einbezogen werden. Es ist klar, daß zum Beispiel $P_N(z)$ ein Polynom des Grades $n - 1$ ist.

Wir führen die folgende Operation des „Abschneidens" einer Reihe ein: Ist

$$F(z) = \sum_{k \geqq 0} a_k z^k,$$

dann definieren wir

$$F(z)\,|_n = a_0 + a_1 z + \dots + a_n z^n .$$

Satz. a) *Für $N \to +\infty$ existiert der Grenzwert*

$$\lim P_N(z) = P(z) ,$$

mit $P(z) = \sum_{k=0}^{n-1} p_k z^k,\ p_k > 0,\ P(1) = 1$.

b) *Die Funktion $h(a - az) - z$ ist in einer gewissen Umgebung des Punktes $z = 0$ analytisch und ungleich Null.*
Die Funktion

$$\frac{1 - R(z)}{h(a - az) - z}\, h(a - az)$$

läßt sich in dieser Umgebung in eine Reihe bezüglich der nichtnegativen ganzen Potenzen von z zerlegen, und es gilt

$$P(z) = P(0)\,\frac{1 - R(z)}{h(a - az) - z} \cdot h(a - az)|_{n-1} ,$$

wobei sich die Konstante $P(0)$ aus der Bedingung $P(1) = 1$ ergibt.

Beweis. Bei der Herleitung einer der Formel (2) in § 4 analogen Formel müssen wir berücksichtigen, daß der Exponent k der dabei vorkommenden Potenzen z^k nicht größer als n sein darf. Wir führen die folgende Operation des „Abschneidens" der Potenz ein und definieren

$$F(z)\lceil_n = a_0 + a_1 z + \dots + a_n z^n + z^n (a_{n+1} + a_{n+2} + \dots) ,$$

falls $F(z) = \sum_{k \geq 0} a_k z^k$ ist (vorausgesetzt, daß die Summe $F(1) = \sum_{k \geq 0} a_k$ existiert). Dann gilt in unserem Falle

$$z P_{N+1}(z) = [P_N(z) - P_N(0) + P_N(0)\, R(z)] \cdot h(a - az) \lceil_n ,$$

woraus sich die $P_N(z)$, $P_N(1) = 1$, auf rekursive Weise bestimmen lassen.

Die Behauptung a) des Satzes ergibt sich aus der Tatsache, daß im vorliegenden Fall eine homogene irreduzible aperiodische Markowsche Kette vorliegt, die nur endlich viele verschiedene Werte annimmt. Für $N \to +\infty$ erhalten wir somit

$$z P(z) = [P(z) - P(0) + P(0)\, R(z)] \cdot h(a - az) \lceil_n ,$$

woraus sich

$$z P(z)|_{n-1} = [P(z) - P(0) + P(0)\, R(z)] \cdot h(a - az)|_{n-1}$$

bzw.

$$P(z)[h(a - az) - z]|_{n-1} = P(0)\,[1 - R(z)] \cdot h(a - az)|_{n-1}$$

bzw.

$$P(z)\,[h(a - az) - z]|_{n-1} =$$

$$= P(0) \cdot \frac{1 - R(z)}{h(a - az) - z} \cdot h(a - az)\,[h(a - az) - z]|_{n-1}$$

ergibt. Hieraus folgt bereits die Behauptung b) des Satzes, falls wir berücksichtigen, daß sich aus

$$P(z)\, R(z)|_n = Q(z)\, R(z)|_n ,$$

wobei sich die Funktionen $P(z)$, $Q(z)$, $R(z)$ in einer gewissen Umgebung des Punktes $z = 0$ in eine Reihe bezüglich der nichtnegativen ganzen Potenzen von z zerlegen lassen, und wegen $R(0) \neq 0$ die Gleichung

$$P(z)|_n = Q(z)|_n$$

ergibt.

Bemerkung. Wenn die Kunden nur in „Anrufzeitpunkten" eintreffen können, die einen POISSONschen Strom mit dem Parameter a bilden, wobei in jedem „Anrufzeitpunkt" k Kunden mit der Wahrscheinlichkeit a_k, $k \geqq 0$, eintreffen, dann behält der Satz seine Gültigkeit, falls $R(z)$ und $h(a - az)$ durch $R(\Phi(z))$ und $h(a - a\Phi(z))$ ersetzt werden, wobei

$$\Phi(z) = \sum_{k \geqq 0} a_k z^k, \qquad \Phi(1) = 1 .$$

§ 6. Bedienung mit Prioritäten (beliebige Bedienungszeitverteilung für die Anrufe jeder Priorität)

A. Klassifizierung von Bedienungssystemen mit Prioritäten[1]). In einer Bedienungseinrichtung sollen r Ströme von Anrufen (Kunden) $L_1, \ldots, L_r$ eintreffen. Die Anrufe des Stromes L_i $(i = 1, \ldots, r)$ werden wir Anrufe der Priorität i nennen. Wir sagen, daß die Anrufe des Stromes L_i höhere Priorität als die Anrufe des Stromes L_j besitzen, falls $i < j$. Anrufe höherer Priorität werden gegenüber Anrufen niederer Priorität bevorzugt, und dieses Privileg besteht aus folgenden Bedingungen. Von den Anrufen, die sich im System befinden und auf den Beginn der Bedienung warten, werden Anrufe höherer Priorität vor Anrufen niederer Priorität bedient. Anrufe gleicher Priorität werden in der Reihenfolge ihres Eintreffens bedient. Wenn während der Bedienung eines Anrufes ein Anruf höherer Priorität eintrifft, dann kann man sich den Fall vorstellen, daß die Bedienung unterbrochen wird und sofort mit der Bedienung des eingetroffenen Anrufes höherer Priorität begonnen wird oder daß eine solche Unterbrechung nicht stattfindet. Im Zusammenhang damit werden wir die folgenden Bedienungsmodelle mit Prioritäten unterscheiden.

Modell 1.1. Wenn während der Bedienung eines Anrufes ein Anruf höherer Priorität eintrifft, dann wird die Bedienung des Anrufes unterbrochen und mit der Bedienung des neu eingetroffenen Anrufes begonnen. Wenn sich im System keine Anrufe mit höherer Priorität als der unterbrochene Anruf befinden, dann wird dessen Bedienung fortgesetzt.

Modell 1.2 unterscheidet sich von Modell 1.1 nur darin, daß ein Anruf mit unterbrochener Bedienung „verlorengeht".

Modell 1.3 unterscheidet sich von Modell 1.1 nur darin, daß die unterbrochene Bedienung eines Anrufes von Neuem beginnt (die bereits abgelaufene Bedienungszeit wird nicht berücksichtigt).

Modell 2. Wenn mit der Bedienung eines Anrufes begonnen wurde, dann wird diese zu Ende geführt, unabhängig davon, ob inzwischen Anrufe höherer Priorität eingetroffen sind (keine Unterbrechung).

---

[1]) vgl. § 2, Kap. 2 und die Fußnote S. 66 (Anm. d. Herausgebers).

Wir werden voraussetzen, daß

1. die Ströme $L_1, \ldots, L_r$ unabhängig sind;
2. die Ankunftszeitpunkte der Anrufe k-ter Priorität einen Poissonschen Strom mit dem Parameter a_k ($k = 1, \ldots, r$) bilden;
3. die Bedienungszeiten der Anrufe (sämtlicher Ströme) unabhängige Zufallsgrößen sind;
4. die Bedienungszeit eines Anrufes k-ter Priorität die Verteilungsfunktion $B_k(t)$, $k = 1, \ldots, r$, besitzt.

Als grundlegende Charakteristiken eines solchen Bedienungssystems erachtet man: die Wartezeit bis zum Bedienungsbeginn für einen Anruf der Priorität k, die Verweilzeit im System eines Anrufes der Priorität k, die Schlangenlänge für Anrufe jeder Priorität, die Belegungsperiode des Systems durch die Bedienung von Anrufen der Priorität k und höher. Betreffs der Belegungsperiode siehe § 2.

Mit $W_{kN}(t)$ und $V_{kN}(t)$ bezeichnen wir die Verteilungsfunktionen der Wartezeit auf den Bedienungsbeginn und der Verweilzeit des N-ten Anrufes des Stromes L_k im System (die Numerierung der Anrufe erfolgt in der Reihenfolge ihrer Bedienung). Wir werden das Verhalten der Funktionen $W_{kN}(t)$ und $V_{kN}(t)$ für $N \to +\infty$ betrachten. Insbesondere wird gezeigt, daß unter gewissen Bedingungen (Bedingungen der Existenz einer stationären Verteilung) die Grenzwerte

$$\lim_{N\to\infty} W_{kN}(t) = W_k(t) , \qquad \lim_{N\to\infty} V_{kN}(t) = V_k(t)$$

existieren und Verteilungsfunktionen sind. Dabei sagen wir, daß $W_k(t)$ $\big(V_k(t)\big)$ die stationäre Verteilungsfunktion der Wartezeit auf den Bedienungsbeginn (bzw. der Verweilzeit im System) eines Anrufes der Priorität k ist.

B. Modell 1.1, $B_1(t) = \ldots = B_r(t) = B(t)$. Auf die Bedienung von Anrufen der Priorität k haben die Anrufe niederer Priorität keinen Einfluß. Nehmen wir an, daß das Eintreffen eines Anrufes mit einer Priorität höher als k einen Ausfall des Gerätes bewirkt, so erkennen wir, daß die Bestimmung der Bedienungscharakteristiken von Anrufen der Priorität k (d. h. der Wartezeit und der Verweilzeit im System für einen Anruf der Priorität k) auf die Bestimmung der entsprechenden Charakteristiken für das in § 4 betrachtete Bedienungssystem mit den folgenden Größen führt:

$$A(t) = 1 - e^{-a_k t} ,$$
$$C(t) = E(t) = 1 - e^{-\sigma_{k-1} t} , \qquad \sigma_i = a_1 + \ldots + a_i , \qquad \sigma_0 = 0 ,$$
$$D(t) = F(t) = \Pi_{k-1}(t) ,$$

wobei $\Pi_{k-1}(t)$ die Verteilungsfunktion der Belegungsperiode des Systems durch Anrufe der Priorität $k - 1$ und höher ist (s. § 2).

Eine Bedingung für die Existenz der stationären Verteilungen ist

$$(a_1 + \ldots + a_k)\, \beta_1 < 1$$

$\big($es ist $h(s) = \delta(s)\big)$. Unter dieser Bedingung sind die ersten drei Momente der Verteilungsfunktion $D(t)$ $\big(= F(t) = H(t)\big)$ jeweils gleich

$$\delta_1 = \frac{\beta_1}{1 - \sigma_{k-1}\beta_1}, \qquad \delta_2 = \frac{\beta_2}{(1 - \sigma_{k-1}\beta_1)^3} ,$$
$$\delta_3 = \frac{\beta_3}{(1 - \sigma_{k-1}\beta_1)^4} + \frac{3\beta_2^2\sigma_{k-1}}{(1 - \sigma_{k-1}\beta_1)^5} .$$

C. Modell 1.1, allgemeiner Fall. Die Bestimmung der Bedienungscharakteristiken von Anrufen der Priorität k führt auf das analoge Problem für das in § 4 betrachtete System mit den folgenden Größen:

$$A(t) = 1 - e^{-a_k t}, \qquad B(t) = B_k(t),$$
$$C(t) = E(t) = 1 - e^{-\sigma_{k-1} t},$$
$$D(t) = F(t) = \Pi_{k-1}(t).$$

Gemäß Satz 3 in § 2 gilt

$$\sigma_{k-1} \cdot \pi_{k-1}(s) = \sum_{i=1}^{k-1} a_i \beta_i \big(s + \sigma_{k-1} - \sigma_{k-1} \cdot \pi_{k-1}(s)\big).$$

Als Bedingung für die Existenz der stationären Verteilungen dient

$$a_1 \beta_{11} + \ldots + a_k \beta_{k1} < 1.$$

Dabei gilt (s. Satz 1 in § 4)

$$\omega_k(s) = \frac{\left(1 - \sum_{i=1}^{k} a_i \beta_{i1}\right) \big(s + \sigma_{k-1} - \sigma_{k-1} \cdot \pi_{k-1}(s)\big)}{s - a_k + a_k \beta_k\big(s + \sigma_{k-1} - \sigma_{k-1} \cdot \pi_{k-1}(s)\big)}.$$

Die ersten beiden Momente der Wartezeit sind gleich

$$\omega_{k1} = \frac{\varrho_{k2}}{2 \varrho_{k-1} \cdot \varrho_k},$$

$$\omega_{k2} = \frac{\varrho_{k3}}{3 \varrho_{k-1}^3 \cdot \varrho_k} + \frac{\varrho_{k2}^2}{2 \varrho_{k-1}^2 \cdot \varrho_k^2} + \frac{\varrho_{k2} \cdot \varrho_{k-1,2}}{2 \varrho_{k-1}^3 \cdot \varrho_k}$$

mit

$$\varrho_{i1} = a_1 \beta_{11} + \ldots + a_i \beta_{i1},$$
$$\varrho_{i2} = a_1 \beta_{12} + \ldots + a_i \beta_{i2},$$
$$\varrho_{i3} = a_1 \beta_{13} + \ldots + a_i \beta_{i3},$$
$$\varrho_i = 1 - \varrho_{i1}; \; \varrho_{0j} = 0.$$

Die ersten beiden Momente der Verweilzeit im System eines Anrufes der Priorität k sind gleich

$$v_{k1} = \omega_{k1} + h_1, \qquad v_{k2} = \omega_{k2} + 2\omega_{k1} \cdot h_1 + h_2$$

mit

$$h_1 = \frac{\beta_{k1}}{\varrho_{k-1}}, \qquad h_2 = \frac{\beta_{k2}}{\varrho_{k-1}^2} + \beta_{k1} \frac{\varrho_{k-1,2}}{\varrho_{k-1}^3}.$$

D. Modell 1.2. Zur Gewinnung der Bedienungscharakteristiken von Anrufen der Priorität k können wir die Ergebnisse des § 4 für den Fall benutzen, daß

$$A(t) = 1 - e^{-a_k t}, \qquad H(t) = H_k(t),$$
$$E(t) = 1 - e^{-\sigma_{k-1} t}, \qquad F(t) = \Pi_{k-1}(t)$$

ist. Dabei besitzen $H_k(t)$ und $\Pi_{k-1}(t)$ die gleiche Deutung wie im § 2. Als Bedingung für die Existenz der stationären Verteilungen dient

$$a_1 \beta_{11} + \frac{a_2}{\sigma_1} [1 - \beta_2(\sigma_1)] + \ldots + \frac{a_k}{\sigma_{k-1}} [1 - \beta_k(\sigma_{k-1})] < 1.$$

E. Modell 1.3. Dieses Modell wird genauso wie das vorhergehende Modell 1.2 analysiert, wobei $H_k(t)$ und $\Pi_{k-1}(t)$ in Übereinstimmung mit Satz 5 in § 2 festgelegt sind. Als Bedingung für die Existenz der stationären Verteilungen dient

$$a_1\beta_{11} + \frac{a_2}{\sigma_1}\left[\frac{1}{\beta_2(\sigma_1)} - 1\right] + \dots + \frac{a_k}{\sigma_{k-1}}\left[\frac{1}{\beta_k(\sigma_{k-1})} - 1\right] < 1 .$$

F. Modell 2. Ein solches Bedienungssystem mit Prioritäten wurde in der Arbeit [45] untersucht.
Der Vollständigkeit wegen geben wir hier die Ergebnisse dieser Arbeit wieder und ändern lediglich den Stil der Darlegung.

F_1. *Bezeichnungen.* Die Warteschlange wird in jedem Zeitpunkt durch einen Vektor $k = (k_1, \dots, k_r)$ charakterisiert, wobei k_i die Anzahl der Anrufe der Priorität i ist, die sich im System befinden, $i = 1, \dots, r$.
$p_{iN}(k)$ ist die Wahrscheinlichkeit dafür, daß der N-te Anruf (die Numerierung der Anrufe erfolgt in der Reihenfolge ihrer Bedienung) ein Anruf der Priorität i ist und daß er beim Verlassen des Gerätes (nach Beendigung der Bedienung) eine Warteschlange des Typs $k = (k_1, \dots, k_r)$ im System zurückläßt.

Für zwei Vektoren $z = (z_1, \dots, z_r)$, $k = (k_1, \dots, k_r)$ der Dimension r (sämtliche im weiteren betrachtete Vektoren werden diese Dimension besitzen) setzen wir

$$z^k = z_1^{k_1} \dots z_r^{k_r} .$$

Ferner setzen wir

$$P_{iN}(z) = \sum_{k \geqq 0} p_{iN}(k)\, z^k , \qquad \hat{P}_N(z) = \sum_{i=1}^{r} P_{iN}(z) , \tag{1}$$

dabei bedeutet die Bedingung $k \geqq 0$, daß $k_1 \geqq 0, \dots, k_r \geqq 0$ gilt, und

$$\begin{aligned} (u^i z) &= (u, \dots, u, z_{i+1}, \dots, z_r) , \\ (z, u^i) &= (z_1, \dots, z_{r-i}, u, \dots, u), \\ (u^i z v^j) &= (u, \dots, u, z_{i+1}, \dots, z_{r-j}, v, \dots, v). \end{aligned}$$

F_2. *Herleitung der grundlegenden Formeln.* Wir vereinbaren, daß jeder Anruf entweder rot oder blau ist, wobei ein beliebiger Anruf mit der Wahrscheinlichkeit z_i rot gefärbt wird, falls er ein Anruf der Priorität i ist, unabhängig davon, welche Farbe die anderen Anrufe besitzen. Dann ist

1. $P_{iN}(z)$ die Wahrscheinlichkeit dafür, daß der N-te Anruf ein Anruf der Priorität i ist und daß er beim Verlassen des Gerätes (nach Beendigung der Bedienung) keine blauen Anrufe im System zurückläßt,

2. $\hat{P}_N(z)$ die Wahrscheinlichkeit dafür, daß der N-te Anruf beim Verlassen des Gerätes lediglich rote Anrufe im System zurückläßt (d. h., er läßt keine blauen Anrufe zurück),

3. $\hat{P}_N(0^{i-1}z) - \hat{P}_N(0^i z) =$

$$= \sum_{1 \leqq j \leqq r;\, k_i \geqq 1,\, k_{i+1} \geqq 0, \dots, k_r \geqq 0} p_{jN}(0, \dots, 0, k_i, \dots, k_r)\, z_i^{k_i} \dots z_r^{k_r}$$

die Wahrscheinlichkeit dafür, daß der N-te Anruf beim Verlassen des Gerätes wenigstens einen Anruf der Priorität i, keine Anrufe der Priorität höher als i und insgesamt nur rote Anrufe im System zurückläßt,

4. $\hat{P}_N(0^r)$ die Wahrscheinlichkeit dafür, daß der N-te Anruf beim Verlassen des Gerätes keine Anrufe im System zurückläßt,

5. $$\sum_{k \geqq 0} z^k \int_0^\infty \frac{(a_1 u)^{k_1}}{k_1!} e^{-a_1 u} \dots \frac{(a_r u)^{k_r}}{k_r!} e^{-a_r u} \, dB_i(u) = \beta_i(\sigma - az)$$

die Wahrscheinlichkeit dafür, daß während der Bedienung eines Anrufes der Priorität i keine blauen Anrufe im System eintreffen, hierbei ist $\sigma = a_1 + \dots + a_r$, $az = a_1 z_1 + \dots + a_r z_r$, und analog

6. $\omega_{iN}(\sigma - az)$ die Wahrscheinlichkeit dafür, daß während der Wartezeit auf den Bedienungsbeginn des N-ten Anrufes keine blauen Anrufe im System eintreffen unter der Bedingung, daß der N-te Anruf ein Anruf der Priorität i ist.

Es sei noch vermerkt, daß sich ein beliebiger eintreffender Anruf mit der Wahrscheinlichkeit $q_i = \frac{a_i}{\sigma}$ als Anruf der Priorität i erweist, $i = 1, \dots, r$.

Dann kann man die Formel

$$z_i P_{i,N+1}(z) = [\hat{P}_N(0^{i-1}z) - P_N(0^i z) + q_i z_i \hat{P}_N(0^r)] \, \beta_i(\sigma - az) \tag{2}$$

mit Hilfe folgender Überlegungen erhalten. Dafür, daß der $(N + 1)$-te Anruf ein roter Anruf der Priorität i ist und beim Verlassen des Gerätes lediglich rote Anrufe im System zurückläßt (die Wahrscheinlichkeit hierfür ist $z_i P_{i,N+1}(z)$), ist notwendig und hinreichend, daß *entweder* der N-te Anruf beim Verlassen des Gerätes wenigstens einen Anruf der Priorität i, keine Anrufe der Priorität höher als i und nur rote Anrufe im System zurückläßt (die Wahrscheinlichkeit hierfür ist $\hat{P}_N(0^{i-1}z) - \hat{P}_N(0^i z)$) und während der Bedienung des folgenden $(N + 1)$-ten Anrufes (der Priorität i) keine blauen Anrufe eintreffen (die Wahrscheinlichkeit hierfür ist $\beta_i(\sigma - az)$) *oder* daß der N-te Anruf beim Verlassen des Gerätes keine Anrufe im System zurückläßt (die Wahrscheinlichkeit hierfür ist $\hat{P}_N(0^r)$), der danach eintreffende Anruf ein roter Anruf der Priorität i ist (die Wahrscheinlichkeit hierfür ist $q_i z_i$) und während seiner Bedienung keine blauen Anrufe im System eintreffen (die Wahrscheinlichkeit hierfür ist $\beta_i(\sigma - az)$).

Ferner erhalten wir die Formel

$$P_{iN}(1^{i-1}z1^{r-i}) = P_{iN}(1^r) \, \omega_{iN}(a_i - a_i z_i) \, \beta_i(a_i - a_i z_i) \, . \tag{3}$$

Hierzu sei vermerkt, daß

1. $P_{iN}(1^r)$ die Wahrscheinlichkeit dafür ist, daß der N-te Anruf ein Anruf der Priorität i ist,

2. $P_{iN}(1^{i-1}z1^{r-i}) = \sum_{k_1 \geqq 0, \dots, k_r \geqq 0} p_{iN}(k_1, \dots, k_r) \, z_i^{k_i}$

die Wahrscheinlichkeit dafür ist, daß der N-te Anruf ein Anruf der Priorität i ist und sämtliche Anrufe der Priorität i, die nach der Bedienung des N-ten Anrufes im System verbleiben, rot sind,

3. $$\sum_{m \geqq 0} z_i^m \int_0^\infty \frac{(a_i u)^m}{m!} e^{-a_i u} \, dB_i(u) = \beta_i(a_i - a_i z_i)$$

die Wahrscheinlichkeit dafür ist, daß während der Bedienung eines Anrufes der Priorität i keine blauen Anrufe der Priorität i im System eintreffen, analog

4. $\omega_{iN}(a_i - a_i z_i)$ die Wahrscheinlichkeit dafür ist, daß während der Wartezeit auf den Bedienungsbeginn des N-ten Anrufes keine blauen Anrufe der Priorität i im System eintreffen unter der Bedingung, daß der N-te Anruf ein Anruf der Priorität i ist.

Die Formel (3) ergibt sich nun aus den folgenden Überlegungen. Dafür, daß der N-te Anruf ein Anruf der Priorität i ist und daß sämtliche Anrufe der Priorität i, die nach seiner Bedienung im System verbleiben, rot sind (die Wahrscheinlichkeit hierfür ist $P_{iN}(1^{i-1}z1^{r-1})$), ist notwendig und hinreichend, daß der N-te Anruf ein Anruf der Priorität i ist (die Wahrscheinlichkeit hierfür ist $P_{iN}(1^r)$), daß während der Wartezeit auf den Bedienungsbeginn dieses Anrufes keine blauen Anrufe der Priorität i im System eintreffen (die Wahrscheinlichkeit hierfür ist $\omega_{iN}(a_i - a_i z_i)$) und daß während seiner Bedienung keine blauen Anrufe der Priorität i im System eintreffen (die Wahrscheinlichkeit hierfür ist $\beta_i(a_i - a_i z_i)$).

Wir werden den Zahlen $z_1, \ldots, z_r$ keinerlei Einschränkungen außer $0 \leqq z_i \leqq 1$ $(i = 1, \ldots, r)$ auferlegen, so daß die Formeln (2) und (3) für sämtliche $z_1, \ldots, z_r$ aus diesem Bereich gelten. Weil $P_{iN}(z)$ eine Reihe bezüglich der Potenzen von $z_1, \ldots, z_r$ mit nichtnegativen Koeffizienten ist, die Gleichung $\hat{P}_N(1^r) = 1$ gilt und die Funktionen $\beta_i(s)$ analytisch in der Halbebene $\operatorname{Re} s > 0$ sind, folgt hieraus, daß die Formeln (2) und (3) für alle $z_1, \ldots, z_r$ mit der Eigenschaft $|z_i| \leqq 1$, $i = 1, \ldots, r$, gelten. Diese Formeln zeigen, daß die Funktionen $P_{iN}(z)$ und $\omega_{iN}(s)$, $i = 1, \ldots, r$, $N \geqq 1$, auf rekursive Weise bestimmt werden können.

F_3. Wir beweisen, daß unter der Bedingung

$$a_1\beta_{11} + \ldots + a_r\beta_{r1} < 1 \tag{4}$$

die Grenzwerte $\lim\limits_{N\to\infty} p_{iN}(k) = p_i(k)$ existieren, die nicht vom Anfangszustand des Systems abhängen und die Beziehungen

$$p_i(k) > 0\,, \qquad \sum_{1 \leqq i \leqq r, k \geqq 0} p_i(k) = 1$$

erfüllen.

Hierfür benutzen wir die Folgerung aus § 7, Kap. 2.

Wir werden den Zustand des Systems nur in den Zeitpunkten betrachten, in denen ein Anruf (nach Beendigung der Bedienung) das Gerät verläßt. Dabei verstehen wir unter dem Zustand des Systems einen Vektor (i, k), der angibt, daß der das Gerät verlassende Anruf die Priorität i besitzt und eine Warteschlange vom Typ $k = (k_1, \ldots, k_r)$ im System zurückläßt. Auf diese Weise erhalten wir eine homogene MARKOWsche Kette, die wir mit $\{\xi_n\}$ bezeichnen[1]). Die Irreduzibilität und Aperiodizität dieser Kette sind offensichtlich. Wir numerieren sämtliche Zustände der Kette mit den Zahlen $1, 2, \ldots,$ so daß den Zuständen $(1, 0), \ldots, (r, 0)$ die Zahlen $1, \ldots, r$ entsprechen. Die übrige Numerierung ist beliebig. Falls dem Zustand (i, k) die Nummer s entspricht, dann schreiben wir $s = s(i, k)$. Die Kette $\{\xi_n\}$ wird dann durch eine gewisse Matrix $\{q_{st}\}_{s,t\geqq 1}$ von Übergangswahrscheinlichkeiten charakterisiert. Für jeden Zustand $s = s(i, k)$ setzen wir

$$y_s = k_1\beta_{11} + \ldots + k_r\beta_{r1}\,.$$

[1]) Es handelt sich um eine eingebettete MARKOWsche Kette, vgl. § 4, Kap. 3, Fall E (Anm. d. Herausgebers).

y_s kann man als mittlere Zeit auffassen, die zur Bedienung einer Warteschlange vom Typ $k = (k_1, \ldots, k_r)$ benötigt wird. Bei einer solchen Interpretation ist $\sum_{t \geqq 1} q_{st} y_t$ die mittlere Zeit, die zur Bedienung einer Warteschlange, die sich nach einem Schritt ergibt, benötigt wird, falls vor diesem Schritt der Zustand $s = s(i, k)$ vorlag. Es sei $s = s(i, k)$ und $k = (0, \ldots, 0, k_l, \ldots, k_r)$, $k_l \geqq 1$. Dann gilt

$$\sum_{t \geqq 1} q_{st} y_t = \sum_{i=1}^{r} (a_i \beta_{l1}) \beta_{i1} + (k_l - 1) \beta_{l1} + \sum_{j=l+1}^{r} k_j \beta_{j1} =$$

$$= \sum_{j=l}^{r} k_j \beta_{j1} - \beta_{l1} \left[1 - \sum_{i=1}^{r} a_i \beta_{i1} \right] \leqq y_s - \varepsilon$$

mit

$$\varepsilon = \min_{1 \leqq l \leqq r} \beta_{l1} \left[1 - \sum_{i=1}^{r} a_r \beta_{l1} \right].$$

Die Bedingung $\varepsilon > 0$ ist der Bedingung (4) äquivalent. Falls jedoch $s = s(i, 0)$ ist, dann gilt

$$\sum_{t \geqq 1} q_{st} y_t = \sum_{l=1}^{r} q_l \sum_{i=1}^{r} (a_i \beta_{l1}) \beta_{i1} < +\infty .$$

Es genügt nun zu beachten, daß $p_{iN}(k)$ die Wahrscheinlichkeit eines Überganges (von einem Anfangszustand) in den Zustand (i, k) in N Schritten ist.

F_4. Wir setzen voraus, daß die Bedingung (4) erfüllt ist. Dann existieren die Grenzwerte

$$\lim_{N \to \infty} P_{iN}(z) = P_i(z), \quad \lim_{N \to \infty} \hat{P}_N(z) = \hat{P}(z), \quad |z_i| \leqq 1 \quad (i = 1, \ldots, r),$$

wobei

$$\hat{P}(z) = \sum_{i=1}^{r} P_i(z), \quad \hat{P}(1^r) = 1 \tag{5}$$

ist. Aus (2) erhalten wir

$$z_i P_i(z) = [\hat{P}(0^{i-1} z) - \hat{P}(0^i z) + q_i z_i \hat{P}(0^r)] \, \beta_i(\sigma - a z). \tag{6}$$

Aus (3) folgt die Existenz des Grenzwertes

$$\lim_{N \to \infty} \omega_{iN}(a_i - a_i z_i) = \omega_i(a_i - a_i z_i), \quad |z_i| \leqq 1,$$

und die Gleichung

$$P_i(1^{i-1} z 1^{r-i}) = P_i(1^r) \, \omega_i(a_i - a_i z_i) \, \beta_i(a_i - a_i z_i) \tag{7}$$

(woraus sich $\omega_i(+0) = 1$ ergibt, so daß die Funktion $W_i(t) = \lim_{N \to \infty} W_{iN}(t)$ eine Verteilungsfunktion ist).

F_5. Wir beweisen, daß die Funktionen $P_i(z)$, $i = 1, \ldots, r$, die im Einheitskreis $|z_1| < 1, \ldots, |z_r| < 1$ analytisch sind und $|P_i(z)| \leqq 1$ erfüllen, eindeutig durch die Beziehungen (4)—(6) bestimmt werden. Tatsächlich erhalten wir aus (6)

$$\sum_{i=1}^{r} \frac{z_i P_i(z)}{\beta_i(\sigma - a z)} = \sum_{i=1}^{r} [\hat{P}(0^{i-1} z) - \hat{P}(0^i z) + q_i z_i \hat{P}(0^r)]$$

bzw.

$$\sum_{i=1}^{r} \frac{P_i(z)}{\beta_i(\sigma - a z)} [z_i - \beta_i(\sigma - a z)] = (q z - 1) \, \hat{P}(0^r) \tag{8}$$

mit $qz = q_1 z_1 + \dots + q_r z_r = \frac{az}{\sigma}$. Wir setzen

$$(v^{(k)}z) = (v_1, \dots, v_{k-1}, z_k, \dots, z_r)$$

und erhalten dann aus (6)

$$\frac{P_i(z)}{\beta_i(\sigma - az)} = \frac{P_i(v^{(k)}z)}{\beta_i(\sigma - a(v^{(k)}z))} \tag{9}$$

für $|z_j| \leqq 1$, $|v_j| \leqq 1$, $z_i \neq 0$. Durch Grenzübergang überzeugen wir uns davon, daß (9) auch für den Fall $z_i = 0$ gilt.

Durch die Gleichungen

$$u_{ki} = \beta_i\left(\sigma - \sum_{j=1}^{k-1} a_j u_{kj} - \sum_{j=k}^{r} a_j z_j\right), \qquad i = 1, \dots, k-1, \tag{10}$$

definieren wir ferner die Funktionen $u_{k1}, \dots, u_{k,k-1}$ der Variablen $z_k, \dots, z_r$. Damit diese Definition korrekt ist, muß die Lösbarkeit dieses Gleichungssystems nachgewiesen werden. Wir beweisen mehr, nämlich: Die Funktionen $u_{ki} = u_{ki}(z_k, \dots, z_r)$, $i = 1, \dots, \dots, k-1$, werden durch das System (10) eindeutig festgelegt, sie sind analytisch im Gebiet

$$\sum_{j=k}^{r} a_j \operatorname{Re} z_j < \sum_{j=k}^{r} a_j, \tag{11}$$

und es gilt $|u_{ki}| < 1$ $(i = 1, \dots, k-1)$. Aus dem Satz von ROUCHÉ folgt, daß die Gleichung

$$u = \sum_{i=1}^{k-1} a_i \beta_i\left(\sigma - u - \sum_{j=k}^{r} a_j z_j\right) \tag{12}$$

in jedem Punkt $(z_k, \dots, z_r)$ des Gebietes (11) eine eindeutig bestimmte Lösung $u = u_k = u_k(z_k, \dots, z_r)$ mit der Eigenschaft $|u_k| < \sum_{i=1}^{k-1} a_i$ besitzt, denn auf der Kreislinie $|u| = \sum_{i=1}^{k-1} a_i$ sind die Ungleichungen

$$\operatorname{Re}\left(\sigma - u - \sum_{j=k}^{r} a_j z_j\right) > 0,$$

$$\left|\sum_{i=1}^{k-1} a_i \beta_i\left(\sigma - u - \sum_{j=k}^{r} a_j z_j\right)\right| \leqq \sum_{i=1}^{k-1} a_i \left|\beta_i\left(\sigma - u - \sum_{j=k}^{r} a_j z_j\right)\right| < \sum_{i=1}^{k-1} a_i = |u|$$

erfüllt. Nach dem Satz über die implizite Funktion ist $u_k = u_k(z_k, \dots, z_r)$ im Gebiet (11) eine analytische Funktion. Es genügt nun

$$u_{ki} = \beta_i\left(\sigma - u_k - \sum_{j=k}^{r} a_j z_j\right) \tag{13}$$

zu setzen $\left(\text{denn dann gilt } u_k = \sum_{i=1}^{k-1} a_i u_{ki}\right)$.

Die Eindeutigkeit folgt dann aus der Tatsache, daß, falls $u_{ki}^*, \dots, u_{k,k-1}^*$ eine andere Lösung ist, $u_k^* = \sum_{i=1}^{k-1} a_i u_{ki}^*$ der Gleichung (12) genügt und $|u_k^*| < \sum_{i=1}^{k-1} a_i$, d. h. $u_k = u_k^*$ gilt und aus (13) die Beziehung $u_{ki} = u_{ki}^*$ $(i = 1, \dots, k-1)$ folgt.

$P_i(z)$ kann man nun folgendermaßen durch $\hat{P}(0^r)$ ausdrücken. Wir setzen

$$z_1 = u_{r1}(z_r), \dots, z_{r-1} = u_{r,r-1}(z_r) .$$

Dann erhalten wir aus (8) und (10)

$$\frac{P_r(u_{r1}, \dots, u_{r,r-1}, z_r)}{\beta_r\big(\sigma - u_r(z_r) - a_r z_r\big)} [z_r - \beta_r(\sigma - u_r(z_r) - a_r z_r)] = \frac{u_r(z_r) + a_r z_r - \sigma}{\sigma} \hat{P}(0^r)$$

und auf Grund von (9)

$$\frac{P_r(z)}{\beta_r(\sigma - az)} = \frac{P_r(u_{r1}, \dots, u_{r,r-1}, z_r)}{\beta_r\big(\sigma - u_r(z_r) - a_r z_r\big)}$$

für alle z, $|z_j| \leqq 1$ $(j = 1, \dots, r)$. Des weiteren setzen wir

$$z_1 = u_{r-1,1}(z_{r-1}, z_1), \dots, z_{r-2} = u_{r-1,r-2}(z_{r-1}, z_{r-2}) ,$$

und bestimmen $P_{r-1}(z)$ auf die gleiche Weise usw.

Es ist nun noch die Konstante $\hat{P}(0^r)$ zu bestimmen. Hierfür benutzen wir die Bedingung $\hat{P}(1^r) = 1$.

Für $z_2 = \dots = z_r = 1$ gilt

$$\frac{z_1 - \beta_1(\sigma - az)}{1 - z_1} = \frac{z_1 - \beta_1(a_1 - a_1 z_1)}{1 - z_1} ;$$

$$\frac{1 - \beta_1(\sigma - az)}{1 - z_1} = \frac{1 - \beta_i(a_1 - a_1 z_1)}{1 - z_1}, \qquad i = 2, \dots, r ;$$

$$\frac{qz - 1}{1 - z_1} = -\frac{a_1}{\sigma} .$$

Wir erhalten deshalb für $z_1 \uparrow 1$ unter Berücksichtigung von (8)

$$-P_1(1^r) + \sum_{i=1}^{r} P_i(1^r)\, a_1 \beta_{i1} = -\frac{a_1}{\sigma} \hat{P}(0^r) .$$

Analog gilt

$$-P_j(1^r) + \sum_{i=1}^{r} P_i(1^r)\, a_j \beta_{i1} = -\frac{a_j}{\sigma} \hat{P}(0^r) , \qquad j = 1, \dots, r ,$$

woraus sich

$$\hat{P}(0^r) = 1 - a_1\beta_{11} - \dots - a_r\beta_{r1} \tag{14}$$

ergibt. Es sei noch vermerkt, daß

$$P_i(1^r) = \frac{a_i}{\sigma} . \tag{15}$$

F_6. Wir bestimmen nun die Funktionen $\omega_i(s)$, $i = 1, \dots, r$. Aus (7) erhalten wir in jedem Fall

$$\omega_i(s) = \frac{\sigma}{a_i} \frac{P_i(1, \dots, 1, 1 - a_i^{-1}s, 1, \dots, 1)}{\beta_i(s)}, \; |1 - a_i^{-1}(s)| \leqq 1 .$$

Es sei

$$z_j = 1 , \qquad j = k + 1, \dots, r ;$$

$$z_k = 1 - \frac{s}{a_k} ;$$

$$z_i = u_{ki}(z_k, \dots, z_r) , \qquad i = 1, \dots, k - 1 ;$$

dann ergibt sich aus (9)

$$\frac{P_k(z)}{\beta_k(\sigma - az)} = \frac{P_k\left(1, \dots, 1, 1 - \dfrac{s}{a_k}, 1, \dots, 1\right)}{\beta_k(s)} ;$$

$$\frac{P_j(z)}{\beta_j(\sigma - az)} = \frac{P_j(1^r)}{\beta_j(0)} = P_j(1^r) , \qquad j = k + 1, \dots, r ;$$

$$\sigma - az = s + \sigma_{k-1} - u_k ; qz - 1 = -\frac{1}{\sigma}(s + \sigma_{k-1} - u_k) .$$

Hieraus erhalten wir durch Anwendung der Formeln (8) und (9), (13)—(15)

$$\omega_k(s) = \frac{\left(1 - \sum_{j=1}^{r} a_j\beta_{j1}\right)\left(-\sum_{j=1}^{k-1} a_j + u_k - s\right) - \sum_{j=k+1}^{r} a_j\left[1 - \beta_j\left(\sum_{j=1}^{k-1} a_j + s - u_k\right)\right]}{a_k - s - a_k\beta_k\left(\sum_{j=1}^{k-1} a_j + s - u_k\right)} .$$

Somit wurde bewiesen (wobei $u_k(s) = \sigma_{k-1} \cdot \pi_{k-1}(s)$ gesetzt wird):

Satz. *Ist*

$$a_1\beta_{11} + \dots + a_r\beta_{r1} < 1 ,$$

dann

a) *existieren die Grenzwerte*

$$\lim_{N \to \infty} W_{kN}(t) = W_k(t) , \qquad k = 1, \dots, r ,$$

wobei die $W_k(t)$ Verteilungsfunktionen sind.

b) *lassen sich die Funktionen $W_k(t)$ aus den Beziehungen*

$$\omega_k(s) =$$

$$= \frac{\left(1 - \sum_{i=1}^{r} a_i\beta_{i1}\right)(s + \sigma_{k-1} - \sigma_{k-1}\pi_{k-1}(s)) + \sum_{i=k+1}^{r} a_i[1 - \beta_i(s + \sigma_{k-1} - \sigma_{k-1}\pi_{k-1}(s))]}{s - a_k + a_k\beta_k(s + \sigma_{k-1} - \sigma_{k-1}\pi_{k-1}(s))}$$

bestimmen, wobei durch die Gleichung

$$\sigma_{k-1}\pi_{k-1}(s) = \sum_{i=1}^{k-1} a_i\beta_i(s + \sigma_{k-1} - \sigma_{k-1}\pi_{k-1}(s))$$

die in der Halbebene Re $s > 0$, *in der* $|\pi_{k-1}(s)| < 1$ *gilt, analytische Funktion* $\pi_{k-1}(s)$ *eindeutig bestimmt wird.*

c) *sind die ersten beiden Momente der Verteilungsfunktionen $W_k(t)$ jeweils gleich*

$$\omega_{k1} = \frac{\varrho_{r2}}{2\varrho_{k-1} \cdot \varrho_k}, \qquad \omega_{k2} = \frac{\varrho_{r3}}{3\varrho_{k-1}^3\varrho_k} + \frac{\varrho_{r2}\varrho_{k2}}{2\varrho_{k-1}^2\varrho_k^2} + \frac{\varrho_{r2}\varrho_{k-1,2}}{2\varrho_{k-1}^3\varrho_k} ,$$

wobei gilt

$$\varrho_{i1} = a_1\beta_{11} + \dots + a_i\beta_{i1} ,$$
$$\varrho_{i2} = a_1\beta_{12} + \dots + a_i\beta_{i2} ,$$
$$\varrho_{i3} = a_1\beta_{13} + \dots + a_i\beta_{i3} ,$$
$$\varrho_i = 1 - \varrho_{i1} , \qquad \varrho_{0j} = 0 .$$

§ 7. Bestimmung der virtuellen Wartezeit

Wir betrachten das gleiche Bedienungssystem wie in § 4, jedoch unter der Bedingung, daß das Gerät zuverlässig arbeitet. Mit $w(t)$ bezeichnen wir die *virtuelle Wartezeit* zum Zeitpunkt t, genauer gesagt, die Länge des Zeitintervalls vom Zeitpunkt t bis zum Zeitpunkt des Freiwerdens des Systems von Anrufen, die bis t im System eingetroffen sind. Wir setzen

$$\omega(s, t) = \mathsf{E}\, e^{-sw(t)}$$

und bezeichnen mit $P_0(t)$ die Wahrscheinlichkeit dafür, daß das System zum Zeitpunkt t leer ist. Die Methode der Einführung eines Zusatzereignisses gestattet es, die folgenden bekannten Beziehungen, aus denen sich die Verteilung von $w(t)$ für den Fall $w(0) = 0$ und $a\beta_1 \leqq 1$ bestimmen läßt, auf hinreichend einfache Weise herzuleiten:

$$\omega(s, t) = e^{[s-a+a\beta(s)]t} \left\{ 1 - s \int_0^t e^{-[s-a+a\beta(s)]x} \cdot P_0(x)\, dx \right\},$$

$$\int_0^\infty e^{-sx} P_0(x)\, dx = [s + a - a\pi(s)]^{-1}, \tag{1}$$

$$\pi(s) = \beta\big(s + a - a\pi(s)\big), \qquad \operatorname{Re} s \geqq 0, \qquad |\pi(s)| \leqq 1 .$$

Die erste Beziehung ergibt sich in der äquivalenten Schreibweise

$$e^{-a[1-\beta(s)]t} = e^{-st}\, \omega(s, t) + \int_0^t P_0(x)\, e^{-a[1-\beta(s)](t-x)}\, d(1 - e^{-sx}) \tag{2}$$

aus den folgenden Überlegungen. Es sei $s > 0$. Nehmen wir an, daß unabhängig von der Tätigkeit des Bedienungssystems „Katastrophen" eintreten, deren Eintrittszeitpunkte einen Poissonschen Strom mit dem Parameter s bilden. Einen Anruf werden wir „schlecht" nennen, falls während seiner Bedienung eine „Katastrophe" eintritt. Weil die Wahrscheinlichkeit dafür, daß während der Bedienung eines Anrufes eine „Katastrophe" eintritt, gleich $1 - \beta(s)$ ist und der Anrufstrom Poissonsch mit dem Parameter a ist, bilden die „schlechten" Anrufe ebenfalls einen Poissonschen Strom mit dem Parameter $a[1 - \beta(s)]$. Schließlich ist dafür, daß bis zum Zeitpunkt t keine „schlechten" Anrufe im System eintreffen (die Wahrscheinlichkeit hierfür ist $e^{-a[1-\beta(s)]t}$), notwendig und hinreichend, daß *entweder* keine „Katastrophe" eintritt, und zwar sowohl bis zum Zeitpunkt t (die Wahrscheinlichkeit hierfür ist e^{-st}) als auch während des Zeitintervalls, das im Zeitpunkt t beginnt und bis zum Zeitpunkt des Freiwerdens des Systems von Anrufen, die bis t eingetroffen sind, reicht (die Wahrscheinlichkeit hierfür ist $\omega(s, t)$), *oder* daß bis zum Zeitpunkt t eine „Katastrophe" eingetreten ist (sagen wir, in einem gewissen Zeitpunkt x), daß das System zu diesem Zeitpunkt x leer ist (mit der Wahrscheinlichkeit $P_0(x)$) und daß während der verbleibenden Zeit $t - x$ keine „schlechten" Anrufe im System eintreffen (die Wahrscheinlichkeit hierfür ist $\exp\{-a[1 - \beta(s)](t - x)\}$). Damit ist (2) bewiesen.

Weil die Wahrscheinlichkeit $\omega(s, t)$ für $s > 0$, $t \geqq 0$ (durch Eins) beschränkt ist und die Funktion $\exp\{[s - a + a\beta(s)]\, t\}$ für $s > 0$ bezüglich t ins Unendliche wächst, falls $t \to +\infty$ (denn die Funktion $s - a + a\beta(s)$ ist auf Grund von $a\beta_1 \leqq 1$ wachsend, weshalb für $s > 0$ die Ungleichung $s - a + a\beta(s) > 0$ erfüllt ist), ergibt sich aus (1) die Beziehung

$$\int_0^\infty e^{-[s-a+a\beta(s)]x} \cdot P_0(x)\, dx = s^{-1} .$$

Hieraus erhalten wir mit Hilfe der Funktionalgleichung

$$\pi(s) = \beta\big(s + a - a\pi(s)\big)$$

(s. § 2), aus der sich die LAPLACE-STIELTJES-Transformierte der Verteilung der Länge einer Belegungsperiode bestimmen läßt,

$$\int_0^\infty e^{-sx} P_0(x)\, dx = [s + a - a\pi(s)]^{-1} ,$$

was zu beweisen war.

Aufgabe 1. Man zeige: Falls die Anrufe nur in „Anrufzeitpunkten", die einen POISSONschen Strom mit dem Parameter a bilden, eintreffen können und in jedem „Anrufzeitpunkt" k Anrufe mit der Wahrscheinlichkeit a_k, $k \geqq 0$; $\Phi(z) = \sum_{k \geqq 0} a_k z^k$, $\Phi(1) = 1$, eintreffen, dann ergeben sich die entsprechenden, die Verteilung von $w(t)$ bestimmenden Formeln, falls $\beta(s)$ überall durch $\Phi(\beta(s))$ ersetzt wird, und zwar gilt

$$\omega(s, t) = \exp\{[s - a + a\Phi(\beta(s))]t\} \left\{1 - s \int_0^t P_0(x)\, e^{-[s-a+a\Phi(\beta(s))]x}\, dx\right\} ;$$

$$\int_0^\infty e^{-sx} P_0(x)\, dx = [s + a - a\pi(s)]^{-1} ; \qquad \pi(s) = \Phi[\beta(s + a - a\pi(s))] .$$

Aufgabe 2. Es sei $a\beta_1 < 1$ und $W(x)$ die stationäre Verteilungsfunktion der virtuellen Wartezeit. Das in diesem Abschnittbehandelte Bedienungssystem werden wir *Hauptsystem* nennen. Wir betrachten nun noch ein zusätzliches System, welches sich vom Hauptsystem darin unterscheidet, daß die zulässige Verweilzeit eines Anrufes im System durch eine Konstante c beschränkt ist (danach geht der Anruf verloren). Es sei $W_c(x)$, $0 \leqq x \leqq c$, die stationäre Verteilungsfunktion der virtuellen Wartezeit für das zusätzliche System.

Man zeige

a) $W_c(x) = W(x)/W(c)$ für $0 \leqq x \leqq c$.

b) $W_c(x)$ ist die stationäre Verteilungsfunktion der (aktuellen) Wartezeit eines Anrufes bzw. des N-ten Anrufes für $N \to \infty$) des zusätzlichen Systems.

Hinweis. a) Es sei $w_c(t)$ die virtuelle Wartezeit für das zusätzliche System zum Zeitpunkt t. Man zeige, daß der Prozeß $w_c(t)$ der Einschränkung des Prozesses $w(t)$ bezüglich $A = [0, c]$ stochastisch äquivalent ist. Ferner benutze man die Formel (2) aus § 11 des Anhanges und die Ergebnisse aus § 9 des Kapitels 2.

b) Man kann die Eigenschaften 1 und 2 aus § 12 des Kapitels 4 benutzen.

§ 8. Rekurrenter Eingangsstrom, exponentielle Bedienung

In einer Bedienungseinrichtung trifft ein rekurrenter Anrufstrom ein, der durch eine Verteilungsfunktion $A(t)$, $A(+0) < 1$, gegeben ist. Die Bedienungszeiten der Anrufe sind unabhängig und identisch verteilt mit der gemeinsamen Verteilungsfunktion $B(t) = 1 - e^{-bt}$, $b > 0$.

Wir werden zwei Bedienungsmodelle unterscheiden:

Modell 1 (natürliche Bedienungsreihenfolge)[1]). Die Anrufe werden in der Reihenfolge ihres Eintreffens im System bedient.

Modell 2 (inverse Bedienungsreihenfolge)[2]). Von den auf den Bedienungsbeginn wartenden Anrufen wird zuerst der Anruf bedient, der als letzter eingetroffen ist.

---

[1]) Diese Bedienungsdisziplin wird auch als FIFO (first in-first out) bezeichnet (Anm. d. Herausgebers).

[2]) vgl. Fußnote S. 60 (Anm. d. Herausgebers).

Es sei

1. p_{kN} die Wahrscheinlichkeit dafür, daß der N-te Anruf (die Numerierung der Anrufe erfolgt in der Reihenfolge ihres Eintreffens) zum Zeitpunkt seines Eintreffens k Anrufe im System vorfindet, $k \geqq 0$.

2. $W_N(t)$ die Verteilungsfunktion der Wartezeit des N-ten Anrufes auf den Bedienungsbeginn.

3. $a^{-1} = \int_0^\infty t \, \mathrm{d}A(t) < +\infty$.

Satz. *Wenn $ab^{-1} < 1$ ist, dann*

a) *existieren die Grenzwerte*

$$\lim_{N\to\infty} p_{kN} = p_k > 0 \,, \; k \geqq 0 \,; \qquad \lim_{N\to\infty} W_N(t) = W(t) \,,$$

die nicht vom Anfangszustand des Systems abhängen;

b) *gilt*

$$p_k = (1 - \varrho)\,\varrho^k \,, \qquad k \geqq 0 \,,$$

wobei ϱ die eindeutig bestimmte Wurzel der Gleichung

$$\varrho = \alpha(b - b\varrho)$$

ist, die in $(0, 1)$ *liegt.*

c) *gilt für den Fall der natürlichen Bedienungsreihenfolge*

$$W(t) = 1 - \varrho \cdot \mathrm{e}^{-(1-\varrho)bt}$$

d) *gilt für den Fall der inversen Bedienungsreihenfolge*

$$\omega(s) = 1 - \varrho + \varrho\pi(s) \,, \qquad \pi(s) = \frac{\frac{b}{s}[1 - \gamma(s)]}{1 + \frac{b}{s}[1 - \gamma(s)]} \,,$$

$$\gamma(s) = \alpha\big(s + b - b\gamma(s)\big) \,,$$

wobei die letzte Funktionalgleichung eine eindeutig bestimmte Lösung $\gamma(s)$ besitzt, die analytisch in der Halbebene $\mathrm{Re}\, s > 0$ *ist, in der $|\gamma(s)| < 1$ gilt. Ferner sei vermerkt, daß $\gamma(0) = \varrho$ ist.*

Wenn dagegen $ab^{-1} \geqq 1$ gilt, dann existieren die in a) angegebenen Grenzwerte ebenfalls, und es gilt $p_k = 0$ für $k \geqq 0$.

Beweis. Es seien $t_1, t_2, \ldots$ die aufeinanderfolgenden Zeitpunkte des Eintreffens von Anrufen, $t_0 = 0$, und $\nu(t)$ die Anzahl der sich zum Zeitpunkt t im System befindenden Anrufe; $\nu_n = \nu(t_n - 0)$.

Es ist klar, daß die Folge $\{\nu_n\}_{n\geqq 0}$ eine homogene Markowsche Kette bildet[1]). Unter dem Zustand der Kette im N-ten Schritt wird die Zahl ν_N verstanden. Die Matrix der Übergangswahrscheinlichkeiten bezeichnen wir mit $\{a_{ij}\}_{i,j\geqq 0}$, wobei $a_{ij} = \mathsf{P}(\nu_{N+1} = j \mid \nu_N = i)$, $N \geqq 0$ ist.

[1]) Es handelt sich um eine eingebettete Markowsche Kette, vgl. § 4, Kap. 3, Fall E (Anm. d. Herausgebers).

Aus dem Zustand i kann das System in einem Schritt (mit positiver Wahrscheinlichkeit) nur in einen der Zustände $0, 1, \ldots, i+1$ übergehen, d. h.

$$a_{ij} > 0 \quad \text{für} \quad i+1 \geqq j\,,$$
$$a_{ij} = 0 \quad \text{für} \quad i+1 < j\,.$$

Es ist offensichtlich

$$a_{ij} = \int\limits_0^\infty \frac{(bx)^{i+1-j}}{(i+1-j)!} \, \mathrm{e}^{-bx} \, \mathrm{d}A(x)\,, \qquad i+1 \geqq j > 0\,.$$

Ferner sei vermerkt, daß p_{kN} die Wahrscheinlichkeit für einen Übergang des Systems (von irgendeinem Anfangszustand) in den Zustand k in N Schritten ist.

Wir beweisen, daß für $ab^{-1} < 1$ die Grenzwerte

$$\lim_{N \to \infty} p_{kN} = p_k\,, \qquad k \geqq 0\,, \tag{1}$$

existieren und die Eigenschaften

$$p_k > 0\,, \qquad \sum_{k \geqq 0} p_k = 1 \tag{2}$$

besitzen.

Weil die oben eingeführte MARKOWsche Kette irreduzibel und aperiodisch ist, ergibt sich die Existenz der Grenzwerte (1) aus Satz 1 in § 7, Kap. 2. Für die Gültigkeit von (2) ist notwendig und hinreichend (Satz 3 in § 7, Kap. 2), daß das Gleichungssystem

$$p_k = \sum_{i \geqq 0} p_i a_{ik}\,, \qquad k \geqq 0, \sum_{i \geqq 0} p_i = 1$$

eine nichtnegative Lösung besitzt, die in diesem Fall mit den Grenzwerten (1) übereinstimmt. Zur Bestimmung der p_k, $k \geqq 0$, dient also das Gleichungssystem

$$\begin{aligned} 1 &= p_0 + p_1 + \cdots\,, \\ p_0 &= p_0 a_{00} + p_1 a_{10} + \cdots\,, \\ p_1 &= p_0 a_{01} + p_1 a_{11} + \cdots\,, \\ &\cdots\cdots\cdots\cdots\cdots\cdots \end{aligned}$$

Wir bemerken, daß sich beispielsweise die zweite Gleichung als Folgerung der übrigen ergibt. Wegen

$$a_{i+k,j+k} = a_{ij} \quad \text{für} \quad k \geqq 0, j \geqq 1$$

gilt

$$p_{k+1} = \sum_{i \geqq 0} p_{k+i} \int\limits_0^\infty \frac{(bx)^i}{i!} \, \mathrm{e}^{-bx} \, \mathrm{d}A(x)\,, \qquad k \geqq 0\,.$$

Wir werden eine Lösung p_k, $k \geqq 0$, der Gestalt

$$p_k = p_0 \varrho^k\,, \qquad 0 < \varrho < 1\,,$$

anstreben. Aus dem letzten Gleichungssystem erhalten wir dann

$$p_0 \varrho^{k+1} = p_0 \varrho^k \sum_{i \geqq 0} \int\limits_0^\infty \frac{(bx\varrho)^i}{i!} \, \mathrm{e}^{-bx} \, \mathrm{d}A(x)\,,$$

woraus sich

$$\varrho = \alpha(b - b\varrho)$$

ergibt. Diese Gleichung besitzt aber in (0, 1) eine Wurzel (wir benutzen hierbei, daß $ab^{-1} < 1$ ist). Damit sind die Behauptungen a) und b) des Satzes bewiesen.

Die Behauptung c) ergibt sich wie folgt: Falls ein Anruf zum Zeitpunkt seines Eintreffens k Anrufe im System vorfindet, dann besitzt die Wartezeit auf den Bedienungsbeginn im Fall des Modells 1 die Verteilungsfunktion $W^k(t)$ mit

$$W^{k+1}(t) = \int_0^{bt} \frac{x^k}{k!} e^{-x}\, dx = [1 - e^{-bt}]^{*(k+1)}, \qquad W^0(t) = 1, \quad t \geqq 0 .$$

Die Behauptung d) ergibt sich aus der Tatsache, daß die Zeit, die ein eintreffender Anruf bis zum Beginn seiner Bedienung warten muß unter der Bedingung, daß er zum Zeitpunkt seines Eintreffens das Gerät belegt vorfindet, die gleiche Verteilung wie die Belegungsperiode besitzt (s. Satz 2 in § 2). Hieraus folgt

$$W_N(t) = p_{0N} + (1 - p_{0N})\, \Pi(t) ,$$

wobei $\pi(s)$ durch Satz 2 in § 2 gegeben ist.

Wir betrachten schließlich den Fall $ab^{-1} \geqq 1$ und zeigen, daß hier $\lim\limits_{N\to\infty} p_{kN} = p_k = 0$ für $k \geqq 0$ gilt.

Wir setzen $\hat{B}(t) = 1 - e^{-\hat{b}t}$, $t \geqq 0$, wobei $\hat{b}$ eine gewisse positive Zahl ist. Besitzt die Bedienungszeit eines Anrufes nicht die Verteilungsfunktion $B(t) = 1 - e^{-bt}$, sondern die Verteilungsfunktion $\hat{B}(t) = 1 - e^{-\hat{b}t}$, dann versehen wir die entsprechenden Wahrscheinlichkeiten und Größen mit dem Zeichen $\wedge$. Wir verweisen darauf, daß $B(t) < \hat{B}(t)$ ist, falls $b < \hat{b}$ gilt. Hieraus ergibt sich für $b < \hat{b}$

$$p_{0N} \leqq \hat{p}_{0N}, \qquad p_0 \leqq \hat{p}_0 . \tag{3}$$

Wir wählen $\hat{b}$, so daß $a\hat{b}^{-1} < 1$ ist. Dann gilt $\hat{p}_0 = 1 - \hat{\varrho}$, wobei $\hat{\varrho}$ die eindeutig bestimmte Wurzel der Gleichung

$$\hat{\varrho} = \alpha(\hat{b} - \hat{b}\hat{\varrho})$$

ist, die in (0, 1) liegt. Für $\hat{b} \to a + 0$ gilt aber $\hat{\varrho} \to 1$, und aus (3) folgt somit, daß $p_0 = 0$. Aus Satz 3 in § 7, Kap. 2 ergibt sich nun, daß $p_k = 0$ auch für $k > 0$ gilt.

§ 9. Rekurrenter Eingangsstrom, beliebige Bedienungszeitverteilung

In einem System, das aus einem Gerät besteht, trifft ein rekurrenter Anrufstrom ein, der durch die Verteilungsfunktion $A(t)$ gegeben ist. Die Bedienungszeiten der Anrufe sind unabhängig und identisch verteilt mit der gemeinsamen Verteilungsfunktion $B(t)$. Die Anrufe werden in der Reihenfolge, in der sie eintreffen, bedient. Mit $W_r(t)$ bezeichnen wir die Verteilungsfunktion der Wartezeit des r-ten Anrufes auf den Bedienungsbeginn (die Numerierung der Anrufe erfolgt in der Reihenfolge ihres Eintreffens im System). Wir werden das Verhalten von $W_r(t)$ für $r \to +\infty$ betrachten. Diese Frage wurde bekanntlich zuerst von LINDLEY [84] untersucht.

Wir setzen voraus, daß

$$\alpha_1 = \int_0^\infty t \, \mathrm{d}A(t) < +\infty\,, \qquad \beta_1 = \int_0^\infty t \, \mathrm{d}B(t) < +\infty$$

gilt. Ferner schließen wir den einfachen Fall aus unserer Betrachtung aus, daß die Intervallängen zwischen dem Eintreffen von Anrufen und die Bedienungszeiten der Anrufe konstante Größen, und zwar gleich ein und derselben Zahl, sind.

Satz 1. a) *Es existiert der Grenzwert*

$$\lim_{r\to\infty} W_r(t) = W(t)\,, \tag{1}$$

und es gilt[1])

$$W(t) = \begin{cases} \int\limits_{-\infty}^{t} W(t-x)\,\mathrm{d}C(x) & \text{für} \quad t > 0\,, \\ 0 & \text{für} \quad t < 0\,, \end{cases} \tag{2}$$

wobei

$$C(t) = \int_0^\infty B(x+t)\,\mathrm{d}A(x) \tag{3}$$

ist (*es sei vermerkt, daß* $A(t) = B(t) = 0$ *für* $t < 0$ *gilt*).

b) *Für* $\alpha_1 > \beta_1$ *hängt der Grenzwert* (1) *nicht vom Anfangszustand des Systems ab und bildet eine Verteilungsfunktion* ($W(+\infty) = 1$); *er wird durch die Beziehung* (2) *eindeutig bestimmt. Außerdem gilt*

$$\omega(s) = \exp\left[\sum_{k\geqq 1} \frac{\gamma_k^+(s) - 1}{k}\right], \qquad \mathrm{Re}\, s \geqq 0\,,$$

mit

$$\gamma_k^+(s) = s\int_0^\infty \mathrm{e}^{-st}\, C_k(t)\,\mathrm{d}t\,,$$

$$C_{k+1}(t) = \int_{-\infty}^{\infty} C_k(t-x)\,\mathrm{d}C(x)\,, \qquad C_1(t) = C(t)\,.$$

c) *Für* $\alpha_1 \leqq \beta_1$ *hängt der Grenzwert* (1) *nicht vom Anfangszustand des Systems ab, und es gilt* $W(t) \equiv 0$.

Beweis. Es seien $t_1, t_2, \ldots$ die aufeinanderfolgenden Zeitpunkte des Eintreffens von Anrufen; $z_r = t_r - t_{r-1}$, $r \geqq 1$, $t_0 = 0$; s_r die Bedienungszeit des Anrufes mit der Nummer r; w_r die Wartezeit des Anrufes mit der Nummer r auf den Bedienungsbeginn.

Wir setzen voraus, daß das System zum Anfangszeitpunkt leer ist. Dann gilt

$$w_1 = 0$$

$$w_{r+1} = \begin{cases} w_r + s_r - z_{r+1}\,, & \text{falls} \quad w_r + s_r - z_{r+1} > 0\,, \\ 0, & \text{falls} \quad w_r + s_r - z_{r+1} \leqq 0 \end{cases}$$

bzw., wenn $u_r = s_r - z_{r+1}$ gesetzt wird,

$$w_{r+1} = \begin{cases} w_r + u_r\,, & \text{falls} \quad w_r + u_r > 0\,, \\ 0\,, & \text{falls} \quad w_r + u_r \leqq 0\,. \end{cases} \tag{4}$$

[1]) Gleichung (2) stellt die bekannte Lindleysche Integralgleichung dar. Sie ist vom Wiener-Hopf-Typ, und zu ihrer Lösung vgl. § 10, Kap. 2 und § 6, Anhang (Anm. d. Herausgebers).

Wir verweisen darauf, daß w_r und u_r unabhängige Zufallsgrößen sind. Wir setzen

$$W_r(t) = \mathsf{P}(w_r < t)\,, \qquad C(t) = \mathsf{P}(u_r < t)$$

und erhalten dann $W_1(t) = 1$ für $t > 0$ und $W_1(t) = 0$ für $t \leqq 0$,

$$W_{r+1}(t) = \mathsf{P}(w_{r+1} < t) = \mathsf{P}(w_{r+1} = 0) + \mathsf{P}(0 < w_{r+1} < t) =$$
$$= \mathsf{P}(w_r + u_r \leqq 0) + \mathsf{P}(0 < w_r + u_r < t) = \mathsf{P}(w_r + u_r < t) \quad \text{für} \quad t > 0\,,$$

d. h.

$$W_{r+1}(t) = \begin{cases} \int\limits_{-\infty}^{t} W_r(t-x)\,\mathrm{d}C(x) & \text{für} \quad t > 0\,, \\ 0 & \text{für} \quad t \leqq 0\,. \end{cases} \tag{5}$$

Wenn $C(t)$ und $W_1(t)$ bekannt sind, dann läßt sich also $W_r(t)$ für jedes $r \geqq 1$ eindeutig bestimmen.

Auf den ersten Blick kann diese Tatsache (daß die Verteilungsfunktion der Wartezeit nur von der Differenz zwischen der Bedienungszeit und der Intervallänge zwischen dem Eintreffen von zwei Anrufen abhängt) unerwartet erscheinen.

Wir verweisen ferner darauf, daß

$$W_2(t) = \mathsf{P}(u_1 < t)\,,$$
$$W_3(t) = \mathsf{P}(u_1 + u_2 < t;\, u_2 < t), \qquad t > 0\,,$$

bzw. im allgemeinen Fall

$$W_{r+1}(t) = \mathsf{P}(u_1 + \dots + u_r < t;\, u_2 + \dots + u_r < t;\, \dots;\, u_r < t)$$

ist. Weil $u_1, \dots, u_r$ unabhängig und identisch verteilt sind, kann man sie in umgekehrter Reihenfolge numerieren und erhält

$$W_{r+1}(t) = \mathsf{P}(u_1 < t;\, u_1 + u_2 < t;\, \dots;\, u_1 + \dots + u_r < t)\,.$$

Wir setzen $U_k = \sum\limits_{i=1}^{k} u_i$ und erhalten dann

$$W_{r+1}(t) = \mathsf{P}(U_k < t \quad \text{für alle} \quad k \leqq r)\,.$$

Für die Ereignisse $E_r = \{U_k < t$ für alle $k \leqq r\}$ gilt $E_r \supset E_{r+1} \supset \dots \supset E$, wobei $E = \{U_k < t$ für alle $k \geqq 1\}$ ist.

Wir gehen zu den Wahrscheinlichkeiten über und erhalten

$$\lim_{r\to\infty} W_{r+1}(t) = \lim_{r\to\infty} \mathsf{P}(E_r) = \mathsf{P}(E)\,,$$

womit die Existenz des Grenzwertes (1) bewiesen ist.

Mit Hilfe des Satzes von Lebesgue über die Vertauschung von Limesbildung und Integration erhalten wir aus (5) die Beziehung (2), wobei $W(t) = \mathsf{P}(E)$ gesetzt wurde.

Es ist klar, daß die Funktion $W(t)$ nichtnegativ, nichtfallend und für $t \leqq 0$ gleich Null ist. Dafür, daß $W(t)$ die Verteilungsfunktion einer fast sicher endlichen Zufallsgröße ist, ist nun hinreichend, daß $W(+\infty) = 1$ gilt.

Es sei vermerkt, daß wir im Fall $w_1 = 0$ aus (4) durch vollständige Induktion

$$w_{r+1} = \max\,\{0, u_r, u_r + u_{r-1}, \dots, u_r + u_{r-1} + \dots + u_1\}$$

erhalten. Weil $u_1, \dots, u_r$ unabhängig und identisch verteilt sind, folgt hieraus, daß die Zufallsgrößen

$$w_{r+1} \quad \text{und} \quad \max\,\{\,0, u_1, u_1 + u_2, \dots, u_1 + u_2 + \dots + u_r\}$$

identisch verteilt sind. Aus dieser Feststellung und aus der SPITZERschen Identität (s. § 7, Punkt B des Anhanges) folgt die obenformulierte Behauptung für den Fall $w_1 = 0$.

Es sei nun $w_1 = x$. Dann gilt

$$w_{r+1} = \max\{0, u_r, u_r + u_{r-1}, \ldots, u_r + \ldots + u_2, u_r + \ldots + u_1 + x\},$$

woraus folgt, daß die Zufallsgrößen

$$w_{r+1} \quad \text{und} \quad \max\{0, u_1, u_1 + u_2, \ldots, u_1 + \ldots + u_{r-1} u_1, + \ldots + u_r + x\}$$

identisch verteilt sind. Und es ergibt sich wiederum aus der SPITZERschen Identität

$$\lim_{r\to\infty} W_{r+1}(t \mid x) = W(t)$$

mit

$$W_{r+1}(t \mid x) = \mathsf{P}(w_{r+1} < t \mid w_1 = x).$$

Falls jedoch w_1 die Verteilungsfunktion $W_1(t)$ besitzt, dann gilt

$$W_r(t) = \int_0^\infty W_r(t \mid x)\, \mathrm{d}W_1(x),$$

und aus dem Satz von LEBESGUE ergibt sich

$$\lim_{r\to\infty} \int_0^\infty W_r(t \mid x)\, \mathrm{d}W_1(x) = \int_0^\infty \lim_{r\to\infty} W_r(t \mid x)\, \mathrm{d}W_1(x) = \int_0^\infty W(t)\, \mathrm{d}W_1(x) = W(t).$$

Die letzte Formel zeigt ferner, daß $W(t)$ eindeutig durch die Gleichung (2) bestimmt, gleich Null für $t < 0$ und eine Verteilungsfunktion ist, falls $\alpha_1 > \beta_1$. Denn sei $\overline{W}(t)$ ebenfalls eine solche Funktion, dann erhalten wir aus (5), wenn wir $W_1(t) = \overline{W}(t)$ setzen, daß $W_{r+1}(t) = \overline{W}(t)$, d. h. $W(t) = \overline{W}(t)$ gilt.

Aufgabe 1. Wir betrachten das gleiche Bedienungssystem wie in diesem Abschnitt, jedoch unter der zusätzlichen Bedingung, daß ein Anruf, der das System zum Zeitpunkt seines Eintreffens leer vorfindet, nicht sofort bedient wird, sondern erst nach Ablauf einer zufälligen Zeit mit der Verteilungsfunktion $D(t)$ (das System wird zunächst „erwärmt"). Man dehne das Ergebnis dieses Abschnittes auf dieses Bedienungssystem aus ([62]).

Hinweis. Es gilt

$$w_{r+1} = \begin{cases} w_r + u_r, & \text{falls} \quad w_r + u_r > 0, \\ \theta_r, & \text{falls} \quad w_r + u_r \leqq 0, \end{cases}$$

wobei $\{\theta_r\}$ eine Folge unabhängiger identisch verteilter Zufallsgrößen mit der gemeinsamen Verteilungsfunktion $D(t)$ ist.

Aufgabe 2. Es wird vorausgesetzt, daß die Anrufe in Gruppen zu je n Anrufen eintreffen, wobei die Anrufzeitpunkte einen rekurrenten Strom bilden, der durch die Verteilungsfunktion $A(t)$ bestimmt ist. Mit w_r bezeichnen wir die Wartezeit auf den Bedienungsbeginn der r-ten Gruppe (die Anrufgruppen werden in der Reihenfolge ihres Eintreffens numeriert). Man zeige, daß

$$\lim_{r\to\infty} \mathsf{P}(w_r < t) = W(t) = \int_0^t W(t - x)\, \mathrm{d}C(x), \qquad t > 0,$$

gilt, wobei

$$\gamma(s) = \int_0^\infty \mathrm{e}^{-st}\, \mathrm{d}C(t) = \alpha(-s)\, [\beta(s)]^n, \qquad \operatorname{Re} s \geqq 0.$$

Aufgabe 3. Es sei $w_1 = 0$. Man zeige, daß im Fall $\mathsf{E}u_1 < 0$ die Ungleichungen

$$0 \leqq W_n(t) - W(t) \leqq \frac{4}{n} \frac{\operatorname{var} u_1}{(\mathsf{E}u_1)^2}$$

gelten.

Hinweis. Man zeige zuerst, daß

$$0 \leqq W_{n+1}(t) - W(t) \leqq \mathsf{P}\left(\sup_{k>n} U_k \geqq t\right)$$

gilt, und benutze zur Abschätzung der rechten Seite die KOLMOGOROWsche Ungleichung.[1])

Aufgabe 4. Es sei $w_1 = 0$, und es existiere für ein $\alpha \geqq 2$ das α-te Moment der Zufallsgröße u_1. Man zeige, daß es eine Konstante $C = C_\alpha$ gibt, so daß im Fall $\mathsf{E}u_1 = -\mu < 0$ die Ungleichungen

$$0 \leqq W_n(t) - W(t) \leqq \frac{C}{n^{\alpha/2}} \frac{\mu_\alpha}{\mu^\alpha}$$

gelten, wobei $\mu_\alpha = \mathsf{E}\,|u_1 - \mathsf{E}u_1|^\alpha$ ist.

Hinweis. Auf Grund des Hinweises zur vorhergehenden Aufgabe genügt es, die Wahrscheinlichkeit

$$P = \mathsf{P}\left(\sup_{k>n} U_k \geqq t\right)$$

abzuschätzen. Es sei

$$n + 1 = \alpha_0 < \alpha_1 < \ldots; \alpha_N \to \infty \text{ für } N \to \infty\,; \qquad S_k = U_k - \mathsf{E}U_k\,.$$

Man zeige, daß

$$P \leqq \sum_{N \geqq 0} \mathsf{P}\left(\sup_{1 \leqq k < \alpha_{N+1}} |S_k| \geqq \alpha_N \cdot \mu\right)$$

gilt, und wende auf jede Komponente die verallgemeinerte KOLOMOGOROWsche Ungleichung an, s. § 12 des Anhanges.

§ 10. Lösung der LINDLEYschen Integralgleichung. Beispiele

In diesem Abschnitt werden wir uns mit der Lösung der Gleichung

$$W(t) = \begin{cases} \int\limits_{-\infty}^{t} W(t-x)\,\mathrm{d}C(x)\,, & t > 0\,, \\ 0, & t \leqq 0\,, \end{cases} \tag{1}$$

für gewisse spezielle Funktionen $A(t)$ und $B(t)$ befassen. Dabei wird die Methode von WIENER-HOPF benutzt[2]). Wir erinnern daran, daß

$$C(t) = \mathsf{P}(s - z < t) = \int\limits_0^\infty B(t+u)\,\mathrm{d}A(u) \tag{2}$$

gilt, und wir setzen voraus

$$A(+0) < 1\,, \qquad B(+0) < 1\,,$$

$$a^{-1} = \int\limits_0^\infty t\,\mathrm{d}A(t) < \infty\,, \qquad b^{-1} = \int\limits_0^\infty t\,\mathrm{d}B(t) < \infty\,,$$

$$a < b\,.$$

In diesem Fall wird die Verteilungsfunktion $W(t)$ gemäß Satz 1 aus § 9 eindeutig durch die Gleichung (1) bestimmt. Es sei vermerkt, daß das Integral, das auf der rechten Seite von (2) steht, als Funktion von t aufgefaßt, nichtfallend auf der ganzen Zahlengeraden ist und gegen 0 bzw. 1 für $t \to -\infty$ bzw. $t \to \infty$ konvergiert. Weil $W(t)$ und $C(t)$ Verteilungsfunktionen sind, gelten für beliebige Zahlen t_1 und t_2 mit der Eigenschaft $t_2 > t_1$ die Beziehungen

$$\int\limits_{-\infty}^{t_2} W(t_2 - x)\,\mathrm{d}C(x) - \int\limits_{-\infty}^{t_1} W(t_1 - x)\,\mathrm{d}C(x) = \int\limits_{-\infty}^{\infty} [W(t_2 - x) - W(t_1 - x)]\,\mathrm{d}C(x) \geqq 0$$

---

[1]) vgl. die verallgemeinerte KOLMOGOROWsche Ungleichung im Anhang, § 12, für $\alpha = 2$ (Anm. d. Herausgebers).

[2]) siehe Anhang, § 4 (Anm. d. Herausgebers).

und

$$\int_{-\infty}^{t} W(t-x)\,\mathrm{d}C(x) \leqq \int_{-\infty}^{t} \mathrm{d}C(x) = C(t) \to 0 \quad \text{für} \quad t \to -\infty\,.$$

Wir setzen

$$W_+(t) = W(t)\,,$$

$$W_-(t) = \begin{cases} \int_{-\infty}^{t} W(t-x)\,\mathrm{d}C(x)\,, & t \leqq 0\,, \\ 0 & , \ t > 0\,, \end{cases}$$

und erhalten dann für jedes t die Gleichung

$$W_-(t) + W_+(t) = \int_{-\infty}^{t} W_+(t-x)\,\mathrm{d}C(x)\,. \tag{3}$$

Wenn man nun

$$\omega_+(s) = \int_{-\infty}^{\infty} \mathrm{e}^{-st}\,\mathrm{d}W_+(t) = \int_{0}^{\infty} \mathrm{e}^{-st}\,\mathrm{d}W_+(t)\,,$$

$$\omega_-(s) = \int_{-\infty}^{\infty} \mathrm{e}^{-st}\,\mathrm{d}W_-(t) = \int_{-\infty}^{0} \mathrm{e}^{-st}\,\mathrm{d}W_-(t)\,,$$

$$\gamma(s) = \int_{-\infty}^{\infty} \mathrm{e}^{-st}\,\mathrm{d}C(t)$$

setzt, dann folgt aus (3)

$$\omega_-(s) + \omega_+(s) = \omega_+(s)\cdot\gamma(s)$$

bzw.

$$\omega_-(s) + \omega_+(s)\,[1-\gamma(s)] = 0\,. \tag{4}$$

Aus (2) erhalten wir außerdem

$$\gamma(s) = \alpha(-s)\cdot\beta(s)\,. \tag{5}$$

Es sei vermerkt, daß die Funktionen $\omega_+(s)$, $\omega_-(s)$, $\alpha(-s)$, $\beta(s)$, $\gamma(s)$ zumindest auf der imaginären Achse $\mathrm{Re}\, s = 0$ definiert sind und dabei die Funktionen $\omega_+(s)$ und $\beta(s)$ analytisch in der rechten Halbebene $\mathrm{Re}\, s > 0$ und die Funktionen $\omega_-(s)$, $\alpha(-s)$ analytisch in der linken Halbebene $\mathrm{Re}\, s < 0$ sind.

Um die Methode von Wiener-Hopf anwenden zu können, benötigen wir das folgende Lemma, in dem mit $a(t)$, $b(t)$, $c(t)$ jeweils die Dichten der Verteilungsfunktionen $A(t)$, $B(t)$, $C(t)$ (falls diese absolut stetig sind) bezeichnet wurden.

Lemma 1 (W. L. Smith [114]). *Falls für ein gewisses $\lambda > 0$ entweder*

1. *$a(t)$ existiert und die Variation der Funktionen $\mathrm{e}^{\lambda t}\, a(t)$, $\mathrm{e}^{\lambda t}\,[1 - B(t)]$ in $(0, \infty)$ beschränkt ist*

oder

2. *$b(t)$ existiert und die Variation der Funktionen $\mathrm{e}^{\lambda t}\, b(t)$, $\mathrm{e}^{\lambda t}\,[1 - A(t)]$ in $(0, \infty)$ beschränkt ist,*

dann ist

a) *die Funktion $C(t)$ absolut stetig, d. h. sie besitzt eine Dichte $c(t)$,*
b) *die Variation der Funktion $\mathrm{e}^{\lambda |t|}\, c(t)$ in $(-\infty, \infty)$ beschränkt,*
c) *die Funktion $\gamma(s)$ für jedes ε, $0 < \varepsilon < \lambda$, im Gebiet $-\lambda + \varepsilon \leqq \mathrm{Re}\, s \leqq \lambda - \varepsilon$ analytisch.*
d) $\gamma(s) = O\left(\frac{1}{|\tau|}\right)$ *für $s = \sigma + i\tau$, $-\lambda + \varepsilon \leqq \sigma \leqq \lambda - \varepsilon$.*

Wir setzen voraus, ohne dies jedes Mal besonders zu erwähnen, daß die Bedingungen des Lemmas erfüllt sind. Dann sind die Funktionen $\omega_+(s)$, $\beta(s)$ analytisch in der Halbebene $\operatorname{Re} s > -\lambda$, die Funktionen $\omega_-(s)$, $\alpha(-s)$ analytisch in der Halbebene $\operatorname{Re} s < \lambda$ und die Funktion $\gamma(s)$ analytisch im Gebiet $-\lambda + \varepsilon \leqq \operatorname{Re} s \leqq \lambda - \varepsilon$. Für die Funktionen $\alpha(-s)$, $\beta(s)$ und $\gamma(s)$ ist das offensichtlich. Wir beweisen diese Behauptung folglich nur für $\omega_+(s)$ und $\omega_-(s)$. Unter Beachtung von

$$W_+(t) = \int_0^\infty W_+(u)\, c(t-u)\, du\,, \qquad t > 0\,,$$

$$W_-(t) = \int_0^\infty W_+(u)\, c(t-u)\, du\,, \qquad t \leqq 0\,,$$

erhalten wir aus dem Lemma, daß die Variation der Funktion $e^{\lambda|t|} \cdot c(t)$ in $(-\infty, +\infty)$ beschränkt ist. Die Funktionen $e^{\lambda|t|} \cdot W_+(t)$ und $e^{\lambda|t|} \cdot W_-(t)$ sind deshalb beschränkt in $(-\infty, +\infty)$. Für $t < 0$ gilt zum Beispiel

$$e^{\lambda|t|} \cdot W_-(t) = \int_0^\infty e^{\lambda|t|}\, W_+(u)\, c(t-u)\, du \leqq$$

$$\leqq \int_0^\infty e^{\lambda|t|} \cdot c(t-u)\, du \leqq \int_0^\infty e^{\lambda|t-u|}\, c(t-u)\, du < +\infty\,.$$

Wir vermerken, daß die Funktionen $\omega_+(s)$ und $\omega_-(s)$ jeweils in den Halbebenen $\operatorname{Re} s \geqq -\lambda + \varepsilon$ und $\operatorname{Re} s \leqq \lambda - \varepsilon$ beschränkt sind, weil die Funktionen $W_+(t)$ und $W_-(t) + W_+(t)$ nichtfallend in $(-\infty, +\infty)$ sind und $0 \leqq W_\pm(t) \leqq 1$ gilt. Wir setzen $\mu = \lambda - \varepsilon > 0$ und formulieren das nun bestehende Problem: Es sei $\gamma(s)$ eine im Gebiet $-\mu < \operatorname{Re} s < \mu$ analytische Funktion, und es sind zwei Funktionen $\omega_+(s)$ und $\omega_-(s)$ so zu bestimmen, daß

a) die Funktion $\omega_+(s)$ in der Halbebene $\operatorname{Re} s > -\mu$ und die Funktion $\omega_-(s)$ in der Halbebene $\operatorname{Re} s < \mu$ analytisch und beschränkt ist,

b) im Gebiet $-\mu < \operatorname{Re} s < \mu$ die Gleichung $\omega_-(s) + \omega_+(s)\,[1 - \gamma(s)] = 0$ erfüllt ist,

c) $\omega_+(0) = 1 \; \big(= W(+\infty)\big)$ gilt.

Dieses Problem wird auf die folgende Weise gelöst. Nehmen wir an, daß eine Faktorisierung des Ausdruckes $\gamma(s) - 1$ existiert, d. h. zwei Funktionen $K_+(s)$ und $K_-(s)$, so daß

1. $K_+(s)$ analytisch in der Halbebene $\operatorname{Re} s > -\mu$ ist,
2. $K_-(s)$ analytisch in der Halbebene $\operatorname{Re} s < \mu$ ist und dort keine Nullstellen besitzt,
3. im Gebiet $-\mu < \operatorname{Re} s < \mu$ die Gleichung $\gamma(s) - 1 = K_+(s)/K_-(s)$ gilt.

Außerdem setzen wir voraus

4. $|K_+(s)| \leqq M_1\, |s|^p$ für $|s| \to +\infty$ und $\operatorname{Re} s > -\mu$,

   $|K_-(s)| \leqq M_2\, |s|^p$ für $|s| \to +\infty$ und $\operatorname{Re} s < \mu$.

Dann gilt

$$\omega_-(s)\, K_-(s) = \omega_+(s)\, K_+(s)\,, \tag{6}$$

wobei der linke Teil in der Halbebene $\operatorname{Re} s < \mu$ und der rechte Teil in der Halbebene $\operatorname{Re} s > -\mu$ analytisch ist. Wir können somit eine ganze Funktion $F(s)$ definieren, die für $\operatorname{Re} s < \mu$ gleich der linken Seite von (6) und für $\operatorname{Re} s > -\mu$ gleich der rechten Seite von (6) ist.

Wegen

$$|F(s)| \leqq \overline{M}_1 |s|^p \quad \text{für} \quad |s| \to +\infty \quad \text{und} \quad \operatorname{Re} s > -\mu \,,$$
$$|F(s)| \leqq \overline{M}_2 |s|^q \quad \text{für} \quad |s| \to +\infty \quad \text{und} \quad \operatorname{Re} s < \mu$$

erweist sich die Funktion $F(s)$ gemäß dem verallgemeinerten Satz von LIOUVILLE als Polynom, dessen Grad nicht größer als der ganze Teil von min (p, q) ist, so daß

$$\omega_+(s) \cdot K_+(s) = K_0 + K_1 s + \ldots + K_n s^n \tag{7}$$

gilt. Es sind nun nur noch die Koeffizienten dieses Polynomes zu bestimmen.

Wir vermerken, daß man die Funktionen $K_+(s)$ und $K_-(s)$ oft leicht erraten kann.

Beispiel 1. Es sei $A(t) = 1 - \mathrm{e}^{-at}$, $B(t) = 1 - \mathrm{e}^{-bt}$.
In diesem Fall gilt

$$\alpha(s) = \frac{a}{a+s}, \qquad \beta(s) = \frac{b}{b+s},$$

$$\alpha(-s)\,\beta(s) - 1 = \frac{s(s+b-a)}{(a-s)\,(b+s)}.$$

Als $K_+(s)$ und $K_-(s)$ kann man

$$K_+(s) = \frac{s(s+b-a)}{b+s}, \qquad K_-(s) = a - s$$

wählen. Aus (7) erhalten wir dann

$$\omega(s)\frac{s(s+b-a)}{b+s} = K_0 + K_1 s \,.$$

Wegen $\omega(0) = 1$ gilt

$$K_0 = 0,\ K_1 = 1 - \varrho \quad \text{mit} \quad \varrho = \frac{a}{b},$$

$$\omega(s) = (1-\varrho)\frac{b+s}{s+b-a} = 1 - \varrho + \varrho \cdot \frac{b-a}{s+b-a}.$$

Hieraus folgt

$$W(t) = 1 - \varrho\,\mathrm{e}^{-(b-a)t}, \qquad t > 0 \,.$$

Beispiel 2. Es sei $A(t) = 1 - \mathrm{e}^{-at}$. In diesem Fall gilt

$$\alpha(-s)\,\beta(s) - 1 = \frac{a\beta(s) - a + s}{a - s}$$

Für $K_+(s)$ und $K_-(s)$ kann man

$$K_+(s) = a\beta(s) - a + s\,, \qquad K_-(s) = a - s$$

wählen. Aus (7) erhalten wir

$$\omega(s)\,[s - a + a\beta(s)] = K_0 + K_1 s\,,$$

woraus sich wegen $\omega(0) = 1$

$$K_0 = 0,\ K_1 = 1 - \varrho \quad \text{mit} \quad \varrho = a\beta_1\,,$$

$$\omega(s) = \frac{1-\varrho}{1 - a\dfrac{1-\beta(s)}{s}}$$

ergibt.

Beispiel 3. (ERLANGscher Strom n-ter Ordnung). Es sei $\alpha(s) = \left(\frac{a}{a+s}\right)^{n+1}$. In diesem Fall gilt

$$\alpha(-s)\,\beta(s) - 1 = \frac{a^{n+1}\beta(s) - (a-s)^{n+1}}{(a-s)^{n+1}}.$$

Für $K_+(s)$ und $K_-(s)$ wählen wir

$$K_+(s) = a^{n+1}\beta(s) - (a-s)^{n+1}, \qquad K_-(s) = (a-s)^{n+1}$$

und erhalten dann aus (7)

$$\omega(s)\,[a^{n+1}\beta(s) - (a-s)^{n+1}] = K_0 + K_1 s + \dots + K_{n+1}s^{n+1}.$$

Wegen $\omega(0) = \beta(0) = 1$ gilt $K_0 = 0$. Die übrigen Konstanten $K_1, \dots, K_{n+1}$ können auf folgende Weise bestimmt werden.

Wir setzen $s = a - az$. Dann gilt

$$a^{n+1}\omega(a-az)\,[\beta(a-az) - z^{n+1}] = K_1 a(1-z) + \dots + K_{n+1}a^{n+1}(1-z)^{n+1}.$$

Wir zeigen, daß die Funktion $\beta(a-az) - z^{n+1}$ zumindest $n+1$ Wurzeln (unter Berücksichtigung ihrer Vielfachheiten) im Einheitskreis $|z| \leqq 1$ besitzt. Für jedes $\varepsilon > 0$ und für $|z| = 1$ gilt tatsächlich

$$\operatorname{Re}(\varepsilon + a - az) > 0,$$

$$|\beta(\varepsilon + a - az)| < 1 = |z^{n+1}|.$$

Die Funktionen $z^{n+1} - \beta(\varepsilon + a - az)$ und z^{n+1} besitzen deshalb gemäß dem Satz von ROUCHÉ in $|z| < 1$ die gleiche Anzahl von Nullstellen, d. h. $n+1$ Nullstellen. Für $\varepsilon \downarrow 0$ erhalten wir die zu beweisende Behauptung. Die Koeffizienten $K_1, \dots, K_{n+1}$ lassen sich nun mit Hilfe der Nullstellen der Funktion $\beta(a-az) - z^{n+1}$ in $|z| \leqq 1$ bestimmen. Wir bemerken, daß $K_1 = a^n[n+1-a\beta_1]$ gilt.

Beispiel 4. Es sei $\alpha(s) = P(s)/Q(s)$, wobei $P(s)$ und $Q(s)$ jeweils Polynome k-ten bzw. n-ten Grades sind. Man kann annehmen, daß $Q(0) \neq 0$ gilt, weil im entgegengesetzten Fall $P(0) = \alpha(0)\,Q(0) = 0$ ist und man dann den Bruch $P(s)/Q(s)$ um eine Potenz von s kürzen kann. Es sei noch vermerkt, daß die Wurzeln des Polynoms $Q(s)$ in der linken Halbebene $\operatorname{Re} s < 0$ liegen, weil die Funktion $\alpha(s)$ analytisch in der rechten Halbebene $\operatorname{Re} s > 0$ ist. Außerdem gilt

$$\alpha(-s)\,\beta(s) - 1 = \frac{P(-s)\,\beta(s) - Q(-s)}{Q(-s)}.$$

Als $K_+(s)$ und $K_-(s)$ kann man

$$K_+(s) = P(-s)\,\beta(s) - Q(-s), \qquad K_-(s) = Q(-s)$$

wählen. Aus (7) erhalten wir

$$\omega(s)\,[P(-s)\,\beta(s) - Q(-s)] = K_0 + K_1 s + \dots + K_n s^n$$

und müssen nur noch die Koeffizienten $K_0, K_1, \dots, K_n$ bestimmen. Wegen $\omega(0) = \beta(0) = 1$, $P(0) = Q(0)$ gilt $K_0 = 0$. Die übrigen Koeffizienten werden mit Hilfe der Nullstellen der Funktion $P(-s)\,\beta(s) - Q(-s)$ bestimmt.

Bevor wir zur Betrachtung anderer Beispiele übergehen, beweisen wir einige Sätze.

Satz 1. *Für ein gewisses μ, $0 < \mu < \lambda$, läßt sich die Funktion $1 - \gamma(s)$ darstellen als*

$$1 - \gamma(s) = \frac{s\Phi_+(s)}{\Phi_-(s)},$$

so daß $\Phi_+(s)$ bzw. $\frac{1}{s-\lambda}\Phi_-(s)$ in der Halbebene $\operatorname{Re} s > -\mu$ bzw. $\operatorname{Re} s < \mu$ analytisch und beschränkt sind und dort keine Nullstellen besitzen. Dabei können für $\Phi_+(s)$ und $\Phi_-(s)$ zum Beispiel die durch die folgenden Beziehungen definierten Funktionen gewählt werden:

$$\ln \Phi_+(s) = \frac{1}{2\pi i} \int\limits_{-\mu - i\infty}^{-\mu + i\infty} \frac{\ln\left\{\frac{z-\lambda}{z}[1-\gamma(z)]\right\}}{z-s}\, dz,$$

$$\ln \Phi_-(s) = -\frac{1}{2\pi i} \int\limits_{\mu - i\infty}^{\mu + i\infty} \frac{\ln\left\{\frac{z-\lambda}{z}[1-\gamma(z)]\right\}}{z-s}\, dz.$$

Beweis. A. Weil eine der Funktionen $A(t)$ und $B(t)$ absolut stetig ist, gilt $(s = \sigma + i\tau)$

$$|\gamma(i\tau)| < 1 \quad \text{für} \quad i \neq 0 \quad \text{und} \quad \gamma(0) = 1.$$

Gemäß Lemma 1 gilt $\gamma(s) \to 0$ für $|\tau| \to +\infty$ und $-\lambda + \varepsilon \leqq \sigma \leqq \lambda - \varepsilon$. Die Funktion $1 - \gamma(s)$ kann deshalb im Gebiet $-\lambda + \varepsilon \leqq \sigma \leqq \lambda - \varepsilon$ nur endlich viele Nullstellen besitzen. Wählt man die positive Zahl μ, $0 < \mu < \lambda$, hinreichend klein, so kann man erreichen, daß $1 - \gamma(s)$ im Gebiet $-\mu \leqq \sigma \leqq \mu$ nur eine Nullstelle und zwar bei $s = 0$ besitzt. Wegen $\frac{d}{ds}[1 - \gamma(s)]|_{s=0} = b^{-1} - a^{-1} \neq 0$ ist $s = 0$ eine einfache Nullstelle der Funktion $1 - \gamma(s)$. Die Funktion

$$\frac{s-\lambda}{s}[1 - \gamma(s)] \tag{8}$$

ist dann im Gebiet $-\mu \leqq \sigma \leqq \mu$ beschränkt, besitzt dort keine Nullstellen und ist dabei gleich $1 + O\left(\frac{1}{|\tau|}\right)$ (siehe Behauptung d) in Lemma 1).

B. Aus

$$|\gamma(i\tau)| < 1, \qquad \tau \neq 0,$$

$$\frac{s-\lambda}{s}[1 - \gamma(s)] = \lambda(a^{-1} - b^{-1}) + O(s), \qquad |s| \to 0,$$

$$|\gamma(i\tau)| \to 0 \quad \text{für} \quad |\tau| \to +\infty$$

folgt, daß die totale Variation von

$$\arg\left\{\frac{s-\lambda}{s}[1 - \gamma(s)]\right\}$$

entlang der imaginären Achse gleich Null ist. Außerdem besitzt diese Funktion keine Singularitäten und keine Nullstellen im Gebiet $-\mu \leqq \sigma \leqq \mu$. Deshalb ist

$$\ln\left\{\frac{s-\lambda}{s}[1 - \gamma(s)]\right\}$$

eine im Gebiet $-\mu \leqq \sigma \leqq \mu$ eindeutig bestimmte analytische Funktion. Dabei gilt

$$\left|\ln\left\{\frac{s-\lambda}{s}[1-\gamma(s]\right\}\right| \leqq M\,|\tau|^{-1}.$$

C. Es genügt nun, den Satz 2 aus § 4 des Anhanges anzuwenden, und wir erhalten die zu beweisende Behauptung.

Folgerung. *Es gilt*

$$\omega(s) = \frac{\Phi_+(0)}{\Phi_+(s)}.$$

Im vorliegenden Fall ist tatsächlich

$$K_+(s) = s\Phi_+(s)\,, \qquad K_-(s) = -\Phi_-(s)\,.$$

Aus (7) erhalten wir

$$\omega_+(s)\,K_+(s) = K_0 + K_1 s\,,$$

und wegen $\omega_+(0) = 1$ gilt $K_0 = 0$, $K_1 = \Phi_+(0)$.

Es ist klar, daß die Singularitäten der Funktion $1 - \gamma(s)$ in der linken Halbebene nur durch die Singularitäten von $\beta(s)$ entstehen können, weil $\alpha(-s)$ dort analytisch ist. Es ist möglich, daß einige Nullstellen von $\alpha(-s)$ mit Polen von $\beta(s)$ zusammenfallen. Wir *setzen voraus*, daß dieser Fall nicht eintritt. Dann sind die Singularitäten der Funktionen $\Phi_+(s)$ und $\beta(s)$ miteinander identisch. Wir zeigen, daß auf einem gewissen kleinen Kreisbogen $s = r\,e^{i\theta}$, $r = \varepsilon$, $\frac{\pi}{2} \leqq \theta \leqq \frac{3\pi}{2}$, die Ungleichung $|\gamma(s)| < 1$ erfüllt ist. Für die Endpunkte dieses Kreisbogens folgt die Ungleichung aus $|\gamma(i\tau)| < 1$ für $\tau \neq 0$.

Für kleine $|s|$ gilt

$$\gamma(s) = \alpha(-s)\,\beta(s) = 1 + s(a^{-1} + b^{-1}) + o(|s|)\,,$$

bzw. wir erhalten, wenn wir $s = r\,e^{i\theta}$, $\varepsilon_1 = r(a^{-1} - b^{-1})$ setzen,

$$\gamma(s) = 1 + \varepsilon_1\,e^{i\theta} + o(|s|)$$

und hieraus

$$|\gamma(s)|^2 = (1 + \varepsilon_1 \cos\theta)^2 + (\varepsilon_1 \sin\theta)^2 + o(|s|)$$

bzw.

$$|\gamma(s)|^2 = 1 + 2\varepsilon_1 \cos\theta + o(|s|)\,.$$

Deshalb gilt für $\cos\theta < 0$, d. h. für $\frac{\pi}{2} < \theta < \frac{3\pi}{2}$

$$|\gamma(s)|^2 = 1 - 2\varepsilon_1\,|\cos\theta| + o(|s|)\,,$$

was zu beweisen war.

Es sei nun $R > \varepsilon > 0$. Mit Γ bezeichnen wir die geschlossene Kurven, die aus zwei in der linken Halbebene liegenden Halbkreisen mit den Mittelpunkten im Koordinatenursprung und den Radien ε bzw. R und aus zwei Abschnitten der imaginären Achse besteht, die auf verschiedenen Seiten vom Koordinatenursprung liegen und die Endpunkte der genannten Halbkreise verbinden (Abb. 5).

Satz 2. *Falls $\beta(s)$ eine meromorphe Funktion und auf Γ die Ungleichung $|\gamma(s)| < 1$ erfüllt ist, dann stimmt die Anzahl der Nullstellen der Funktion $1 - \gamma(s)$ innerhalb von Γ mit der Anzahl der Pole von $\beta(s)$ innerhalb von Γ überein.*

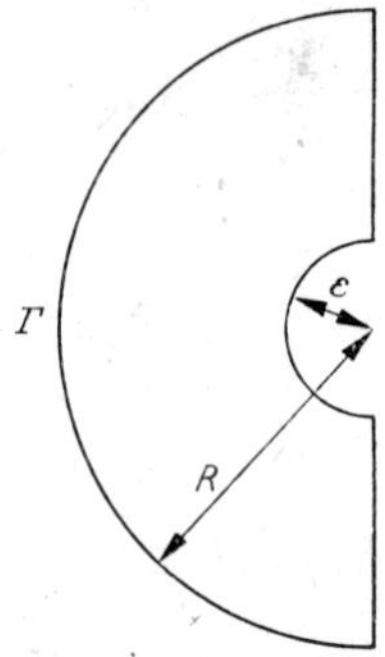

Abb. 5

Beweis. Wir stellten bereits fest, daß die Pole von $\beta(s)$ mit den Nullstellen von $\alpha(-s)$ übereinstimmen. Es seien $b_1, \dots, b_n$ die Pole der Funktion $\beta(s)$ innerhalb von Γ (ein Pol k-ter Ordnung wird k-mal gezählt), und es sei $P(s) = (s - b_1) \dots (s - b_n)$. Dann sind die Funktionen $P(s)$ und $P(s)\,\gamma(s)$ innerhalb des durch Γ begrenzten Gebietes und auf Γ selbst analytisch. Außerdem ist auf Γ die Ungleichung

$$|P(s)| > |P(s) \cdot \gamma(s)|$$

erfüllt. Nach dem Satz von Rouché besitzen $P(s)$ und $P(s)\,[1 - \gamma(s)]$ die gleiche Anzahl von Nullstellen (es sei vermerkt, daß die b_i keine Nullstellen der Funktion $P(s) - P(s) \cdot \gamma(s)$ sind), was zu beweisen war.

Satz 3. *Falls*

1. *für ein gewisses R die Ungleichung $|\gamma(s)| < 1$ für $|s| \geqq R$ und* $\operatorname{Re} s < 0$ *erfüllt ist,*
2. *$\beta(s)$ nur endlich viele Pole besitzt,*

dann ist $\Phi_+(s)$ eine rationale Funktion.

Beweis. Es seien $b_1, \dots, b_n$ die Pole der Funktion $\beta(s)$. Gemäß Satz 2 hat die Funktion $1 - \gamma(s)$ dann n Nullstellen in der Halbebene $\operatorname{Re} s < 0$ (unter Berücksichtigung ihrer Vielfachheiten), die wir mit $a_1, \dots, a_n$ bezeichnen. Weil die Singularitäten der Funktionen $\beta(s)$ und $\Phi_+(s)$ identisch sind, hat $\Phi_+(s)$ nur die n Pole $b_1, \dots, b_n$ und die n Nullstellen $a_1, \dots, a_n$. Wir setzen

$$R(s) = \frac{(s - a_1) \dots (s - a_n)}{(s - b_1) \dots (s - b_n)}, \qquad \Phi_+(s) = \Theta(s) \cdot R(s)\,.$$

Dann ist $\Theta(s)$ eine ganze Funktion (ohne Nullstellen). Bei hinreichend kleinem $\varepsilon_0 > 0$ liegen die Nullstellen und Pole der Funktion $R(s)$ in der Halbebene $\operatorname{Re} s < -\varepsilon_0$. Aus der Beschränktheit der Funktionen $\Phi_+(s)$ und $R^{-1}(s)$ in $\operatorname{Re} s \geqq -\varepsilon_0$ folgt deshalb die Beschränktheit der Funktion $\Theta(s) = \Phi_+(s) \cdot R^{-1}(s)$ in der Halbebene $\operatorname{Re} s \geqq -\varepsilon_0$. Weil ferner

1. $1 - \gamma(s) = \dfrac{s\Phi_+(s)}{\Phi_-(s)}$ gilt,
2. die Funktion $1 - \gamma(s)$ für $|s| \geqq R$, $\operatorname{Re} s < 0$ beschränkt ist,
3. die Funktion $\dfrac{\Phi_-(s)}{s - \lambda}$ in der Halbebene $\operatorname{Re} s \leqq \mu$ beschränkt ist,
4. $R^{-1}(s)$ für $|s| \geqq R'$ beschränkt ist, wobei R' eine hinreichend große Zahl ist,

ist die Funktion

$$\Theta(s) = \frac{s-\lambda}{s}\,[1-\gamma(s)]\,\frac{\Phi_-(s)}{s-\lambda}\,R^{-1}(s)$$

für $|s| \geqq \max(R, R')$, $\operatorname{Re} s < 0$ beschränkt. Eine abgeschwächte Variante des Satzes von LIOUVILLE ergibt in diesem Fall $\Theta(s) = K = \text{const}$, was zu beweisen war. Folglich gilt

$$\Phi_+(s) = K \cdot \frac{(s-a_1)\ldots(s-a_n)}{(s-b_1)\ldots(s-b_n)}. \tag{9}$$

Falls die Bedingungen des Satzes 3 erfüllt sind, dann gilt

$$\omega(s) = \frac{\left(1-\frac{s}{b_1}\right)\ldots\left(1-\frac{s}{b_n}\right)}{\left(1-\frac{s}{a_1}\right)\ldots\left(1-\frac{s}{a_n}\right)}. \tag{10}$$

Dies ergibt sich aus der Folgerung des Satzes 1.

Als Folgerung des Satzes 3 formulieren wir eine Aussage, die für viele Spezialfälle von Interesse ist. Mit S_n bezeichnen wir zunächst die Menge der Verteilungsfunktionen, die für negative Argumentwerte gleich Null sind und deren LAPLACE-STIELTJES-Transformierte sich als Quotient von Polynomen darstellen läßt, wobei der Grad des im Nenner stehenden Polynomes gleich n (der Grad des im Zähler stehenden Polynomes kleiner als n) ist.

Satz 4. *Ist* $B(t) \in S_n$, *d. h.*

$$\beta(s) = \frac{P(s)}{Q(s)}, \tag{11}$$

wobei $Q(s)$ *ein Polynom n-ten Grades und* $P(s)$ *ein Polynom k-ten Grades* ($k < n$) *ist (und ein* $\lambda > 0$ *existiert, so daß die Variation der Funktion* $e^{\lambda t}[1 - A(t)]$ *in* $(0, \infty)$ *beschränkt ist), dann ist die Beziehung* (10) *erfüllt, d. h., es gilt*

$$\omega(s) = \frac{Q(s)}{Q(0)\left(1-\frac{s}{a_1}\right)\ldots\left(a-\frac{s}{a_n}\right)}, \tag{12}$$

wobei $a_1, \ldots, a_n$ *die Nullstellen der Funktion* $1 - \alpha(-s)\,\beta(s)$ *in der linken Halbebene* $\operatorname{Re} s < 0$ *sind.*

Wir verweisen darauf, daß man $Q(0) \neq 0$ annehmen kann, weil im entgegengesetzten Fall $P(0) = \beta(0) \cdot Q(0) = 0$ ist und man den Bruch $P(s)/Q(s)$ um eine gewisse Potenz von s kürzen könnte. Es sei vermerkt, daß SMITH [114] dieses Theorem für den Fall $P(s) \equiv 1$ formuliert hat.

Der Beweis folgt sofort aus Satz 3. Weil die Funktion $\beta(s)$ für hinreichend große $|s|$, $\operatorname{Re} s < 0$, beschränkt und $\alpha(-s)$ beliebig klein ist, existiert eine Zahl $R > 0$, so daß $|\alpha(-s)\,\beta(s)| < 1$ für $|s| \geqq R$, $\operatorname{Re} s < 0$ ist.

Beispiel 5. Es sei $B(t) = 1 - e^{-bt}$, $t \geqq 0$, $b > 0$. In diesem Fall gilt $\beta(s) = \frac{b}{s+b}$, und gemäß Satz 4 ist $n = 1$ und a_1 die eindeutig bestimmte Wurzel der Gleichung

$$\alpha(-s)\,\frac{b}{b+s} - 1 = 0,$$

die in der linken Halbebene Re $s < 0$ liegt. Wir setzen $a_1 = b\varrho - b$ und erhalten die Gleichung $\alpha(b - b\varrho) = \varrho$.
Wir bemerken, daß diese Gleichung im Intervall (0, 1) eine eindeutig bestimmte Wurzel hat (unter Berücksichtigung von $a < b$). Aus (12) erhalten wir deshalb

$$\omega(s) = \frac{(b+s)\,a_1}{b(a_1 - s)} = (1-\varrho)\frac{b+s}{s+b-b\varrho} = 1 - \varrho + \varrho\frac{b-b\varrho}{s+b-b\varrho}$$

und hieraus

$$W(t) = 1 - \varrho e^{-b(1-\varrho)t}\,.$$

Beispiel 6. Es sei $\alpha(s) = e^{-sa^{-1}}$, $\beta(s) = \left(\frac{b}{b+s}\right)^n$, d. h., die Anrufe treffen nach konstanten Intervallen der Länge a^{-1} ein, und die Bedienungszeiten besitzen eine Erlang-Verteilung $(n-1)$-ter Ordnung. In diesem Fall gilt gemäß Satz 4

$$\omega(s) = \frac{(b+s)^n}{b^n\left(1 - \frac{s}{a_1}\right)\cdots\left(a - \frac{s}{a_n}\right)}\,,$$

wobei $a_1, \ldots, a_n$ die Wurzeln der Gleichung

$$e^{sa^{-1}}\left(\frac{b}{b+s}\right)^n - 1 = 0$$

sind, die in der linken Halbebene Re $s < 0$ liegen. Wir setzen $z = \frac{b+s}{b}$. Dann gilt

$$e^{-b(1-z)/a} = z^n\,.$$

Aus dem Satz von Rouché erhalten wir, daß die letzte Gleichung n Wurzeln im Einheitskreis $|z| < 1$ besitzt.

Aufgabe 1. Sind die Bedingungen des Lemmas erfüllt, dann gilt

$$\ln \omega(s) = -\frac{s}{2\pi i}\int_{-\mu-i\infty}^{-\mu+i\infty} \frac{1}{z(z-s)} \ln\left\{\frac{z-\lambda}{z}[1-\gamma(z)]\right\} dz\,.$$

Hinweis. Es gilt $\omega(s) = \Phi_+(0)/\Phi_+(s)$, woraus sich $\ln \omega(s) = \ln \Phi_+(0) - \ln \Phi_+(s)$ ergibt. Ferner benutze man die Formel des Satzes 1 und die Beziehung

$$\frac{1}{z} - \frac{1}{z-s} = \frac{-s}{z(z-s)}\,.$$

Aufgabe 2. Man zeige, daß die mittlere Wartezeit (falls die Bedingungen von Lemma 1 erfüllt sind) gleich

$$\omega_1 = \frac{1}{2\pi i}\int_{-\mu-i\infty}^{-\mu+i\infty} \frac{1}{z^2}\ln\left\{\frac{z-\lambda}{z}[1-\gamma(z)]\right\} dz$$

ist.
Hinweis. Es gilt $\omega_1 = -\omega'(0) = -[\ln \omega(s)]'_{s=0}$. Man benutze das Ergebnis der Aufgabe 1.

Aufgabe 3. Es gelte:
1. $\beta(s)$ hat nur endlich viele Pole.
2. Für ein gewisses R ist die Ungleichung $|\gamma(s)| < 1$ für $|s| \geqq R$ und Re $s < 0$ erfüllt.
Dann ist die mittlere Wartezeit (im stationären Regime) gleich

$$\omega_1 = b_1^{-1} + \ldots + b_n^{-1} - (a_1^{-1} + \ldots + a_n^{-1})\,,$$

wobei $b_1, \dots, b_n$ die Pole der Funktion $\beta(s)$ sind, und $a_1, \dots, a_n$ sind die Nullstellen der Funktion $1 - \gamma(s)$ in der linken Halbebene $\operatorname{Re} s < 0$ (von denen es soviel, wie die Funktion $\beta(s)$ Pole hat, gibt). Man zeige ebenfalls, daß die Wahrscheinlichkeit dafür, daß das System leer angetroffen wird, gleich $\dfrac{a_1 \dots a_n}{b_1 \dots b_n}$ ist.

Hinweis. Siehe (10).

Aufgabe 4. Es sei $R > \varepsilon > 0$, und Γ sei der Rand des Gebietes

$$\{s\colon |s| \leqq R\,, \quad \operatorname{Re} s \geqq 0\} \cup \{s\colon |s| \leqq \varepsilon\,, \quad \operatorname{Re} s \leqq 0\}\,.$$

Wenn für jedes $s \in \Gamma$ die Bedingung $|\gamma(s)| < 1$ erfüllt ist, dann stimmt die Anzahl der Nullstellen der Funktion $1 - \gamma(s)$ innerhalb von Γ mit der Anzahl der Pole der Funktion $\alpha(-s)$ innerhalb von Γ überein.

Hinweis. Dies wird genauso wie Satz 2 bewiesen.

Aufgabe 5. Es seien $\alpha(s)$ und $\beta(s)$ rationale Funktionen. Man zeige, daß

$$\omega_1 = \frac{\alpha_2 - 2\alpha_1\beta_1 + \beta_2}{2(\alpha_1 - \beta_1)} + a_1^{-1} + \dots + a_{N-1}^{-1} - (b_1^{-1} + \dots + b_N^{-1})$$

gilt, wobei $a_1, \dots, a_{N-1}$ die Nullstellen der Funktion $1 - \gamma(s)$ in der Halbebene $\operatorname{Re} s > 0$ und $b_1, \dots, b_N$ die Pole der Funktion $\alpha(-s)$ in der Halbebene $\operatorname{Re} s > 0$ sind.

Hinweis. Man benutze die Formel aus Aufgabe 2.

Aufgabe 6. Man zeige, daß die Varianz der Wartezeit auf den Bedienungsbeginn im stationären Regime gleich

$$\sigma^2 = -\frac{1}{i} \int\limits_{-\mu - i\infty}^{-\mu + i\infty} \frac{1}{z^3} \ln \left\{\frac{z - \lambda}{z} [1 - \gamma(z)]\right\} dz$$

ist.

Hinweis. Es gilt $\sigma^2 = [\ln \omega(s)]''_{s=0}$.

Aufgabe 7. Wir betrachten das in Aufgabe 1 des vorhergehenden Abschnittes eingeführte Bedienungssystem.
Es wird vorausgesetzt, daß $\alpha(s)$, $\beta(s)$, $\delta(s)$ gebrochen-rationale Funktionen sind. $a_1^-, \dots, a_n^-, 0, a_1^+, \dots, a_{m-1}^+$ bzw. $b_1^-, \dots, b_n^-, b_1^+, \dots, b_m^+$ seien die Nullstellen bzw. Pole der Funktion $1 - \gamma(s)$. Das Zeichen Minus (Plus) bedeutet, daß sich die entsprechende Null- bzw. Polstelle in der linken (rechten) komplexen Halbebene befindet. Es seien ferner $d_1^-, \dots, d_k^-$ die Pole der Funktion $\dfrac{1 - \delta(s)}{s}$.
Die Funktion

$$\frac{1 - \delta(s)}{s} \cdot \frac{(s - b_1^+) \dots (s - b_m^+)}{(s - a_1^+) \dots (s - a_{m-1}^+)}$$

läßt sich eindeutig in der Form

$$\frac{P(s)}{(s - d_1^-) \dots (s - d_k^-)} + \frac{Q(s)}{(s - a_1^+) \dots (s - a_{m-1}^+)} + \text{const}$$

darstellen, wobei der Grad der Polynome $P(s)$ und $Q(s)$ der Zähler jeweils kleiner ist als der Grad der Polynome der entsprechenden Nenner. Man zeige, daß

$$\omega(s) = \frac{(s - b_1^-) \dots (s - b_n^-)}{(s - a_1^-) \dots (s - a_n^-)} \left\{\frac{P(s)}{(s - d_1^-) \dots (s - d_k^-)} + \lambda\right\}$$

gilt, wobei

$$\lambda = \frac{a_1^- \dots a_n^-}{b_1^- \dots b_n^-} + (-1)^{k+1} \frac{P(0)}{d_1^- \dots d_k^-}$$

ist.

Hinweis. Man benutze den Satz 1 aus § 6 des Anhanges.

§ 11. Inverse Bedienungsreihenfolge bei unzuverlässigem Gerät

Wir betrachten das in § 4 eingeführte Bedienungssystem, jedoch unter der Bedingung, daß die Anrufe nicht in der Reihenfolge ihres Eintreffens bedient werden, sondern in inverser Reihenfolge, d. h., von den Anrufen, die auf den Bedienungsbeginn warten, wird zuerst der Anruf bedient, der später als die übrigen eingetroffen ist. Für ein solches System bestimmen wir die Grenzverteilungen der Wartezeit auf den Bedienungsbeginn und der Verweilzeit eines Anrufes im System. Danach wird dieses Ergebnis, genauso wie das in § 6 getan wurde, auf Bedienungssysteme mit Prioritäten für den Fall angewendet, daß die Anrufe gleicher Priorität in inverser Reihenfolge bedient werden.

Mit $w(t)$ bezeichnen wir die Zeit, die ein Anruf auf den Bedienungsbeginn warten müßte, wenn er zum Zeitpunkt t eintreffen würde. Mit $u(t)$ bezeichnen wir die Verweilzeit eines Anrufes im System, wenn er zum Zeitpunkt t eintreffen würde. Wir setzen voraus, daß $B(+0) = E(+0) = F(+0) = 0$ gilt.

Satz 1. *Es existieren die Grenzwerte*

$$\lim_{t\to+\infty} \mathsf{E}\, e^{-sw(t)} = \omega(s)\,, \qquad \lim_{t\to+\infty} \mathsf{E}\, e^{-su(t)} = v(s)\,,$$

die durch folgende Beziehungen bestimmt werden:

$$\omega(s) = p_1 + p_2 \frac{1-\pi(s)}{h_1[s+a-a\pi(s)]} + p_3 \frac{1-\varphi\big(s+a-a\pi(s)\big)}{\varphi_1\cdot[s+a-a\pi(s)]}\,,$$

$$\pi(s) = h\big(s+a-a\pi(s)\big)\,,$$

$$h(s) = \int_0^\infty e^{-st}\, P\big(t,\delta(s)\big)\, dB(t)\,,$$

$$\int_0^\infty e^{-st}\, P(t,z)\, dt = \frac{1}{s}\cdot\frac{1-\gamma(s)}{1-z\gamma(s)}\,,$$

$$p_1 = p_0 a^{-1}\left[\frac{1}{e(a)} - 1\right], \qquad p_2 = 1 - p_1 - p_3\,, \qquad p_3 = p_0\varphi_1$$

$$p_0 = (1-ah_1)\left[h_1 + \frac{e_1-h_1}{e(a)} + \varphi_1\right]^{-1},$$

$$v(s) = \omega(s)\cdot h(s)\,.$$

Dabei wird vorausgesetzt, daß $ah_1 < 1$ *gilt.*
Die ersten beiden Momente der Wartezeit und der Verweilzeit im System sind gegeben durch die Formeln

$$\omega_1 = \frac{1}{2(1-ah_1)}\left\{p_2\frac{h_2}{h_1} + p_3\frac{\varphi_2}{\varphi_1}\right\},$$

$$w_2 = \frac{1}{(1-ah_1)^2}\left\{p_2\left[\frac{h_3}{3h_1} + \frac{h_2}{2h_1}ah_2\right] + p_3\left[\frac{\varphi_3}{3\varphi_1} + \frac{\varphi_2}{2\varphi_1}ah_2\right]\right\},$$

$$v_1 = \omega_1 + h_1\,, \qquad v_2 = \omega_2 + 2\omega_1 h_1 + h_2\,.$$

Wir betrachten nun das in § 6 eingeführte Bedienungssystem mit Prioritäten, jedoch werden wir dabei voraussetzen, daß die Anrufe gleicher Priorität in inverser Reihenfolge bedient werden. Wir untersuchen lediglich die drei Bedienungsmodelle mit Unterbrechung.

Für jedes der drei Modelle 1.1, 1.2, 1.3 bezeichnen wir mit $w_k(t)$ die Zeit, die ein Anruf der Priorität k auf den Bedienungsbeginn warten müßte, wenn er zum Zeitpunkt t eintreffen würde[1]). Mit $u_k(t)$ bezeichnen wir die Verweilzeit eines Anrufes der Priorität k im System, wenn er zum Zeitpunkt t eintreffen würde. Aus Satz 1 ergibt sich genauso wie in § 6

Satz 2. *Es existieren die Grenzwerte*

$$\lim_{t\to+\infty} \mathsf{E}\, e^{-sw_k(t)} = \omega_k(s)\,, \qquad \lim_{t\to+\infty} \mathsf{E}\, e^{-su_k(t)} = v_k(s)\,,$$

wobei $\omega_k(s) = \omega(s)$, $v_k(s) = v(s)$ *gilt und die Funktionen* $\omega(s)$ *und* $v(s)$ *durch Satz 1 mit den folgenden Modifikationen gegeben sind:*

$$a = a_k\,, \qquad e(s) = \frac{\sigma_{k-1}}{s+\sigma_{k-1}}\,, \qquad h(s) = h_k(s)\,, \qquad \varphi(s) = \pi_{k-1}(s)\,.$$

Dabei werden $h_k(s)$ und $\pi_{k-1}(s)$ *auf folgende Weise bestimmt.*
Für das Modell 1.1 gilt

$$\sigma_k\pi_k(s) = \sum_{i=1}^{k} a_i\beta_i\big(s+\sigma_k-\sigma_k\pi_k(s)\big)\,, \qquad k = 1, \dots, r; \qquad \pi_0(s) = 1\,,$$

$$h_k(s) = \beta_k\big(s+\sigma_{k-1}-\sigma_{k-1}\pi_{k-1}(s)\big)\,, \qquad \sigma_0 = 0\,.$$

Für die Modelle 1.2 und 1.3 sind die Funktionen $h_k(s)$ *und* $\pi_{k-1}(s)$ *jeweils durch die Sätze 4 und 5 in § 2 gegeben.*

Wir werden keinen detaillierten Beweis des Satzes 1 angeben, sondern weisen nur auf die Hauptschritte hin.

A. Genauso wie in § 4 läßt sich das Problem sofort auf den Fall zurückführen, daß das System während einer Bedienung nicht ausfällt. Für die Verteilungsfunktion der Bedienungszeit ist dabei die durch die folgenden Beziehungen bestimmte Funktion $H(t)$ zu wählen

$$h(s) = \int_0^\infty e^{-st}\, P\big(t, \delta(s)\big)\, \mathrm{d}B(t)\,,$$

$$\int_0^\infty e^{-st}\, P(t, z)\, \mathrm{d}t = \frac{1}{s}\,\frac{1-\gamma(s)}{1-z\gamma(s)}\,.$$

B. *Der Bedienungsprozeß.*

1. $\nu(t)$ sei die Anzahl der Anrufe, die sich zum Zeitpunkt t im System befinden,
2. $\sigma(t)$ sei eine Zufallsgröße, die die Werte 0 und 1 annimmt und anzeigt, in welchem Zustand (im Arbeits- oder im Reparaturzustand) sich das System zum Zeitpunkt t befindet.

Ist $\sigma(t) = 0$, dann bedeutet dies, daß das Bedienungsgerät zum Zeitpunkt t intakt ist. Ist $\sigma(t) = 1$, dann bedeutet dies, daß das Gerät zum Zeitpunkt t repariert wird.

3. $\xi(t)$ hat in Abhängigkeit von $\nu(t)$ und $\sigma(t)$ verschiedene Bedeutungen:

[1]) d. h., $w_k(t)$ ist die virtuelle Wartezeit eines Anrufes der Priorität k (Anm. d. Herausgebers).

Sind $\nu(t) > 0$ und $\sigma(t) = 0$, dann sei $\xi(t)$ die Länge des Intervalls vom Zeitpunkt t bis zu dem Zeitpunkt, in dem der Anruf, der zum Zeitpunkt t bedient wurde, das Gerät verläßt. $\xi(t)$ kann man in diesem Fall als Restbedienungszeit deuten. Sind $\nu(t) = 0$ und $\sigma(t) = 0$, dann sei $\xi(t)$ die „Restlebenszeit" des Gerätes oder genauer die Länge des Intervalls vom Zeitpunkt t bis zu dem Zeitpunkt, in dem das Gerät ausfällt (falls man den Anrufstrom abbrechen würde). Ist $\sigma(t) = 1$, dann ist $\xi(t)$ die Restreparaturzeit oder genauer die Länge des Zeitintervalls vom Zeitpunkt t bis zu dem Zeitpunkt, bis zu dem das Gerät repariert wird.

Wir betrachten nun den stochastischen Prozeß

$$\zeta(t) = \{\nu(t)\,,\ \sigma(t)\,,\ \xi(t)\}\,.$$

$\zeta(t)$ ist ein homogener Markowscher Prozeß. Wir setzen

$$F_{ki}(x, t) = \mathsf{P}\big(\nu(t) = k\,,\ \sigma(t) = i\,,\ \xi(t) < x\big)\,.$$

C. Wir stellen die Kolmogorowschen Differentialgleichungen dieses Prozesses auf, setzen

$$F_{ki}(x) = \lim_{t\to+\infty} F_{ki}(x, t)\,, \qquad \Phi_i(z, s) = \sum_{k\geqq 0} z^k \int_0^\infty \mathrm{e}^{-sx}\, \mathrm{d}F_{ki}(x)$$

und lösen das dabei gewonnene Gleichungssystem (die Grenzwerte $\lim\limits_{t\to\infty} F_{ki}(x, t)$ existieren, siehe § 2, 4 und 6 des Kap. 2). Auf diese Weise erhalten wir die Beziehungen

$$(s - a + az)\, \Phi_1(z, s) = M(0) \cdot [\varphi(a - az) - \varphi(s)]\,,$$

$$(s - a + az)\, \Phi_0(z, s) = M(z) - M(0)\,\frac{e(s)}{e(a)} -$$

$$- h(s) \left\{ M(0) \cdot [\varphi(a - az) - \varphi(a)] + \frac{1}{z}\,[M(z) - M(0) - zM'(0)] \right\},$$

mit

$$M(0) = (1 - ah_1) \left[h_1 + \frac{e_1 - h_1}{e(a)} + \varphi_1 \right]^{-1},$$

$$M(z) = M(0)\,[z - h(a - az)]^{-1} \cdot \left\{ \frac{z}{e(a)}\,[e(a - az) - h(a - az)] + \right.$$

$$\left. + h(a - az)\,[z\varphi(a - az) - 1] \right\}.$$

D. Ein beliebiger Anruf kann das System zum Zeitpunkt seines Eintreffens in einem der drei folgenden Zustände vorfinden:

1. das System ist intakt und leer,
2. das Gerät bedient einen Anruf,
3. das Gerät wird repariert.

Die Wahrscheinlichkeiten dieser Fälle sind jeweils gleich

$$P(1) = \Phi_0(0, 0) = p_1\,,$$

$$P(2) = \Phi_0(1, 0) - \Phi_0(0, 0) = p_2\,,$$

$$P(3) = \Phi_1(1, 0) = p_3\,.$$

Wenn ein Anruf das System im Zustand 1 vorfindet, dann wird sofort mit seiner Bedienung begonnen. Die Wartezeit auf den Bedienungsbeginn ist in diesem Fall gleich Null.

Wenn ein Anruf das System im Zustand 2 vorfindet, dann hat die Restbedienungszeit des Anrufes, der gerade bedient wird, die Verteilungsfunktion $\tilde{H}(t)$, deren LAPLACE-STIELTJES-Transformierte durch die Formel

$$\tilde{h}(s) = \frac{\Phi_0(1, s) - \Phi_0(0, s)}{P(2)} = \frac{1}{sh_1}[1 - h(s)]$$

gegeben ist. Hieraus folgt, daß die Wartezeit auf den Bedienungsbeginn in diesem Fall eine Verteilungsfunktion hat, deren LAPLACE-STIELTJES-Transformierte durch

$$\tilde{h}\big(s + a - a\pi(s)\big) = h_1^{-1} \cdot [s + a - a\pi(s)]^{-1} \cdot [1 - \pi(s)]$$

gegeben ist, weil $\pi(s) = h\big(s + a - a\pi(s)\big)$ ist (siehe § 2), wobei $\pi(s)$ die LAPLACE-STIELTJES-Transformierte der Verteilungsfunktion $\Pi(t)$ einer Belegungsperiode des Gerätes bezeichnet.

Wenn ein Anruf das System im Zustand 3 vorfindet, dann hat die Restreparaturzeit des Gerätes die Verteilungsfunktion $\tilde{F}(t)$, deren LAPLACE-STIELTJES-Transformierte durch

$$\tilde{\varphi}(s) = \frac{\Phi_1(1, s)}{P(3)} = \frac{1}{s\varphi_1}[1 - \varphi(s)]$$

gegeben ist, und die Wartezeit auf den Bedienungsbeginn hat in diesem Fall eine Verteilungsfunktion, deren LAPLACE-STIELTJES-Transformierte durch

$$\tilde{\varphi}\big(s + a - a\pi(s)\big) = \varphi_1^{-1} \cdot [s + a - a\pi(s)]^{-1} \cdot [1 - \varphi\big(s + a - a\pi(s)\big)]$$

gegeben ist. Zur Bestimmung von $\omega(s)$ erhalten wir somit die Beziehung

$$\omega(s) = P(1) + P(2) \cdot \tilde{h}\big(s + a - a\pi(s)\big) + P(3) \cdot \tilde{\varphi}\big(s + a - a\pi(s)\big).$$

KAPITEL 4

BEDIENUNGSSYSTEME MIT MEHREREN BEDIENUNGSGERÄTEN

§ 1. Bestimmung der Übergangswahrscheinlichkeiten; unendlich viele Bedienungsgeräte, Poissonscher Eingangsstrom, beliebige Bedienungszeitverteilung

Wir betrachten ein Bedienungssystem, das aus endlich vielen Bedienungsgeräten besteht. Die Anrufe, die im System eintreffen und Anspruch auf Bedienung erheben, bilden einen Poissonschen Strom mit dem Parameter a. Jeder Anruf wird nur auf einem Gerät bedient. Die Dauer der Bedienung (eines Gespräches, falls die Terminologie des Telefonwesens benutzt wird) eines beliebigen Anrufes auf jedem der Geräte ist eine Zufallsgröße (die von den Bedienungszeiten anderer Anrufe und vom Eingangsstrom unabhängig ist) mit einer beliebigen Verteilungsfunktion $B(t)$.

Mit $\nu(t)$ bezeichnen wir die Anzahl der Gespräche, die zum Zeitpunkt t geführt werden. Wir setzen $\nu(0) = 0$ voraus. Durch den folgenden Satz 1 ist die Verteilung der zufälligen Anzahl $\nu(t)$ der zum Zeitpunkt t geführten Gespräche gegeben.

Satz 1. *Es gilt*

$$\mathsf{P}(\nu(t) = k) = \frac{[\varrho(t)]^k}{k!} \mathrm{e}^{-\varrho(t)}, \qquad k \geqq 0,$$

wobei

$$\varrho(t) = a \int_0^t [1 - B(u)]\, du .$$

Beweis. 1. Wir betrachten zuerst den Fall, daß die Bedienungszeit jedes Anrufes gleich einer festen Zahl τ ist, d. h.

$$B(t) = \begin{cases} 0, & x \leqq \tau, \\ 1, & x > \tau. \end{cases}$$

Ist $t \leqq \tau$, dann ist die Anzahl $\nu(t)$ der Anrufe, die sich zum Zeitpunkt t im System befinden, gleich der Anzahl der Anrufe, die im Zeitintervall $[0, t)$ im System eintreffen. Falls aber $t > \tau$ ist, dann ist die Anzahl der Anrufe $\nu(t)$, die sich zum Zeitpunkt t im System befinden, gleich der Anzahl der Anrufe, die im Zeitintervall von $t - \tau$ bis t im System eintreffen.

Die Anzahl $\nu(t)$ der Anrufe, die sich zum Zeitpunkt t im System befinden, ist somit in jedem Fall gleich der Anzahl der Anrufe, die in einem bestimmten Zeitintervall der Länge $\min(\tau, t) = T$ im System eintreffen. Hieraus erhalten wir auf Grund der Eigenschaften des Poissonschen Stromes

$$\mathsf{P}\big(\nu(t) = k\big) = \frac{(aT)^k}{k!} \mathrm{e}^{-aT} .$$

Es genügt dann

$$\varrho(t) = aT = a \min(\tau, t) = a \int_0^t [1 - B(u)]\, du$$

zu setzen.

2. Wir betrachten nun den Fall, daß die Bedienungszeit eines Anrufes eine Zufallsgröße ist, die eine endliche Anzahl von Werten $\tau_1, \ldots, \tau_n$ jeweils mit den Wahrscheinlichkeiten $p_1, \ldots, p_n$ annimmt. Die Menge Ω aller Bedienungsgeräte zerlegen wir auf willkürliche Weise in disjunkte Teilmengen $\Omega_1, \ldots, \Omega_n$, von denen jede wiederum aus unendlich vielen Geräten besteht. Zum Beispiel sei $\Omega_i = \{kn + i,\ k = 0, 1, 2, \ldots\}$ für $i = 1, \ldots, n$, falls $\Omega = \{1, 2, \ldots\}$.
Ein im System eintreffender Anruf mit der Bedienungszeit τ_i wird nun auf einem beliebigen Gerät aus Ω_i bedient. Der Strom dieser Anrufe ist Poissonsch mit der Intensität ap_i (siehe § 10, Kapitel 1).

Das ursprüngliche System wurde also in n unabhängige Systeme des Typs zerlegt, wie sie in Punkt 1° betrachtet wurden. Die Bedienungszeit eines Anrufes, der im Teilsystem Ω_i bedient wird, ist also gemäß

$$B_i(x) = \begin{cases} 0, & x \leqq \tau_i, \\ 1, & x > \tau_i, \end{cases}$$

verteilt. Es ist klar, daß $B(x) = p_1 B_1(x) + \ldots + p_n B_n(x)$ gilt. Mit $\nu_i(t)$ bezeichnen wir die Anzahl der Anrufe, die sich zum Zeitpunkt t im Teilsystem Ω_i befinden. Offensichtlich gilt $\nu(t) = \nu_1(t) + \ldots + \nu_n(t)$. Aus den Überlegungen in Punkt 1 erhalten wir

$$\mathsf{P}\big(\nu(t) = k\big) = \frac{[\varrho_i(t)]^k}{k!}\, e^{-\varrho_i(t)},$$

wobei

$$\varrho_i(t) = ap_i \int_0^t [1 - B_i(u)]\, du$$

gilt. Folglich ist $\nu(t)$ die Summe von n unabhängigen Zufallsgrößen $\nu_1(t), \ldots, \nu_n(t)$, die jeweils Poissonsch mit den Parametern $\varrho_1(t), \ldots, \varrho_n(t)$ verteilt sind. Hieraus folgt, daß $\nu(t)$ ebenfalls Poissonsch verteilt ist mit dem Parameter

$$\varrho(t) = \sum_{i=1}^n \varrho_i(t) = a \int_0^t \sum_{i=1}^n p_i [1 - B_i(u)]\, du = a \int_0^t [1 - B(u)]\, du .$$

3. Es genügt nun zu beachten, daß jede Verteilungsfunktion $B(t)$ beliebig genau durch Verteilungsfunktionen der Gestalt

$$p_1 B_1(t) + \ldots + p_n B_n(t)$$

approximiert werden kann, wobei jede der Verteilungsfunktionen $B_1(t), \ldots, B_n(t)$ Treppenfunktionen mit einem Sprungpunkt sind. Wir führen noch einen anderen Beweis an: Falls im Intervall $[0, t)$ genau n Anrufe des Poissonschen Stromes eingetroffen sind, dann kann man annehmen, daß die Zeitpunkte ihres Eintreffens einen Bernoullischen Strom bilden. Insbesondere kann man annehmen, daß dieser Strom durch Anrufe gebildet wird, die von n unabhängige Quellen eintreffen, von denen jede (mit Wahrscheinlichkeit 1) nur einen Anruf im Intervall $[0, t)$ aussendet. Dabei ist die Wahrscheinlichkeit des Eintreffens des Anrufes in einem Intervall, das in $[0, t)$ enthalten ist und die Länge Δ hat, gleich $\frac{\Delta}{t}$.

Mit A_n bezeichnen wir das Ereignis, daß in $[0, t)$ genau n Anrufe eintreffen. Die Wahrscheinlichkeit dafür, daß ein Gespräch, das zum Zeitpunkt des Eintreffens eines

Anrufes von einer der n unabhängigen Quellen beginnt, bis zum Zeitpunkt t nicht beendet wird, ist gleich

$$\int_0^t [1 - B(t-u)] \frac{\mathrm{d}u}{t} = \frac{1}{t} \int_0^t [1 - B(u)] \,\mathrm{d}u = \frac{b(t)}{t} = p$$ [1]

(ein Anruf trifft im Intervall $[u, u + \mathrm{d}u)$ mit der Wahrscheinlichkeit $\frac{\mathrm{d}u}{t}$ ein, und mit der Wahrscheinlichkeit $1 - B(t - u)$ wird das Gespräch in $t - u$ Zeiteinheiten nicht beendet). Wir erhalten nun

$$\mathsf{P}\big(\nu(t) = k \mid A_n\big) = \binom{n}{k} p^k (1-p)^{n-k}, \qquad 0 \leqq k \leqq n\,,$$

woraus sich

$$\mathsf{E}(z^{\nu(t)} \mid A_n) = \sum_{k=0}^{n} z^k \, \mathsf{P}\big(\nu(t) = k \mid A_n\big) = [pz + (1-p)]^n$$

und schließlich

$$\begin{aligned} \mathsf{E} z^{\nu(t)} &= \sum_{n \geqq 0} \mathsf{E}(z^{\nu(t)} \mid A_n) \cdot \mathsf{P}(A_n) = \sum_{n \geqq 0} [pz + 1 - p]^n \cdot \frac{(at)^n}{n!} \,\mathrm{e}^{-at} = \\ &= \mathrm{e}^{-\varrho(t)[1-z]} = \sum_{k \geqq 0} \mathrm{e}^{-\varrho(t)} \frac{[\varrho(t)]^k}{k!} z^k \end{aligned}$$

ergibt, was zu beweisen war.

Mit Hilfe des folgenden Satzes 2 lassen sich die Übergangswahrscheinlichkeiten bestimmen, d. h. die Wahrscheinlichkeiten

$$P_{ij}(T, t) = \mathsf{P}\big(\nu(T + t) = j \mid \nu(T) = i\,,\ \nu(0) = 0\big)$$

für $i, j \geqq 0$; $T, t > 0$, und ebenfalls die Grenzwahrscheinlichkeiten $\lim_{T \to \infty} P_{ij}(T, t)$.

Satz 2. *Es gilt*

$$\mathsf{E}[x^{\nu(T)} y^{\nu(T+t)}] = \exp\{(x-1)\,\varrho(T) + x(y-1)\,[\varrho(T+t) - \varrho(t)] + (y-1)\,\varrho(t)\}\,,$$

wobei

$$\varrho(t) = a \int_0^t [1 - B(u)] \,\mathrm{d}u\,.$$

Beweis. Es sei

— $\xi(T, t)$ die Anzahl der Gespräche, die in $[0, T)$ beginnen und bis zum Zeitpunkt $T + t$ nicht beendet werden.

— $\eta(t) = \eta(T, t)$ die Anzahl der Gespräche, die im Intervall $[T, T + t)$ beginnen und bis zum Zeitpunkt $T + t$ nicht beendet werden (auf Grund der Stationarität des Eingangsstromes hängt die Verteilung von $\eta(T, t)$ nicht von T ab).

Dann gilt

$$\nu(T + t) = \xi(T, t) + \eta(t)\,, \qquad \nu(T) = \xi(T, 0)\,.$$

Weil $\eta(T, t)$ und $\xi(T, t)$ unabhängig sind, gilt

$$E = \mathsf{E}(x^{\nu(T)} \cdot y^{\nu(T+t)}) = \mathsf{E} y^{\eta(t)} \cdot \mathsf{E}(x^{\xi(T,0)} \cdot y^{\xi(T,t)})\,. \tag{1}$$

---

[1] Der Einfachheit halber wird in den folgenden Ausführungen die Abhängigkeit der Größe p (und einiger weiterer Größen) von t weggelassen (Anm. d. Herausgebers).

Ferner ergibt sich folgende Schlußkette:

1. Die Wahrscheinlichkeit dafür, daß ein Gespräch, das in $[0, T)$ beginnt, bis zum Zeitpunkt T nicht beendet wird, ist gleich

$$p = \int_0^T [1 - B(T - u)] \frac{du}{T} = \frac{1}{T} \int_0^T [1 - B(u)] \, du = \frac{b(T)}{T}.$$

2. Wenn mit A_n das Ereignis bezeichnet wird, daß in $[0, T)$ genau n Anrufe eintreffen, dann gilt

$$\mathsf{P}(\xi(T, 0) = i \mid A_n) = \binom{n}{i} p^i (1 - p)^{n-i}, \qquad i \leqq n.$$

3. Die Wahrscheinlichkeit dafür, daß ein Gespräch, das in $[0, T)$ beginnt, bis zum Zeitpunkt $T + t$ nicht beendet wird, ist gleich

$$\bar{q} = \int_0^T [1 - B(T + t - u)] \frac{du}{T} \leqq \frac{1}{T} \int_0^T [1 - B(t + u)] \, du.$$

4. Andererseits ist diese Wahrscheinlichkeit gleich pq, wobei q die Wahrscheinlichkeit dafür ist, daß ein Gespräch, das in $[0, T)$ beginnt, bis zum Zeitpunkt $T + t$ nicht beendet wird unter der Bedingung, daß es bis zum Zeitpunkt T nicht beendet wurde. Folglich ist

$$q = (pT)^{-1} \int_0^T [1 - B(t + u)] \, du = \frac{b(T + t) - b(t)}{b(T)}.$$

5. $\mathsf{P}(\xi(T, t) = j \mid \xi(T, 0) = i, A_n) = \binom{i}{j} q^j (1 - q)^{i-j}, \quad j \leqq i \leqq n.$

6. $\mathsf{E}(y^{\xi(T,t)} \mid \xi(T, 0) = i, A_n) = \sum_{j=0}^{i} y^j \mathsf{P}(\xi(T, t) = j \mid \xi(T, 0) = i, A_n) =$

$$= \sum_{j=0}^{i} y^j \binom{i}{j} q^j (1 - q)^{i-j} = [1 + (y - 1) q]^i.$$

7. $\mathsf{E}(x^{\xi(T,0)} \cdot y^{\xi(T,t)} \mid A_n) =$

$$= \sum_{i=0}^{n} x^i \, \mathsf{P}(\xi(T, 0) = i \mid A_n) \cdot \mathsf{E}(y^{\xi(T,t)} \mid \xi(T, 0) = i, A_n) =$$

$$= \sum_{i=0}^{n} x^i \binom{n}{i} p^i (1 - p)^{n-i} [1 + (y - 1) q]^i = \{1 + p[x - 1 + x(y - 1) q]\}^n = \alpha^n.$$

8. $\mathsf{E}(x^{\xi(T,0)} \cdot y^{\xi(T,t)}) = \sum_{n \geqq 0} \mathsf{E}(x^{\xi(T,0)} \cdot y^{\xi(T,t)} \mid A_n) \cdot \mathsf{P}(A_n) =$

$$= \sum_{n \geqq 0} \alpha^n \, \mathrm{e}^{-aT} \frac{(aT)^n}{n!} = \mathrm{e}^{aT(\alpha - 1)}.$$

9. Gemäß Satz 1 gilt

$$\mathsf{E} y^{\eta(T,t)} = \mathsf{E} y^{\eta(0,t)} = \mathsf{E} y^{\nu(t)} = \mathrm{e}^{\varrho(t)(y-1)}.$$

Der Satz 2 ergibt sich nun aus (1), 8. und 9.

Aufgabe 1. Wenn zum Anfangszeitpunkt ($t = 0$) $\nu(0)$ Gespräche begonnen haben, dann ist die Formel in Satz 1 durch

$$\mathsf{E} z^{\nu(t)} = \{B(t) + z[1 - B(t)]\}^{\nu(0)} \cdot e^{\varrho(t)[z-1]}$$

zu ersetzen.

Aufgabe 2. Unabhängig von $\nu(0)$ gilt

$$\lim_{t \to +\infty} \mathsf{P}(\nu(t) = k) = e^{-\varrho} \cdot \frac{\varrho^k}{k!}, \qquad \varrho = a \int_0^\infty t \, dB(t) < +\infty .$$

Aufgabe 3. Man zeige, daß für $T \to \infty$

$$\mathsf{E}(x^{\nu(T)} \cdot y^{\nu(T+t)}) \to \exp\{(x - 1)\,\varrho + x(y - 1)\,[\varrho - \varrho(t)] + (y - 1)\,\varrho(t)\}$$

gilt; dabei ist

$$\varrho(t) = a \int_0^t [1 - B(u)]\, du , \qquad \varrho = \varrho(+\infty) < +\infty .$$

Aufgabe 4. Es werde vorausgesetzt, daß die Zeitpunkte des Eintreffens von Anrufen einen Bernoullischen Strom bilden, der durch die Zahlen n und T charakterisiert wird (siehe § 12, Kap. 1). Die Anrufe werden von n Geräten bedient. Die Bedienungszeiten der Anrufe sind vollständig unabhängig und identisch verteilt mit einer beliebigen Verteilungsfunktion $B(t)$. Mit $\nu(t)$ bezeichnen wir die Anzahl der zum Zeitpunkt t belegten Geräte. Man zeige, daß für $t \leqq T$

$$1.\ \mathsf{E} z^{\nu(t)} = \left[1 + \frac{(z - 1)\, b(t)}{T}\right]^n, \qquad b(t) = \int_0^t [1 - B(u)]\, du ,$$

2. für $T = \dfrac{n}{a} \to +\infty$, wobei $a > 0$ ist,

$$\mathsf{E} z^{\nu(t)} \to e^{(z-1)\varrho(t)}, \qquad \varrho(t) = a \cdot b(t)$$

gilt und der Bernoullische Strom gegen einen Poissonschen Strom mit dem Parameter a konvergiert (siehe § 11, Kapitel 1).

Aufgabe 5. Der Eingangsstrom sei ein Poissonscher Strom mit der Leitfunktion $\alpha(t)$, siehe § 5, Kap. 1. Die Bedienungszeit eines zum Zeitpunkt t eintreffenden Anrufes besitze die Verteilungsfunktion $B(x \mid t)$. Man zeige, daß Satz 1 seine Gültigkeit behält, falls für $\varrho(t)$

$$\varrho(t) = \int_0^t [1 - B(t - x \mid x)]\, d\alpha(x)$$

gesetzt wird.

Hinweis. Man benutze die zweite Beweisvariante von Satz 1 und die Aufgabe 3 aus § 12, Kap. 1.

Aufgabe 6 (Fortsetzung). Es sei

$$\varrho(x, y) = \int_0^x [1 - B(x + y - u \mid u)]\, d\alpha(u) ; \qquad x, y \geqq 0 .$$

Man zeige

$$\mathsf{E}(z_1^{\nu(T)} \cdot z_2^{\nu(T+t)}) = \exp\{(z_1 - 1)\,\varrho(T) + (z_2 - 1)\,\varrho(T + t) + (z_1 - 1)\,(z_2 - 1)\,\varrho(T, t)\} .$$

Aufgabe 7 (Fortsetzung). Man zeige

$$\operatorname{cov}\{\nu(T),\, \nu(T + t)\} = \varrho(T, t) ;$$
$$\varrho(t) = \varrho(t, 0) = \operatorname{var} \nu(t) .$$

Aufgabe 8 (Fortsetzung). Es sei

$$0 \leqq \tau_0 < \tau_0 < \cdots < \tau_{m-1} < \tau_m = +\infty ;$$
$$[\tau_0, \tau_m) = \Delta_1 \cup \ldots \cup \Delta_m ; \qquad \Delta_k = [\tau_{k-1}, \tau_k) , \qquad k = 1, \ldots, m .$$

Mit ξ_k bezeichnen wir die Anzahl der Gespräche, die in Δ_1 beginnen und im Intervall Δ_k beendet werden.
Man zeige

$$\mathsf{E}(z_1^{\xi_1} \dots z_m^{\xi_m}) = \exp\left\{\sum_{k=1}^{m} r_k(z_k - 1)\right\}, \qquad |z_k| \leqq 1 \; ;$$

dabei ist

$$r_k = \int_0^{\tau_1} [B(\tau_k - u \mid u) - B(\tau_{k-1} - u \mid u)] \, \mathrm{d}\alpha(u) \, .$$

Hinweis. Es sei p_k die Wahrscheinlichkeit dafür, daß ein Gespräch, das in Δ_1 beginnt, in Δ_k beendet wird. Gemäß Aufgabe 3 in § 12 des Kapitels 1 gilt

$$p_k = \frac{\int_{\tau_0}^{\tau_1} [B(\tau_k - u \mid u) - B(\tau_{k-1} - u \mid u)] \, \mathrm{d}\alpha(u)}{\alpha(\tau_1) - \alpha(\tau_0)} = \frac{r_k}{\alpha(\tau_1) - \alpha(\tau_0)} \, .$$

Wenn $P_n(\Delta_1)$ die Wahrscheinlichkeit dafür ist, daß in Δ_1 genau n Gespräche beginnen, dann ist

$$\mathsf{E}(z_1^{\xi_1} \dots z_m^{\xi_m}) = \sum_{n \geqq 0} P_n(\Delta_1) \sum_{n_1 + \dots + n_m = n} \frac{n!}{n_1! \dots n_m!} p_1^{n_1} \dots p_m^{n_m} z_1^{n_1} \dots z_m^{n_m} \, ,$$

$$P_n(\Delta_1) = \frac{[\alpha(\Delta_1)]^n}{n!} \mathrm{e}^{-\alpha(\Delta_1)} \, , \qquad \alpha(\Delta_1) = \alpha(\tau_1) - \alpha(\tau_0) \, .$$

Aufgabe 9 (Fortsetzung). Es sei n eine positive ganze Zahl,

$$0 < t_1 < \dots < t_n \; ; \qquad |z_1| \leqq 1, \dots, |z_n| \leqq 1 \, .$$

Man zeige

$$\mathsf{E}(z_1^{\nu(t_1)} \dots z_n^{\nu(t_n)}) = \exp\left\{- \sum_{1 \leqq i \leqq j \leqq n} r_{ij}(1 - z_i \dots z_j)\right\} ;$$

dabei ist

$$r_{ij} = \int_{t_{i-1}}^{t_i} [B(t_{j+1} - u \mid u) - B(t_j - u \mid u)] \, \mathrm{d}\alpha(u) \, , \qquad 1 \leqq i \leqq j < n \, ,$$

$$r_{in} = \int_{t_{i-1}}^{t_i} [1 - B(t_n - u \mid u)] \, \mathrm{d}\alpha(u) \, , \qquad 1 \leqq i \leqq n \, .$$

Hinweis. Das Intervall $[0, \infty)$ wird durch die Punkte $t_1, \dots, t_n$ in $n + 1$ disjunkte Teilintervalle

$$\Delta_k = [t_{k-1}, t_k) \, , \qquad k = 1, \dots, n+1 ; \qquad t_0 = 0 \, , \qquad t_{n+1} = \infty \, ,$$

zerlegt. Es sei ξ_{ij} die Anzahl der Gespräche, die in Δ_i beginnen und bis zum Zeitpunkt t_j nicht beendet werden.
Dann gilt

$$\nu(t_1) = \xi_{11}$$
$$\nu(t_2) = \xi_{12} + \xi_{22}$$
$$\dots\dots\dots\dots\dots\dots$$
$$\nu(t_n) = \xi_{1n} + \xi_{2n} + \dots + \xi_{nn} \, .$$

Wenn η_{ij} die Anzahl der Gespräche ist, die in Δ_i beginnen und in Δ_{j+1} beendet werden, dann ist

$$\xi_{ij} = \eta_{ij} + \dots + \eta_{in} \, .$$

Die zufälligen Vektoren

$$(\xi_{11}, \dots, \xi_{1n}) \, , \quad (\xi_{22}, \dots, \xi_{2n}), \dots, (\xi_{nn})$$

sind unabhängig, deshalb gilt

$$\mathsf{E}(z_1^{\nu(t_1)} \dots z_n^{\nu(t_n)}) = \mathsf{E}(z_1^{\xi_{11}} \dots z_n^{\xi_{1n}})(z_2^{\xi_{22}} \dots z_n^{\xi_{2n}}) \dots (z_n^{\xi_{nn}}) = \prod_{i=1}^{n} \mathsf{E} z_i^{\xi_{ii}} \dots z_n^{\xi_{in}} \, .$$

Außerdem gilt

$$\mathsf{E}(z_i^{\xi_{ii}} \dots z_n^{\xi_{in}}) = \mathsf{E} \prod_{j=i}^{n} (z_i \dots z_j)^{\eta_{ij}} \, .$$

Es genügt nun, das Ergebnis der vorhergehenden Aufgabe zu benutzen.

Aufgabe 10 (Fortsetzung). Es sei

$$R = \begin{bmatrix} r_{11} & r_{12} & r_{1n} \\ 0 & r_{22} & r_{2n} \\ \cdots & \cdots & \cdots \\ 0 & 0 & r_{nn} \end{bmatrix} \qquad Z = \begin{bmatrix} z_1 & 0 & 0 \\ z_1 z_2 & z_2 & 0 \\ \cdots & \cdots & \cdots \\ z_1 \ldots z_n & z_2 \ldots z_n & z_n \end{bmatrix}$$

$$V = \begin{bmatrix} v_{11} & v_{12} & v_{1n} \\ 0 & v_{22} & v_{2n} \\ \cdots & \cdots & \cdots \\ 0 & 0 & v_{nn} \end{bmatrix} \qquad C = \begin{bmatrix} 1 & 0 & 0 & 0 \\ -1 & 1 & 0 & 0 \\ \cdots & \cdots & \cdots & \cdots \\ 0 & 0 & 1 & 0 \\ 0 & 0 & -1 & 1 \end{bmatrix}$$

$$v_{ij} = \operatorname{cov}(\nu(t_i), \nu(t_j)), \qquad i \leqq j .$$

Man zeige, daß

$$\mathsf{E}(z_1^{\nu(t_1)} \ldots z_n^{\nu(t_n)}) = \exp\{\operatorname{Sp}(-R(I - z))\} = \exp\{\operatorname{Sp}(-VCZC)\}$$

gilt, wobei Sp A die Spur der Matrix A bezeichnet.

Aufgabe 11 (Fortsetzung). Es sei $\xi(t)$ die Anzahl der Anrufe, die das System bis zum Zeitpunkt t verlassen. Man zeige, daß

$$E = \mathsf{E}[z_1^{\xi(t_1)} z_2^{\xi(t_2) - \xi(t_1)} \ldots z_n^{\xi(t_n) - \xi(t_{n-1})}] = \exp\left\{- \sum_{k=1}^{n} \beta_k (1 - z_k)\right\}$$

für $0 < t_1 < \ldots < t_n < \infty$ gilt; dabei ist

$$\beta_k = \beta(t_k) - \beta(t_{k-1}), \qquad t_0 = 0 ,$$

$$\beta(t) = \int_0^t B(t - u \mid u) \, d\alpha(u) .$$

Hinweis. Es sei u_{ij} die Anzahl der Gespräche, die in $\Delta_i = [t_{i-1}, t_i)$ beginnen und in Δ_j beendet werden, $1 \leqq i \leqq j \leqq n$. Dann ist

$$\xi(t_k) - \xi(t_{k-1}) = u_{1k} + \ldots + u_{kk}, \qquad k = 1, \ldots, n .$$

Die zufälligen Vektoren $(u_{11}, \ldots, u_{1n})$, $(u_{22}, \ldots, u_{2n})$, ..., (u_{nn}) sind unabhängig, deshalb gilt

$$E = \mathsf{E}[(z_1^{u_{11}} \ldots z_n^{u_{1n}}) (z_2^{u_{22}} \ldots z_n^{u_{2n}}) \ldots (z_n^{u_{nn}})] = \prod_{k=1}^{n} \mathsf{E}[z_k^{u_{kk}} \ldots z_n^{u_{kn}}] .$$

Ferner benutzte man das Ergebnis der Aufgabe 8.

Aufgabe 12 (Fortsetzung). Der Eingangsstrom sei Poissonsch mit der Leitfunktion $\beta(t)$. Falls insbesondere $\alpha(t) = a \cdot t$ und $B(x \mid t) = B(x)$ gilt, dann ist die momentane Intensität des Stromes der bedienten Anrufe zum Zeitpunkt t gleich $aB(t)$.

Hinweis. Aus der vorhergehenden Aufgabe folgt, daß die Zufallsgrößen

$$\xi(t_1), \ \xi(t_2) - \xi(t_1), \ldots, \ \xi(t_n) - \xi(t_{n-1})$$

für beliebige $0 < t_1 < \ldots < t_n$ unabhängig sind. Folglich ist der Strom der bedienten Anrufe $\xi(t)$, $t \geqq 0$, ein nachwirkungsfreier Strom.

Aufgabe 13. Wir betrachten $n + 1$ Bedienungssysteme, die mit den Zahlen $1, \ldots, n + 1$ numeriert werden. Jedes dieser Systeme besteht aus unendlich vielen Bedienungsgeräten. Die Bedienungszeit eines Anrufes des k-ten Systems hat die Verteilungsfunktion $B_k(t)$. Der Eingangsstrom der Anrufe für das erste System ist Poissonsch mit der Leitfunktion $\alpha(t)$. Der Strom der bedienten Anrufe eines Systems bildet den Eingangsstrom für das nächste System. Es sei $\nu(t)$ die Anzahl der zum Zeitpunkt t besetzten Geräte des $(n + 1)$-ten Systems. Man zeige, daß die Zufallsgröße $\nu(t)$ Poissonsch verteilt ist mit dem Parameter

$$\varrho(t) = \alpha * B_1 * \ldots * B_n * (1 - B_{n+1})(t)$$

für jedes $t \geqq 0$, wobei das Symbol $*$ die Faltung bezeichnet.

Hinweis. Aus der vorhergehenden Aufgabe folgt, daß der Strom der bedienten Anrufe des n-ten Systems POISSONsch ist mit der Leitfunktion $\alpha_n(t)$, wobei

$$\alpha_k = B_k * \alpha_{k-1}, \qquad k \geqq 1, \qquad \alpha_0 = \alpha,$$

ist. Siehe ferner Aufgabe 5.

Aufgabe 14. Wir betrachten zwei unabhängige, aus unendlich vielen Geräten bestehende Systeme. Der Eingangsstrom für das i-te System ist POISSONsch mit der Leitfunktion $\alpha_i(t)$, $i = 1, 2$. Die Bedienungszeit eines Anrufes, der zum Zeitpunkt t im i-ten System eintrifft, hat die Verteilungsfunktion $B_i(x \mid t)$. Es sei $\nu_i(t)$ die Anzahl der Anrufe, die sich zum Zeitpunkt t im i-ten System befinden. Man zeige, daß die Prozesse $\{\nu_1(t)\}_{t\geqq 0}$ und $\{\nu_2(t)\}_{t\geqq 0}$ genau dann äquivalent sind, wenn

$$\varrho_1(x, y) = \varrho_2(x, y)$$

für beliebige $x \geqq 0$, $y \geqq 0$ gilt, wobei gilt

$$\varrho_i(x, y) = \int_0^x [1 - B_i(x + y - u \mid u)]\, d\alpha_i(u).$$

Hinweis. Siehe Aufgabe 9.

Aufgabe 15 (Forsetzung). Es sei

$$\alpha_1(t) = at, \qquad B_1(x \mid t) = B(x), \qquad B_2(x \mid t) = 1 - e^{-bx}, \qquad b^{-1} = \int_0^\infty x\, dB(x),$$

$$\alpha_2(t) = \int_0^t a(\tau)\, d\tau, \qquad a(t) = a\left\{b\int_0^t [1 - B(u)]\, du + [1 - B(t)]\right\}.$$

Man zeige, daß die Verteilungen der Zufallsgrößen $\nu_1(t)$ und $\nu_2(t)$ für jedes $t \geqq 0$ übereinstimmen.

Hinweis. Siehe Aufgabe 5. Man zeige, daß $\varrho_1(x, 0) = \varrho_2(x, 0)$ gilt.

§ 2. Nichtordinärer POISSONscher Eingangsstrom, unendlich viele Bedienungsgeräte, beliebige Bedienungszeitverteilung

Wir betrachten nun das gleiche Bedienungssystem wie im vorhergehenden Abschnitt, werden aber voraussetzen, daß die Anrufe nur in „Anrufzeitpunkten" eintreffen können, die einen POISSONschen Strom mit dem Parameter a bilden. Dabei treffen in jedem „Anrufzeitpunkt" mit der Wahrscheinlichkeit a_k genau k Anrufe ein, unabhängig von der Anzahl der in anderen „Anrufzeitpunkten" eingetroffenen Anrufe, $k \geqq 0$.

Wir setzen

$$\Phi(z) = \sum_{k\geqq 0} a_k z^k, \qquad \Phi(1) = 1.$$

Wie bisher bezeichnen wir mit $\nu(t)$ die Anzahl der zum Zeitpunkt t laufenden Gespräche. Wir setzen $\nu(0) = 0$ voraus.

Satz. *Es gilt*

$$\mathsf{E} z^{\nu(t)} = \exp\left\{a \int_0^t [\Phi(\gamma(u)) - 1]\, du\right\},$$

wobei $\gamma(u) = B(u) + z[1 - B(u)]$ *ist.*

Beweis. Wir bemerken, daß der Strom der „Anrufzeitpunkte", in denen genau $k \geqq 0$ Anrufe eintreffen, POISSONsch mit dem Parameter $a \cdot a_k$ ist. Man kann deshalb den Anrufstrom als Überlagerung unabhängiger Ströme $L_0, L_1, \ldots$ darstellen, so daß die Anrufe des Stromes L_k in Gruppen von je k Anrufen zu Zeitpunkten eintreffen, die einen POISSONschen Strom mit dem Parameter $a \cdot a_k$, $k \geqq 0$, bilden. Weil die Anzahl der Bedienungsgeräte unendlich ist, kann man diese ferner in eine unendliche Anzahl von disjunkten Gerätegruppen $\Gamma_0, \Gamma_1, \dots$ zerlegen, von denen jede aus unendlich vielen Geräten besteht, wobei die Anrufe des Stromes L_k nur von Geräten der Gruppe Γ_k, $k \geqq 0$, bedient werden. Falls nun mit $\nu_k(t)$ die Anzahl der Gespräche bezeichnet wird, die zum Zeitpunkt t in der Gruppe Γ_k geführt werden, dann gilt

$$\nu(t) = \sum_{k \geqq 0} \nu_k(t) \quad \text{und} \quad \mathsf{E} z^{\nu(t)} = \prod_{k \geqq 0} \mathsf{E} z^{\nu_k(t)} . \tag{1}$$

Wir bestimmen $\mathsf{E} z^{\nu_k(t)}$. Mit A_n werde das Ereignis bezeichnet, daß im Intervall $[0, t)$ genau n Anrufgruppen des Stromes L_k (mit k Anrufen in jeder Gruppe) eintreffen. Falls das Ereignis A_n eingetreten ist, dann bilden die Zeitpunkte des Eintreffens dieser Anrufgruppen einen BERNOULLIschen Strom. Falls eine dieser Anrufgruppen in einem Zeitpunkt des Intervalls $[u, u + \mathrm{d}u)$, $u < t$, eingetroffen ist $\left(\text{mit der Wahrscheinlichkeit } \frac{\mathrm{d}u}{t}\right)$, dann wird jeder Anruf dieser Gruppe mit der Wahrscheinlichkeit $1 - B(t - u)$ länger als bis zum Zeitpunkt t bedient, d. h., die erzeugende Funktion der Anzahl der Anrufe dieser Gruppe, die länger als bis zum Zeitpunkt t bedient werden, ist gleich $\{B(t - u) + z[1 - B(t - u)]\}^k$.

Falls also eine Gruppe von Anrufen des Stromes L_k in $[0, t)$ eingetroffen ist, dann ist die erzeugende Funktion der Anzahl der Anrufe dieser Gruppe, deren Bedienung bis zum Zeitpunkt t nicht beendet wird, gleich

$$\int_0^t \{B(t - u) + z[1 - B(t - u)]\}^k \frac{\mathrm{d}u}{t} = \frac{1}{t} \int_0^t \{B(u) + z[1 - B(u)]\}^k \, \mathrm{d}u = p . \tag{2}$$

Hieraus folgt $\mathsf{E}(z^{\nu_k(t)} \mid A_n) = p^n$, woraus sich

$$\mathsf{E} z^{\nu_k(t)} = \sum_{n \geqq 0} \mathsf{P}(A_n) \cdot \mathsf{E}(z^{\nu_k(t)} \mid A_n) = \sum_{n \geqq 0} \mathrm{e}^{-a_k a t} \frac{(a_k a t)^n}{n!} \cdot p^n = \mathrm{e}^{a a_k t (p-1)} \tag{3}$$

ergibt.

Die Behauptung des Satzes folgt nun aus (1)—(3).

Aufgabe. Man zeige, daß die mittlere Anzahl der zum Zeitpunkt t laufenden Gespräche bzw. die Varianz dieser Anzahl unter der Bedingung, daß zum Anfangszeitpunkt ($t = 0$) alle Geräte frei waren, jeweils gleich

$$a\Phi'(1) \int_0^t [1 - B(u)] \, \mathrm{d}u$$

bzw.

$$a\Phi''(1) \int_0^t [1 - B(u)]^2 \, \mathrm{d}u + a\Phi'(1) \int_0^t [1 - B(u)] \, \mathrm{d}u$$

ist.

§ 3. Bestimmung der Übergangswahrscheinlichkeiten; unendlich viele Bedienungsgeräte, rekurrenter Eingangsstrom, exponentielle Bedienung

In einem Bedienungssystem, das aus unendlich vielen Bedienungsgeräten besteht, trifft ein rekurrenter Anrufstrom ein, der durch eine Verteilungsfunktion $A(t)$,

$A(+0) < 1$, vorgegeben ist. Jeder Anruf wird nur von einem Gerät bedient. Die Bedienungszeiten sämtlicher Anrufe sind unabhängige Zufallsgrößen. Die Bedienungszeit eines beliebigen Anrufes auf einem beliebigen Gerät ist exponentiell verteilt mit dem Parameter 1 (dies kann man durch Veränderung des Zeitmaßstabes stets erreichen). Wir setzen voraus

$$a^{-1} = \int_0^\infty t \, \mathrm{d}A(t) < +\infty .$$

Unter dem Zustand des Systems verstehen wir die Anzahl der belegten Bedienungsgeräte, d. h. die Anzahl der sich im System befindenden Anrufe. Falls sich das System zum Anfangszeitpunkt $t = 0$ im Zustand i befindet, dann bezeichnen wir mit $P_{ij}(t)$ die Wahrscheinlichkeit dafür, daß sich das System zum Zeitpunkt t im Zustand j befindet. Wir werden uns nun der Bestimmung der $P_{ij}(t)$ zuwenden.

Wir setzen

$$\begin{aligned} P_i(z, t) &= \sum_{j\geqq 0} z^j \, P_{ij}(t) , \\ B(z, t) &= P_0(1 + z, t) = \sum_{k\geqq 0} z^k B_k(t). \end{aligned} \tag{1}$$

Es ist klar, daß

$$B_k(t) = \sum_{n\geqq k} \binom{n}{k} P_{0n}(t)^{1)}$$

und insbesondere

$$B_1(t) = \sum_{n\geqq 1} n P_{0n}(t)$$

gilt, d. h., $B_1(t)$ ist die mittlere Anzahl der zum Zeitpunkt t belegten Bedienungsgeräte, falls das System zum Anfangszeitpunkt leer war. Wir setzen

$$\beta_k(s) = \int_0^\infty \mathrm{e}^{-st} \, B_k(t) \, \mathrm{d}t , \qquad k \geqq 0 .$$

Satz. a) *Es gilt*

$$P_i(z, t) = (1 - \mathrm{e}^{-t} + z \, \mathrm{e}^{-t})^i \cdot P_0(z, t) , \tag{2}$$

$$P_0(z, t) = 1 - A(t) + \int_0^t P_0(z, t - u) \, [1 - \mathrm{e}^{-(t-u)} + z \, \mathrm{e}^{-(t-u)}] \, \mathrm{d}A(u) , \tag{3}$$

$$B(z, t) = 1 - A(t) + \int_0^t B(z, t - u) \, [1 + z \, \mathrm{e}^{-(t-u)}] \, \mathrm{d}A(u) , \tag{4}$$

$$\beta_0(s) = \frac{1}{s} ,$$

$$\begin{aligned} \beta_k(s) &= \frac{\alpha(s)}{1 - \alpha(s)} \beta_{k-1} (s + 1) = \\ &= \frac{\alpha(s)}{1 - \alpha(s)} \cdot \frac{\alpha(s + 1)}{1 - \alpha(s + 1)} \cdot \ldots \cdot \frac{\alpha(s + k - 1)}{1 - \alpha(s + k - 1)} \cdot \frac{1}{s + k} . \end{aligned} \tag{5}$$

b) *Es existieren die Grenzwerte* (*falls $A(t)$ keine arithmetische Verteilungsfunktion ist*)

$$\lim_{t\to\infty} B_k(t) , \qquad \lim_{t\to\infty} P_{ij}(t) ,$$

---

[1]) $B_k(t)$ ist das k-te Binomialmoment der Verteilung $P_{0k}(t)$ und $\beta_k(s)$ die zugehörige Laplace-Transformierte, vgl. Fußnote S. 10.

die sich aus den Beziehungen

$$\lim_{t\to\infty} B_k(t) = \frac{a}{k} C_{k-1}\,, \qquad k \geqq 1\,; \qquad B_0(t) \equiv 1\,;$$

$$\lim_{t\to\infty} P_i(z,t) = 1 + \sum_{k\geqq 1} (z-1)^k \frac{a}{k} C_{k-1}\,;$$

$$C_0 = 1\,, C_k = \frac{\alpha(1)}{1-\alpha(1)} \cdots \frac{\alpha(k)}{1-\alpha(k)}$$

bestimmen lassen.

Beweis. Wir numerieren die Bedienungsgeräte mit den Zahlen 1, 2, ... Falls zum Anfangszeitpunkt $t = 0$ genau i Bedienungsgeräte belegt sind, dann können wir ohne Einschränkung der Allgemeinheit annehmen, daß zum Anfangszeitpunkt die Bedienungsgeräte mit den Nummern 1, 2, ..., i für $i \geqq 1$ belegt sind, und die eintreffenden Anrufe zu einem beliebigen freien Gerät mit einer Nummer größer als i schicken. Unter dem Zustand des Systems zu einem vorgegebenen Zeitpunkt werden wir wiederum die Anzahl der sich zu diesem Zeitpunkt im System befindenden Anrufe (die bedient werden) verstehen. Ein beliebiges Gerät kann zu jedem Zeitpunkt in einem der zwei folgenden Zustände sein:

— im Zustand 0, falls das Gerät zu diesem Zeitpunkt frei ist,

oder

— im Zustand 1, falls das Gerät zu diesem Zeitpunkt belegt ist.

Es sei $\zeta_i = \zeta_i(t)$ der Zustand des Systems zum Zeitpunkt t unter der Bedingung, daß sich das System zum Anfangszeitpunkt $t = 0$ im Zustand i befand.
$\xi_n = \xi_n(t)$ sei der Zustand des Gerätes mit der Nummer n zum Zeitpunkt t.
Es ist klar, daß

$$\zeta_i = \xi_1 + \dots + \xi_i + \zeta_0$$

gilt, und weil die Summanden dieser Summe vollständig unabhängige Zufallsgrößen sind, gilt

$$\mathsf{E} z^{\zeta_i} = \mathsf{E} z^{\xi_1} \cdot \ldots \cdot \mathsf{E} z^{\xi_i} \cdot \mathsf{E} z^{\zeta_0}\,,$$

was äquivalent zu (2) ist.

Wir wenden uns nun dem Beweis der Formel (3) zu.
Wir nehmen an, daß das System zum Anfangszeitpunkt $t = 0$ leer ist. Falls während der Zeitdauer t kein Anruf im System eintrifft (die Wahrscheinlichkeit hierfür ist $1 - A(t)$), dann ist $\zeta_0 = \zeta_0(t) = 0$. Falls aber der erste Anruf zu einem Zeitpunkt $u \leqq t$ eintrifft, dann beginnt das erste Gerät sofort mit seiner Bedienung, und die übrigen Anrufe werden auf Geräten mit einer Nummer größer als 1 bedient. In diesem Fall gilt

$$\zeta_0(t) = \xi_1(t-u) + \zeta_0(t-u)\,.$$

Wir erhalten somit

$$\mathsf{E} z^{\zeta_0(t)} = 1 - A(t) + \int_0^t \mathsf{E} z^{\xi_1(t-u)} \cdot \mathsf{E} z^{\zeta_0(t-u)}\, \mathrm{d}A(u)\,,$$

was äquivalent zu (3) ist.

Die Formel (4) folgt aus (1) und (3). Wir setzen

$$\beta(z,s) = \int_0^\infty \mathrm{e}^{-st} B(z,t)\, \mathrm{d}t\,, \qquad \alpha(s) = \int_0^\infty \mathrm{e}^{-st}\, \mathrm{d}A(t)$$

und erhalten aus (4)

$$\beta(z, s) = s^{-1}[1 - \alpha(s)] + \alpha(s)\,[\beta(z, s) + z\beta(z, s + 1)]$$

bzw.

$$\beta(z, s) = \frac{1}{s} + \frac{\alpha(s)}{1 - \alpha(s)}\, z\beta(z, s + 1)\,,$$

woraus sich leicht (5) ergibt.

Die Behauptung b) des Satzes ist offensichtlich. Es genügt zu beachten, daß gilt

$$\lim_{s \downarrow 0} s\beta_k(s) = \lim_{t \to \infty} B_k(t)\,.$$

Aufgabe 1. Man zeige, daß im stationären Regime (d. h. für $t \to \infty$) die mittlere Anzahl der belegten Geräte bzw. die Varianz dieser Anzahl jeweils gleich

$$a \quad \text{bzw.} \quad \frac{a}{1 - \alpha(1)} - a^2$$

ist.

Aufgabe 2. Falls die Ankunftszeitpunkte der Anrufe einen modifizierten rekurrenten Strom bilden, der durch die Verteilungsfunktionen $A_1(t)$ und $A(t)$ vorgegeben ist, wobei

$$A_1(t) = a \int_0^t [1 - A(u)]\, du$$

ist, und falls die diesem Fall entsprechenden Wahrscheinlichkeiten mit dem Zeichen $\wedge$ versehen werden, dann gilt

$$\hat{P}_i(z, t) = (1 - e^{-t} + z\, e^{-t})\, \hat{P}_0(z, t)\,,$$

$$\hat{P}_0(z, t) = 1 - A_1(t) + \int_0^t P_0(z, t - u)\, [1 - e^{-(t-u)} + z\, e^{-(t-u)}]\, dA_1(u)\,,$$

$$\hat{B}(z, t) = 1 - A_1(t) + \int_0^t B(z, t - u)\, [1 + z\, e^{-(t-u)})]\, dA_1(u)\,.$$

Aufgabe 3 (Fortsetzung). Die mittlere Anzahl der zum Zeitpunkt t belegten Bedienungsgeräte unter der Bedingung, daß das System zum Anfangszeitpunkt leer war, ist gleich

$$\hat{B}_1(t) = a(1 - e^{-t})\,.$$

Aufgabe 4. Man zeige, daß im Fall $A(t) = 1 - e^{-at}$

$$B_k(t) = \frac{[a(1 - e^{-t})]^k}{k!}$$

ist.

§ 4. Rekurrenter Eingangsstrom, beliebige Bedienungszeitverteilung, unendlich viele Bedienungsgeräte

Wir betrachten hier das gleiche Bedienungssystem wie im vorhergehenden Abschnitt, jedoch mit dem Unterschied, daß die Bedienungszeit eines beliebigen Anrufes auf einem beliebigen Gerät nicht exponentiell verteilt ist, sondern eine beliebig vorgegebene Verteilungsfunktion $B(t)$ hat. Wir behalten die Bezeichnungen des vorhergehenden Abschnittes bei.

Indem man die gleichen Überlegungen anstellt, mit denen sich die Beziehungen (2) bis (4) aus § 3 beweisen ließen, erhält man, daß auch in diesem Fall analoge Beziehungen gelten, und zwar:

$$\left.\begin{aligned}
P_i(z, t) &= \{B(t) + z[1 - B(t)]\}^i \cdot P_0(z, t)\,,\\
P_0(z, t) &= 1 - A(t) + \int_0^t P_0(z, t-u)\,\{B(t-u) + z[1 - B(t-u)]\}\,\mathrm{d}A(u)\,,\\
B(z, t) &= 1 - A(t) + \int_0^t B(z, t-u)\,\{1 + z[1 - B(t-u)]\}\,\mathrm{d}A(u)\,,
\end{aligned}\right\} \tag{1}$$

woraus sich

$$B_n(t) = \int_0^t B_n(t-u)\,\mathrm{d}A(u) + \int_0^t B_{n-1}(t-u)\,[1 - B(t-u)]\,\mathrm{d}A(u) \tag{2}$$

ergibt.

Wir setzen $\beta(s) = \int_0^\infty \mathrm{e}^{-st}\,B(t)$, und analog wie im vorhergehenden Abschnitt ist

$$B_n(t) = \sum_{k \geqq n} \binom{k}{n} P_{0k}(t)\,, \qquad \beta_n(s) = \int_0^\infty \mathrm{e}^{-st}\,B_n(t)\,\mathrm{d}t\,, \qquad n \geqq 0\,.$$

Insbesondere ist $B_1(t) = \sum_{k \geqq 1} kP_{0k}(t)$. Die Formel (2) gestattet somit, $B_n(t)$ für $n \geqq 1$ zu bestimmen. Wir betrachten nun eine Anwendung dieser Formel.

1°. Aus (2) erhalten wir für $n = 1$

$$s\beta_1(s) = s\beta_1(s)\,\alpha(s) + [1 - \beta(s)]\,\alpha(s)$$

bzw.

$$s\beta_1(s) = \frac{1 - \beta(s)}{1 - \alpha(s)}\,\alpha(s)\,,$$

woraus sich zum Beispiel (unter Berücksichtigung von (1)) ergibt, daß im stationären Regime (für $t \to \infty$) die mittlere Anzahl der belegten Bedienungsgeräte nicht vom Anfangszustand des Systems abhängt und gleich

$$\lim_{t\to\infty} \sum_{k=0}^{\infty} kP_{0k}(t) = \lim_{t\to\infty} B_1(t) = \lim_{s\downarrow 0} s\beta_1(s) = \frac{a}{b} \tag{3}$$

ist; dabei ist

$$a^{-1} = \int_0^\infty t\,\mathrm{d}A(t)\,, \qquad b^{-1} = \int_0^\infty t\,\mathrm{d}B(t)\,.$$

Es sei vermerkt, daß der Grenzwert (3) nicht immer existiert, zum Beispiel dann nicht, wenn die Anrufe in konstanten Zeitabständen eintreffen und eine konstante Zeitdauer bedient werden. Die Formel (3) gilt, wenn der Grenzwert $\lim_{t\to\infty} B_1(t)$ existiert. Im allgemeinen Fall muß sie durch die Formel

$$\lim_{t\to\infty} \frac{1}{T} \int_0^T B_1(t)\,\mathrm{d}t = \frac{a}{b}$$

ersetzt werden (s. § 3 des Anhanges).

2°. Es sei

$$B(t) = \sum_{i=1}^{N} q_i(1 - \mathrm{e}^{-b_i t})\,, \qquad q_i > 0\,, \qquad b_i > 0\,, \qquad \sum_{i=1}^{N} q_i = 1\,.$$

Dann erhalten wir aus (2)

$$s\beta_n(s) = s\beta_n(s) \cdot \alpha(s) + \alpha(s) \sum_{i=1}^{N} q_i \frac{s}{s + b_i} (s + b_i)\, \beta_{n-1}(s + b_i)$$

bzw.

$$\beta_n(s)\,[1 - \alpha(s)] = \alpha(s) \sum_{i=1}^{N} q_i\, \beta_{n-1}(s + b_i)\,, \qquad \beta_0(s) = \frac{1}{s}\,.$$

Insbesondere ist

$$\lim_{t\to\infty} B_n(t) = \lim_{s\downarrow 0} s\beta_n(s) = a \sum_{i=1}^{N} q_i\beta_{n-1}(b_i)\,,$$

falls der erste Grenzwert existiert.

Aufgabe 1. Man zeige, daß sich $P(t) = P_{00}(t)$ aus der Beziehung

$$P(t) = 1 - A(t) + \int_0^t P(t-u)\, B(t-u)\, \mathrm{d}A(u)$$

bestimmen läßt.

Aufgabe 2. Falls die Anrufe einen quasi-rekurrenten Strom bilden, der durch die Funktionen $A(t)$ und $\Phi(z) = \sum_{k\geqq 0} a_k z^k$ gegeben ist (s. § 7, Kap. 1), dann gilt

$$P_0(z, t) = 1 - A(t) + \int_0^t P_0(z, t-u)\, \Phi\{B(t-u) + z[1 - B(t-u)]\}\, \mathrm{d}A(u)\,.$$

Insbesondere gilt für die Anzahl $\nu(t)$ der Anrufe im System zum Zeitpunkt t

$$\lim_{T\to\infty} \frac{1}{T} \int_0^T \mathsf{E}\nu(t)\, \mathrm{d}t = \Phi'(1)\, \frac{a}{b}\,,$$

unabhängig von $\nu(0)$.

Hinweis. Es gilt

$$M(t) = \mathsf{E}(\nu(t)\,|\nu(0) = 0) = \frac{\partial}{\partial z} P_0(z, t)|_{z=1}\,,$$

$$m(s) = \int_0^\infty \mathrm{e}^{-st}\, \mathrm{d}M(t) = \frac{1 - \beta(s)}{1 - \alpha(s)}\, \Phi'(1)\, \alpha(s)\,.$$

§ 5. Das PALMsche Problem; POISSONscher Eingangsstrom, exponentielle Bedienung

Wir betrachten ein Bedienungssystem mit n Bedienungsgeräten, bei dem ein POISSONscher Strom von Anrufen mit dem Parameter a eintrifft. Die Bedienungszeit eines beliebigen Anrufes auf einem beliebigen Gerät sei exponentiell verteilt mit dem Parameter 1 (dies kann man stets durch Veränderung des Zeitmaßstabes erreichen). Ein eintreffender Anruf belegt ein beliebiges freies Bedienungsgerät oder „geht verloren", falls sämtliche Geräte bereits belegt sind.

Das PALMsche Problem besteht in der Bestimmung des Stromes der verlorengegangenen Anrufe. Falls $t_1, t_2, \ldots$ die aufeinanderfolgenden Zeitpunkte des Verlustes von eintreffenden Anrufen sind (d. h. die Zeitpunkte, in denen ein eintreffender Anruf sämtliche Bedienungsgeräte belegt vorfindet) und falls $z_k = t_k - t_{k-1}$, $k \geqq 1$, $t_0 = 0$,

dann sind die Zufallsgrößen $z_1, z_2, \ldots$ vollständig unabhängig[1]). Die Zufallsgrößen $z_2, z_3, \ldots$ sind dabei identisch verteilt.
Wir setzen

$$F(t) = \mathsf{P}(z_1 < t)\,, \qquad G(t) = \mathsf{P}(z_k < t)\,, \qquad k \geqq 2\,.$$

Wir bestimmen zunächst $G(t)$. Falls sich zu einem Zeitpunkt i Anrufe (die bedient werden) im System befinden, dann sagen wir, daß sich das System zu diesem Zeitpunkt im Zustand i, $i = 0, 1, \ldots, n$, befindet. Mit $P_{ij}(t)$ bezeichnen wir die Wahrscheinlichkeit eines Überganges vom Zustand i in den Zustand j während der Zeitdauer t; $i, j, = 0, 1, \ldots, n$[2]). Wir führen außerdem den „absorbierenden" Zustand $n + 1$ ein und lassen somit zu, daß das System in den Zustand $n + 1$ übergeht, falls ein eintreffender Anruf das System im Zustand n vorfindet, und daß es aus $n + 1$ nicht wieder in die Zustände 0, 1, ..., n übergehen kann. Offensichtlich gilt[3]) $G(t) = P_{n,n+1}(t)$.

Wir setzen $P_k(t) = P_{nk}(t)$, $k = 0, 1, \ldots, n + 1$. Dann erhalten wir durch das übliche Verfahren das Gleichungssystem

$$\begin{aligned} P_0'(t) &= -aP_0(t) + P_1(t)\,, \\ P_k'(t) &= aP_{k-1}(t) - (a + k)\,P_k(t) + (k + 1)\,P_{k+1}(t)\,, \qquad (0 < k < n)\,, \\ P_n'(t) &= aP_{n-1}(t) - (a + n)\,P_n(t)\,, \\ P_{n+1}'(t) &= aP_n(t) \end{aligned} \tag{1}$$

mit der Randbedingung

$$P_k(0) = \begin{cases} 0, & \text{falls} \quad k \neq n\,, \\ 1, & \text{falls} \quad k = n\,. \end{cases}$$

Für die entsprechenden LAPLACE-Transformierten

$$\pi_k = \pi_k(s) = \int_0^\infty \mathrm{e}^{-st}\, P_k(t)\, \mathrm{d}t$$

nimmt dieses Gleichungssystem folgende Gestalt an:

$$\begin{aligned} -(s + a)\,\pi_0 + \pi_1 &= 0\,, \\ a\pi_{k-1} - (a + s + k)\,\pi_k + (k + 1)\,\pi_{k+1} &= 0\,, \qquad (0 < k < n)\,, \\ a\pi_{n-1} - (a + s + n)\,\pi_n &= -1\,, \\ a\pi_n - s\pi_{n+1} &= 0\,, \end{aligned} \tag{2}$$

woraus wir unter Beachtung der Formel (5) aus § 9 des Anhanges die Beziehung

$$\pi_n(s) = \frac{q_n(s)}{q_{n+1}(s)}$$

erhalten und somit aus der letzten Gleichung des Systems (2)

$$\pi_{n+1}(s) = \frac{a}{s}\,\frac{q_n(s)}{q_{n+1}(s)}\,.$$

---

[1]) Hierbei wird vorausgesetzt, daß auch die Bedienungszeiten unabhängig sind (Anm. d. Herausgebers).

[2]) Die zeitliche Entwicklung dieser Zustände bildet unter den gemachten Voraussetzungen einen homogenen Geburts- und Todesprozeß (vgl. § 8, Kap. 2), so daß $P_{ij}(t)$ nur von der Zeitdifferenz t abhängt (Anm. d. Herausgebers).

[3]) Wegen der Eigenschaft der Gedächtnislosigkeit der Exponentialverteilung, vgl. § 3, Kap. 1, Fußnote S. 6 (Anm. d. Herausgebers).

Wir verweisen noch auf eine Formel, die sich aus Formel (1), § 9 des Anhanges, ergibt:

$$\bar{g}(s) = \int_0^\infty e^{-st} [1 - G(t)] \, dt = \frac{1}{s} - \pi_{n+1}(s) =$$

$$= \frac{q_{n+1}(s) - a q_n(s)}{s q_{n+1}(s)} = \frac{q_n(s+1)}{q_{n+1}(s)} .$$

Die mittlere Länge eines Intervalls zwischen zwei aufeinanderfolgenden Verlustzeitpunkten von Anrufen ist gleich (s. Formel (4), § 9 des Anhanges)

$$\bar{g}(0) = a^{-(n+1)} \cdot q_n(1) = \left[a \cdot \frac{\frac{a^n}{n!}}{1 + \frac{a}{1!} + \dots + \frac{a^n}{n!}} \right]^{-1} .$$

Um $F(t)$ bestimmen zu können, muß man den Anfangszustand des Systems kennen. Wir werden uns hier nicht mit der Bestimmung der Funktion $F(t)$ befassen, weil sie im folgenden Abschnitt für den allgemeineren Fall, daß die Zeitpunkte des Eintreffens von Anrufen einen rekurrenten Strom bilden, bestimmt wird. Dieser Abschnitt diente nur dazu, eine der Methoden zur Lösung des PALMschen Problems in dieser relativ einfachen Form zu demonstrieren.

Aufgabe. Man zeige, daß sich $G(t)$ in der Form

$$G(t) = \sum_{i=0}^{n} p_i (1 - e^{-\lambda_i t})$$

darstellen läßt, wobei $p_i > 0$, $\sum_{i=0}^{n} p_i = 1$ und $-\lambda_i$ die (reellen und voneinander verschiedenen) Wurzeln des Polynomes $q_{n+1}(s)$ sind.

§ 6. Das PALMsche Problem; rekurrenter Eingangsstrom, exponentielle Bedienung

Wir betrachten das gleiche Bedienungssystem wie im vorhergehenden Abschnitt, setzen aber voraus, daß der Anrufstrom rekurrent und durch eine beliebige Verteilungsfunktion $A(t)$, $A(+0) < 1$, gegeben ist. Wir untersuchen für dieses System das PALMsche Problem der Bestimmung des Stromes der verlorengegangenen Anrufe.

Falls $t_1, t_2, \dots$ die aufeinanderfolgenden Ankunftszeitpunkte der Anrufe sind, die sämtliche Bedienungsgeräte belegt vorfinden, und falls $z_k = t_k - t_{k-1}$, $k \geqq 1$, $t_0 = 0$, dann sind die Zufallsgrößen $z_1, z_2, \dots$ vollständig unabhängig[1]). Die Zufallsgrößen $z_2, z_3, \dots$ sind dabei identisch verteilt. Wir setzen wie in § 5

$$F(t) = \mathsf{P}(z_1 < t) , \qquad G(t) = \mathsf{P}(z_k < t) , \qquad k \geqq 2 .$$

Unter dem Zustand des Systems werden wir die Anzahl der belegten Bedienungsgeräte verstehen. Wir führen wiederum den „absorbierenden" Zustand $n + 1$ ein und vereinbaren, daß das System in den Zustand $n + 1$ übergeht, falls ein eintreffender An-

---

[1]) vgl. Fußnote 1 S. 136 (Anm. d. Herausgebers).

ruf das System im Zustand n vorfindet, und daß es aus $n+1$ nicht wieder in die Zustände $0, 1, \dots, n$ übergehen kann.

Mit Δ_{ij} bezeichnen wir die Länge eines Zeitintervalls, in dem das System aus dem Zustand i in den Zustand $j > i$ übergeht unter der Bedingung, daß das Zeitintervall entweder im Zeitpunkt $t = 0$ oder im Ankunftszeitpunkt eines Anrufes beginnt (es ist klar, daß dieses Intervall ebenfalls im Ankunftszeitpunkt eines Anrufes endet). Wir setzen

$$\mathsf{P}(\Delta_{ij} < t) = B_{ij}(t), \qquad B_{i,i+1}(t) = B_i(t), \qquad i = 0, 1, \dots, n.$$

Da

$$\Delta_{i,j} = \Delta_{i,i+1} + \Delta_{i+1,i+2} + \dots + \Delta_{j-1,j}$$

ist und weil die Zufallsgrößen $\Delta_{i,i+1}, \dots, \Delta_{j-1,j}$ unabhängig sind, gilt

$$B_{ij}(t) = (B_i * B_{i+1} * \dots * B_{j-1})(t)$$

bzw. für die entsprechenden LAPLACE-STIELTJES-Transformierten

$$\beta_{ij}(s) = \beta_i(s)\,\beta_{i+1}(s) \dots \beta_{j-1}(s). \tag{1}$$

Wir vermerken, daß $G(t) = B_n(t)$ und $F(t) = B_{i,n+1}(t)$, falls sich das System zum Anfangszeitpunkt im Zustand i befand. Es genügt nun, die Funktionen $B_i(t)$, $i = 0, 1, \dots, n$, zu bestimmen.

Es gelten die folgenden offensichtlichen Beziehungen (dabei wird $\overline{B}(t) = 1 - B(t)$ gesetzt):

$$\begin{gathered}\overline{B}_i(t) = \overline{B}_{i-1}(t) + \int_0^t (1 - \mathrm{e}^{-x})\,\overline{B}_i(t-x)\,\mathrm{d}B_{i-1}(x), \qquad i = 1, \dots, n,\\ B_0(t) = A(t)\end{gathered} \tag{2}$$

bzw. für die entsprechenden LAPLACE-STIELTJES-Transformierten

$$\begin{gathered}1 - \beta_i(s) = 1 - \beta_{i-1}(s) + [1 - \beta_i(s)]\,[\beta_{i-1}(s) - \beta_{i-1}(s+1)],\\ \beta_0(s) = \alpha(s),\end{gathered}$$

woraus sich

$$\begin{gathered}\beta_i(s) = \frac{\beta_{i-1}(s+1)}{1 - \beta_{i-1}(s) + \beta_{i-1}(s+1)}, \qquad i = 1, \dots, n,\\ \beta_0(s) = \alpha(s)\end{gathered}$$

ergibt. Wir stellen $\beta_i(s)$ in der Form

$$\beta_i(s) = \frac{M_i(s)}{M_{i+1}(s)}, \qquad i = 0, 1, \dots, n; \; M_0(s) = 1, \tag{3}$$

dar und erhalten

$$\frac{M_{i+1}(s) - M_i(s)}{M_i(s+1)} = \frac{M_i(s) - M_{i-1}(s)}{M_{i-1}(s+1)}, \qquad M_1(s) = \frac{1}{\alpha(s)},$$

woraus sich

$$\frac{M_{i+1}(s) - M_i(s)}{M_i(s+1)} = \frac{M_1(s) - M_0(s)}{M_0(s+1)} = \frac{1}{\alpha(s)} - 1 = \lambda_0(s)$$

bzw.

$$M_{i+1}(s) = M_i(s) + \lambda_0(s)\,M_i(s+1), \qquad i = 0, 1, \dots, n, \tag{4}$$

ergibt. Durch Induktion erhalten wir

$$M_i(s) = \sum_{j=1}^{i} \binom{i}{j} \lambda_0(s)\,\lambda_1(s) \dots \lambda_{j-1}(s), \qquad M_0(s) \equiv 1; \tag{5}$$

dabei gilt

$$\lambda_i(s) = \lambda_0(s + i) = \frac{1}{\alpha(s + i)} - 1 , \qquad i = 0, 1, \ldots, n .$$

Auf Grund von (1) und (3) ist

$$\beta_{ij}(s) = \frac{M_i(s)}{M_j(s)}, \qquad i < j .$$

Falls der Anfangszustand des Systems durch die Zahlen $q_0, q_1, \ldots, q_n$ charakterisiert wird, wobei q_i die Wahrscheinlichkeit dafür ist, daß sich das System zum Anfangszeitpunkt im Zustand i befindet, und $q_0 + q_1 + \ldots + q_n = 1$, dann gilt

$$\varphi(s) = \int_0^\infty e^{-st} \, dF(t) = \sum_{i=0}^n q_i \beta_{i,n+1}(s) = \frac{1}{M_{n+1}(s)} \sum_{i=0}^n q_i M_i(s) ; \tag{7}$$

$$g(s) = \int_0^\infty e^{-st} \, dG(t) = \beta_n(s) = \frac{M_n(s)}{M_{n+1}(s)} .$$

Die Formel (7) liefert die vollständige Lösung des PALMschen Problems.

Wir bestimmen nun die mittlere Länge eines Zeitintervalls zwischen zwei aufeinanderfolgenden Verlustzeitpunkten.

Auf Grund von (7) und (4) gilt

$$\frac{1 - g(s)}{s} = \frac{\lambda_0(s)}{s} \frac{M_n(s + 1)}{M_{n+1}(s)} = \frac{1 - \alpha(s)}{s} \frac{M_n(s + 1)}{\alpha(s) \, M_{n+1}(s)} ,$$

woraus wir unter Beachtung von $M_{n+1}(0) = \alpha(0) = 1$ die Beziehungen

$$g_1 = \alpha_1 M_n(1)$$

bzw. (siehe (5))

$$g_1 = \alpha_1 \sum_{i=1}^n \binom{n}{i} \lambda_0(1) \, \lambda_1(1) \ldots \lambda_{i-1}(1)$$

bzw.

$$g_1 = \alpha_1 \left\{ 1 + \sum_{i=1}^n \binom{n}{i} \lambda_0(1) \, \lambda_0(2) \ldots \lambda_0(i) \right\}$$

mit

$$\lambda_0(i) = \frac{1}{\alpha(i)} - 1$$

erhalten. Die Größe g_1^{-1} läßt sich als Verlustintensität deuten. Für den Spezialfall $A(t) = 1 - e^{-at}$, $a > 0$, d. h. $\alpha(s) = \frac{a}{a + s}$, erhalten wir (unter Berücksichtigung von (5))

$$\lambda_i(s) = (s + i) \, a^{-1} ,$$

$$M_i(s) = \sum_{j=1}^i \binom{i}{j} s(s + 1) \ldots (s + j - 1) \, a^{-j} ,$$

d. h., es gilt (siehe (4), § 9 des Anhanges)

$$M_i(s) = a^{-i} q_i(s) .$$

Aufgabe 1. Man beweise, daß der Strom der verlorengegangenen Anrufe kein PALMscher Strom ist, falls die Ankunftszeitpunkte der Anrufe einen POISSONschen Strom bilden und das System zum Anfangszeitpunkt leer ist. Man bestimme eine Anfangsverteilung $\{q_0, q_1, \ldots, q_n\}$ des Systemzustandes, so daß der Strom der verlorengegangenen Anrufe ein PALMscher Strom ist.

Hinweis. Dafür, daß der Strom der verlorengegangenen Anrufe ein PALMscher Strom ist, ist notwendig und hinreichend, daß bei $G(+0) = 0$ (siehe § 9, Kap. 1) die Beziehung

$$F(t) = \lambda \int_0^t [1 - G(u)]\, du\,, \qquad \lambda^{-1} = \int_0^\infty [1 - G(u)]\, du$$

bzw.

$$\varphi(s) = \frac{\lambda}{s}[1 - g(s)]$$

erfüllt ist. Es ist aber bereits für $n = 1$

$$\frac{M_0(s)}{M_2(s)} = \varphi(s) \neq \frac{\lambda}{s}\left[1 - \frac{M_1(s)}{M_2(s)}\right].$$

Aufgabe 2. Man beweise, daß innerhalb sämtlicher rekurrenter Anrufströme, die durch eine beliebige Verteilungsfunktion $A(t)$, $A(+0) < 1$, mit festem Erwartungswert

$$\int_0^\infty t\, dA(t) = a^{-1} = \text{const}$$

vorgegeben sind, die Verlustintensität für

$$A(t) = \begin{cases} 0, & \text{falls } t \leqq a^{-1}, \\ 1, & \text{falls } t > a^{-1}, \end{cases}$$

am kleinsten ist. Man bestimme diesen Wert.

Hinweis. Es sei $\{A(t)\}$ die Menge aller Verteilungsfunktionen, die den gleichen, fest vorgegebenen Erwartungswert besitzen. Dann nimmt $\alpha(c) = \int_0^\infty e^{-ct}\, dA(t)$ für jede Konstante $c > 0$ als kleinsten Wert $\alpha(c) = e^{-ca^{-1}}$ an.

Aufgabe 3. Man beweise, daß innerhalb sämtlicher rekurrenter Anrufströme, die durch eine beliebige Verteilungsfunktion $A(t)$, $A(+0) < 1$, mit festem Erwartungswert

$$\int_0^\infty t\, dA(t) = a^{-1} = \text{const}$$

vorgegeben sind, kein Strom existiert, der eine maximale Verlustintensität liefert.

Hinweis. Für jedes $\varepsilon > 0$ sei

$$A(t) = \begin{cases} 1 - \varepsilon, & \text{falls } t \leqq (a\varepsilon)^{-1} \\ 1\ , & \text{falls } t > (a\varepsilon)^{-1}. \end{cases}$$

Dann gilt

$$\int_0^\infty t\, dA(t) = a^{-1}$$

und

$$\alpha(c) = \int_0^\infty e^{-ct}\, dA(t) = 1 - \varepsilon + \varepsilon\, e^{-c(a\varepsilon)^{-1}} \to 1 \quad \text{für} \quad c \geqq 0 \quad \text{und} \quad \varepsilon \downarrow 0.$$

In diesem Fall ergibt sich $g_1^{-1} \to a - 0$.

Aufgabe 4. Ein rekurrenter Anrufstrom, der durch die Verteilungsfunktion $A(t)$ gegeben ist, wird von n identischen Geräten bedient. Jeder Anruf wird nur von einem Gerät bedient. Ein Anruf, der sämtliche Geräte belegt vorfindet, stellt sich in die Warteschlange. Die Bedienungszeit eines Anrufes ist exponentiell verteilt mit dem Parameter $b = 1$. Unter dem Zustand des Systems zu einem gewissen Zeitpunkt werden wir die Anzahl der Anrufe, die sich zu diesem Zeitpunkt im System befinden, verstehen. Ansonsten werden die Bezeichnungen dieses Abschnittes beibehalten.

Man zeige, daß für $A(t) = 1 - e^{-at}$

$$\beta_{ij}(s) = \frac{M_i(s)}{M_j(s)}, \qquad i < j,$$

gilt; dabei sei

$$M_k(s) = a^{-k} q_k(s),$$

$$q_{k+1}(s) = (a + k_n + s)\, q_k(s) - a k_n q_{k-1}(s),$$

$$k_n = \min(k, n).$$

Hinweis. Man nehme an, daß die maximale Anzahl von Anrufen, die sich gleichzeitig im System befinden können, gleich $N \geqq n$ ist, führe dann den „absorbierenden" Zustand $N + 1$ ein und stelle ein zu (1), § 5 analoges Gleichungssystem auf. Ferner bestimme man, so wie in § 5 vorgehend, $\pi_{N+1}(s) = \int_0^\infty e^{-st} P_{N,N+1}(t)\, dt$.

§ 7. Ein System mit kalter Reserve und Erneuerung

Problemstellung. Es wird ein System mit n identischen Geräten betrachtet, das folgendermaßen funktioniert:

— die Lebenszeit eines beliebigen Gerätes vom Zeitpunkt seines Arbeitsbeginns bis zum Zeitpunkt seines Ausfalls ist eine Zufallsgröße mit der Verteilungsfunktion $A(t)$, $A(+0) < 1$,

— ein ausgefallenes Gerät wird repariert; seine Reparaturzeit ist eine Zufallsgröße, die nicht vom Zustand der anderen Geräte abhängt und die Exponentialverteilung $B(t) = 1 - e^{-bt}$ besitzt,

— zu jedem Zeitpunkt arbeitet nicht mehr als ein Gerät, die übrigen befinden sich in kalter Reserve,

— wenn ein Gerät ausgefallen ist und noch intakte Geräte vorhanden sind, dann nimmt sofort eines von ihnen die Arbeit auf.

Ausfallzeitpunkt (des Systems) nennen wir einen Zeitpunkt, in dem ein Gerät ausfällt, unter der Bedingung, daß zu diesem Zeitpunkt die übrigen Geräte repariert werden (also nicht intakt sind). Es erwächst die Aufgabe, den Strom der Ausfallzeitpunkte zu beschreiben bzw. genauer: die Verteilungsfunktion der Zeitdauer bis zum ersten Ausfallzeitpunkt sowie der Abstände zwischen zwei aufeinanderfolgenden Ausfallzeitpunkten zu finden unter der Bedingung, daß zum Anfangszeitpunkt $t = 0$ die Anzahl der ausgefallenen Geräte gleich i ($i = 0, 1, \ldots, n$) ist.

Formulierung des Hauptergebnisses. Ohne Einschränkung der Allgemeinheit kann man annehmen, daß $b = 1$ (dies kann man stets erreichen, indem man den Zeitmaßstab ändert).

Es seien $t_1, t_2, \ldots$ die aufeinanderfolgenden Ausfallzeitpunkte, $z_k = t_k - t_{k-1}$, $k \geqq 1$, $t_0 = 0$. Weil die Reparaturzeit eines beliebigen Gerätes einer Exponentialverteilung unterliegt, gilt für $k \geqq 1$

$$\mathsf{P}(z_{k+1} < t \mid z_1, \ldots, z_k) = \mathsf{P}(z_{k+1} < t),$$

und diese Wahrscheinlichkeit hängt nicht von k ab, d. h., der Strom der Ausfallzeitpunkte ist ein modifizierter rekurrenter Strom.

Wir setzen (unter der Voraussetzung, daß zum Anfangszeitpunkt i Geräte ausgefallen sind)

$$F_i(t) = \mathsf{P}(t_1 < t)\,,$$
$$G(t) = \mathsf{P}(z_k < t)\,, \qquad k \geqq 2\,.$$

$\varphi_i(s)$, $g(s)$ seien die LAPLACE-STIELTJES-Transformierten dieser Verteilungsfunktionen, d. h.

$$\varphi_i(s) = \int_0^\infty e^{-st}\, dF_i(t)\,, \qquad g(s) = \int_0^\infty e^{-st}\, dG(t)\,.$$

Das Hauptergebnis besteht in dem folgenden

Satz. *Es gilt*

$$\varphi_i(s) = \frac{M_i(s)}{M_n(s)} \quad \textit{für} \quad i = 0, 1, \ldots, n-1\,, \tag{1}$$

$$\varphi_n(s) = g(s)\,, \tag{2}$$

$$g(s) = \frac{n}{s+n}\,\frac{M_{n-1}(s)}{M_n(s)}\,, \tag{3}$$

wobei

$$M_0(s) \equiv 1\,, \qquad M_n(s) = 1 + \sum_{k=1}^{n} \binom{n}{k} \lambda_0(s)\,\lambda_1(s) \ldots \lambda_{k-1}(s)\,, \qquad n \geqq 1\,,$$

$$\lambda_k(s) = \frac{1}{\alpha(s+k)} - 1 = \lambda_0(s+k)$$

und $\alpha(s)$ die LAPLACE-STIELTJES-*Transformierte der Verteilungsfunktion $A(t)$ ist.*

Bemerkungen. 1. Der Verteilungsfunktion $A(t)$ werden keinerlei Einschränkungen außer $A(+0) < 1$ auferlegt. Falls jedoch die ersten k Momente der Verteilungsfunktion $A(t)$ existieren, dann existieren die gleichen Momente für die Verteilungsfunktionen $F_i(t)$ und $G(t)$, die man aus (1)—(3) durch Differentiation nach s bestimmen kann.

2. Ist $A(t) = 1 - e^{-at}$, dann gehen die Funktionen $M_n(-s)$, $n \geqq 0$, in POISSON-CHARLIERsche Polynome über (siehe § 9 des Anhanges). In diesem Fall lassen sich die Funktionen $F_i(t)$ und $G(t)$ als Potenzreihe darstellen und leicht mit Hilfe der Wurzeln des entsprechenden POISSON-CHARLIERschen Polynoms bestimmen.

3. Mit $P_k(t)$ bezeichnen wir die Wahrscheinlichkeit dafür, daß zum Zeitpunkt t genau k Geräte intakt sind und die übrigen repariert werden, $0 \leqq k \leqq n$. Im Fall $A(t) = 1 - e^{-at}$ kann man mit dem üblichen Verfahren die Gleichungen

$$P_0'(t) = -nbP_0(t) + aP_1(t)$$
$$P_k'(t) = (n-k+1)\,bP_{k-1}(t) - [(n-k)\,b + a]\,P_k(t) + aP_{k+1}(t)\,, \qquad 0 < k < n\,,$$
$$P_n'(t) = bP_{n-1}(t) - aP_n(t)$$

erhalten. Hieraus ergibt sich

$$p_k = \frac{n!}{(n-k)!}\,\varrho^k p_0\,, \qquad \varrho = \frac{b}{a}\,, \qquad \sum_{k=0}^{n} p_k = 1\,,$$

wobei $p_k = \lim\limits_{t\to\infty} P_k(t)$ ist.

Beweis des Satzes. Mit $\nu(t)$ bezeichnen wir die Anzahl der zum Zeitpunkt t ausgefallenen Geräte, $\nu(0) = i$. Gleichzeitig betrachten wir das in § 6 behandelte Bedienungssystem (rekurrenter Eingangsstrom, exponentielle Bedienung, n Geräte, kein Warten) und bezeichnen für dieses System die Anzahl der zum Zeitpunkt t belegten Bedienungsgeräte mit $\mu(t)$. Wir setzen voraus, daß $\mu(0) = i$ gilt. Jeder der Prozesse $\nu(t)$ und $\mu(t)$ nimmt also nur die Werte $0, 1, \ldots, n$ an. Wenn man annimmt, daß der Zustand n (der Prozeßwert n) für beide Prozesse absorbierend ist, dann stimmen, wie man leicht sieht, die Prozesse $\nu(t)$ und $\mu(t)$ (bis auf die Bezeichnungsweise) überein. Hieraus folgt zum Beispiel, daß die Verteilung des Abstandes vom Zeitpunkt Null bis zum ersten Ausfallzeitpunkt (Zeitpunkt, zu dem das erste Mal $\nu(t) = n$ eintritt) mit der Verteilung des Abstandes vom Zeitpunkt Null bis zum Zeitpunkt, zu dem das erste Mal $\mu(t) = n$ eintritt, übereinstimmt, d. h., es gilt

$$F_i(t) = B_{in}(t) , \qquad i < n .$$

Hieraus folgt (1).

Die Formel (2) ist offensichtlich. Wir wenden uns nun dem Beweis der Formel (3) zu. Wenn zum Anfangszeitpunkt sämtliche Geräte ausgefallen sind, dann tritt der erste Ausfallzeitpunkt nach einer Zeitdauer $\xi = \xi_1 + \xi_2$ ein, wobei ξ_1 die zufällige Zeit ist, die bis zur ersten Reparaturbeendigung vergeht (dabei geht das System in den Zustand $n - 1$ über), und ξ_2 die zufällige Zeit des Übergangs vom Zustand $n - 1$ in den Zustand n ist (die in dem Zeitpunkt, in dem das intakte Gerät die Arbeit aufnimmt, beginnt). Es ist klar, daß die Zufallsgrößen ξ_1 und ξ_2 unabhängig sind und daß

$$\mathsf{P}(\xi_1 < t) = 1 - \mathrm{e}^{-nt} , \qquad \mathsf{P}(\xi_2 < t) = F_{n-1}(t) = B_{n-1,n}(t)$$

gilt, woraus sich (3) ergibt.

Aufgabe. n Aggregate werden von einem Arbeiter bedient. Dabei wird vorausgesetzt, daß 1. jedes Aggregat zu jedem Zeitpunkt entweder intakt oder ausgefallen sein kann, 2. die Zeitdauer, die sich ein Aggregat im intakten Zustand befindet, exponentiell mit dem Parameter 1 verteilt ist, 3. ein ausgefallenes Aggregat den Arbeiter zur Durchführung von Reparaturarbeiten beansprucht; dabei beginnt der Arbeiter das ausgefallene Aggregat sofort zu reparieren, falls die übrigen Aggregate intakt sind, im entgegengesetzten Fall wird das Aggregat in die Warteschlange eingereiht, 4. die Reparaturzeiten der Aggregate vollständig unabhängig und identisch verteilt sind mit der gemeinsamen Verteilungsfunktion $A(t)$. Mit $\nu_1(t)$ bezeichnen wir die Anzahl der zum Zeitpunkt t intakten Aggregate, $\nu(t)$ sei die Anzahl der ausgefallenen Geräte. Man überzeuge sich davon, daß die Prozesse $\nu(t)$ und $\nu_1(t)$ (bis auf die Bezeichnungsweise) übereinstimmen, falls $\nu(0) = \nu_1(0)$. Davon ausgehend, zeige man, daß der Belastungskoeffizient $\frac{\tau'}{\tau + \tau'}$ des Arbeiters durch $\tau = \frac{1}{n}$, $\tau' = a^{-1} M_{n-1}(1)$, $a^{-1} = \int_t^\infty t \, \mathrm{d}A(t)$ gegeben ist (die Intervalle, in denen der Arbeiter keine Reparaturarbeiten auszuführen braucht, wechseln mit seinen Arbeitsintervallen ab; falls τ und τ' die jeweiligen mittleren Intervallängen sind, dann wird der Belastungskoeffizient des Arbeiters durch $\frac{\tau'}{\tau + \tau'}$, definiert).

§ 8. Rekurrenter Eingangsstrom, exponentielle Bedienungszeitverteilung (mit geräteabhängigem Parameter); natürliche und inverse Bedienungsreihenfolge

In einem Bedienungssystem, das aus n Bedienungsgeräten besteht, trifft ein Anrufstrom ein. Wir setzen voraus, daß

1. der Anrufstrom rekurrent und durch eine Verteilungsfunktion $A(t)$, $A(+0) < 1$, vorgegeben ist, die Bedienungszeiten sämtlicher Anrufe unabhängige Zufallsgrößen sind,

2. die Bedienungsgeräte mit den Zahlen $1, 2, \ldots, n$ numeriert sind und die Bedienungszeit eines Anrufes auf dem Gerät mit der Nummer i exponentiell verteilt ist mit dem Parameter b_i,

3. jeder Anruf, der zum Zeitpunkt seines Eintreffens freie Bedienungsgeräte vorfindet, einem dieser Geräte zugeordnet wird; die Vorschrift, gemäß der diese Zuordnung erfolgt, kann beliebig sein,

4. ein Anruf, der zum Zeitpunkt seines Eintreffens sämtliche Bedienungsgeräte belegt vorfindet, im System verbleibt und auf den Bedienungsbeginn wartet,

5. in Abhängigkeit davon, welcher der wartenden Anrufe ein freiwerdendes Gerät belegt, folgende Modelle unterschieden werden:

Modell 1 (natürliche Bedienungsreihenfolge[1]). Die Anrufe werden in der Reihenfolge, in der sie eintreffen, bedient.

Modell 2 (inverse Bedienungsreihenfolge[2]). Von den Anrufen, die auf den Beginn ihrer Bedienung warten, gelangt derjenige Anruf auf ein freiwerdendes Gerät, der später als die übrigen Anrufe eingetroffen ist.

Für solche Bedienungssysteme werden wir uns mit der Bestimmung der Wartezeit auf den Bedienungsbeginn befassen.

Mit p_{kN} bezeichnen wir die Wahrscheinlichkeit dafür, daß der N-te Anruf (die Numerierung der Anrufe erfolgt in der Reihenfolge ihres Eintreffens im System) zum Zeitpunkt seines Eintreffens im System k Anrufe vorfindet. $W_N(t)$ sei die Verteilungsfunktion der Wartezeit auf den Bedienungsbeginn für den Anruf mit der Nummer N. Wir setzen voraus

$$a^{-1} = \int_0^\infty t \, \mathrm{d}A(t) < +\infty ;$$

$$b = b_1 + \ldots + b_n .$$

Satz. *Ist* $\frac{a}{b} < 1$, *dann*

a) *existieren die Grenzwerte*

$$\lim_{N\to\infty} p_{kN} = p_k , \qquad \lim_{N\to\infty} W_N(t) = W(t)$$

und hängen nicht vom Anfangszustand des Systems ab, dabei ist

$$p_k > 0 , \qquad \sum_{k\geq 0} p_k = 1 ,$$

b) *gilt*

$$p_{k+n-1} = C\varrho^k , \qquad k \geqq 0 ; \qquad C = p_{n-1} ,$$

wobei ϱ *die eindeutig bestimmte Wurzel der Gleichung*

$$\varrho = \alpha(b - b\varrho)$$

ist, die in $(0, 1)$ *liegt,*

---

[1]) vgl. Fußnote 1 S. 100 (Anm. d. Herausgebers.)

[2]) vgl. Fußnote S. 60 (Anm. d. Herausgebers).

c) *gilt im Fall der natürlichen Bedienungsreihenfolge*

$$W(t) = 1 - C \cdot \frac{\varrho}{1 - \varrho} e^{-b(1-\varrho)t},$$

d) *gilt im Fall der inversen Bedienungsreihenfolge*

$$\omega(s) = 1 - p_{\geqq n} + p_{\geqq n}\pi(s), \qquad p_{\geqq n} = C\varrho(1 - \varrho)^{-1},$$

$$\pi(s) = \frac{\frac{b}{s}[1 - \gamma(s)]}{1 + \frac{b}{s}[1 - \gamma(s)]}, \qquad \gamma(s) = \alpha\big(s + b - b\gamma(s)\big),$$

wobei die letzte Funktionalgleichung eine eindeutig bestimmte Lösung $\gamma(s)$ besitzt, die analytisch in der Halbebene Re $s > 0$, *in der* $|\gamma(s)| < 1$ *gilt, ist. Ferner gilt* $\gamma(0) = \varrho$.

Ist dagegen $\frac{a}{b} \geqq 1$, *dann sind die in* a) *angeführten Grenzwerte im Fall der natürlichen Bedienungsreihenfolge gleich Null.*

Bemerkung. Bei diesen Modellen wurde die Konstante C nicht bestimmt. Sie hängt davon ab, nach welcher Vorschrift ein Anruf, der zum Zeitpunkt seines Eintreffens freie Bedienungsgeräte vorfindet, einem dieser Geräte zugeordnet wird. Wir bemerken daß $C\varrho(1 - \varrho)^{-1}$ die Wahrscheinlichkeit dafür ist, daß ein beliebig ausgewählter Anruf zum Zeitpunkt seines Eintreffens sämtliche Bedienungsgeräte belegt vorfindet. Die Konstante C kann zum Beispiel mit der Methode der Monte-Carlo-Simulation bestimmt werden.

Der Beweis wird genauso wie bei dem in § 8 des Kapitels 3 betrachteten Fall $n = 1$ geführt.

Aufgabe [124]. Man zeige, daß für $b_1 = \dots = b_n$ die Formel

$$(C\varrho)^{-1} = \frac{1}{1 - \varrho} + \sum_{i=1}^{n} \frac{\binom{n}{i}}{C_i(1 - \alpha_i)} \frac{n(1 - \alpha_i) - i}{n(1 - \varrho) - i}$$

gilt, dabei ist

$$\alpha_i = \alpha(ib_1), \qquad C_i = \frac{\alpha_1}{1 - \alpha_1} \cdots \frac{\alpha_i}{1 - \alpha_i}.$$

Außerdem ist

$$p_k = \sum_{i=k}^{n-1} (-1)^{i-k} \binom{i}{k} U_i, \qquad k = 0, 1, \dots, n - 1,$$

mit

$$U_i = C\varrho C_i \sum_{j=i+1}^{n} \frac{\binom{n}{j}}{C_j(1 - \alpha_j)} \frac{n(1 - \alpha_j) - j}{n(1 - \varrho) - j}.$$

§ 9. Rekurrenter Eingangsstrom, konstante Bedienungszeit

Das Bedienungssystem besteht aus n Geräten. Die Bedienungszeit eines Anrufes auf einem beliebigen Gerät sei eine konstante Größe und gleich 1. Wir setzen voraus, daß die Ankunftszeitpunkte der Anrufe einen rekurrenten Strom bilden, der durch die Verteilungsfunktion $A(t)$, $A(+0) < 1$, vorgegeben ist. Jeder Anruf wird nur auf einem Gerät bedient. Es wird sofort mit der Bedienung eines eintreffenden Anrufes begonnen, falls zumindest ein freies Gerät vorhanden ist. Andernfalls stellen sich die eintreffenden Anrufe in die Warteschlange und werden (bei Freiwerden eines Gerätes) in der Reihenfolge ihres Eintreffens bedient. Wir setzen voraus, daß zum Anfangszeitpunkt $t = 0$ sämtliche Geräte frei sind.

Weil die Geräte identisch sind (die Bedienungszeitverteilung ist auf jedem Gerät die gleiche), spielt die Regel, nach der die freien Geräte durch eintreffende Anrufe ausgewählt werden, bei der Bestimmung von Charakteristiken für die Wartezeit auf den Bedienungsbeginn, für die Schlangenlänge u. a. keine Rolle. Wir benutzen folgende Auswahlregel: Die Geräte numerieren wir mit den Zahlen $1, \ldots, n$. Die ersten n Anrufe ordnen wir in der Reihenfolge ihres Eintreffens den Geräten $1, \ldots, n$ zu. Danach wird ein Anruf, der zum Zeitpunkt seines Eintreffens freie Bedienungsgeräte vorfindet, dem Gerät (innerhalb der freien Geräte) zugeordnet, auf dem die letzte Bedienung früher als auf den anderen freien Geräten beendet wurde.

Wenn die Anrufe in der Reihenfolge ihres Eintreffens mit den Zahlen $1, 2, \ldots$ numeriert werden, dann wird bei dieser Art der Verteilung der Anrufe auf die Geräte das erste Gerät die Anrufe mit den Nummern $1, n + 1, 2n + 1, \ldots, kn + 1, \ldots$ und allgemein das i-te Gerät die Anrufe mit den Nummern $i, n + i, 2n + i, \ldots, kn + i, \ldots$ $(i = 1, \ldots, n)$ bedienen.

Wir bemerken (s. § 10, Kap. 1), daß der Strom der Anrufe, die dem Gerät mit der Nummer i $(i = 1, \ldots, n)$ zugeordnet werden, ein rekurrenter Strom ist (beginnend mit dem Zeitpunkt des ersten Eintreffens eines Anrufes an diesem Gerät), der durch die Verteilungsfunktion $B(t)$ bestimmt wird, deren Laplace-Stieltjes-Transformierte durch den Ausdruck

$$\beta(s) = [\alpha(s)]^n$$

gegeben ist.

Es ist nun klar, daß sich das Problem der Bestimmung der Verteilungsfunktion der Wartezeit auf den Bedienungsbeginn für das hier betrachtete System auf das analoge Problem für den Fall $n = 1$ zurückführen läßt.

§ 10. Rekurrenter Eingangsstrom, beliebige Bedienungszeitverteilung für jedes Gerät (die Verteilung der Anrufe auf die Geräte erfolgt unabhängig vom Systemzustand)

Das Bedienungssystem bestehe aus einer Verteilereinrichtung und aus n Bedienungsgeräten, die mit den Zahlen $1, \ldots, n$ numeriert werden. Der Strom der Anrufe, die eine Bedienung fordern, trifft in der Verteilereinrichtung ein, die die Anrufe auf die Geräte verteilt. Über den Anrufstrom, die Tätigkeit der Verteilereinrichtung und die Bedienungsgeräte wird folgendes vorausgesetzt:

1. Die Ankunftszeitpunkte der Anrufe in der Verteilereinrichtung bilden einen rekurrenten Strom, der durch eine Verteilungsfunktion $A(t)$ vorgegeben ist.

2. Die Anrufe numerieren wir in der Reihenfolge ihres Eintreffens mit den Zahlen $1, 2, \ldots$ und bezeichnen mit ν_k die Nummer des Gerätes, dem der Anruf mit der Nummer k, $k \geqq 1$, zugeordnet wird. Die Tätigkeit der Verteilereinrichtung wird durch die Zahlenfolge $\nu_1, \nu_2, \ldots$ charakterisiert. Wir setzen voraus, daß die Folge $\{\nu_k\}_{k=1,2,\ldots}$

eine homogene MARKOWsche Kette (mit $n < \infty$ verschiedenen Zuständen) bildet mit der Matrix der Übergangswahrscheinlichkeiten $P = \{p_{ij}\}$, wobei $p_{ij} = \mathsf{P}(\nu_{k+1} = j \mid \nu_k = i)$, $k \geqq 1$, $1 \leqq \nu_k \leqq n$, ist. Zur vollständigen Bestimmung der MARKOWschen Kette $\{\nu_k\}$ müssen wir noch die Wahrscheinlichkeiten $\mathsf{P}(\nu_1 = i)$, $i = 1, \ldots, n$, vorgeben; wir setzen

$$\mathsf{P}(\nu_1 = i) = p_i, \qquad p_1 + \ldots + p_n = 1.$$

3. Ein Anruf, der einem gewissen Gerät zugeordnet wurde, wird entweder sofort bedient (falls das Gerät frei ist) oder wartet in der Warteschlange auf den Bedienungsbeginn (falls das Gerät belegt ist). Wir setzen voraus, daß die Bedienungszeiten sämtlicher Anrufe unabhängige Zufallsgrößen sind, dabei wird jeder Anruf nur auf einem Gerät bedient. Falls ein Anruf dem Gerät mit der Nummer i zugeordnet wird, dann hat seine Bedienungszeit auf diesem Gerät die Verteilungsfunktion $B_i(t)$.

Es stellt sich die Aufgabe, die stationäre Verteilungsfunktion der Wartezeit eines in der Verteilereinrichtung eintreffenden Anrufes sowie die stationäre bedingte Verteilung der Wartezeit unter der Bedingung zu bestimmen, daß der Anruf dem Gerät mit der Nummer i, $1 \leqq i \leqq n$, zugeordnet wird.

Wir bestimmen zunächst den Strom der am Gerät mit der Nummer i, $i = 1, \ldots, n$, eintreffenden Anrufe. Es seien $t_1^{(i)}, t_2^{(i)}, \ldots$ die aufeinanderfolgenden Zeitpunkte des Eintreffens von Anrufen, die dem Gerät mit der Nummer i zugeordnet werden; $z_k^{(i)} = t_k^{(i)} - t_k^{(i-1)}$, $k \geqq 1$, $t_0^{(i)} = 0$.

Satz. a) *Die Zufallsgrößen* $z_1^{(i)}, z_2^{(i)}, \ldots$ *sind vollständig unabhängig, wobei die Zufallsgrößen* $z_2^{(i)}, z_3^{(i)}, \ldots$ *identisch verteilt sind.*

b) *für jedes* λ, *das der Bedingung* $|\lambda| < 1$ *genügt, existiert die inverse Matrix* $(I - \lambda P)^{-1}$. *Es sei*

$$P(\lambda) = \lambda P(I - \lambda P)^{-1} = \{p_{ij}(\lambda)\}.$$

Dann läßt sich $p_{ij}(\lambda)$ *als Potenzreihe bezüglich der Potenzen von* λ *mit dem Konvergenzradius 1 darstellen. Es sei*

$$A_i(t) = \mathsf{P}(z_k^{(i)} < t), \qquad k \geqq 2.$$

Dann gilt für die LAPLACE-STIELTJES-*Transformierte* $\alpha_i(s)$ *von* $A_i(t)$

$$\alpha_i(s) = \frac{p_{ii}(\alpha(s))}{1 + p_{ii}(\alpha(s))}. \tag{1}$$

Beweis. Die Behauptung a) ist offensichtlich. Wir beweisen die Behauptung b). Wenn $P = \{p_{ij}\}$ die Matrix der Übergangswahrscheinlichkeiten einer homogenen MARKOWschen Kette und p_{ij}^m die Wahrscheinlichkeit eines Übergangs vom Zustand i in den Zustand j in m Schritten ist, dann gilt

$$\{p_{ij}^m\} = P^m.$$

Mit q_{ij}^m bezeichnen wir ferner die Wahrscheinlichkeit eines Übergangs vom Zustand i in den Zustand j in *genau* m Schritten (ohne in den Zustand j bis zum m-ten Schritt zu gelangen). Es gilt dann

$$p_{ij}^m = q_{ij}^m + q_{ij}^{m-1} p_{ij}^1 + \ldots + q_{ij}^1 p_{ij}^{m-1}$$

bzw. in der Matrixschreibweise

$$P^m = Q^{(m)} H_0 + Q^{(m-1)} H_1 + \ldots + Q^{(1)} H_{m-1} \tag{2}$$

mit

$$Q^{(k)} = \{q_{ij}^k\}, \qquad H_k = \{\delta_{ij} \cdot p_{ij}^k\}, \qquad k \geqq 1; \qquad H_0 = \{\delta_{ij}\} = I.$$

Wir setzen

$$\begin{aligned} P(\lambda) &= \sum_{k \geqq 1} P^k \lambda^k = \{p_{ij}(\lambda)\} = \Big\{\sum_{k \geqq 1} p_{ij}^k \lambda^k\Big\}, \\ Q(\lambda) &= \sum_{k \geqq 1} Q^{(k)} \lambda^k = \{q_{ij}(\lambda)\}, \\ H(\lambda) &= \sum_{k \geqq 0} H_k \lambda^k \end{aligned} \tag{3}$$

und erhalten dann aus (2)

$$P(\lambda) = Q(\lambda)\, H(\lambda). \tag{4}$$

Wir bemerken, daß die Reihen (3) zumindest im Kreisgebiet $|\lambda| < 1$ konvergieren. Weil

$$H(\lambda) = \{\delta_{ij}[1 + p_{ij}(\lambda)]\}$$

gilt und $1 + p_{ij}(\lambda) \neq 0$ für $|\lambda| < \varepsilon$, gilt

$$H^{-1}(\lambda) = \left\{\frac{\delta_{ij}}{1 + p_{ij}(\lambda)}\right\}.$$

Aus (4) erhalten wir dann $Q(\lambda) = P(\lambda)\, H^{-1}(\lambda)$, woraus sich

$$q_{ij}(\lambda) = \frac{p_{ij}(\lambda)}{1 + p_{ij}(\lambda)} \tag{5}$$

und insbesondere

$$q_{ii}(\lambda) = \frac{p_{ii}(\lambda)}{1 + p_{ii}(\lambda)} \tag{6}$$

für $|\lambda| < \varepsilon$ ergibt. Weil die Funktionen $q_{ii}(\lambda)$ und $p_{ii}(\lambda)$ im Kreisgebiet $|\lambda| < 1$ analytisch sind, ergibt sich aus (6) $1 + p_{ii}(\lambda) \neq 0$ für $|\lambda| < 1$, d. h., die Formel (6) gilt zumindest für $|\lambda| < 1$.

Wir bemerken ferner, daß für $|\lambda| < 1$

$$P(\lambda) = \lambda P(I - \lambda P)^{-1}$$

gilt, weil die Wurzeln der Gleichung $\det(I - \lambda P) = 0$ innerhalb des Kreisgebietes $|\lambda| < 1$ liegen (denn P ist eine stochastische Matrix).

Die Behauptung b) des Satzes ergibt sich nun sofort, wenn das Ergebnis aus § 10, Kap. 1, benutzt wird und dabei $a_0 = q_{ii}^{(1)}$, $a_1 = q_{ii}^{(2)}$, $a_2 = q_{ii}^{(3)}$, ..., $\lambda F(\lambda) = \sum_{k \geqq 0} a_k \lambda^{k+1} = q_{ii}(\lambda)$ und die Formel (3) aus § 10, Kap. 1, beachtet wird. Damit ist der Satz bewiesen.

Das ursprüngliche Problem kann nun folgendermaßen gelöst werden. Die stationäre bedingte Verteilungsfunktion $W_i(t)$ der Wartezeit eines Anrufes auf den Bedienungsbeginn unter der Bedingung, daß er dem Gerät mit der Nummer i zugeordnet wird, läßt sich wie die stationäre Verteilungsfunktion der Wartezeit für den Fall bestimmen, daß ein rekurrenter Anrufstrom mit der Verteilungsfunktion $A_i(t)$, deren Laplace-Stieltjes-Transformierte durch die Formel (1) gegeben ist, von *einem* Bedienungsgerät bedient wird, wobei die Verteilungsfunktion der Bedienungszeit jedes Anrufes gleich $B_i(t)$ ist. Dabei kann man die Ergebnisse der Abschnitte 8—10 des Kapitels 3 benutzen.

Es sei $W^{(k)}(t)$ die Verteilungsfunktion der Wartezeit des k-ten Anrufes auf den Bedienungsbeginn (die Numerierung der Anrufe erfolgt in der Reihenfolge ihres Eintreffens in der Verteilereinrichtung), $W_i^{(k)}(t)$ sei die entsprechende Verteilungsfunktion, jedoch unter der Bedingung, daß der k-te Anruf auf das Gerät mit der Nummer i gelangt.

Ohne Einschränkung der Allgemeinheit können wir voraussetzen, daß die MARKOWsche Kette, die die Arbeit der Verteilereinrichtung steuert, irreduzibel ist. Dann gilt

$$\lim_{k\to\infty} W_i^{(k)}(t) = W_i(t) \quad \text{und} \quad W^{(k)}(t) = \sum_{i=1}^{n} p_i^{(k)} W_i^{(k)}(t) ,$$

wobei $p_i^{(k)}$ die Wahrscheinlichkeit dafür ist, daß der k-te Anruf auf das Gerät mit der Nummer i gelangt; diese Wahrscheinlichkeiten lassen sich mit Hilfe der Beziehungen

$$p_i^{(1)} = p_i , \qquad p_i^{(k+1)} = \sum_{j=1}^{n} p_j p_{ji}^k , \qquad k \geqq 1 ,$$

bestimmen.

Obwohl die Grenzwerte $\lim_{k\to\infty} W_i^{(k)}(t) = W_i(t)$ existieren, braucht der Grenzwert $\lim_{k\to\infty} W^{(k)}(t) = W(t)$ im allgemeinen nicht zu existieren, weil die Existenz von $\lim_{k\to\infty} p_i^{(k)}$ nicht notwendig ist (zum Beispiel im Fall einer periodischen Kette). Daher gehen wir wie folgt vor. Die Wahrscheinlichkeit dafür, daß ein unter den ersten N Anrufen beliebig ausgewählter Anruf nicht länger als t Zeiteinheiten auf den Beginn der Bedienung warten muß, ist gleich

$$\sum_{k=1}^{N} \frac{1}{N} W^{(k)}(t) .$$

Man kann deshalb den Grenzwert

$$W(t) = \lim_{N\to\infty} \sum_{k=1}^{N} \frac{1}{N} W^{(k)}(t) \tag{7}$$

(falls er existiert) als Verteilungsfunktion der Wartezeit eines (unter sämtlichen Anrufen) beliebig ausgewählten Anrufes deuten. Wir bemerken, daß

$$\frac{1}{N} \sum_{k=1}^{N} W^{(k)}(t) = \sum_{i=1}^{n} \left(\frac{1}{N} \sum_{k=1}^{N} p_i^{(k)} W_i^{(k)}(t) \right) \tag{8}$$

gilt. Ferner sei vermerkt, daß für jede irreduzible MARKOWsche Kette die Grenzwerte

$$\lim_{N\to\infty} \frac{1}{N} \sum_{k=1}^{N} p_i^{(k)} = \lim_{N\to\infty} \frac{1}{N} \sum_{k=1}^{N} p_{ij}^k = \pi_i \tag{9}$$

existieren, wobci $\pi_i > 0$ und $\sum_{i=1}^{n} \pi_i = 1$ ist.

Schließlich benutzen wir folgende Behauptung: Falls für die Folgen $x_1, x_2, \ldots$ und $a_1, a_2, \ldots$ die Grenzwerte

$$x = \lim_{N\to\infty} \frac{x_1 + \ldots + x_N}{N} , \qquad \lim_{N\to\infty} a_N = a$$

existieren, dann existiert der Grenzwert

$$\lim_{N\to\infty} \frac{x_1 a_1 + \ldots + x_N a_N}{N} = xa .$$

Aus (8) und (9) folgt deshalb die Existenz des Grenzwertes (7) und

$$W(t) = \sum_{i=1}^{n} \pi_i W_i(t) \,. \tag{10}$$

Die Funktionen $W_i(t)$, $i = 1, \ldots, n$, und $W(t)$ sind die Funktionen, die wir bestimmen wollten.

Es sei vermerkt, daß die stationäre Verteilungsfunktion $W_i(t)$ existiert, falls

$$b_i > a\pi_i \,, \tag{11}$$

mit

$$a^{-1} = \int_0^\infty t \,\mathrm{d}A(t) < \infty \,, \qquad b_i^{-1} = \int_0^\infty t \,\mathrm{d}B_i(t) < \infty$$

gilt. Die entsprechende Bedingung für die Existenz der Verteilungsfunktion $W(t)$ ist

$$a^{-1} > \max_{1 \leq i \leq n} \{\pi_i b_i^{-1}\} \,. \tag{12}$$

Es sei

$$a_i^{-1} = \int_0^\infty t \,\mathrm{d}A_i(t) = -\alpha_i'(0) \,.$$

Wegen $\alpha_i(s) = q_{ii}'(\alpha(s))$ und $\alpha(0) = 1$, $\alpha'(0) = -a^{-1}$, gilt tatsächlich $a_i^{-1} = q_{ij}'(1)\, a^{-1}$ und folglich

$$q_{ii}'(1) = \sum_{k \geq 1} k q_{ii}^k = \frac{1}{\pi_i} \,.$$

Somit ist

$$a_i^{-1} = \frac{1}{\pi_i} a^{-1} \,.$$

Gemäß Satz 1 in § 9, Kap. 3 ist $a_i b_i^{-1} < 1$ bzw. (11) die Bedingung für die Existenz der stationären Wartezeitverteilungsfunktion $W_i(t)$. Falls (12) erfüllt ist, dann gilt für sämtliche Funktionen $W_i(t)$ und folglich auch für die in (10) definierte Funktion $W(t)$ die Beziehung

$$\lim_{t \to \infty} W_i(t) = \lim_{t \to \infty} W(t) = 1 \,.$$

Aufgabe 1. Man betrachte den Fall, daß die Ankunftszeitpunkte der Anrufe einen ERLANGschen Strom bilden. Die Arbeit der Verteilereinrichtung werde durch eine MARKOWsche Kette gesteuert mit der Übergangsmatrix

$$P = \left[\begin{array}{ccc:c} 0 & 1 & 0 & 0 \\ 0 & 0 & 1 & 0 \\ \hdashline 0 & 0 & 0 & 1 \\ 1 & 0 & 0 & 0 \end{array}\right],$$

die Bedienungszeiten seien auf jedem Gerät beliebig verteilt.

Hinweis. Es gilt $\alpha_i(s) = [\alpha(s)]^n$.

Aufgabe 2. Man betrachte den Fall, daß die Ankunftszeitpunkte der Anrufe einen POISSONschen Strom bilden. Die Arbeit der Verteilereinrichtung werde durch die Matrix

$$P = \left[\begin{array}{cc:c} p_1 & p_2 & p_n \\ p_1 & p_2 & p_n \\ \hdashline p_1 & p_2 & p_n \end{array}\right]$$

gesteuert; die Bedienungsgeräte arbeiten unzuverlässig (genauso wie in Kap. 3, § 4).

Hinweis. In diesem Fall bilden die Ankunftszeitpunkte der Anrufe, die dem Gerät mit der Nummer i zugeordnet werden, einen POISSONschen Strom, $i = 1, \ldots, n$. Man benutze ferner das Ergebnis aus Kap. 3, § 4.

Aufgabe 3 (Fortsetzung). Man betrachte den Fall, daß vor gewissen Geräten nur eine beschränkte Warteschlange zugelassen ist.

Hinweis. Siehe Kap. 3, § 5.

§ 11. Bedienung mit Prioritäten (rekurrenter Anrufstrom, exponentielle Bedienungszeitverteilung)

Beschreibung des Bedienungssystems und Aufgabenstellung. Ein Strom von Anrufen trifft in einem Bedienungssystem mit n Bedienungsgeräten ein. Über den Anrufstrom, die Verteilung der Anrufe auf die Geräte und die Bedienungsdisziplin auf den einzelnen Geräten wird folgendes vorausgesetzt:

1. Der Anrufstrom ist rekurrent und wird durch die Verteilungsfunktion $A(t)$, $A(+0) < 1$, bestimmt.

2. Die Bedienungszeiten sämtlicher Anrufe sind unabhängige Zufallsgrößen.

3. Die Bedienungsgeräte werden mit den Zahlen $1, \ldots, n$ numeriert. Die Bedienungszeit eines Anrufes auf dem Gerät mit der Nummer i ist exponentiell mit dem Parameter b_i verteilt.

4. Die Menge sämtlicher Anrufe wird in r Klassen unterteilt, die mit den Zahlen $1, \ldots, r$ numeriert werden. Die Anrufe der Klasse k, $k = 1, \ldots, r$, werden wir auch Anrufe k-ter Priorität nennen. Jeder eintreffende Anruf erweist sich mit der Wahrscheinlichkeit a_k als Anruf k-ter Priorität unabhängig davon, wieviel und welche Anrufe bis zu diesem Anruf eingetroffen sind.

5. Jedem Anruf, der zum Zeitpunkt seines Eintreffens freie Geräte vorfindet, wird eines dieser Geräte zugeordnet. Die Regel, nach der eine solche Zuordnung erfolgt, kann beliebig sein.

6. Die Anrufe i-ter Priorität werden gegenüber den Anrufen j-ter Priorität vorgezogen, falls $i < j$ ist. Dabei sagen wir, daß die Anrufe der Klasse i von höherer Priorität sind als die Anrufe der Klasse j. Die genannte Bevorzugung besteht in folgendem: Findet ein Anruf zum Zeitpunkt seines Eintreffens sämtliche Geräte belegt vor, dann gilt:[1])

a) Falls unter den sich in Bedienung befindenden Anrufen Anrufe mit niederer Priorität als der neu eingetroffene sind, dann wird die Bedienung des Anrufes mit der niedersten Priorität unterbrochen (falls es mehrere solcher Anrufe gibt, dann wird unter den Anrufen mit der niedersten Priorität der Anruf unterbrochen, der später als die übrigen im System eingetroffen ist) und mit der Bedienung des neu eingetroffenen Anrufes begonnen.

b) Falls unter den sich in Bedienung befindenden Anrufen kein Anruf mit niederer Priorität als der neu eingetroffene Anruf ist, dann stellt sich dieser in die Warteschlange vor die Anrufe niederer Priorität, die auf den Bedienungsbeginn warten, und hinter die Anrufe höherer Priorität, die sich in der Warteschlange befinden (falls solche vorhanden sind).

7. Ein unterbrochener Anruf wird später weiterbedient.

---

[1]) vgl. Fußnote S. 66 (Anm. d. Herausgebers).

8. Je nach dem, welche Bedienungsreihenfolge für Anrufe gleicher Priorität vorgesehen ist, unterscheiden wir die zwei folgenden Modelle:

Modell 1 — Anrufe gleicher Priorität werden in der Reihenfolge ihres Eintreffens bedient;

Modell 2 — Von den Anrufen einer Prioritätsklasse, die auf den Bedienungsbeginn warten, wird zuerst der Anruf bedient, der später als die übrigen eingetroffen ist.

Für ein solches Bedienungssystem stellen wir uns die Aufgabe, die stationäre Verteilungsfunktion $W_i(t)$ der Wartezeit auf den Bedienungsbeginn für einen Anruf der Priorität i, $i = 1, \ldots, r$, zu bestimmen.

Wir setzen $R(z, s, \beta(s)) = [z - \beta(s + b - bz)]^{-1} \times$

$$\times \left\{z \frac{1 - \beta(s + b - bz)}{1 - z} \cdot \frac{s}{s + b - bz} - \beta(s + b - bz) \frac{s}{s + b - b\gamma(s)}\right\},$$

$$b = b_1 + \ldots + b_n,$$

dabei ist

$$\gamma(s) = \beta(s + b - b\gamma(s)),$$

und die Funktion $\gamma(s)$, die analytisch in der Halbebene $\operatorname{Re} s > 0$ ist, in der $|\gamma(s)| < 1$ gilt, wird eindeutig durch die Funktionalgleichung bestimmt. Diese Behauptung gilt (und läßt sich leicht unter Benutzung des Satzes von Rouché nachprüfen) zum Beispiel für den Fall, daß $\beta(s)$ die Laplace-Stieltjes-Transformierte der Verteilungsfunktion einer nichtnegativen Zufallsgröße ist.

Ferner benutzen wir wie bisher folgende Bezeichnungen:

$$\alpha(s) = \int_0^\infty e^{-st} \, dA(t), \qquad a^{-1} = \int_0^\infty t \, dA(t), \qquad \omega_i(s) = \int_0^\infty e^{-st} \, dW_i(t).$$

Satz. a) *Für das Modell 1 gilt*

$$\omega_i(s) = 1 - C_i \varrho_i R(\varrho_i, s, \alpha_{i-1}(s)), \tag{1}$$

falls $a(a_1 + \ldots + a_i) < b$ *ist, dabei ist*

$$\alpha_k(s) = \alpha(s) \frac{1 - \sigma_k}{1 - \sigma_k \alpha(s)}, \qquad 1 - \sigma_k = a_1 + \ldots + a_k, \qquad \sigma_r = 0,$$

und ϱ_i *ist die eindeutig bestimmte Wurzel der Gleichung*

$$\varrho_i = \alpha_i(b - b\varrho_i),$$

die im Intervall $(0, 1)$ *liegt.*

b) *Für das Modell 2 gilt*

$$\omega_i(s) = 1 - C_{i-1} \varrho_{i-1} R(\varrho_{i-1}, s, \alpha_i(s)),$$

falls $a(a_1 + \ldots + a_{i-1}) < b$, $i = 2, \ldots, r$, *ist.*

Für $i = 1$ *gilt*

$$\omega_1(s) = 1 - \varrho_1 + \varrho_1 \pi(s),$$

wobei

$$\pi(s) = \frac{\frac{b}{s}[1 - \gamma_1(s)]}{1 + \frac{b}{s}[1 - \gamma_1(s)]}$$

ist, und $\gamma_1(s)$ durch die Gleichung

$$\gamma_1(s) = \alpha_1(s + b - b\gamma_1(s))$$

gegeben wird. Dabei wird die Funktion $\gamma_1(s)$, die analytisch in der Halbebene Re $s > 0$ *ist, in der $|\gamma_1(s)| < 1$ gilt, eindeutig durch diese Funktionalgleichung bestimmt.*

c) *Die Konstanten C_i hängen von der Regel ab, nach der jedem Anruf, der zum Zeitpunkt seines Eintreffens freie Geräte vorfindet, eines dieser Geräte zugeordnet wird. Es sei vermerkt, daß $C_i\varrho_i(1 - \varrho_i)^{-1}$ die stationäre Wahrscheinlichkeit dafür ist, daß ein Anruf zum Zeitpunkt seines Eintreffens im System sämtliche Geräte mit Anrufen i-ter oder höherer Priorität belegt vorfindet.*

d) *Für beide Modelle sind die Funktionen $W_i(t)$ nichtfallend und nichtnegativ. Dabei gilt für das Modell 1*

$$W_i(+\infty) = 0 \quad \text{falls} \quad a(a_1 + \dots + a_i) \geqq b\,,$$

$$W_i(+\infty) = 1\,, \quad \text{falls} \quad a(a_1 + \dots + a_i) < b\,,$$

und für das Modell 2

$$W_i(+\infty) = 0\,, \quad \text{falls} \quad a(a_1 + \dots + a_{i-1}) \geqq b\,,$$

$$0 < W_i(+\infty) < 1\,, \quad \text{falls} \quad a(a_1 + \dots + a_{i-1}) < b < a(a_1 + \dots + a_i)\,,$$

$$W_i(+\infty) = 1\,, \quad \text{falls} \quad a(a_1 + \dots + a_i) \leqq b\,.$$

Den Beweis zerlegen wir in einzelne Schritte.

A. Weil der Anrufstrom rekurrent ist und jeder Anruf mit der Wahrscheinlichkeit $a_1 + \dots + a_i$ ein Anruf i-ter oder höherer Priorität ist, ist der Strom der Anrufe i-ter oder höherer Priorität ebenfalls rekurrent (siehe Kap. 1, § 10) und wird durch eine Verteilungsfunktion $A_i(t)$ bestimmt, deren Laplace-Stieltjes-Transformierte durch die Beziehung

$$\alpha_i(s) = \alpha(s)\frac{1 - \sigma_i}{1 - \sigma_i\alpha(s)}, \qquad 1 - \sigma_i = a_1 + \dots + a_i\,; \qquad \sigma_r = 0\,,$$

gegeben ist (siehe Beisp. 1 in Kap. 1, § 10).

Ferner bezeichnen wir mit $p_{kN}^{(i)}$ die Wahrscheinlichkeit dafür, daß der N-te Anruf (die Numerierung der Anrufe erfolgt in der Reihenfolge ihres Eintreffens) zum Zeitpunkt seines Eintreffens k Anrufe i-ter oder höherer Priorität (und gegebenenfalls noch Anrufe mit einer niederen Priorität als i) im System vorfindet. Weil auf die Bedienung der Anrufe i-ter oder höherer Priorität die Anrufe niederer Priorität keinen Einfluß besitzen, existieren gemäß § 8 die Grenzwerte

$$\lim_{N\to\infty} p_{kN}^{(i)} = p_k^{(i)}\,, \qquad k \geqq 0\,,$$

so daß

$$p_{k+n-1}^{(i)} = C_i\varrho_i^k\,, \qquad p_{n-1}^{(i)} = C_i\,,$$

gilt, wobei ϱ_i die eindeutig bestimmte Wurzel der Gleichung

$$\varrho_i = \alpha_i(b - b\varrho_i)$$

ist, die im Intervall (0, 1) liegt. Dabei wird vorausgesetzt

$$\alpha_{i1}b = [-\alpha_i'(0)]\cdot b < 1\,, \quad \text{d. h.} \quad a(a_1 + \dots + a_i) < b\,.$$

B. *Modell 1.* Der N-te Anruf finde zum Zeitpunkt seines Eintreffens im System k Anrufe i-ter oder höherer Priorität vor (und gegebenenfalls noch Anrufe mit einer niederen

Priorität als i). Die Wahrscheinlichkeit dieses Ereignisses ist gleich $p_{kN}^{(i)}$ (selbst wenn bekannt ist, von welcher Priorität der N-te Anruf ist). Es sei bekannt, daß der N-te Anruf ein Anruf i-ter Priorität ist. Wir betrachten die Zeit, die dieser Anruf auf den Bedienungsbeginn warten muß. Ist $k < n$ (n ist die Anzahl der Geräte), dann ist die Wartezeit gleich Null. Es sei nun $k \geqq n$. Wir setzen $k = n + \nu$. Hierbei bedeutet ν die Länge der aus den Anrufen i-ter oder höherer Priorität gebildeten Schlange. In diesem Fall ist das Problem der Bestimmung der Wartezeit $w_\nu^{(i)}$ des (N-ten Anrufes) auf den Bedienungsbeginn mit folgendem Problem äquivalent: Ein Gerät bedient einen rekurrenten Anrufstrom, der durch die Verteilungsfunktion $A_{i-1}(t)$ bestimmt wird; die Bedienungszeit eines beliebigen Anrufes ist exponentiell verteilt mit dem Parameter b. Man bestimme die Länge $\zeta_\nu^{(i-1)}$ des Zeitintervalls, das im Zeitpunkt des Eintreffens eines Anrufes, der ν Anrufe im System vorfindet, beginnt und bis zum unmittelbar darauffolgenden Zeitpunkt des Freiwerdens des Systems reicht. Somit gilt

$$\mathsf{P}(w_\nu^{(i)} < t) = \mathsf{P}(\zeta_\nu^{(i-1)} < t)\,.$$

Hieraus folgt für die Verteilungsfunktion $W_{iN}(t)$ der Wartezeit des N-ten Anrufes auf den Bedienungsbeginn unter der Bedingung, daß dieser Anruf ein Anruf i-ter Priorität ist,

$$W_{iN}(t) = p_{0N}^{(i)} + \dots + p_{n-1,N}^{(i)} + \sum_{\nu \geqq 0} p_{n+\nu,N}^{(i)} \mathsf{P}(w_\nu^{(i)} < t) =$$
$$= p_{0N}^{(i)} + \dots + p_{n-1,N}^{(i)} + \sum_{\nu \geqq 0} p_{n+\nu,N}^{(i)} \mathsf{P}(\zeta_\nu^{(i-1)} < t)\,.$$

Für $N \to \infty$ erhalten wir

$$p_{n+\nu,N}^{(i)} \to p_{n+\nu}^{(i)} = C_i \varrho_i^{\nu+1}\,,$$
$$p_{0N}^{(i)} + \dots + p_{n-1,N}^{(i)} \to p_0^{(i)} + \dots + p_{n-1}^{(i)} = 1 - \sum_{\nu \geqq 0} p_{n+\nu}^{(i)} = 1 - C_i \varrho_i (1 - \varrho_i)^{-1}\,,$$
$$W_{iN}(t) \to W_i(t) = 1 - C_i \varrho_i (1 - \varrho_i)^{-1} + C_i \varrho_i \sum_{\nu \geqq 0} \varrho_i^\nu \mathsf{P}(\zeta_\nu^{(i-1)} < t)\,.$$

Die Formel (1) folgt nun aus Formel (15) in § 2, Kap. 3.

C. *Modell 2.* Unter Beibehaltung der Bezeichnungen des Punktes B erhalten wir für dieses Modell

$$W_{iN}(t) = p_{0N}^{(i-1)} + \dots + p_{n-1,N}^{(i-1)} + \sum_{\nu \geqq 0} p_{n+\nu,N}^{(i-1)} \mathsf{P}(w_\nu^{(i)} < t)\,, \qquad \mathsf{P}(w_\nu^{(i)} < t) = \mathsf{P}(\zeta_r^{(i)} < t)\,.$$

Nun genügt es, genauso wie im vorhergehenden Punkt zur Grenze überzugehen ($N \to \infty$) und wiederum die Formel (15) aus § 2, Kap. 3 zu benutzen.

Aufgabe 1. Wir betrachten ein solches Wartesystem wie in § 8 (rekurrenter Anrufstrom, exponentielle Bedienungszeitverteilung, n Geräte) unter der Voraussetzung, daß sämtliche Geräte identisch sind, d. h. $b_1 = \dots = b_n$. Zum Anfangszeitpunkt seien $i + 1$ Anrufe im System; es sei $i + 1 \leqq n$, so daß sämtliche Anrufe bedient werden. Ferner setzen wir voraus, daß einer dieser $i + 1$ Anrufe „geduldig" ist und die übrigen (darunter auch die später eintreffenden) Anrufe „ungeduldig" sind. Hiermit wird vereinbart, falls ein Anruf zum Zeitpunkt seines Eintreffens alle Geräte belegt vorfindet und der „geduldige" Anruf noch nicht zu Ende bedient wurde, dann wird die Bedienung des „geduldigen" Anrufes unterbrochen und mit der Bedienung des neu eingetroffenen Anrufes begonnen. Die Bedienung des „geduldigen" Anrufes wird wieder aufgenommen, sobald eines der Geräte frei wird.

Dabei bezeichnen wir mit τ_i den Zeitpunkt der Beendigung der Bedienung des „geduldigen" Anrufes, $i = 0, 1, \dots, n - 1$, $v_i(s) = \mathsf{E}\, e^{-s\tau_i}$.

Man zeige, daß für $i = 0, 1, \ldots, n-1$

$$v_i(s) = \left[1 - \frac{M_i(s+b_1)}{M_n(s+b_1)}\right] \frac{b_1}{s+b_1} + \frac{M_i(s+b_1)}{M_n(s+b_1)} \pi(s)\, v_{n-1}(s) \tag{2}$$

gilt. Hierbei ist $\pi(s) = \mathsf{E}\, e^{-s\zeta}$ und ζ eine Zufallsgröße, die gleich der *Belegungsperiode* des Systems oder genauer gleich der Länge eines Zeitintervalls ist, das im Zeitpunkt des Eintreffens eines Anrufes, der nur ein Gerät im System frei vorfindet, beginnt und bis zum unmittelbar darauffolgenden Zeitpunkt reicht, in dem eines der Geräte frei wird.

Man zeige

$$\pi(s) = \frac{\frac{b}{s}[1-\gamma(s)]}{1 + \frac{b}{s}[1-\gamma(s)]}, \tag{3}$$

dabei ist

$$\gamma(s) = \alpha(s + b - b\gamma(s)), \qquad b = b_1 + \ldots + b_n, \tag{4}$$

und die Funktion $\gamma(s)$, die analytisch in der Halbebene $\operatorname{Re} s > 0$ ist, in der $|\gamma(s)| < 1$ gilt, wird durch (4) eindeutig bestimmt.

Hinweis. Bei der Herleitung der Formel (2) benutze man die Methode der Einführung eines Zusatzereignisses („Katastrophe"), wobei die Zeitpunkte seines Eintretens einen Poissonschen Strom mit dem Parameter $s > 0$ bilden und unabhängig von der Arbeit des Bedienungsgerätes sind; ferner benutze man § 6. Bei der Herleitung der Formel (3) benutze man den Abschnitt 2 des Kapitels 3.

Aufgabe 2. Wir betrachten wiederum das in diesem Abschnitt behandelte Bedienungssystem unter der Voraussetzung $b_1 = \ldots = b_n$. Dabei wenden wir uns dem Modell 1 zu: Anrufe mit der gleichen Priorität werden in der Reihenfolge ihres Eintreffens bedient. Mit v_N bezeichnen wir die Verweilzeit des Anrufes im System, der als N-ter Anruf eingetroffen ist, unter der Bedingung, daß dieser Anruf die niedrigste Priorität besitzt. Man zeige, daß der Grenzwert

$$\lim_{N\to\infty} \mathsf{P}(v_N < t) = V(t)$$

existiert und sich aus den Beziehungen

$$v(s) = p_0 v_0(s) + \ldots + p_{n-1} v_{n-1}(s) + C\varrho[(1-\varrho)^{-1} - R(s)]\, v_{n-1}(s)\,, \qquad v(s) = \int_0^\infty e^{-st}\, dV(t)$$

bestimmen läßt, wobei $v_0(s), \ldots, v_{n-1}(s)$ durch die Formel (2), in der $\alpha(s) = \alpha_{r-1}(s)$ gesetzt wird, bestimmt werden.

$p_0, \ldots, p_{n-1}, C, \varrho$ sind durch die in der Aufgabe in § 8 enthaltene Formel gegeben; $R(s) = R(\varrho, s, \alpha_{r-1}(s))$.

§ 12. Eigenschaften von Bedienungsprozessen; Intensitätserhaltungsprinzip

1°. Es sei $\nu(t)$ die Anzahl der Anrufe in einem Bedienungssystem zum Zeitpunkt t; $t_1^+, t_2^+, \ldots$ seien die aufeinanderfolgenden Zeitpunkte des Eintreffens von Anrufen im System; $t_1^-, t_2^-, \ldots$ seien die aufeinanderfolgenden Zeitpunkte der Beendigung der Bedienung von Anrufen im System. Wir setzen voraus, daß die Grenzwerte

$$p_n^+ = \lim_{N\to\infty} \mathsf{P}\big(\nu(t_N^+ - 0) = n\big)\,, \qquad p_n^- = \lim_{N\to\infty} \mathsf{P}\big(\nu(t_N^- + 0) = n\big)\,,$$

$$p_n^* = \lim_{t\to\infty} \mathsf{P}\big(\nu(t) = n\big)\,, \qquad n = 0, 1, 2, \ldots,$$

existieren.

Es erweist sich, daß $p_n^+ = p_n^-$ für alle $n \geqq 0$ gilt. Diese Tatsache gilt unter allgemeinen Voraussetzungen über den Strom der Forderungen und deren Bedienungszeiten und wird durch die unten angegebene Eigenschaft 1 ausgedrückt. Ferner wird ein Intensitätserhaltungsprinzip angegeben, das insbesondere die Verteilung $\{p_n^+\}$ mit der Verteilung $\{p_n^*\}$ verknüpft.

Die Eigenschaft 2 enthält hinreichende Bedingungen für die Gültigkeit von $p_n^+ = p_n^*$ für alle $n \geqq 0$.

2°. Es sei $\xi(t)$, $t \geqq 0$, ein stochastischer Prozeß mit Werten in $I = \{0, \pm 1, \pm 2, ...\}$ der den Bedingungen genügt:

1. Fast alle Realisierungen besitzen Sprünge, die gleich ± 1 sind.
2. Fast alle Realisierungen besitzen unendlich viele Sprünge in den Zustand $0 \in I$.

Wir setzen:

$t_1^+, t_2^+, ...$ seien die aufeinanderfolgenden Zeitpunkte der positiven Sprünge,
$t_1^-, t_2^-, ...$ seien die aufeinanderfolgenden Zeitpunkte der negativen Sprünge,

$$\xi_n^+ = \xi(t_n^+ - 0)\,, \qquad \xi_n^- = \xi(t_n^- + 0)\,,$$

π_n^+ (bzw. π_n^-) sei die Verteilung der Zufallsgröße ξ_n^+ (bzw. ξ_n^-).

Eigenschaft 1. *Es sei $\Gamma \subseteq I$. Dann gilt*

$$\left|\frac{1}{n}\sum_{k=1}^{n} \pi_k^+(\Gamma) - \frac{1}{n}\sum_{k=1}^{n} \pi_k^-(\Gamma)\right| \leqq \frac{c_n}{n},$$

wobei

$$c_n \leqq \mathsf{E}\,|\xi_1^-| + \min\,(\mathsf{E}|\xi_n^-|\,, \quad \mathsf{E}|\xi_n^+|)$$

ist. Falls insbesondere

a) *die Grenzwerte* $\lim\limits_{n\to\infty} \pi_n^\pm(\Gamma) = \pi^\pm(\Gamma)$ *existieren,*

b) $\mathsf{E}|\xi_1^-| < \infty$, $\frac{1}{n}\,\mathsf{E}|\xi_n^-| \to 0$ bzw. $\frac{1}{n}\,\mathsf{E}|\xi_n^+| \to 0$ *ist,*

dann gilt $\pi^+(\Gamma) = \pi^-(\Gamma)$.

Bemerkung 1. Wenn $\xi(t)$ die Anzahl der Anrufe in einem Bedienungssystem zum Zeitpunkt t ist, dann entspricht ein positiver Sprung des Prozesses $\xi(t)$ dem Eintreffen eines Anrufes und ein negativer Sprung der Beendigung der Bedienung eines Anrufes. Die Eigenschaft 1 zeigt: Wenn π^+ bzw. π^- die stationären (Grenz-) Verteilungen der Anzahl von Anrufen im System zu Ankunftszeitpunkten bzw. zu Abgangszeitpunkten (Zeitpunkt der Beendigung von Bedienungen) sind, dann stimmen diese Verteilungen überein.

Bemerkung 2. Die Bedingung 1 kann man weglassen, wenn

(i) man die Bedingung 2 durch folgende Bedingung ersetzt: Fast alle Realisierungen besitzen unendlich viele Sprünge von einem beliebigen Zustand in den Zustand „0“ oder in den entsprechenden Zustand mit umgekehrtem Vorzeichen,

(ii) die Sprungzeitpunkte so oft in der Folge $\{t_n^+\}$ bzw. $\{t_n^-\}$ auftreten, wie die Höhe des entsprechenden Sprunges ist,

(iii) die Folge $\{\xi_n^\pm\}$ auf folgende Weise definiert wird: Ist $t_{n+1}^\pm = t_n^\pm$, dann gilt $\xi_{n+1}^\pm = \xi_n^\pm \pm 1$.

Beweis der Eigenschaft 1. Falls $x_n^\pm(\Gamma)$ die Indikatorfunktion des Ereignisses $\{\xi_n^\pm \in \Gamma\}$ ist und $X_n^\pm(\Gamma) = x_1^\pm(\Gamma) + ... + x_n^\pm(\Gamma)$, dann gilt für fast alle Realisierungen

$$|X_n^+(\Gamma) - X_n^-(\Gamma)| \leqq |\xi_1^-| + \min\,\{|\xi_n^+|, |\xi_n^-|\}\,.$$

Es genügt nun die Anwendung von

$$\mathsf{E}X_n^{\pm}(\Gamma) = \sum_{k=1}^{n} \pi_k^{\pm}(\Gamma)$$

und

$$|\mathsf{E}\xi| \leqq \mathsf{E}|\xi| \,, \qquad \mathsf{E}\min(\xi, \eta) \leqq \min(\mathsf{E}\xi, \mathsf{E}\eta)$$

für beliebige Zufallsgrößen ξ und η.

Folgerung 1. *Es sei zusätzlich bekannt, daß*

a) $\xi(t)$ *nur nichtnegative Werte annimmt,*

b) *der Prozeß* $\{\xi(t)\}$ *ein regenerativer Prozeß mit endlichem mittlerem Regenerationszyklus ist.*

Wenn $\xi^+(T)$ $\big($*bzw.* $\xi^-(T)\big)$ *die Anzahl der positiven (bzw. negativen) Sprünge des Prozesses bis zum Zeitpunkt T ist, dann gilt mit Wahrscheinlichkeit 1*

$$\lim_{T\to\infty} \frac{\xi^+(T)}{T} = \lim_{T\to\infty} \frac{\xi^-(T)}{T} \,. \tag{1}$$

Die linke Seite dieser Gleichung stellt die stationäre (Grenz-)Intensität der positiven Sprünge, die rechte Seite die entsprechende Intensität der negativen Sprünge dar. Falls zum Beispiel $\xi(t)$ die Anzahl der Anrufe im System zum Zeitpunkt t ist, dann bedeutet die Gleichung (1), daß die Intensität des Eingangsstromes gleich der Intensität des Ausgangsstromes ist. Aus diesem Grund werden wir die Gleichung (1) *Intensitätserhaltungsprinzip* nennen[1]).

Folgerung 2. *Falls insbesondere* $\xi_n^+(T)$ *die Anzahl der positiven Sprünge der Gestalt* $n \to n + 1$ *des Prozesses* $\xi(t)$ *bis zum Zeitpunkt T und* $\xi_n^-(T)$ *die entsprechende Anzahl der negativen Sprünge der Gestalt* $n + 1 \to n$ *ist, dann gilt (mit Wahrscheinlichkeit 1)*

$$\lim_{T\to\infty} \frac{\xi_n^+(T)}{T} = \lim_{T\to\infty} \frac{\xi_n^-(T)}{T} \,. \tag{2}$$

Diese Gleichung ergibt sich aus (1), wenn man anstelle des Prozesses $\xi(t)$ den Prozeß

$$\eta(t) = \begin{cases} 1, & \text{falls} \quad \xi(t) > n \,, \\ 0, & \text{falls} \quad \xi(t) \leqq n \end{cases}$$

benutzt.

Beispiel 1. Es sei $\xi(t)$ ein Geburts- und Todesprozeß mit zusätzlichen zufälligen Sprüngen in den Erneuerungspunkten eines Erneuerungsprozesses. Genauer gesagt, wir betrachten einen Erneuerungsprozeß mit den Erneuerungspunkten $t_1, t_2, \ldots$. Wir setzen voraus, daß in jedem der Intervalle $(0, t_1), (t_1, t_2), \ldots, (t_n, t_{n+1}), \ldots$ der Prozeß $\xi(t)$ ein homogener Geburts- und Todesprozeß ist, für den a_k die Geburtsintensität im Zustand k und b_k die Sterbeintensität im Zustand k ist; $k = 0, 1, \ldots$; $b_0 = 0$. Dabei hänge

$$q_{ij} = \mathsf{P}(\xi(t_n + 0) = j \,|\, \xi(t_n - 0) = i)$$

nicht von n und nicht von der Realisierung des Prozesses $\xi(t)$ bis zum Zeitpunkt t_n ab. Wir betrachten den Fall, daß

$$q_{i,i+1} = q_i^+, \; q_{i,i-1} = q_i^-, \; q_0^- = 0, \; q_{ii} = q_i, \; q_i^- + q_i + q_i^+ = 1.$$

Die Erneuerungsintensität sei gleich a.

[1]) vgl. hierzu auch die Ergebnisse der Arbeit [70] (Anm. d. Herausgebers).

Wir setzen

$$p_n^* = \lim_{t\to\infty} \mathsf{P}\big(\xi(t) = n\big) , \qquad p_n^+ = \lim_{N\to\infty} \mathsf{P}\big(\xi(t_N - 0) = n\big) .$$

Es wird natürlich vorausgesetzt, daß diese Grenzwerte existieren (falls zum Beispiel die Verteilung der Zufallsgrößen $t_k - t_{k-1}$ nicht arithmetisch ist). Wenn die genannten Grenzwerte nicht existieren, dann kann man für p_n^* und p_n^+ die Grenzwerte der entsprechenden arithmetischen Mittel wählen. In unserem Fall nimmt das Intensitätserhaltungsprinzip folgende Gestalt an

$$p_n^+ q_n^+ a + p_n^* a_n = p_{n+1}^+ q_{n+1}^- a + p_{n+1}^* b_{n+1} , \qquad n \geqq 0 . \tag{3}$$

Beim Beweis dieser Gleichung benutzen wir die Formel (2). Wir setzen

$$\xi_n^+(T) = \lambda_n^+(T) + \mu_n^+(T) ,$$

wobei $\lambda_n^+(T)$ die Anzahl der positiven Sprünge der Gestalt $n \to n + 1$ des Prozesses $\xi(t)$ in den Erneuerungspunkten bis zum Zeitpunkt T und $\mu_n^+(T)$ die Anzahl der entsprechenden Sprünge, die nicht in Erneuerungspunkten liegen, ist.
Falls nun $\lambda(T)$ die Anzahl sämtlicher Erneuerungen bis zum Zeitpunkt T und $\lambda_n(T)$ die Anzahl der Sprünge der Gestalt $n \to n \pm 1$ in den Erneuerungspunkten bis T ist, dann ergibt sich aus

$$\frac{\lambda_n^+(T)}{T} = \frac{\lambda_n(T)}{\lambda(T)} \cdot \frac{\lambda_n^+(T)}{\lambda_n(T)} \cdot \frac{\lambda(T)}{T} ,$$

$$p\text{-}\lim_{T\to\infty} \frac{\lambda_n(T)}{T} = p_n^+ , \qquad p\text{-}\lim_{T\to\infty} \frac{\lambda_n^+(T)}{\lambda_n(T)} = q_n^+ , \qquad p\text{-}\lim_{T\to\infty} \frac{\lambda(T)}{T} = a \tag{4}$$

(p-lim bezeichnet die Konvergenz in Wahrscheinlichkeit) die Beziehung

$$p\text{-}\lim_{T\to\infty} \frac{\lambda_n^+(T)}{T} = p_n^+ q_n^+ a . \tag{5}$$

Wir bemerken, daß die benutzten Größen für jede Realisierung von einem bestimmten T an (das von der Realisierung abhängt) positiv sind. Die beiden letzten Grenzwerte in (4) sind offensichtlich gleich q_n^+ bzw. a. Den ersten Grenzwert in (4) kann man erhalten, indem man das Ergebnis aus Kapitel 2, § 9 auf den Prozeß $\xi_N = \xi(t_N - 0)$ anwendet.

Wir zeigen nun, daß für $T \to \infty$

$$p\text{-}\lim \frac{\mu_n^+(T)}{T} = p_n^* a_n \tag{6}$$

gilt. Es sei $x_n(T)$ die Gesamtaufenthaltsdauer des Prozesses $\xi(t)$ im Zustand n bis T. Dann ergibt sich die Beziehung (6) aus

$$\frac{\mu_n^+(T)}{T} = \frac{x_n(T)}{T} \cdot \frac{\mu_n^+(T)}{x_n(T)} ,$$

$$p\text{-}\lim_{T\to\infty} \frac{x_n(T)}{T} = p_n^* , \qquad p\text{-}\lim_{T\to\infty} \frac{\mu_n^+(T)}{x_n(T)} = a_n . \tag{7}$$

Der letzte Grenzwert ist offensichtlich gleich a_n. Der erste Grenzwert in (7) ergibt sich aus § 9 des Kapitels 2.

Die linken Seiten der Formeln (2) und (3) stimmen also überein. Wir zeigen, daß dies auch hinsichtlich der rechten Seiten gilt. Das ergibt sich auf analoge Weise, wenn die folgenden Gleichungen benutzt werden

$$\xi_n^-(T) = \lambda_n^-(T) + \mu_n^-(T)\,,$$
$$\frac{\lambda_n^-(T)}{T} = \frac{\lambda_{n+1}(T)}{\lambda(T)} \cdot \frac{\lambda_n^-(T)}{\lambda_{n+1}(T)} \cdot \frac{\lambda(T)}{T}\,, \tag{8}$$
$$\frac{\mu_n^-(T)}{T} = \frac{x_{n+1}(T)}{T} \cdot \frac{\mu_n^-(T)}{x_{n+1}(T)}\,,$$

dabei ist

$\lambda_n^-(T)$ die Anzahl der negativen Sprünge der Gestalt $n \to n-1$ des Prozesses $\xi(t)$ in den Erneuerungspunkten bis zum Zeitpunkt T und

$\mu_n^-(T)$ die Anzahl der entsprechenden Sprünge, die nicht in Erneuerungspunkten liegen.

Beispiel 2. Wir definieren den Prozeß $\xi(t)$ genauso wie in Beispiel 1, werden aber jetzt voraussetzen, daß die Folge der Zeitpunkte $t_1, t_2, \ldots$ einen Erneuerungsprozeß mit der Intensität a auf einer neuen Zeitachse bildet, die sich ergibt, in dem aus der Zeitachse von Beispiel 1 die Intervalle, in denen $\xi(t) = 0$ ist, herausgeschnitten werden. Unter Beibehaltung der Bezeichnungen aus Beispiel 1 nimmt das Intensitätserhaltungsprinzip folgende Form an

$$p_n^+ q_n^+ a(1 - p_0^*) + p_n^* a_n = p_{n+1}^+ q_{n+1}^- a(1 - p_0^*) + p_{n+1}^* b_{n+1}\,, \qquad n > 0\,,$$
$$p_0^* a_0 = p_1^+ q_1^- a(1 - p_0^*) + p_1^* b_1\,. \tag{9}$$

Der Beweis wird ebenfalls unter Berücksichtigung von

$$\lim_{T\to\infty} \frac{\lambda(T)}{T} = a(1 - p_0^*) \tag{10}$$

geführt. Der Ausdruck $\frac{\lambda(T)}{T}$ trat in (4) und (8) auf und hatte im Beispiel 1 den Grenzwert a. Im nun vorliegenden Fall ergibt sich (10) aus § 9 des Kapitels 2 und aus

$$\frac{\lambda(T)}{T} = \frac{\lambda\big(T - x_0(T)\big)}{T - x_0(T)} \frac{T - x_0(T)}{T}\,.$$

3°. Es sei $\xi(t)$, $t \geqq 0$, ein homogener Markowscher Prozeß mit Werten in einem meßbaren Raum $[X, \mathfrak{B}(X)]$, für den eine Folge von Zeitpunkten $t_1 = z_1, \ldots, t_k = z_1 + \ldots + z_k, \ldots$ existiert, so daß

1. die Zufallsgrößen $\{z_k\}_{k\geqq 1}$ vollständig unabhängig und identisch verteilt sind mit der gemeinsamen Verteilungsfunktion $A(x) = 1 - e^{-ax}$, $a > 0$,

2. das Verhalten des homogenen Markowschen Prozesses $\xi(t)$ zwischen zwei benachbarten Zeitpunkten $0 = t_0, t_1, \ldots$ durch die Übergangswahrscheinlichkeiten P^t bestimmt wird, d. h. für $x \in X$, $\Gamma \in \mathfrak{B}(X)$ gilt

$$\mathsf{P}\big(\xi(s+t) \in \Gamma \mid \xi(s) = x\big) = P^t(x, \Gamma)^{1)}\,,$$

3. der Prozeß $\xi(t)$ in jedem der Zeitpunkte $t_1, t_2, \ldots$ einen Sprung gemäß den Übergangswahrscheinlichkeiten Q ausführt, d. h., es gilt

$$\mathsf{P}\big(\xi(t_k + 0) \in \Gamma \mid \xi(t_k - 0) = x\big) = Q(x, \Gamma)\,.$$

---

[1]) wobei s, t so zu wählen sind, daß card $\{i : t_i \in (s, s+t)\} = 0$ (Anm. d. Herausgebers).

In der Familie der Wahrscheinlichkeitsmaße auf $[X, \mathfrak{B}(X)]$ definieren wir die Abbildungen $\pi \to P^t\pi$, $\pi \to Q\pi$ durch

$$(P^t\pi)(\Gamma) = \int_X P^t(x, \Gamma)\, \pi(\mathrm{d}x)\,, \qquad (Q\pi)(\Gamma) = \int_X Q(x, \Gamma)\, \pi(\mathrm{d}x)\,.$$

Es sei π_t die Verteilung der Zufallsgröße $\xi(t)$. Wir setzen $\pi_N^+ = \pi_{t_N - 0}$ für $N \geqq 1$.

Eigenschaft 2. *Wir setzen voraus, daß die Grenzwerte*

$$\lim_{N\to\infty} \pi_N^+ = \pi^+\,, \qquad \lim_{t\to\infty} \pi_t = \pi$$

existieren, d. h.

$$\lim_{N\to\infty} \pi_N^+(\Gamma) = \pi^+(\Gamma)\,, \qquad \lim_{t\to\infty} \pi_t(\Gamma) = \pi(\Gamma) \quad \textit{für alle} \quad \Gamma \in \mathfrak{B}(X)\,.$$

Dann genügen die Wahrscheinlichkeitsmaße π^+ und π der Stationaritätsgleichung

$$\pi = a \int_0^\infty \mathrm{e}^{-au}\, P^u Q\pi\, \mathrm{d}u\,. \tag{11}$$

Falls diese Gleichung in der Familie der Wahrscheinlichkeitsmaße eine eindeutig bestimmte Lösung hat, dann gilt insbesondere

$$\pi^+ = \pi\,. \tag{12}$$

Beweis. Es genügt nachzuweisen, daß

$$\pi_{N+1}^+ = \int_0^\infty P^u Q \pi_N^+\, \mathrm{d}A(u)\,, \tag{13}$$

$$\pi_t = \mathrm{e}^{-at}\, P^t\pi_0 + \int_0^t P^u Q\pi_{t-u}\, \mathrm{d}A(u) \tag{14}$$

gilt. Die Gleichung (13) ist offensichtlich. Wir beweisen (14). Es gilt

$$\begin{aligned}\pi_t &= [1 - A(t)]\, P^t\pi_0 + \\ &\quad + \sum_{n\geqq 1} \int_{z_1+\dots+z_n\leqq t} \mathrm{d}A(z_1) \dots \mathrm{d}A(z_n)\, [1 - A(t - z_1 - \dots - z_n)] \times \\ &\quad \times P^{t-z_1-\dots-z_n} Q P^{z_n} \dots Q P^{z_2} Q P^{z_1} \pi_0 = \\ &= \mathrm{e}^{-at} P^t\pi_0 + \sum_{n\geqq 1} \int_{z_1+\dots+z_n\leqq t} a^n\, \mathrm{e}^{-at} P^{t-z_1\dots-z_n}\, Q P^{z_n} \dots Q P^{z_2}\, Q P^{z_1} \pi_0\, \mathrm{d}z_1 \dots \mathrm{d}z_n\,.\end{aligned}$$

Diese Gleichung geht nach der Substitution der Integrationsvariablen

$$(z_1, z_2, \dots, z_{n-1}, z_n) \to (u_1, u_2, \dots, u_{n-1}, u_n) = (t - z_1 - \dots - z_n, z_n, \dots, z_3, z_2)\,,$$

deren Jacobische Determinante gleich 1 ist, über in

$$\begin{aligned}\pi_t &= \mathrm{e}^{-at}\, P^t\pi_0 + \\ &\quad + \sum_{n\geqq 1} \int_{\substack{u_1+\dots+u_n\leqq t \\ u_i\geqq 0}} a^n\, \mathrm{e}^{-at}\, P^{u_1} Q P^{u_2} \dots Q P^{u_n}\, Q P^{t-u_1-\dots-u_n} \pi_0\, \mathrm{d}u_1 \dots \mathrm{d}u_n = \\ &= \mathrm{e}^{-at}\, P^t\pi_0 + \int_{0\leqq u_1\leqq t} a\mathrm{e}^{-au_1}\, P^{u_1} Q\, \mathrm{d}u_1 \Big[\mathrm{e}^{-a(t-u_1)}\, P^{t-u_1}\pi_0 + \\ &\quad + \sum_{n\geqq 2} \int_{u_2+\dots+u_n\leqq t} a^{n-1}\, \mathrm{e}^{-a(t-u_1)}\, P^{u_2} Q \dots Q P^{u_n}\, Q P^{(t-u_1)-u_2-\dots-u_n}\, \pi_0\, \mathrm{d}u_2 \dots \mathrm{d}u_n\Big] = \\ &= \mathrm{e}^{-at}\, P\pi_0 + \int_{0\leqq u_1\leqq t} a\, \mathrm{e}^{-au_1}\, P^{u_1} Q \pi_{t-u_1}\, \mathrm{d}u_1\,,\end{aligned}$$

was mit (14) übereinstimmt.

Bemerkung 3. Die Hauptaussage der Eigenschaft 2 besteht in der Gleichung (12). Wir bemerken, falls P^tQ ein kontraktiver Operator ist (siehe § 13 des Anhanges) und eine nichttriviale (stationäre) Lösung der Gleichung (11) existiert, dann ist sie mit Genauigkeit bis auf einen konstanten Faktor eindeutig bestimmt. In diesem Fall hat folglich die Gleichung (11) in der Familie der Wahrscheinlichkeitsmaße eine eindeutig bestimmte Lösung.

Aufgabe 1. In einem Bedienungssystem trifft ein rekurrenter Anrufstrom mit der Intensität a ein. Die Bedienungszeit eines Anrufes ist exponentiell verteilt mit der Intensität b_n, die von der Anzahl n der Anrufe im System abhängt. Es sei $\nu(t)$ die Anzahl der Anrufe im System zum Zeitpunkt t; $p_n^* = \lim_{t\to\infty} \mathsf{P}(\nu(t) = n)$. p_n^+ sei die stationäre (Grenz-)Wahrscheinlichkeit dafür, daß ein eintreffender Anruf n Anrufe im System vorfindet. Man zeige

$$p_n^+ a = p_{n+1}^* b_{n+1}, \qquad n \geqq 0 .$$

Hinweis. Siehe Beispiel 1 mit $q_n^+ = 1$, $a_n = 0$.

Aufgabe 2 (Fortsetzung). Man zeige, daß die Formeln der vorhergehenden Aufgabe auch dann gelten, wenn bezüglich des Eingangsstromes nur

$$p\text{-}\lim_{T\to\infty} \frac{\lambda(T)}{T} = a \tag{15}$$

bekannt ist, wobei $\lambda(T)$ die Anzahl der Anrufe ist, die bis zum Zeitpunkt T im System eintreffen.

Hinweis. Man zeige zuerst, daß Formel (3) auch dann gilt, wenn hinsichtlich des im Beispiel 1 benutzten Erneuerungsprozesses nur bekannt ist, daß (15) erfüllt ist.

Aufgabe 3. In einem Bedienungssystem trifft ein Anrufstrom ein, der durch einen Geburtsprozeß mit der Intensität a_n vorgegeben ist, die von der Anzahl n der Anrufe im System abhängt, $n \geqq 0$. Die Bedienungszeitverteilung ist beliebig mit dem Mittelwert b^{-1}. Die p_n^* seien genauso wie in Aufgabe 1 definiert. p_n^- sei die stationäre (Grenz-)Wahrscheinlichkeit dafür, daß bei Beendigung der Bedienung eines Anrufes n Anrufe im System zurückbleiben. Man zeige

$$p_n^* a_n = p_n^- b(1 - p_0^*), \qquad n \geqq 0 .$$

Hinweis. Siehe Beispiel 2 mit $a = b$, $q_n^- = 1$ für $n \geqq 1$, $b_n = 0$. Man zeige, daß die in diesem Beispiel benutzte Größe p_{n+1}^+ gleich p_n^- ist.

Aufgabe 4. In einem Wartesystem trifft ein POISSONscher Anrufstrom ein. Die Bedienungszeit eines Anrufes ist beliebig verteilt. Man zeige

$$p_n^+ = p_n^* = p_n^-, \qquad n \geqq 0 .$$

Hinweis. Die Gleichung $p_n^+ = p_n^-$ folgt aus der Eigenschaft 1. Die Gleichung $p_n^+ = p_n^*$ ergibt sich aus (12).

Aufgabe 5. Wir betrachten das in Kap. 3, § 6 behandelte Bedienungssystem mit relativen Prioritäten. Es sei $\nu_i(t)$ die Anzahl der Anrufe i-ter Priorität, die sich zum Zeitpunkt t im System befinden; $p_{in}^* = \lim_{t\to\infty} \mathsf{P}(\nu_i(t) = n)$.

p_{in}^+ sei die stationäre (Grenz-)Wahrscheinlichkeit dafür, daß ein eintreffender Anruf i-ter Priorität n Anrufe i-ter Priorität im System vorfindet. p_{in}^- sei die stationäre (Grenz-)Wahrscheinlichkeit dafür, daß bei Beendigung der Bedienung eines Anrufes i-ter Priorität n Anrufe i-ter Priorität im System zurückbleiben. Man zeige

$$p_{in}^+ = p_{in}^* = p_{in}^- .$$

Hinweis. $p_{in}^+ = p_{in}^-$ ergibt sich aus der Eigenschaft 1; die Gleichung $p_{in}^+ = p_{in}^*$ erhält man aus (12).

Aufgabe 6. Wir betrachten ein Verlustsystem mit mehreren Bedienungsgeräten. Es wird vorausgesetzt, daß der Eingangsstrom POISSONsch ist und die Bedienungszeit eines Anrufes beliebig verteilt ist. Man zeige $p_k^+ = p_k^*$.

Hinweis. Siehe (12).

§ 13. Einige gelöste und ungelöste Probleme bei Bedienungssystemen mit nacheinander angeordneten Geräten (serielle Bedienung)

1. Systembeschreibung und Bezeichnungen. In einem Bedienungssystem, das aus n nacheinander angeordneten Bedienungsgeräten mit den Nummern $1, 2, \ldots, n$ besteht, trifft ein Anrufstrom ein. Jeder Anruf wird nacheinander von jedem der Geräte in der Reihenfolge ihrer Numerierung bedient[1]). Von den einzelnen Geräten werden die Anrufe in der Reihenfolge, in der sie eintreffen, bedient. Vor jedem Gerät wird eine unbeschränkte Wartezeit zugelassen.

Mit $t_1, t_2, \ldots$ bezeichnen wir die aufeinanderfolgenden Zeitpunkte des Eintreffens von Anrufen; $z_N = t_{N+1} - t_N$, $N \geqq 1$. $s_N^{(k)}$ sei die Bedienungszeit des N-ten Anrufes auf dem k-ten Gerät (die Anrufe werden in der Reihenfolge ihres Eintreffens numeriert).

Es interessieren uns die Wartezeit auf den Bedienungsbeginn eines Anrufes und die Verweilzeit eines Anrufes im System im stationären Regime. In diesem Abschnitt wird die Frage der exakten Bestimmung der Verteilungen der genannten Größen untersucht, ohne deren asymptotische Darstellung im Fall kleiner bzw. großer Belastung usw. zu benutzen.

2. Zur Arbeit von R. M. Loynes [86], die die Schwierigkeit der Untersuchung eines Systems mit serieller Bedienung aufzeigt.

Beispiel. Es sei $n = 2$; der eintreffende Strom sei Poissonsch; die Bedienungszeit eines Anrufes auf dem ersten Gerät sei Erlangsch verteilt erster Ordnung; die Bedienungszeit eines Anrufes auf dem zweiten Gerät sei exponentiell verteilt. Ferner seien die Folgen $\{z_N\}$, $\{s_N^{(1)}\}$, $\{s_N^{(2)}\}$ unabhängig, und jede von ihnen bestehe aus identisch verteilten Zufallsgrößen. In [86] wurde gezeigt, daß im stationären Regime, falls eine Ergodizitätsbedingung erfüllt ist, die Wartezeit eines Anrufes auf den Bedienungsbeginn am zweiten Gerät der Gestalt ist, daß die entsprechende Laplace-Transformierte nicht einmal eine meromorphe Funktion in der komplexen Ebene ist. Dies zeugt insbesondere davon, daß die üblichen Methoden, die in der Bedienungstheorie benutzt werden und an analytische Operationen der Umformung charakteristischer Funktionen gebunden sind, die gebrochen-rationale Funktionen der entsprechenden Laplace-Transformierten in gebrochen-rationale Funktionen überführen, hier nicht anwendbar sind.

3. Die Stabilitätsbedingung von R. M. Loynes. In [85] wird eine Bedingung, genannt Stabilitätsbedingung, angegeben, unter der die Verweilzeit eines Anrufes im System im stationären Regime mit Wahrscheinlichkeit Eins beschränkt ist. Diese Bedingung wird unter der Voraussetzung formuliert, daß die Vektoren $\{z_N, s_N^{(1)}, \ldots$ $\ldots, s_N^{(n)}\}_{N \geq 1}$ eine streng stationäre metrisch transitive Folge bilden und die Erwartungswerte von $s_N^{(k)}$ und z_N endlich sind. Falls die Folgen $\{z_N\}$, $\{s_N^{(1)}\}, \ldots, \{s_N^{(n)}\}$ unabhängig sind und jede von ihnen aus unabhängigen, identisch verteilten Zufallsgrößen besteht, dann lautet diese Bedingung: Entweder gilt $\mathsf{E}z_1 > \mathsf{E}s_1^{(k)}$ für alle

[1]) Der Anruf durchläuft somit auf einer Serie nacheinander (in Reihe) geschalteter Bedienungsgeräte mehrere Bedienungsetappen; das Bedienungssystem heißt daher auch Seriensystem oder Tandem-System (Anm. d. Herausgebers).

$k = 1, \ldots, n$ oder mit Wahrscheinlichkeit 1 gilt $z_N = c = \text{const}$ und für ein gewisses k ist $s_1^{(i)} \leqq c$ für $i < k$, $s_1^{(k)} = c$ und $\mathsf{E}s_1^{(j)} < c$ für $j < k$ erfüllt.

4. Die Arbeiten von N. W. Jarowizki [42] und H. D. Friedman [29]. In [42] wurden die Eigenschaften des Stromes der bedienten Anrufe nach jeder Bedienungsetappe angegeben. Diese Eigenschaften lassen sich, obwohl sie sehr leicht zu formulieren sind, schwerlich bei der Untersuchung von Systemen mit serieller Bedienung unter allgemeinen Voraussetzungen ausnutzen. In [29] wurde ein allgemeineres als das im Punkt 1 beschriebene System betrachtet, und zwar stellt jede Bedienungsetappe ein Bedienungssystem mit mehreren Geräten dar, jedoch unter der Voraussetzung, daß die Bedienungszeit auf jedem Gerät eine konstante Größe ist. Es wurde gezeigt daß die Verweilzeit eines Anrufes im System nicht von der Anordnung der Bedienungsetappen abhängt.

Ungeachtet der bedeutenden Fortschritte bei der Untersuchung von Bedienungssystemen mit nacheinander angeordneten Geräten, bleibt die Frage der faktischen Bestimmung der Charakteristiken solcher Bedienungssysteme offen. Die folgenden Punkte dieses Abschnittes erheben keinesfalls Anspruch auf die Lösung dieses Problems. Sie präzisieren nur einige Ergebnisse von R. M. Loynes, geben Lösungen für Spezialfälle an und beinhalten Vorschläge für einige mögliche Wege der weiteren Untersuchung dieses Problems.

5. Rekursionsbeziehungen zur Bestimmung der Verweilzeit im System. Es sei $\tau_N^{(k)}$ der Zeitpunkt der Beendigung der Bedienung des N-ten Anrufes auf dem k-ten Gerät; $v_N^{(k)} = \tau_N^{(k)} - t_N$. Insbesondere ist dann $v_N^{(n)}$ die Verweilzeit des N-ten Anrufes in einem aus n Geräten bestehenden System. Die Größen $v_N^{(k)}$ lassen sich mit Hilfe der folgenden Rekursionsbeziehungen bestimmen ($N \geqq 1$):

$$\begin{aligned} v_{N+1}^{(1)} &= \max\,(0, v_N^{(1)} - z_N) + s_{N+1}^{(1)}\,, \\ v_{N+1}^{(2)} &= \max\,(v_{N+1}^{(1)}, v_N^{(2)} - z_N) + s_{N+1}^{(2)}\,, \\ v_{N+1}^{(3)} &= \max\,(v_{N+1}^{(2)}, v_N^{(3)} - z_N) + s_{N+1}^{(3)}\,, \\ &\ldots\ldots\ldots\ldots\ldots\ldots\ldots\ldots \\ v_{N+1}^{(n)} &= \max\,(v_{N+1}^{(n-1)}, v_N^{(n)} - z_N) + s_{N+1}^{(n)}\,. \end{aligned} \tag{1}$$

Es ist klar, daß stets $v_N^{(1)} \leqq v_N^{(2)} \leqq \ldots \leqq v_N^{(n)}$ gilt. Wir nehmen an, daß das Bedienungssystem zum Anfangszeitpunkt $t = 0$ leer ist, was gleichbedeutend damit ist, daß die $v_N^{(k)}$ bereits für $N \geqq 0$ durch die Beziehungen (1) verknüpft sind, wobei $v_0^{(1)} = \ldots$ $\ldots = v_0^{(n)} = 0$ gilt und $z_0 = 0$ gesetzt wird. Für $n = 2$ erhalten wir nun durch Induktion aus (1)

$$v_N^{(2)} = \max_{1 \leqq k \leqq i \leqq N} \{s_N^{(2)} + \ldots + s_i^{(2)} + s_i^{(1)} + \ldots + s_k^{(1)} - z_{N-1} - \ldots - z_k\}\,. \tag{2}$$

Falls die Folgen von Zufallsgrößen $\{z_N\}$, $\{s_N^{(1)}\}$, $\{s_N^{(2)}\}$ vollständig unabhängig sind und jede von ihnen aus unabhängigen, identisch verteilten Zufallsgrößen besteht, dann erhalten wir, indem wir sie in umgekehrter Reihenfolge durchnumerieren, daß die Zufallsgrößen $v_N^{(2)}$ und

$$w_N^{(2)} = \max_{1 \leqq i \leqq j \leqq N} \{s_1^{(2)} + \ldots + s_i^{(2)} + s_i^{(1)} + \ldots + s_j^{(1)} - z_2 - \ldots - z_j\} \tag{3}$$

identisch verteilt sind. Für beliebige $n \geqq 1$ dient die Formel

$$w_N^{(n)} = \max_{1 \leqq i_1 \leqq \ldots \leqq i_n \leqq N} \{s_1^{(n)} + \ldots + s_{i_1}^{(n)} + s_{i_1}^{(n-1)} + \ldots + s_{i_2}^{(n-1)} + \ldots$$
$$+ s_{i_{n-1}}^{(1)} + \ldots + s_{i_n}^{(1)} - z_2 - \ldots + z_{i_n}\} \tag{4}$$

als Analogon zur Formel (3).

Es sei vermerkt, daß mit Wahrscheinlichkeit Eins $0 \leqq w_1^{(n)} \leqq w_2^{(n)} \leqq \ldots$ gilt. Zur besseren Übersicht stellen wir den Algorithmus der Berechnung von $w_N^{(n)}$ in einer Tabelle zusammen.

In dem unendlichen Rechteck, das von der starken Linie umrissen wird, wählen wir einen Weg aus, der im linken oberen Quadrat beginnt und in einem der unteren Quadrate endet. Dabei darf man sich entlang eines solchen Weges nur nach rechts und nach unten bewegen. Wir (summieren) sämtliche Größen s eines solchen Weges und von der so erhaltenen Summe subtrahieren wir die Summe der Größen z, die sich unter diesem Weg befinden. Die sich so ergebende Zahl nennen wir *Wert* des Weges.

$+$	$s_1^{(n)}$	$s_2^{(n)}$	$s_3^{(n)}$		$s_N^{(n)}$
$+$	$s_1^{(n-1)}$	$s_2^{(n-1)}$	$s_3^{(n-1)}$		$s_N^{(n-1)}$
$+$					
$+$	$s_1^{(1)}$	$s_2^{(1)}$	$s_3^{(1)}$		$s_N^{(1)}$
$-$	0	z_2	z_3		z_N

In der Tabelle 1 wird einer der zulässigen Wege dargestellt. Der Wert dieses Weges ist gleich $s_1^{(n)} + s_2^{(n)} + s_2^{(n-1)} + \ldots + s_2^{(1)} + s_3^{(1)} - (z_2 + z_3)$. Es sei nun $w_N^{(n)}$ der maximale Wert aller zulässigen Wege, die in der N-ten Spalte oder früher enden. Wir verweisen nochmals darauf, daß die Zufallsgrößen $v_N^{(n)}$ und $w_N^{(n)}$ identisch verteilt sind.

Aus der Tabelle ist ersichtlich, daß die Verweilzeit eines Anrufes in einem aus n Geräten bestehenden System bei konstanten Bedienungszeiten auf sämtlichen Geräten $s_N^{(1)} = c_1, \ldots, s_N^{(n)} = c_n$ $(N \geqq 1)$ nicht von der Anordnung der Geräte abhängt und im stationären Regime gleich $c_1 + \ldots + c_n + w$ ist, wobei w die Wartezeit eines Anrufes im stationären Zustand in einem Bedienungssystem ist, das aus einem Bedienungsgerät besteht mit dem gleichen rekurrenten Anrufstrom und mit der Bedienungszeit $c = \max(c_1, \ldots, c_n)$.

Wir betrachten nun ein anderes Beispiel. Es sei mit Wahrscheinlichkeit Eins $s_N^{(1)} = \ldots = s_N^{(n)} = s_N$, die Folgen $\{z_N\}$ und $\{s_N\}$ seien unabhängig und jede von ihnen bestehe aus unabhängigen, identisch verteilten Zufallsgrößen. Aus der Tabelle ist ersichtlich, daß sich die Frage der Untersuchung der stationären Verteilung der Verweilzeit eines Anrufes im System auf die Untersuchung der Verteilung der Zufallsgröße $\max(0, U_1, U_2, \ldots)$ zurückführen läßt, wobei $U_N = u_1 + \ldots + u_N + (n - 1)$

$\max(u_1, \ldots, u_N)$ und die Zufallsgrößen $u_1, u_2, \ldots$ unabhängig und identisch verteilt sind mit der gleichen Verteilung wie die Zufallsgrößen $s_N - z_N$. Im Fall $n = 1$ haben wir es mit einem Gerät und mit einem gewöhnlichen Erneuerungsprozeß zu tun.

6. Stabilitäts- und Ergodizitätsbedingung. Wir setzen

$$x_N^{(k)} = s_N^{(k)} - z_N\,, \qquad N \geqq 1, \qquad k = 1, \ldots, n;\ a_N^{(k)} = \mathsf{P}(x_1^{(k)} + \ldots + x_N^{(k)} > 0)$$

und führen folgende zwei Bedingungen ein:

Bedingung 1. Mit Wahrscheinlichkeit Eins sei

$$\sup_{N \geqq 1} w_N^{(n)} = \max_{N \geqq 1} w_N^{(n)} < +\infty\,.$$

Bedingung 2. Diese Bedingung besteht im Erfülltsein einer der beiden folgenden Bedingungen:

a) $\mathsf{P}(x_1^{(k)} = 0) < 1$ und $\sum\limits_{N \geqq 1} \dfrac{a_N^{(k)}}{N} < +\infty$ für alle $k = 1, \ldots, n$;

b) mit Wahrscheinlichkeit Eins gilt $z_N = c = \text{const}$, und für ein gewisses k gilt

$s_1^{(i)} \leqq c$ für $i < k$, $s_1^{(k)} = c$, $\sum\limits_{N \geqq 1} \dfrac{a_N^{(j)}}{N} < +\infty$ für $j > k$.

Satz 1. *Die Bedingungen 1 und 2 sind äquivalent.*

Der Beweis des Satzes ergibt sich leicht mit Hilfe eines Ergebnisses von F. Spitzer ([118], Satz 4.1): Falls das Moment $\mathsf{E}\,|x_1^{(k)}|$ endlich ist, dann sind die Bedingungen $\sum\limits_{N \geqq 1} \dfrac{a_N^{(k)}}{N} < +\infty$ und $\mathsf{P}(x_1^{(k)} = 0) < 1$ der Bedingung $\mathsf{E}x_1^{(k)} < 0$ äquivalent.
Falls die ersten Momente der Zufallsgrößen $z_1, s_1^{(1)}, \ldots, s_1^{(n)}$ endlich sind, dann kann man in der Bedingung 2 den Ausdruck $\sum\limits_{N \geqq 1} \dfrac{a_N^{(k)}}{N} < +\infty$ durch $\mathsf{E}z_1 < \mathsf{E}s_1^{(k)}$ ersetzen.
In diesem Fall erhält man die von R. M. Loynes [85] angegebene Stabilitätsbedingung. Wir setzen $H_N(t) = \mathsf{P}(v_N^{(n)} < t) = \mathsf{P}(w_N^{(n)} < t)$.

Satz 2. *Es existiert der Grenzwert* $\lim\limits_{N \to \infty} H_N(t) = H(t)$.
Falls die Bedingung 2 nicht erfüllt ist, dann gilt $H(t) \equiv 0$. *Falls aber die Bedingung 2 erfüllt ist, dann ist* $H(t)$ *eine eigentliche Verteilungsfunktion, die genau dann nicht vom Anfangszustand abhängt, wenn die Bedingung 2a) erfüllt ist.*

Unter dem Anfangszustand wird hierbei die Verteilung des Vektors $(v_1^{(1)}, \ldots, v_1^{(n)})$ verstanden.

7. Mehrdimensionales Analogon der Wiener-Hopf-Gleichung.
Wir setzen $w_N = w_N^{(n)}$ und

$$u_N^{(k)} = \max_{1 \leqq i_1 \leqq \ldots \leqq i_{n-k} \leqq i_{n-k+1} = N} \{s_1^{(n)} + \ldots + s_{i_1}^{(n)} + s_{i_1}^{(n-1)} + \ldots + s_{i_{n-k+1}}^{(k)} - z_2 - \ldots - z_N\}\,,$$

$$k = 1, \ldots, n\,.$$

Mit anderen Worten, $u_N^{(k)}$ ist der maximale Wert der Wege, die in der N-ten Spalte und in der k-ten Zeile von unten enden (s. Tabelle 1). Wir erhalten

$$\begin{aligned} w_{N+1} &= \max (w_N, u_{N+1}^{(1)}) , \\ u_{N+1}^{(1)} &= \max (u_N^{(1)} + s_{N+1}^{(1)} - z_{N+1}, u_{N+1}^{(2)} + s_{N+1}^{(1)}) , \\ &\dots\dots\dots\dots\dots\dots \\ u_{N+1}^{(n-1)} &= \max (u_N^{(n-1)} + s_{N+1}^{(n-1)} - z_{N+1}, u_{N+1}^{(n)} + s_{N+1}^{(n-1)}) , \\ u_{N+1}^{(n)} &= u_N^{(n)} + s_{N+1}^{(n)} - z_{N+1} . \end{aligned}$$

Ferner setzen wir

$$g_N = g_N(x) = g_N(x_0, x_1, \dots, x_n) = \mathsf{P}(w_N < x_0, u_N^{(1)} < x_1, \dots, u_N^{(n)} < x_n) ;$$

$$A(t) = \mathsf{P}(z_1 < t) ; \qquad B_i(t) = \mathsf{P}(s_1^{(i)} < t) ; \qquad a = e(x_0)\, \mathsf{P}(-z_1 < \min (x_1, \dots, x_n)) ;$$

$$b_i = b_i(x_0, x_1, \dots, x_n) = e(x_0, x_1, \dots, x_n)\, B_i(x_i) ;$$

$$e(x) = \begin{cases} 1, & \text{falls} \quad x_i > 0 \quad \text{für} \quad i = 0, 1, \dots, n , \\ 0, & \text{sonst.} \end{cases}$$

Schließlich führen wir die Operatoren Q_i, B_i, A durch die folgenden Gleichungen ein:

$$Q_i g = (Q_i g)(x_0, x_1, \dots, x_n) = g(x_0, x_1, \dots, x_{i-1}, \min (x_{i-1}, x_i) , \quad x_{i+1}, \dots, x_n) ,$$

$$B_i g = b_i g, \; A g = a g ; \qquad i = 1, \dots, n ,$$

wobei die Multiplikation als Faltung verstanden wird und die Funktion g zu dem normierten Ring der Funktionen mehrerer Veränderlicher mit beschränkter Variation gehört oder genauer gesagt $g \in \mathfrak{R}$, wobei $\mathfrak{R}$ die Algebra der beschränkten Borelschen Maße auf dem Euklidischen Raum E_{n+1} ist mit der Faltung als Multiplikation und einer Norm, die gleich der totalen Variation des entsprechenden Maßes ist. Mit den oben eingeführten Bezeichnungen läßt sich leicht zeigen

$$g_{N+1} = Q_1 B_1 Q_2 B_2 \dots Q_n B_n A g_N . \tag{5}$$

Außerdem existiert der Grenzwert $\lim_{N \to \infty} g_N = g_\infty \in \mathfrak{R}$, der einer Gleichung vom Typ (5) genügt, die sich als mehrdimensionales Analogon der Wiener-Hopf-Gleichung erweist.

Wir benutzen folgende Eigenschaften der Operatoren Q_i, B_i, A:

$$\begin{aligned} Q_i B_j &= B_j Q_i, \; j \neq i, i-1 , & Q_i A &= A Q_i, \; i \neq 1 , \\ Q_i B_i &= Q_i B_i Q_i , & Q_1 A Q_1 &= A Q_1 , \\ Q_i B_{i-1} Q_i &= B_{i-1} Q_i , & B_i B_j &= B_j B_i , \\ Q_i Q_j &= Q_j Q_i, \; |i-j| > 1, & B_i A &= A B_i , \\ Q_{i-1} Q_i &= Q_{i-1} Q_i Q_{i-1} = Q_i Q_{i-1} Q_i , \end{aligned}$$

und setzen $Q = Q_n \dots Q_2 Q_1$, $f = a b_1 \dots b_n$. Dann kann man die Gleichung (5) in die folgende äquivalente Form überführen

$$g_{N+1}^* = Q f g_N^* , \qquad N \geqq 0 , \tag{6}$$

wobei sich g_N^* durch g_N (und umgekehrt) ausdrücken läßt, indem endlich oft die Operatoren Q_i, B_i, A angewendet werden. Für $n = 2$ gilt beispielsweise $g_N^* = Q_2 B_2 g_N$ und

$g_{N+1} = Q_1 B_1 A g_N^*$. Wir setzen $g^* = \sum_{N \geqq 0} g_N^* \cdot z^N$, $g_0^* = e$. Dann ist die Gleichung (6) für kleine z der Gleichung

$$g^* - zQfg^* = e \tag{7}$$

äquivalent. Im Fall $n = 1$ gilt, wie dies zum Beispiel aus [49] und [125] folgt,

$$g^* = \exp\{-Q \ln(e - zf)\}, \tag{8}$$

$$g_\infty^* = \lim_{N\to\infty} g_N^* = \lim_{z\uparrow 1} (1 - z)\, g^* = \exp\left\{\sum_{k\geqq 1} \frac{Qf^k - e}{k}\right\}. \tag{9}$$

Im Fall $n > 1$ gilt zumindest die erste dieser Formeln nicht. Die Gültigkeit des folgenden Satzes 3 bleibt jedoch wie im Fall $n = 1$ erhalten.

Satz 3. *Jede der Bedingungen 1 und 2 ist der Konvergenz der Reihe*

$$\sum_{k\geqq 1} \frac{Qf^k - e}{k}$$

(in der Norm des normierten Ringes $\mathfrak{R}$) äquivalent.

Die Frage der tatsächlichen Bestimmung der stationären Verteilung der Verweilzeit eines Anrufes in einem aus n nacheinander angeordneten Geräten bestehenden System bleibt offen. Die Lösung dieses Problems ist der Bestimmung von g_∞ bzw. g_∞^* äquivalent. Hierfür genügt es, die Gleichung (7) zu lösen. Obwohl die Formel (8) für $n > 1$ nicht gilt, zeugen einige gelöste Beispiele vom Nutzen der Formel (9). Bisher ist es weder gelungen, die Formel (9) zu beweisen, noch sie zu widerlegen. Im Fall einer positiven Lösung dieses Problems könnte man aus der Formel (9) die Laplace-Stieltjes-Transformierte der stationären Verteilung der Verweilzeit eines Anrufes im System erhalten.

KAPITEL 5

BEDIENUNGSSYSTEME MIT ZEITTEILUNG

§ 1. Systembeschreibung

Das System besteht aus einer endlichen Menge $\Omega = \{\alpha\}$ von Bedienungsphasen. Vor jeder Bedienungsphase wird eine unbeschränkte Warteschlange zugelassen. Die Bedienung kann gleichzeitig nur in einer Phase erfolgen (darin besteht gerade die zeitliche Teilung der Bedienung). Die Unterbrechung der Bedienung innerhalb einer Phase ist nicht erlaubt.

Eine eintreffende Forderung begibt sich mit der Wahrscheinlichkeit p_α zur Warteschlange der Phase $\alpha \in \Omega$, $\sum_{\alpha \in \Omega} p_\alpha = 1$. Eine Forderung, die in der Phase α bedient wurde, ordnet sich mit der Wahrscheinlichkeit $p_{\alpha\beta}$ in die Warteschlange der Phase β ein, $\sum_{\beta \in \Omega} p_{\alpha\beta} \leqq 1$ für alle $\alpha \in \Omega$, und mit der Wahrscheinlichkeit $1 - \sum_{\beta \in \Omega} p_{\alpha\beta}$ verläßt sie das System.

Der Eingangsstrom der Forderungen ist POISSONsch mit der Intensität a. Die Bedienungszeit in der Phase $\alpha \in \Omega$ besitzt die Verteilungsfunktion $B_\alpha(t)$. Die Bedienungszeiten der Forderungen in den einzelnen Phasen seien voneinander und vom Eingangsstrom der Forderungen unabhängig.

Es ist nun nur noch die Reihenfolge der Bedienung der Forderungen festzulegen, d. h. eine Regel, die in Abhängigkeit vom Systemzustand angibt, welche Forderung und in welcher Phase zu bedienen ist.

Die Warteschlange im System wird zu jedem Zeitpunkt durch einen Vektor

$$l = \{l_\alpha, \alpha \in \Omega\}$$

charakterisiert, wobei l_α die Schlangenlänge vor der Phase α zum jeweils betrachteten Zeitpunkt ist (ohne Berücksichtigung der Forderung, die gegebenenfalls bedient wird). Mit L bezeichnen wir die Menge der möglichen Vektoren l. Das Element $l = \{l_\alpha, \alpha \in \Omega\}$, für das sämtliche $l_\alpha = 0$ sind, werden wir mit 0 bezeichnen.

Nach Beendigung der Bedienung in einer Phase wird die Bedienungsphase, in der als nächstes eine Bedienung erfolgt, in Abhängigkeit vom Vektor $l \in L$ der im System verbleibenden Forderungen ausgewählt. Dazu wird jedem $l \in L$, $l \neq 0$, ein Element $u(l) \in \Omega$ zugeordnet. Von der Abbildung $0 \neq l \to u(l)$ fordern wir lediglich, daß aus $u(l) = \alpha$ die Gültigkeit von $l_\alpha \neq 0$ folgt.

Wenn die Anzahl der Forderungen, die nach Beendigung der Bedienung in einer Phase im System verbleiben, durch einen Vektor $l \in L$ mit $l \neq 0$ charakterisiert wird, dann beginnt die nächstfolgende Bedienung in der Phase $\alpha = u(l)$. Die Bedienung einer Forderung, die das System leer vorfindet, beginnt sofort in der Phase, in der diese Forderung eingetroffen ist. Die Forderungen, die auf den Beginn der Bedienung in einer gewissen Phase warten, werden in der Reihenfolge ihres Eintreffens in dieser Phase bedient. Es ist natürlich, die Funktion $u = u(l)$, die die Bedienungsreihenfolge der Forderungen im System festlegt, *Umschaltfunktion* (der Bedienungsphasen) zu nennen.

Das Bedienungssystem ist somit durch die Gesamtheit der Objekte

$$\Omega;\, p = \{p_\alpha, \alpha \in \Omega\}\,;\; P = \{p_{\alpha\beta}; \alpha, \beta \in \Omega\}\,;\; a;\; \{B_\alpha(t), \alpha \in \Omega\}\,;\; u$$

gegeben.

§ 2. Kostenfunktion (auch Verlustfunktion genannt)

Es seien c_α die Wartekosten (je Zeiteinheit) in der Phase $\alpha \in \Omega$. Wir setzen

$$l(t) = \{l_\alpha(t), \alpha \in \Omega\}\;,$$

wobei $l_\alpha(t)$ die Schlangenlänge vor der Phase α zum Zeitpunkt t ist (ohne Berücksichtigung der Forderung, die zum Zeitpunkt t gegebenenfalls bedient wird). Wenn $x_l(t)$ die Indikatorfunktion des Ereignisses $\{l(t) = l\}$, $l \in L$, ist und

$$X_l(T) = \int_0^T x_l(t)\, \mathrm{d}t\;,$$

dann sind die Gesamtkosten bis zum Zeitpunkt T gleich

$$\sum_{l \in L} (c, l)\, X_l(T)\;,$$

dabei ist

$$c = \{c_\alpha, \alpha \in \Omega\},\; l = \{l_\alpha, \alpha \in \Omega\}\,;\; (c, l) = \sum_{\alpha \in \Omega} c_\alpha l_\alpha\,.$$

Die mittleren Kosten je Zeiteinheit bis zum Zeitpunkt T sind dagegen gleich

$$J_T = \mathsf{E}\,\frac{1}{T} \sum_{l \in L} (c, l)\, X_l(T) = \frac{1}{T} \int_0^T \sum_{l \in L} (c, l)\, \mathsf{E} x_l(t)\, dt =$$

$$= \frac{1}{T} \int_0^T \sum_{l \in L} (c, l)\, \mathsf{P}\big(l(t) = l\big)\, \mathrm{d}t = \frac{1}{T} \int_0^T \big(c, \mathsf{E} l(t)\big)\, \mathrm{d}t\;,$$

mit $\mathsf{E} l(t) = \{\mathsf{E} l_\alpha(t), \alpha \in \Omega\}$. Die mittleren stationären Kosten je Zeiteinheit sind gleich

$$J = (c, \bar{l})\;, \tag{1}$$

wobei $\bar{l} = \{\bar{l}_\alpha, \alpha \in \Omega\}$ und $\bar{l}_\alpha$ der Erwartungswert der Schlangenlänge vor der Phase α im stationären Regime ist. Wir geben später Bedingungen an, unter denen jedes der $\bar{l}_\alpha$ endlich ist.

Mit U bezeichnen wir die Menge der Umschaltfunktionen u. Es ist klar, daß die Kosten J von der gewählten Reihenfolge der Bedienung der Forderungen im System, d. h. von der Umschaltfunktion $u \in U$ abhängen. Um dies zu betonen, schreiben wir $J = J(u)$. In diesem Kapitel werden folgende Aufgaben gelöst:

1. Angabe von Bedingungen für die Existenz einer Umschaltfunktion $u^* \in U$, so daß

$$J(u^*) = \min_{u \in U} J(u) \tag{2}$$

   ist (jede Funktion $u^* \in U$, die die Eigenschaft (2) besitzt, werden wir *optimale Umschaltfunktion* nennen).
2. Bestimmung der Struktur einer optimalen Umschaltfunktion.

§ 3. Optimale Bedienungsreihenfolge

Wir setzen folgendes voraus:

1. Von einer beliebigen Bedienungsphase an verläßt jede Forderung mit positiver Wahrscheinlichkeit das System nach Durchlaufen einer endlichen Anzahl von Bedienungsphasen. Formal bedeutet dies: Für jedes $i \in \Omega$ existiert eine ganze Zahl $n \geqq 1$ mit

$$1 - \sum_{j \in \Omega} p_{ij}^{(n)} > 0 .$$

Dabei ist $P^n = \{p_{ij}^{(n)}\}$, $i, j \in \Omega$, die n-te Potenz der Matrix $P = \{p_{ij}\}$, $i, j \in \Omega$.

2. Die ersten beiden Momente der Bedienungszeit in jeder Phase sind endlich, d. h.

$$\beta_{i1} = \int_0^\infty t \, \mathrm{d}B_i(t) < \infty , \qquad \beta_{i2} = \int_0^\infty t^2 \, \mathrm{d}B_i(t) < \infty$$

für alle $i \in \Omega$.

3. Die Ergodizitätsbedingung

$$\varrho = \sum_{i \in \Omega} \lambda_i \beta_{i1} < 1$$

ist erfüllt, wobei $\Lambda = \{\lambda_i, i \in \Omega\}$ durch das Gleichungssystem

$$\lambda_j = \sum_{i \in \Omega} p_{ij} \lambda_i + a p_j , \qquad j \in \Omega ,$$

bzw. in Matrixform

$$(I - P') \Lambda = ap \tag{1}$$

bestimmt wird. Dabei sind I die Einheitsmatrix, P' die zu P transponierte Matrix und $p = \{p_i, i \in \Omega\}$. Aus der Voraussetzung 1 folgt, daß das Gleichungssystem (1) eine eindeutig bestimmte Lösung Λ besitzt. Dies wird später bewiesen.

Es sei $M \subseteq \Omega$. Mit $\gamma_i(M)$ bezeichnen wir die mittlere in der Phase $i \in M$ beginnende und bis zum ersten Verlassen der Phasenmenge M reichende Gesamtbedienungszeit einer Forderung (ohne Berücksichtigung der Wartezeiten). Insbesondere setzen wir $\gamma_i = \gamma_i(\Omega)$. Es ist klar, daß

$$\gamma_i = \Big(1 - \sum_{j \in \Omega} p_{ij}\Big) \beta_{i1} + \sum_{j \in \Omega} p_{ij}(\beta_{i1} + \gamma_j) = \sum_{j \in \Omega} p_{ij} \gamma_j + \beta_{i1}$$

bzw. in Matrixform

$$(I - P) \gamma = \beta \tag{2}$$

gilt, wobei $\gamma = \{\gamma_i, i \in \Omega\}$, $\beta = \{\beta_{i1}, i \in \Omega\}$ ist.
Aus der Voraussetzung 1 folgt, daß das Gleichungssystem (2) eine eindeutig bestimmte Lösung γ besitzt. Dies wird ebenfalls später bewiesen.

Für ein beliebiges $M \subseteq \Omega$ wird die Zahl $\gamma_i(M)$, $i \in M$, analog bestimmt. Hierbei müssen in der Matrix $I - P$ die Spalten und Zeilen gestrichen werden, die den Phasen aus $\Omega \setminus M$ entsprechen. In den Vektoren γ und β müssen die Komponenten, die diesen Phasen entsprechen, gestrichen werden.
Wir definieren rekursiv die Mengen $\Omega_1^*, \ldots, \Omega_s^*$, indem wir

$$\Omega_i^* = \left\{\alpha \in \Omega_i : \frac{c_\alpha(\Omega_i)}{\gamma_\alpha(\Omega_i)} = \min_{\beta \in \Omega_i} \frac{c_\beta(\Omega_i)}{\gamma_\beta(\Omega_i)}\right\} , \qquad i \geqq 1 , \tag{3}$$

setzen, dabei ist

$$\Omega_1 = \Omega;\ c_\alpha(\Omega_1) = c;\ \Omega_{i+1} = \Omega_i \setminus (\Omega_1^* \cup \dots \cup \Omega_i^*)\ ; \tag{4}$$

$$c_\alpha(\Omega_{i+1}) = \gamma_\alpha(\Omega_i)\left[\frac{c_\alpha(\Omega_i)}{\gamma_\alpha(\Omega_i)} - \min_{\beta\in\Omega_i}\frac{c_\beta(\Omega_i)}{\gamma_\beta(\Omega_i)}\right], \alpha \in \Omega_{i+1}\,. \tag{5}$$

Die Zahl $s \geqq 1$ wird durch die Bedingung

$$\Omega = \Omega_1^* \cup \dots \cup \Omega_s^*, \qquad \Omega_s^* \neq \emptyset$$

festgelegt.

Beim Vorliegen einer beliebigen Umschaltfunktion (der Bedienungsphasen) sagen wir, daß die Phase $\alpha \in \Omega$ gegenüber der Phase β bevorzugt wird (höhere Priorität besitzt), falls zu Beginn der Bedienung einer beliebigen Forderung in der Phase β die Anzahl der sich in der Phase α befindenden Forderungen gleich Null ist.

Das Ziel dieses Kapitels ist es, die folgende Behauptung zu beweisen.

Satz. *Für die Optimalität einer Umschaltfunktion $u^* \in U$ ist notwendig und hinreichend, daß für $1 \leqq i < j \leqq s$ jede der Phasen aus Ω_j^* gegenüber jeder der Phasen aus Ω_i^* eine höhere Priorität besitzt.*

§ 4. Eine eingebettete MARKOWsche Kette

Wir betrachten den stochastischen Prozeß

$$\eta(t) = \{n(t), i(t), \xi(t)\}\ , \qquad t \geqq 0\ ,$$

wobei $n(t) = \{n_i(t), i \in \Omega\}$, $n_i(t)$ die Anzahl der Forderungen ist, die sich zum Zeitpunkt t in der Phase i befinden; $i(t) = 0$ für $n(t) = 0$; falls jedoch $n(t) \neq 0$, dann ist $i(t)$ die Nummer der Phase, in der zum Zeitpunkt t bedient wird; $\xi(t) = 0$ für $n(t) = 0$; falls aber $n(t) \neq 0$ dann ist $\xi(t)$ die Restbedienungszeit in der Phase $i(t)$ vom Zeitpunkt t aus. Damit der Prozeß $\eta(t)$ wohldefiniert ist, nehmen wir $n(0) = 0$ (mit Wahrscheinlichkeit 1) an. Es ist klar daß der Prozeß $\eta(t)$ MARKOWsch ist. In diesem Abschnitt wird die Verteilung der Zufallsgröße $\eta(t)$ in speziellen Zeitpunkten untersucht und zwar in den Zeitpunkten der Beendigung von Bedienungen in den einzelnen Phasen. In § 6 wird die Verteilung der Zufallsgröße $\eta(t)$ im stationären Regime untersucht.

Es sei n_{iN} die Anzahl der Forderungen, die in der Phase i nach Beendigung des N-ten Bedienungsvorganges verbleiben. Unter einem Bedienungsvorgang wird hierbei die Bedienung in einer der Phasen verstanden. Wir setzen $n_N = \{n_{iN}, i \in \Omega\}$. Mit i_N bezeichnen wir die Nummer der Phase, in der der N-te Bedienungsvorgang abläuft. Der Prozeß $\eta_N = \{n_N, i_N\}$, $N = 1, 2, \dots$, bildet (nach der KENDALLschen Terminologie) eine in den Prozeß $\eta(t)$, $t \geqq 0$, eingebettete MARKOWsche Kette mit abzählbar vielen Zuständen.

Für $n = \{n_i, i \in \Omega\} \in L$ und für ein Zahlentupel $z = \{z_i, i \in \Omega\}$ setzen wir $z^n = \prod_{i\in\Omega} z_i^{n_i}$.

Wir schreiben $|z| \leqq 1$, falls $|z_i| \leqq 1$ für alle $i \in \Omega$. Die Schreibweise $z = 1$ bedeutet, daß $z_i = 1$ ist für alle $i \in \Omega$. Für $|z| \leqq 1$ und $i \in \Omega$ setzen wir

$$P_{iN}(z) = \mathsf{E} z^{n_N} \cdot \delta_{i,i_N}\ ; \qquad \overline{P}_N(z) = \mathsf{E} z^{n_N} = \sum_{i\in\Omega} P_{iN}(z)\ ,$$

wobei $\delta_{i,j}$ das KRONECKER-Symbol ist. Ferner setzen wir

$$R_{iN}(z) = \mathsf{E} z^{n_N} \cdot \delta_{i,u(n_N)}, \qquad i \in \Omega .$$

Es sei vermerkt, daß $\delta_{i,u(n_N)} = 1$ gilt, d. h. $u(n_N) = i$, falls nach N Bedienungsvorgängen $n_N \neq 0$ gilt und sofort mit der Bedienung in der Phase i begonnen wird.

Lemma 1. *Für $z = \{z_i, i \in \Omega\}$ und $|z_i| \leqq 1$ gilt*

$$z_i P_{i,N+1}(z) = [R_{iN}(z) + \overline{P}_N(0)\, p_i z_i]\, \beta_i\big(a - a(p, z)\big)\, Q_i(z)\,, \tag{1}$$

wobei

$$Q_i(z) = \sum_{j\in\Omega} p_{ij} z_j + 1 - \sum_{j\in\Omega} p_{ij} \tag{2}$$

und $\beta_i(\,\cdot\,)$ die LAPLACE-STIELTJES-Transformierte der Verteilungsfunktion $B_i(t)$ ist.

Beweis. Es sei $z = \{z_i, i \in \Omega\}$ ein Zahlentupel mit der Eigenschaft $0 \leqq z_i \leqq 1$. Die Forderungen, die sich im System befinden, werden wir auf die folgende Weise in rote und blaue unterteilen. Jede Forderung, die in der Phase i (nach vorherigem Durchlaufen einer anderen Bedienungsphase oder beim Eintreffen im System) eintrifft, wird mit der Wahrscheinlichkeit z_i als rot und mit der Wahrscheinlichkeit $1 - z_i$ als blau erklärt unabhängig von der Farbe der übrigen Forderungen, die sich im System befinden. Eine Forderung kann also ihre Farbe beim Übergang von Phase zu Phase ändern. Man kann nun den in der Formel (1) auftretenden Funktionen den folgenden wahrscheinlichkeitstheoretischen Sinn geben.

$P_{i,N+1}(z)$ ist die Wahrscheinlichkeit dafür, daß der $(N + 1)$-te Bedienungsvorgang in der Phase i abläuft und daß nach Beendigung dieses Vorganges keine blauen Forderungen im System verbleiben. $R_{iN}(z)$ ist die Wahrscheinlichkeit dafür, daß nach der Beendigung von N Bedienungsvorgängen wenigstens eine Forderung im System verbleibt, daß sämtliche verbleibenden Forderungen von roter Farbe sind und daß der folgende Bedienungsvorgang in der Phase i abläuft.

$\overline{P}_N(0)$ ist die Wahrscheinlichkeit dafür, daß nach der Beendigung von N Bedienungsvorgängen keine Forderung im System verbleibt. $\beta_i\big(a[1 - (p, z)]\big)$ ist die Wahrscheinlichkeit dafür, daß während der Bedienung in der Phase i keine blauen Forderungen im System eintreffen.

$Q_i(z)$ ist die Wahrscheinlichkeit dafür, daß eine in der Phase i bediente Forderung nicht blau wird (daß sie entweder das System verläßt oder im System verbleibt und beim Übergang zur nächsten Phase rot wird).

Die Formel (1) ergibt sich nun aus der folgenden Behauptung. Dafür, daß der $(N + 1)$-te Bedienungsvorgang in der Phase i abläuft, daß nach Beendigung dieses Vorganges keine blauen Forderungen im System verbleiben und daß die Forderung, die während dieses Vorganges bedient wird, rot ist (die Wahrscheinlichkeit hierfür beträgt $z_i P_{i,N+1}(z)$), ist notwendig und hinreichend, daß

1. nach der Beendigung von N Bedienungsvorgängen keine blauen Forderungen im System verbleiben und daß im nächsten Vorgang eine rote Forderung in der Phase i bedient wird (die Wahrscheinlichkeit hierfür ist gleich $R_{iN}(z) + \overline{P}_N(0)\, p_i z_i$),

2. während des $(N + 1)$-ten Bedienungsvorganges in der Phase i keine blauen Forderungen im System eintreffen (die Wahrscheinlichkeit hierfür ist gleich $\beta_i(a - a(p,z))$),

3. eine Forderung, die während des $(N + 1)$-ten Vorganges in der Phase i bedient wird, entweder das System verläßt oder im System verbleibt und wie vorher rot wird (die Wahrscheinlichkeit hierfür ist gleich $Q_i(z)$).

Lemma 2. *Ist $z = \{z_i, i \in \Omega\}$ und $|z_i| \leqq 1$, dann existieren für $N \to \infty$ die Grenzwerte*

$$\lim_{N\to\infty} P_{iN}(z) = P_i(z)\,, \qquad \lim_{N\to\infty} \bar{P}_N(z) = \bar{P}(z) = \sum_{i\in\Omega} P_i(z)\,,$$

$$\lim_{N\to\infty} R_{iN}(z) = R_i(z)\,.$$

Dabei gilt

$$z_i P_i(z) = [R_i(z) + \bar{P}(0)\, p_i z_i]\, \beta_i\big(a - a(p, z)\big)\, Q_i(z)\,; \tag{3}$$

$$\lim_{N\to\infty} \mathsf{P}(i_N = i) = P_i(1) = \frac{\lambda_i}{\lambda}\,; \qquad \bar{P}(0) = \frac{a}{\lambda}\,(1 - \varrho)\,;$$
$$R_i(1) = \frac{\lambda_i}{\lambda} - \frac{a p_i}{\lambda}\,(1 - \varrho)\,; \qquad \lambda = \sum_{i\in\Omega} \lambda_i\,. \tag{4}$$

Beweis. Die Existenz der Grenzwerte ergibt sich daraus, daß die homogene MARKOWsche Kette η_N, $N = 1, 2, \ldots$, irreduzibel und aperiodisch ist. Die Gleichung (3) folgt dann aus der Gleichung (1). Es genügt nun, sich von der Gültigkeit der Formeln (4) zu überzeugen. Hierfür benutzen wir die Ergodizitätsbedingung des Systems (s. Voraussetzung 3 in § 3) und überprüfen, ob die hinreichende Bedingung für die Existenz einer stationären Verteilung für die MARKOWsche Kette erfüllt ist (s. Kap. 2, § 7). Wir bezeichnen mit E die Zustandsmenge der MARKOWschen Kette η_N. Für jede Funktion $\varphi = \varphi(x)$ auf E definieren wir eine Funktion $A\varphi = (A\varphi)\,(x)$ durch die Beziehung

$$(A\varphi)\,(x) = \mathsf{E}\big(\varphi(\eta_{N+1}) \mid \eta_N = x\big)\,.$$

Die Existenzbedingung lautet dann: Dafür, daß die homogene, irreduzible und aperiodische MARKOWsche Kette η_N eine stationäre Verteilung besitzt, ist hinreichend, daß eine Zahl $\varepsilon > 0$, eine nichtnegative Funktion $\varphi(x)$ auf E und eine endliche Menge E_0 von Zuständen aus E existieren, so daß

$$\begin{aligned} (A\varphi)\,(x) &\leqq \varphi(x) - \varepsilon \quad &&\text{für} \quad x \in E \setminus E_0\,,\\ (A\varphi)\,(x) &< \infty &&\text{für} \quad x \in E_0\,. \end{aligned} \tag{5}$$

In unserem Fall ist $E = L \times \Omega$. Für $x = (n, i) \in E$ bezeichnen wir mit $\varphi(x)$ die mittlere Zeit, die zur Bedienung sämtlicher Forderungen notwendig ist, die durch das Tupel $n = \{n_j, j \in \Omega\}$ charakterisiert werden, falls das Eintreffen von Forderungen im System unterbrochen wird. Es ist klar, daß

$$\varphi(x) = \sum_{j\in\Omega} n_j \gamma_j$$

gilt. Ist $x = (n, i) \in E$ und $n \neq 0$, dann ist $(A\varphi)\,(x)$ die Summe folgender Summanden:

1. der mittleren Gesamtbedienungszeit sämtlicher Forderungen, die durch das Tupel $n = \{n_j, j \in \Omega\}$ charakterisiert werden, ohne Berücksichtigung der mittleren Bedienungszeit einer der Forderungen in der Phase $\alpha = u(n)$;

2. der mittleren Gesamtbedienungszeit sämtlicher Forderungen, die während eines Bedienungsvorganges in der Phase α im System eingetroffen sind.

Es gilt also

$$\begin{aligned} (A\varphi)\,(x) &= \sum_{j\in\Omega} n_j\gamma_j - \beta_{\alpha 1} + \sum_{k\in\Omega} (a p_k \beta_{\alpha 1})\, \gamma_k = \\ &= \varphi(x) - \beta_{\alpha 1}\Big(1 - \sum_{k\in\Omega} a p_k \gamma_k\Big) = \varphi(x) - \beta_{\alpha 1}(1 - \varrho)\,, \end{aligned}$$

weil gemäß (1) und (2) in § 3

$$\sum_{k\in\Omega} ap_k\gamma_k = a(p,\gamma) = a\big(p,(I-P)^{-1}\beta\big) = a\big((I-P')^{-1}p,\beta\big) = (\Lambda,\beta) = \varrho \qquad (6)$$

gilt. E_0 bestehe aus den Elementen $(n, i) \in E$, für die $n = 0$ ist. Ist $x = (0, i) \in E_0$, dann gilt

$$(A\varphi)(x) = \sum_{j\in\Omega} p_j \sum_{k\in\Omega} (ap_k\beta_{j1})\gamma_k = \varrho \sum_{j\in\Omega} p_j\beta_{j1} < \infty .$$

Es genügt nun

$$\varepsilon = (1-\varrho) \min_{j\in\Omega} \beta_{j1} > 0$$

zu setzen, dann wird die Ungleichung (5) von der Funktion $\varphi = \varphi(x)$ und der Menge E_0 erfüllt. Folglich besitzt die MARKOWsche Kette η_N, $N \geqq 1$, eine stationäre Verteilung. Insbesondere gilt $\overline{P}(1) = 1$.

Wir bestimmen nun $P_i(1)$, $R_i(1)$, $\overline{P}(0)$. Aus (3) folgt für $z_i \neq 0$

$$P(z) = \sum_{i\in\Omega} P_i(z) = \sum_{i\in\Omega} \left[\frac{R_i(z)}{z_i} + \overline{P}(0)\, p_i\right] b_i(z) , \qquad (7)$$

wobei $b_i(z) = \beta_i\big(a - a(p, z)\big) \cdot Q_i(z)$ ist. Wir setzen

$$x_j = \frac{\partial}{\partial z_j} \overline{P}(z)\bigg|_{z=1}, \qquad x_{ij} = \frac{\partial}{\partial z_j} R_i(z)\bigg|_{z=1} . \qquad (8)$$

Aus der Definition der Funktionen $\overline{P}(z)$ und $R_i(z)$ ergibt sich

$$x_j = \sum_{i\in\Omega} x_{ij} . \qquad (9)$$

Aus (7) erhalten wir nun unter Benutzung der Gleichungen

$$\frac{\partial}{\partial z_j} b_i(z)\big|_{z=1} = ap_j\beta_{i1} + p_{ij} = d_{ij} ,$$

$$\frac{\partial}{\partial z_j} \frac{R_i(z)}{z_i}\bigg|_{z=1} = x_{ij} - R_i(1)\,\delta_{ij}$$

die Beziehung

$$R_j(1) = \sum_{i\in\Omega} [R_i(1) + \overline{P}(0)\, p_i]\, d_{ij} . \qquad (10)$$

Weil gemäß (3)

$$P_i(1) = R_i(1) + \overline{P}(0)\, p_i \qquad (11)$$

gilt, läßt sich (10) in der Form

$$P_j(1) - \sum_{i\in\Omega} d_{ij} P_i(1) = \overline{P}(0)\, p_j , \qquad j \in \Omega , \qquad (12)$$

ausdrücken. Aus der Gleichung $\overline{P}(z) = \sum_{i\in\Omega} P_i(z)$ erhalten wir aber unter Berücksichtigung von $\overline{P}(1) = 1$

$$\sum_{i\in\Omega} P_i(1) = 1 . \qquad (13)$$

Wir weisen nach, daß

$$P_i(1) = \frac{\lambda_i}{\lambda}, \qquad \overline{P}(0) = \frac{a}{\lambda}(1-\varrho)$$

die Lösung des Gleichungssystems (12), (13) ist. Die Gleichung (13) ist offensichtlich erfüllt, die linke Seite von (12) ist gleich

$$\frac{\lambda_j}{\lambda} - \frac{ap_j}{\lambda} \sum_{i \in \Omega} \lambda_i \beta_{i1} - \frac{1}{\lambda} \sum_{i \in \Omega} p_{ij} \lambda_i = \frac{1}{\lambda}\Big(\lambda_j - \sum_{i \in \Omega} p_{ij}\lambda_i\Big) - \frac{ap_j}{\lambda}\varrho = \frac{ap_j}{\lambda} - \frac{ap_j}{\lambda}\varrho$$

und somit gleich der rechten Seite von (12). Hierbei wurden die Gleichungen aus der Voraussetzung 3 in § 3 benutzt.
Damit die angegebenen Überlegungen korrekt sind, muß man sich noch davon überzeugen, daß jede der Matrizen $I - P$ und $I - D$ umkehrbar ist; hierbei ist $D = \{d_{ij}\}_{i, j \in \Omega}$. Dieses Ziel verfolgt

Lemma 3. *Aus der Voraussetzung 1 in § 3 folgt, daß die Matrix $I - P$ umkehrbar ist. Außerdem gilt*

$$|I - D| = (1 - \varrho)\,|I - P|\,. \tag{14}$$

Beweis. Wir benutzen den Satz von Hadamard, der eine hinreichende Bedingung für die Umkehrbarkeit einer Matrix angibt (s. zum Beispiel [97]). Weil

$$\sum_{j \in \Omega} p_{ij}^{(n+1)} \leqq \sum_{j \in \Omega} p_{ij}^{(n)}\,, \qquad i \in \Omega\,,$$

gilt, ist von einem gewissen n_0 an

$$1 - \sum_{j \in \Omega} p_{ij}^{(n)} > 0$$

für alle $i \in \Omega$ und $n \geqq n_0$. Dann genügt aber die Matrix $wI - P^n$ für sämtliche Zahlen w mit $|w| \geqq 1$ der Bedienung des Satzes von Hadmard. Folglich sind die Beträge sämtlicher Eigenwerte der Matrix $wI - P^n$ und somit auch von P^n kleiner als Eins. Insbesondere gilt also $|I - P| \neq 0$.

Wir beweisen nun die Formel (14). Die Matrix D läßt sich in der Gestalt $D = P + a\beta p'$ darstellen, wobei β der aus den Elementen $\{\beta_{i1}, i \in \Omega\}$ bestehende Spaltenvektor, p' der aus den Elementen $\{p_i, i \in \Omega\}$ bestehende Zeilenvektor ist. Dann gilt aber

$$I - D = [I - a\beta p'(I - P)^{-1}]\,(I - P) = (I - \beta\Lambda')\,(I - P)\,,$$

wobei Λ gemäß (1) in § 3 definiert ist. Um (14) zu erhalten, genügt es, die Gleichung

$$|I - \beta\Lambda'| = 1 - (\beta, \Lambda) = 1 - \varrho$$

zu benutzen.

§ 5. Die stochastischen Prozesse η_N^+ und η_N^-

Wir betrachten den stochastischen Prozeß $\eta(t) = \{n(t), i(t), \xi(t)\}$ in aufeinanderfolgenden Zeitpunkten $0 < \tau_1 < \tau_2 < \ldots$ (die mit Wahrscheinlichkeit 1 voneinander verschieden sind), so daß gilt

$$\xi(\tau_N - 0) = 0,\ n(\tau_N - 0) \neq 0\ ; \qquad N = 1, 2, \ldots\,.$$

Wir setzen $i_N^\pm = i(\tau_N \pm 0)$, $\quad n_N^\pm = n(\tau_N \pm 0)$. Dann bildet jeder der Prozesse

$$\eta_N^+ = \{n_N^+, i_N^-\},\ \eta_N^- = \{n_N^-, i_N^-\}\,, \qquad N = 1, 2, \ldots,$$

eine Markowsche Kette. Es sei

$$P_{iN}^\pm(z) = \mathsf{E}\big(z^{n_N^\pm} \cdot \delta_{i, i_N^-}\big)\,, \quad R_{iN}^\pm(z) = \mathsf{E}\big(z^{n_N^\pm} \cdot \delta_{i, i_N^+}\big)\,,$$

wobei $z = \{z_i, i \in \Omega\}$, $|z_i| \leqq 1$, ist und wir voraussetzen, daß $B_i(+0) = 0$ für alle $i \in \Omega$ gilt. Dann ist der Zeitpunkt τ_N mit Wahrscheinlichkeit 1 der Zeitpunkt der Beendigung des N-ten Bedienungsvorganges. Folglich gilt $i_N^- = i_N$, $n_N^+ = n_N$, $i_N^+ = u(n_N^+) = u(n_N)$ für $n \neq 0$ mit Wahrscheinlichkeit 1.

Lemma 4. *Es sei $B_i(+0) = 0$ für alle $i \in \Omega$. Dann gilt*

$$z_i P_{iN}^+(z) = P_{iN}^-(z)\, Q_i(z)\,, \tag{1}$$

$$P_{iN}^+(z) = P_{iN}(z),\ R_{iN}^+(z) = R_{iN}(z)\,,$$

und folglich existieren für $N \to \infty$ die Grenzwerte

$$\lim_{N\to\infty} P_{iN}^{\pm}(z) = P_i^{\pm}(z)\,, \qquad \lim_{N\to\infty} R_{iN}^+(z) = R_i^+(z)\,,$$

so daß gilt

$$P_i^+(z) = P_i(z),\ R_i^+(z) = R_i(z),\ z_i P_i^+(z) = P_i^-(z)\, Q_i(z)\,. \tag{2}$$

Wir müssen uns nur von der Gültigkeit der Formel (1) überzeugen. In der Sprache der roten und blauen Forderungen ist die linke Seite von (1) die Wahrscheinlichkeit des folgenden Ereignisses: Der N-te Bedienungsvorgang läuft in der Phase i ab; nach Beendigung dieses Vorganges verbleiben keine blauen Forderungen im System, und die Forderung, die während dieses Vorganges bedient wird, ist rot. Die rechte Seite von (1) dagegen ist die Wahrscheinlichkeit des Ereignisses: Der N-te Bedienungsvorgang läuft in der Phase i ab; bis zur Beendigung dieses Vorganges befinden sich nur rote Forderungen im System; die Forderung, die während dieses Vorganges bedient wird, verläßt entweder das System oder bleibt wie vorher rot. Die angegebenen Ereignisse stimmen aber miteinander überein.

§ 6. Zusammenhang der Prozesse η_N^+ und $n(t)$ im stationären Regime

Lemma 5. *Ist $B_i(+0) = 0$ für alle $i \in \Omega$, dann existieren für $z = \{z_i, i \in \Omega\}$, $|z_i| \leqq 1$, die Grenzwerte*

$$\lim_{t\to\infty} \mathsf{E} z^{n(t)} = P^*(z) = \frac{\lambda}{a} \cdot \frac{1}{1-(p,z)} \cdot \sum_{i\in\Omega} p_i(z) \left[1 - \frac{z_i}{Q_i(z)}\right]; \tag{1}$$

$$\lim_{t\to\infty} \mathsf{P}\big(i(t) = i\big) = \lambda_i \beta_{i1}\,, \qquad i \in \Omega\,; \tag{2}$$

$$\lim_{t\to\infty} \mathsf{E}(\mathrm{e}^{-s\xi(t)} \mid i(t) = i) = \frac{1}{s\beta_{i1}}[1 - \beta_i(s)]\,, \qquad s > 0, i \in \Omega\,. \tag{3}$$

Hierbei bemerken wir, daß $P^*(0) = \lim_{t\to\infty} \mathsf{P}\big(n(t) = 0\big) = 1 - \varrho$ gilt. Den B e w e i s zerlegen wir in mehrere Schritte.

1°. Zuerst zeigen wir, daß die angegebenen Grenzwerte existieren. Der Prozeß $\eta(t)$ ist ein regenerativer Prozeß. Als Regenerierungspunkte dienen die Anfangszeitpunkte der Belegungsperioden des Systems. Auf Grund des Grenzwertsatzes für regenerative Prozesse existieren die angegebenen Grenzwerte, falls

1. die Verteilung der Länge eines Regenerationszyklus absolut stetig,
2. die mittlere Länge eines Regenerationszyklus endlich ist.

Die Bedingung 1 ist erfüllt, weil die Länge eines Regenerationszyklus die Summe zweier unabhängiger Zufallsgrößen ist, und zwar einer Leerzeit und der Länge einer

Belegungsperiode des Systems; dabei besitzt die Verteilung der ersten Zufallsgröße eine Dichte.
Die Bedingung 2 ist erfüllt, falls der Erwartungswert der Länge einer Belegungsperiode endlich ist. Letzteres ergib sich aus den folgenden Überlegungen.

Weil die Länge einer Belegungsperiode des Systems nicht von der Bedienungsreihenfolge der Forderungen abhängt, werden wir annehmen, daß die Forderungen in der Reihenfolge ihres Eintreffens im System bedient werden. Wenn ξ die Bedienungszeit einer Forderung ist, bis sie das System verläßt, dann ist die mittlere Länge einer Belegungsperiode gleich (s. Kapitel 3, § 2)

$$\pi_1 = \frac{\mathsf{E}\xi}{1 - a\mathsf{E}\xi},$$

falls $a\mathsf{E}\xi < 1$ ist. Es gilt aber $\varrho = a\mathsf{E}\xi$. Dies folgt aus der Gleichung

$$\mathsf{E}\xi = \sum_{i \in \Omega} p_i \gamma_i$$

und aus Formel (6) in § 4.

2°. Wir setzen

$$P_i^*(z, s, t) = \mathsf{E} z^{n(t)} \cdot \mathrm{e}^{-s\xi(t)} \cdot \delta_{i, i(t)}, \qquad i \in \Omega .$$

Aus dem vorhergehenden Beweisschritt folgt die Existenz des Grenzwertes

$$\lim_{t \to \infty} P_i^*(z, s, t) = P_i^*(z, s),$$

der von der Verteilung der Zufallsgröße $\eta(t) = \{n(t), i(t), \xi(t)\}$ zum Anfangszeitpunkt $t = 0$ unabhängig ist.
Wir zeigen, daß

$$\big(-s + a - a(p, z)\big) P_i^*(z, s) = \lambda[R_i(z) + \overline{P}(0)\, p_i z_i]\, \beta_i(z) - \lambda P_i^-(z) \tag{4}$$

gilt. Hierfür betrachten wir den Prozeß $\eta(t)$ im stationären Regime. Mit anderen Worten, wir nehmen an, daß die Verteilung der Zufallsgröße $\eta(0)$ mit der Grenzverteilung der Zufallsgröße $\eta(t)$ für $t \to \infty$ übereinstimmt. Insbesondere gelte für jedes $t \geqq 0$

$$P_i^*(z, s, t) = P_i^*(z, s) . \tag{5}$$

Wir betrachten die möglichen Änderungen des Prozesses $\eta(t)$ im Intervall von t bis $t + h$ und erhalten für $h \downarrow 0$

$$\begin{aligned} P_i^*(z, s, t + h) &= \mathsf{E}\{z^{n(t+h)}\, \mathrm{e}^{-s\xi(t+h)}\, \delta_{i, i(t+h)}\} = \mathsf{P}(\xi(t) = 0)\, a h p_i z_i \beta_i(s) + \\ &+ \mathsf{P}(0 < \xi(t) < h)\, \mathsf{E}\{z^{n(t+h)}\, \mathrm{e}^{-s\xi(t+h)}\, \delta_{i, i(t+h)} \mid 0 < \xi(t) < h\} + \\ &+ P\big(\xi(t) \geqq h\big)\, \mathsf{E}\{z^{n(t+h)}\, \mathrm{e}^{-s\xi(t+h)}\, \delta_{i, i(t+h)} \mid \xi(t) \geqq h\} + o(h) . \end{aligned} \tag{6}$$

Weil für $h \downarrow 0$

$$\mathsf{E}\{z^{n(t+h)} \delta_{i, i(t+h)} \mid 0 < \xi(t) < h\} \to R_i(z),$$

$$\mathsf{E}\{\mathrm{e}^{-s\xi(t+h)} \mid 0 < \xi(t) < h;\, i(t + h) = i\} \to \beta_i(s)$$

gilt, ist der zweite Summand in (6) gleich

$$\mathsf{P}\big(0 < \xi(t) < h\big) \cdot R_i(z) \cdot \beta_i(s) + o(h) .$$

Wir formen nun den dritten Summanden um. Für $\xi(t) \geqq h$ gilt

$$i(t + h) = i(t),\ \xi(t + h) = \xi(t) - h .$$

Das Eintreffen von Forderungen im Intervall von t bis $t + h$ berücksichtigend, können wir den dritten Summanden in der Form

$$\mathsf{P}\big(\xi(t) \geqq h\big) \Big(1 - ah + ah \sum_{j\in\Omega} p_j z_j\Big) \mathsf{E}\{z^{n(t)} \, \mathrm{e}^{-s[\xi(t)-h]} \, \delta_{i,\, i(t)} \mid \xi(t) \geqq h\} + o(h)$$

darstellen. Es gilt aber

$$P_i^*(z, s, t) = \mathsf{P}(\xi(t) \geqq h) \, \mathsf{E}\{z^{n(t)} \, \mathrm{e}^{-s\xi(t)} \, \delta_{i,\, i(t)} \mid \xi(t) \geqq h\} + \\ + \mathsf{P}\big(0 < \xi(t) < h\big) \, \mathsf{E}\{z^{n(t)} \, \mathrm{e}^{-s\xi(t)} \, \delta_{i,\, i(t)} \mid 0 < \xi(t) < h\} \,,$$

und wegen

$$\mathsf{E}\{z^{n(t)} \delta_{i,\, i(t)} \mid 0 < \xi(t) < h\} \to P_i^-(z)$$

für $h \downarrow 0$ können wir den dritten Summanden in (6) schließlich in der Form

$$[1 - ah + ah(p, z) + sh] \, [P_i^*(z, s, t) - \mathsf{P}(0 < \xi(t) < h) \, P_i^-(z)] + o(h)$$

darstellen.

Die Formel (6) nimmt nun unter Berücksichtigung von (5) folgende Form an:

$$[-s + a - a(p, z)] \, P_i^*(z, s) = \mathsf{P}\big(\xi(t) = 0\big) \, a p_i z_i \beta_i(s) + \\ + \frac{1}{h} \mathsf{P}\big(0 < \xi(t) < h\big) \, [R_i(z) \, \beta_i(s) - P_i^-(z)] + \frac{o(h)}{h} \,. \tag{7}$$

Wenn wir

$$\lim_{h\downarrow 0} \frac{1}{h} \mathsf{P}(0 < \xi(t) < h) = \lambda_0$$

setzen und beachten, daß $\mathsf{P}\big(\xi(t) = 0\big) = P^*(0)$ gilt, dann erhalten wir aus (7)

$$[-s + a - a(p, z)] \, P_i^*(z, s) = \lambda_0 \left[R_i(z) + P^*(0) \frac{a}{\lambda_0} p_i z_i \right] \beta_i(s) - \lambda_0 P_i^-(z) \,. \tag{8}$$

Für $s = a - a(p, z)$ erhalten wir (s. Lemma 4)

$$z_i P_i(z) = \left[R_i(z) + P^*(0) \frac{a}{\lambda_0} p_i z_i \right] \beta_i\big(a - a(p, z)\big) \, Q_i(z) \,.$$

Aus Lemma 2 ergibt sich nun

$$\overline{P}(0) = P^*(0) \frac{a}{\lambda_0} = \frac{a}{\lambda} (1 - \varrho) \,. \tag{9}$$

Aus (8) und aus den Formeln der Lemmata 2 und 4 erhalten wir für $z = 1$

$$s P_i^*(1, s) = \lambda_0 P_i(1) \, [1 - \beta_i(s)]$$

bzw.

$$P_i^* \, (1, s) = \frac{\lambda_0}{\lambda} \frac{\lambda_i}{s} [1 - \beta_i(s)] \tag{10}$$

und hieraus

$$1 - P^*(0) = \sum_{i\in\Omega} P_i^*(1, 0) = \frac{\lambda_0}{\lambda} \sum_{i\in\Omega} \lambda_i \beta_{i1} = \frac{\lambda_0}{\lambda} \varrho \,,$$

was zusammen mit (9) die Gleichung $\lambda_0 = \lambda$ ergibt.
Die Formel (8) stimmt nun mit (4) überein.

3°. Wegen $\lambda_0 = \lambda$ liefert die Formel (9) die Beziehung $P^*(0) = 1 - \varrho$. Weil ferner $\mathsf{P}(i(t) = i) = P_i^*(1, 0)$ ist, folgt aus (10) die Formel (2). Die Formel (3) erhalten wir dagegen auf Grund der Gleichung

$$P_i^*(1, s) = \mathsf{P}(i(t) = i)\, \mathsf{E}\{e^{-s\xi(t)} \mid i(t) = i\}$$

aus (10).

Es ist nun noch die Formel (1) herzuleiten. Wenn wir in (4) $s = 0$ setzen und die linke und rechte Seite über sämtliche $i \in \Omega$ summieren, dann erhalten wir

$$a[1 - (p, z)] \sum_{i\in\Omega} P_i^*(z, 0) = \lambda\Big\{\sum_{i\in\Omega} R_i(z) + \overline{P}(0)\,(p, z) - \sum_{i\in\Omega} P_i^-(z)\Big\}.$$

Die Formel (1) ergibt sich nun aus der Formel (2) in § 5 und aus den Beziehungen

$$\sum_{i\in\Omega} P_i^*(z, 0) = P^*(z) - P^*(0)\,; \qquad \overline{P}(0) = \frac{a}{\lambda} P^*(0)\,;$$

$$\sum_{i\in\Omega} R_i(z) = \overline{P}(z) - \overline{P}(0) = \sum_{i\in\Omega} P_i(z) - \overline{P}(0)\,.$$

Bemerkung. Wir setzen

$$p_{ik}^* = \lim_{t\to\infty} \mathsf{P}(n_i(t) = k)\,,\ p_{ik}^+ = \lim_{N\to\infty} \mathsf{P}(n_{iN} = k \mid i_N = i)\,.$$

Ist $p_{ij} = 0$ für sämtliche i und j aus Ω, dann gilt $p_{ik}^* = p_{ik}^+$ für sämtliche $i \in \Omega$ und für alle ganzen Zahlen $k \geqq 0$. In diesem Fall folgt tatsächlich aus (1)

$$P^*(z) = \frac{P_i(z)}{P_i(1)}$$

für jedes Tupel $z = \{z_j, j \in \Omega\}$ mit der Eigenschaft $z_j = 1$ für alle $j \in \Omega \setminus \{i\}$ und $|z_i| \leqq 1$.

§ 7. Formeln für die ersten Momente der eingebetteten MARKOWschen Kette

Für die eingebettete MARKOWsche Kette $\eta_N = \{n_N, i_N\}$, $N \geqq 1$, wobei $n_N = \{n_{jN}, j \in \Omega\}$ ist, setzen wir

$$x_j = \lim_{N\to\infty} \mathsf{E} n_{jN}, \qquad x_{ij} = \lim_{N\to\infty} \mathsf{E} n_{jN} \cdot \delta_{i, u(n_N)}\,.$$

Wir bemerken, daß x_j und x_{ij} gemäß (8), (9) in § 4 definiert werden können und daß $x_{ij}/R_i(1)$ die mittlere Anzahl von Forderungen in der Phase j zu einem Zeitpunkt des Umschaltens der Bedienung in die Phase i (im stationären Regime) ist.

Lemma 6. *Für beliebige i und j aus Ω gilt*

$$x_{ij} + x_{ji} = \sum_{\alpha\in\Omega} (x_{\alpha i} d_{\alpha j} + x_{\alpha j} d_{\alpha i}) + c_{ij}\,, \tag{1}$$

dabei ist

$$d_{ij} = a p_j \beta_{i1} + p_{ij}\,,$$

$$\lambda\, c_{ij} = \sum_{\alpha\in\Omega} \lambda_\alpha (a^2 p_i p_j \beta_{\alpha 2} + a p_i \beta_{\alpha 1} p_{\alpha j} + a p_j \beta_{\alpha 1} p_{\alpha i}) + 2\lambda_i \delta_{ij} - \lambda_i d_{ij} - \lambda_j d_{ji}\,.$$

Der Beweis ergibt sich aus (7) in § 4 und aus

$$\frac{\partial}{\partial z_i} b_\alpha(z)\big|_{z=1} = a p_i \beta_{\alpha 1} + p_{\alpha i} = d_{\alpha i} ,$$

$$\frac{\partial^2}{\partial z_i \partial z_j} b_\alpha(z)\big|_{z=1} = a^2 p_i p_j \beta_{\alpha 2} + a p_i \beta_{\alpha 1} p_{\alpha j} + a p_j \beta_{\alpha 1} p_{\alpha i} ,$$

$$\frac{\partial}{\partial z_i} \frac{R_\alpha(z)}{z_\alpha}\bigg|_{z=1} = x_{\alpha i} - R_\alpha(1)\, \delta_{\alpha i} ,$$

$$\frac{\partial^2}{\partial z_i \partial z_j} \frac{R_\alpha(z)}{z_\alpha}\bigg|_{z=1} = \frac{\partial^2}{\partial z_i \partial z_j} R_\alpha(z)|_{z=1} - x_{\alpha i}\delta_{\alpha j} - x_{\alpha j}\delta_{\alpha i} + 2R_\alpha(1)\, \delta_{\alpha i}\delta_{\alpha j} ,$$

$$\frac{\partial^2}{\partial z_i \partial z_j} \overline{P}(z)\big|_{z=1} = \sum_{\alpha \in \Omega} \frac{\partial^2}{\partial z_i \partial z_j} R_\alpha(z)\big|_{z=1} .$$

§ 8. Gestalt der Kostenfunktion

Wegen

$$l_i(t) = n_i(t) - \delta_{i,\, i(t)} , \qquad i \in \Omega ,$$

gilt

$$\mathsf{E} l_i(t) = \mathsf{E} n_i(t) - \mathsf{P}\big(i(t) = i\big) .$$

Wenn wir

$$\overline{n}_i = \lim_{t\to\infty} \mathsf{E} n_i(t) , \qquad \overline{l}_i = \lim_{t\to\infty} \mathsf{E} l_i(t)$$

setzen, dann erhalten wir unter Berücksichtigung von (2), § 6

$$\overline{l}_i = \overline{n}_i - \lambda_i \beta_{i1} .$$

Die Kostenfunktion (1) in § 2 nimmt deshalb folgende Gestalt an

$$J = (c, \overline{l}) = (c, \overline{n}) - \sum_{i \in \Omega} c_i \lambda_i \beta_{i1} . \tag{1}$$

Hierbei ist $\overline{n} = \{\overline{n}_i,\, i \in \Omega\}$. Wir drücken n und somit auch J durch $\{x_{ij}\}$ aus.

Unter der Voraussetzung $B_i(+0) = 0$ für sämtliche $i \in \Omega$ benutzen wir hierfür die Formel (3) in § 4 und die Formel (1) in § 6 und stellen letztere in der Form

$$[1 - (p, z)]\; P^*(z) = \frac{\lambda}{a} \sum_{i \in \Omega} \left[P_i(z) - P_i(z) \frac{z_i}{Q_i(z)} \right] =$$

$$= \frac{\lambda}{a} \Big\{ \overline{P}(z) - \sum_{\alpha \in \Omega} [R_\alpha(z) + \overline{P}(0)\, p_\alpha z_\alpha]\, \beta_\alpha\big(a - a(p, z)\big) \Big\} \tag{2}$$

dar.

Wegen $\frac{\partial}{\partial z_i} P^*(z)\big|_{z=1} = \overline{n}_i$ ist die zweite Ableitung nach z_i der linken Seite von (2) im Punkt $z = 1$ gleich $-2 p_i \overline{n}_i$. Die entsprechende Ableitung der rechten Seite von (2) ist aber unter Berücksichtigung der am Ende des vorhergehenden Abschnittes angeführten Formeln gleich

$$-\frac{\lambda}{a}\sum_{\alpha\in\Omega}\left\{[R_\alpha(1)+\bar{P}(0)\,p_\alpha]\,a^2p_i^2\beta_{\alpha 2}+2\left[\frac{\partial}{\partial z_i}R_\alpha(z)|_{z=1}+\bar{P}(0)\,p_\alpha\delta_{\alpha i}\right]ap_i\beta_{\alpha i}\right\}=$$

$$=-\frac{\lambda}{a}\sum_{\alpha\in\Omega}\frac{\lambda_\alpha}{\lambda}a^2p_i^2\beta_{\alpha 2}+2\left[x_{\alpha i}+\frac{a}{\lambda}(1-\varrho)\,p_\alpha\delta_{\alpha i}\right]ap_i\beta_{\alpha 1}\Big\}=$$

$$=-\Big\{ap_i^2\sum_{\alpha\in\Omega}\lambda_\alpha\beta_{\alpha 2}+2\lambda p_i\sum_{\alpha\in\Omega}x_{\alpha i}\,\beta_{\alpha 1}+2(1-\varrho)\,ap_i^2\beta_{i1}\Big\}\,.$$

Hieraus erhalten wir

$$\bar{n}_i=\lambda\sum_{\alpha\in\Omega}x_{\alpha i}\beta_{\alpha 1}+\frac{ap_i}{2}\sum_{\alpha\in\Omega}\lambda_\alpha\beta_{\alpha 2}+(1-\varrho)\,ap_i\beta_{i1}$$

und somit

Lemma 7.

$$J=\lambda\sum_{i,\alpha\in\Omega}c_ix_{\alpha i}\beta_{\alpha 1}+\text{const}\,, \tag{3}$$

wobei „const" nicht von der Wahl der Umschaltfunktion $u=u(n)$ abhängt; bzw. in Vektor-Matrixschreibweise

$$J=\lambda(c,X'\beta)+\text{const}\,,$$

wobei $c=\{c_i,i\in\Omega\}$, $\beta=\{\beta_{i1},i\in\Omega\}$, $X=\{x_{ij},i,j\in\Omega\}$ sind.

§ 9. Optimalitätsproblem

Gemäß § 2 ist es unser Ziel, in der Klasse $U=\{u\}$ sämtlicher Umschaltfunktionen (der Bedienungsphasen) eine Umschaltfunktion u^* zu finden, für die

$$J(u^*)=\min_{u\in U}J(u)$$

gilt. Das Funktional $J=J(u)$ läßt sich in der Gestalt (3) in § 8 darstellen, in der die Elemente x_{ij} der Matrix X natürlich von der gewählten Umschaltfunktion $u\in U$ abhängen.

Außerdem genügen diese Zahlen dem Gleichungssystem (1) in § 7. Im Zusammenhang damit betrachten wir folgende Aufgaben der linearen Optimierung:

Es ist das Minimum des linearen Funktionals (3) in § 8 bezüglich $X=\{x_{ij}\}$ zu bestimmen, wobei sämtliche x_{ij} nichtnegativ sind und dem linearen Gleichungssystem (1) in § 7 genügen. Falls dieses Minimum gleich J^* ist und eine Umschaltfunktion $u^*\in U$ existiert, für die $J(u^*)=J^*$ gilt, dann ist u^* natürlich eine optimale Umschaltfunktion (für die das Minimum des Funktionals $J(u)$ über alle $u\in U$ erreicht wird). Wir werden uns bald davon überzeugen, daß dies tatsächlich der Fall ist, und die Gestalt der Umschaltfunktion bestimmen. Es ist offensichtlich, daß wir anstelle des Funktionals (3) in § 8 das Funktional $I=(c,X'\beta)$ betrachten können.

Wir untersuchen also die folgende lineare Optimierungsaufgabe: Es ist das Minimum des Funktionals

$$I=(c,X'\beta) \tag{1}$$

zu bestimmen, wobei die Elemente der Matrix $X=\{x_{ij};i,j\in\Omega\}$ den Ungleichungen

$$x_{ij}\geqq 0\quad\text{für alle}\quad i,j\in\Omega \tag{2}$$

und dem Gleichungssystem

$$x_{ij} + x_{ji} - \sum_{\alpha \in \Omega} (x_{\alpha i} d_{\alpha j} + x_{\alpha j} d_{\alpha i}) = c_{ij} \tag{3}$$

genügen.

Für eine beliebige Ordnungsrelation π der Elemente aus Ω schreiben wir $i \overset{\pi}{<} j$ bzw. einfacher $i < j$ (falls klar ist, um welche Ordnungsrelation π es sich handelt), wenn das Element $i \in \Omega$ dem Element $j \in \Omega$ bezüglich der Ordnungsrelation π vorausgeht.

Ferner werden wir die folgende *Voraussetzung* benutzen: Für jede Ordnungsrelation π der Elemente aus Ω existiert ein Zahlentupel $\{x_{ij}\}$, das (2), (3) genügt und für das $x_{ji} = 0$ für $i < j$ gilt.

Diese Voraussetzung erweist sich nicht als Einschränkung, weil man sich sofort von der Existenz eines solchen Tupels überzeugen kann, wenn man die Gestalt der Koeffizienten c_{ij} beachtet. Noch einfacher ergibt sich dies aber aus den folgenden Überlegungen. Wir wählen eine Umschaltfunktion, die der Bedienungsdisziplin mit relativen Prioritäten (der Bedienungsphasen) entspricht und der Phase i gegenüber der Phase j Priorität erteilt, falls $i < j$ ist. Für eine solche Umschaltfunktion genügt das Tupel $\{x_{ij}\}$ den Bedingungen (2), (3) und der Bedingung $x_{ji} = 0$ für $i < j$.

§ 10. Untere Schranke des Kostenfunktionals

Es sei r die Anzahl der Elemente aus Ω. Wir numerieren diese Elemente mit den Zahlen $1, 2, \ldots, r$ und können $\Omega = \{1, \ldots, r\}$ annehmen. Wir schreiben das Gleichungssystem (3) aus § 9 in Matrixform

$$X + X' = X'D + D'X + C$$

mit $D = \{d_{ij}\}, C = \{c_{ij}\}$, bzw. in der Form

$$(I - D')X + X'(I - D) = C$$

Unter Verwendung von $D = P + a\beta p'$ (s. Ende von § 4) erhalten wir

$$(I - P')X + X'(I - P) = ap\beta'X + aX'\beta p' + C\,. \tag{1}$$

Mit R_k, $k = 1, \ldots, r$, bezeichnen wir die Matrix, die dadurch entsteht, daß die letzten $r - k$ Spalten von P durch Nullen ersetzt werden. Am Ende von § 4 erkannten wir, daß jeder Eigenwert der Matrix P absolut kleiner als Eins ist. Folglich gilt dies auch für die Matrix R_k. Insbesondere ist die Zerlegung

$$(I - R_k)^{-1} = \sum_{n \geqq 0} R_k^n$$

zulässig. Wir setzen

$$w_k = (I - R_k)^{-1}\beta = \sum_{n \geqq 0} R_k^n \beta\,; \tag{2}$$

hieraus ist ersichtlich, daß $w_k \geqq 0$ gilt (die Schreibweise $w \geqq 0$ bedeutet, daß die Komponenten des Vektors w nichtnegativ sind). w_k stellen wir in der Form dar

$$\begin{aligned} w_k &= u_k + v_k\,; \qquad u_k \geqq 0,\ v_k \geqq 0 \\ w_k &= (w_{k1}, \ldots, w_{kr})'\,; \qquad u_k = (w_{k1}, \ldots, w_{kk}, 0, \ldots, 0)'\,. \end{aligned} \tag{3}$$

Weil $R_k u_k = P u_k$ und $R_k v_k = 0$ sind, ergibt sich aus (2)

$$\beta = (I - P)\,u_k + v_k\,. \tag{4}$$

Jede der Seiten der Gleichung (1) multiplizieren wir von links mit dem Zeilenvektor u_k' und von rechts mit dem Spaltenvektor u_k. Wegen

$$u_k'(I - P')\,Xu_k = [(I - P)\,u_k]'\,Xu_k = (\beta' - v_k')\,Xu_k =$$
$$= (X'\beta, u_k) - (v_k, Xu_k) = u_k'X'(I - P)\,u_k\,;$$
$$au_k'p\beta'Xu_k = a(p, u_k)\,(X'\beta, u_k) = au_k'X\beta p'u_k\,;$$
$$u_k'Cu_k = (Cu_k, u_k)$$

gilt

$$[1 - a(p, u_k)]\,(X'\beta u_k) = (v_k, Xu_k) + \tfrac{1}{2}\,(Cu_k, u_k)\,. \tag{5}$$

Es sei vermerkt, daß $1 - a(p, u_k) > 0$ gilt, weil sich aus (4) ergibt:

$$u_k = (I - P)^{-1}\,(\beta - v_k) = \sum_{n \geqq 0} P^n(\beta - v_k) \leqq \sum_{n \geqq 0} P^n\beta =$$
$$= (I - P)^{-1}\beta = \gamma = (\gamma_1, \ldots, \gamma_r)'\,,$$

d. h. $a(p, u_k) \leqq a(p, \gamma) = \varrho < 1$.
Wir setzen

$$h_k = \frac{(v_k, Xu_k)}{1 - a(p, u_k)}\,, \qquad b_k = \frac{1}{2}\,\frac{(Cu_k, u_k)}{1 - a(p, u_k)}\,,$$
$$X'\beta = y = (y_1, \ldots, y_r)'\,. \tag{6}$$

Dann läßt sich die Gleichung (5) in der Form

$$(u_k, y) = h_k + b_k\,; \qquad k = 1, \ldots, r\,;$$

bzw.

$$\begin{aligned} w_{11}y_1 \qquad\qquad\qquad\qquad &= h_1 + b_1\,, \\ w_{21}y_1 + w_{22}y_2 \qquad\qquad\quad &= h_2 + b_2\,, \\ \ldots\ldots\ldots\ldots\ldots\ldots\ldots\ldots &\ldots\ldots \\ w_{r1}y_1 + w_{r2}y_2 + \ldots + w_{rr}y_r &= h_r + b_r \end{aligned}$$

darstellen oder in Vektorschreibweise

$$Wy = h + b\,. \tag{7}$$

Das Kostenfunktional (1) aus § 9 ist dagegen in den neuen Bezeichnungen gleich $I = (c, y)$.
Es sei vermerkt, daß die Matrix W umkehrbar ist. Aus (2) folgt tatsächlich: $w_k - \beta \geqq$ $\geqq 0$, d. h.

$$w_{ki} \geqq \beta_{i1} > 0 \tag{8}$$

Lemma 8. *Ist*

$$W'^{-1}c \geqq 0\,, \tag{9}$$

dann gilt $I = (c, y) \geqq I^* = (z, b)$, wobei $W'^{-1}\,c = z = (z_1, \ldots, z_r)'$ ist. Außerdem gilt $I = I^*$ dann und nur dann, wenn $z_k > 0$ die Beziehung $x_{ji} = 0$ für $i \leqq k < j$ zur Folge hat.

Beweis. Aus (7) und (9) folgt

$$I = (c, y) = (c, W^{-1}h) + (c, W^{-1}b) = (z, h) + (z, b) \geqq I^* = (z, b)\,,$$

wobei die Gleichheit dann und nur dann vorliegt, wenn $h_k = 0$ ist, falls $z_k > 0$. Auf Grund von (3) und (6) gilt aber

$$[1 - a(p, u_k)]\, h_k = (v_k, X u_k) = \sum_{i \leqq k < j} w_{ki} w_{kj} x_{ji} \,.$$

Es genügt nun zu beachten, daß gemäß (8) die Gleichung $h_k = 0$ der Beziehung $x_{ji} = 0$ für alle i und j mit $i \leqq k < j$ äquivalent ist.

Auf Grund der am Ende von § 9 formulierten Voraussetzung existiert ein Zahlentupel $\{x_{ij}\}$, das (2) und (3) in § 9 genügt, mit der Eigenschaft $x_{ji} = 0$ für $i < j$. Für ein solches Tupel sind sämtliche $h_k = 0$. Folglich gilt $I = I^*$.
Dies bedeutet insbesondere, daß das angegebene Tupel $X = \{x_{ij}\}$ eine der Lösungen des linearen Optimierungsproblems (1)—(3) in § 9 ist, falls die Bedingung (9) erfüllt ist.

Im folgenden Abschnitt zeigen wir, daß es eine solche Numerierung der Phasen aus Ω gibt, bei der die Bedingung (9) automatisch erfüllt ist.

§ 11. Struktur der optimalen Bedienungsdisziplin

Wir definieren die Phasen $\alpha_r, \alpha_{r-1}, \dots, \alpha_1$ nacheinander gemäß den folgenden Rekursionsbeziehungen:

$$M_r = \Omega \;;\; c_\alpha(M_r) = c_\alpha \,, \qquad \alpha \in M_r \;;$$

$$\frac{c_\alpha(M_i)}{\gamma_\alpha(M_i)} = \min_{\alpha \in M_i} \frac{c_\alpha(M_i)}{\gamma_\alpha(M_i)} = m_i \,, \qquad \alpha_i \in M_i \;; \tag{1}$$

$$M_{i-1} = \Omega \setminus \{\alpha_r, \dots, \alpha_i\} = M_i \setminus \{\alpha_i\} \;; \tag{2}$$

$$c_\alpha(M_{i-1}) = \gamma_\alpha(M_i) \left[\frac{c_\alpha(M_i)}{\gamma_\alpha(M_i)} - m_i \right], \qquad \alpha \in M_{i-1} \,. \tag{3}$$

Es ist klar, daß das geordnete Tupel der Phasen $\alpha_r, \alpha_{r-1}, \dots, \alpha_1$ nicht eindeutig definiert zu sein braucht (falls das Minimum in (1) durch mehrere Phasen aus M_i erreicht wird).
Wir numerieren nun die Phasen aus Ω so, daß $\alpha_i = i$ für $i = 1, \dots, r$ gilt.

Lemma 9. *Für die angegebene Numerierung der Phasen gilt*

$$W'^{-1} c = z \,, \tag{4}$$

wobei

$$z = \left\{ \frac{c_1(M_1)}{\gamma_1(M_1)}, \dots, \frac{c_r(M_r)}{\gamma_r(M_r)} \right\}'$$

ist. Insbesondere gilt $W'^{-1} c \geqq 0$.

Den B e w e i s zerlegen wir in einzelne Schritte.

1°. Zuerst weisen wir nach, daß $w_{ki} = \gamma_i(M_k)$, $k \geqq i$, gilt. Aus (3) und (4) in § 10 folgt

$$\beta_k = (I_k - P_k)\, \overline{w}_k \,,$$

wobei I_k die Einheitsmatrix der Dimension $k \times k$, P_k eine Matrix der Dimension $k \times k$ ist, die man aus der Matrix P durch Weglassen der letzten $r - k$ Reihen und Spalten erhält;

$$\beta_k = (\beta_{11}, \dots, \beta_{k1})' \;; \qquad \overline{w}_k = (w_{k1}, \dots, w_{kk})' \,.$$

Weil die Komponenten w_{ki} des Vektors w_k genauso wie die Komponente γ_i des Vektors $\gamma = (\gamma_1, \ldots, \gamma_r)'$, der der Gleichung $\beta^k = (I - P)\gamma$ genügt, die mittlere Gesamtbedienungszeit einer Forderung ist, die mit der Phase $i \in M_k$ (bzw. M_r) beginnt und bis zum ersten Verlassen der Phasenmenge M_k (bzw. M_r) reicht, gilt $w_{ki} = \gamma_i(M_k)$, $i \in M_k$.

2°. Wir setzen $z = (z_1, \ldots, z_r)'$ und schreiben (4) in der Form $c = W'z$ bzw.

$$\begin{aligned} c_1(M_r) &= w_{11}z_1 + w_{21}z_2 + \ldots + w_{r1}z_r \,, \\ c_2(M_r) &= \qquad\quad\; w_{22}z_2 + \ldots + w_{r2}z_r \,, \\ &\ldots\ldots\ldots\ldots\ldots\ldots\ldots\ldots \\ c_r(M_r) &= \qquad\qquad\qquad\qquad\; w_{rr}z_r \,. \end{aligned} \tag{5}$$

Aus der letzten Gleichung erhalten wir

$$z_r = \frac{c_r}{w_{rr}} = \frac{c_r(M_r)}{\gamma_r(M_r)},$$

und wegen $w_{ri} = \gamma_i(M_r)$ läßt sich das Gleichungssystem (5) ohne die letzte Gleichung unter Berücksichtigung der Bezeichnungen (2) und (3) und der Beziehung (1) darstellen in der Form

$$\begin{aligned} c_1(M_{r-1}) &= w_{11}z_1 + w_{21}z_2 + \ldots + w_{r-1,1}z_{r-1} \,, \\ c_2(M_{r-1}) &= \qquad\quad\; w_{22}z_2 + \ldots + w_{r-1,2}z_{r-1} \,, \\ &\ldots\ldots\ldots\ldots\ldots\ldots\ldots\ldots\ldots\ldots \\ c_r(M_{r-1}) &= \qquad\qquad\qquad\qquad\; w_{r-1,r-1}z_{r-1} \,. \end{aligned} \tag{6}$$

Es sei vermerkt, daß auf Grund von (1) die Ungleichung $c_i(M_{r-1}) \geqq 0$ für alle $i \leqq r - 1$ gilt. Das Gleichungssystem (6) ist aber ein zu (5) analoges System, wenn in (5) die Zahl r durch $r - 1$ ersetzt wird. Es genügt nun, die Methode der vollständigen Induktion zu benutzen.

Wir setzen jetzt

$$L(i) = z_i + \ldots + z_r \,, \qquad i = 1, \ldots, r \,,$$

und bezeichnen mit $\{L_1, \ldots, L_s\}$ die Menge der verschiedenen Werte der auf Ω definierten Funktion $L(\alpha)$; $s \leqq r$.

Wir nehmen an, daß $L_1 > L_2 > \ldots > L_s$ gilt. Es sei

$$M_i^* = \{\alpha \in \Omega \colon L(\alpha) = L_i\} \,. \tag{7}$$

Lemma 10. *Dafür, daß eine Umschaltfunktion $u \in U$ optimal ist, ist notwendig und hinreichend, daß die Phasen aus M_i^* gegenüber den Phasen aus M_j^* Priorität besitzen, falls $i < j$.*

Beweis. Gemäß Lemma 9 gilt $W'^{-1}c > 0$. Auf Grund des Lemmas 8 ist eine Umschaltfunktion $u \in U$ dann und nur dann optimal, wenn für das entsprechende $X = \{x_{\alpha\beta}\}$ aus der Ungleichung $z_k > 0$ die Beziehung $x_{\beta\alpha} = 0$ für $\alpha \leqq k < \beta$ folgt. Ferner sei vermerkt, daß auf Grund der Definition (7)

1. für $1 \leqq i < j \leqq s$ die Nummer jeder Phase aus M_i^* kleiner als die Nummer einer beliebigen Phase aus M_j^* ist;

2. aus $\alpha \in M_i^*$ und $z_\alpha > 0$ die Beziehung $z_\beta = 0$ für alle anderen Phasen aus M_i^* folgt; dabei gilt $\beta < \alpha$; im Zusammenhang damit setzen wir $w_i = \alpha$, falls $\alpha \in M_i^*$ und $z_\alpha > 0$;

3. in M_i^* für $i \neq s$ eine Phase $\alpha \in M_i^*$ existiert, so daß $z_\alpha > 0$ gilt.

Notwendigkeit. Es sei $1 \leqq i < j \leqq s$, $k = w_i \in M_i^*$. Dann gilt $z_k > 0$ und folglich $x_{\beta\alpha} = 0$ für $\alpha \leqq k < \beta$. Insbesondere gilt $x_{\beta\alpha} = 0$ für $\alpha \in M_i^*$ und $\beta \in M_j^*$. Somit wird jede Phase $\alpha \in M_i^*$ gegenüber jeder Phase $\beta \in M_j^*$ bevorzugt.

Hinlänglichkeit. Es sei $\alpha \in M_i^*$, $\beta \in M_j^*$ und $i < j$. Weil die Phase α gegenüber der Phase β bevorzugt wird, gilt $x_{\beta\alpha} = 0$. Dabei ist $\alpha \leqq k = w_i < \beta$. Ist nun $z_k > 0$, dann gilt auf Grund der Tatsache, daß die Phase k mit einer der Phasen $\{w_i\}$ übereinstimmt, $x_{\beta\alpha} = 0$ für $\alpha \leqq k < \beta$.

Der Satz in § 3 ergibt sich nun aus Lemma 10, wenn man berücksichtigt, daß die Mengen $\Omega_1^*, \ldots, \Omega_s^*$ jeweils mit den Mengen $M_s^*, \ldots, M_1^*$ übereinstimmen.

Aufgabe 1. Es sei $P = 0$, d. h. daß jeder Anruf nur in einer Phase (in der er eingetroffen ist) bedient wird. Man zeige, daß die optimale Bedienungsreihenfolge in der Bedienung mit relativen Prioritäten besteht, wobei der i-ten Phase als sog. *Prioritätsindex* die Zahl

$$R_i = \frac{c_i}{\beta_{i1}}$$

zugeordnet und festgelegt wird, daß einem größeren Prioritätsindex eine Phase höherer Priorität entspricht.

Aufgabe 2. In einem Bedienungssystem treffen r unabhängige POISSONsche Anrufströme ein. Die Anrufe des i-ten Stromes werden aufeinanderfolgend durch die i-te Serie von nacheinander-angeordneten Geräten bedient[1]). Vor jedem Gerät wird eine unbeschränkte Wartezeit zugelassen. Zu jedem Zeitpunkt erfolgt die Bedienung auf höchstens einem Gerät. Es seien c_i die Wartekosten je Zeiteinheit für die Anrufe des i-ten Stromes. τ_{ij} sei die mittlere Bedienungszeit in der (i,j)-ten Phase, d. h. auf dem j-ten Gerät der i-ten Serie. Man zeige, daß die optimale Bedienungsreihenfolge in der Bedienung mit relativen Prioritäten der Phasen besteht, wobei der Prioritätsindex der (i, j)-ten Phase gleich

$$R_{ij} = \frac{c_i}{\sum\limits_{k \geqq j} \tau_{ik}}$$

ist.

Aufgabe 3 (Fortsetzung). Wir nehmen nun an, daß ein Anruf des i-ten Stromes mit der Wahrscheinlichkeit q_{ij} nur auf den ersten j Geräten der i-ten Serie bedient wird; $\sum\limits_{j \geqq 1} q_{ij} = 1$. Man zeige, daß man in diesem Fall die Zahl

$$R_{ij} = c_i \max_{s \geqq j} \frac{\sum\limits_{k=j}^{s} q_{ik}}{\sum\limits_{k=j}^{s} \tau_{ik} \sum\limits_{m \geqq k} q_{im}}$$

als optimalen Prioritätsindex der (i, j)-ten Phase wählen kann.

Aufgabe 4. In einem Bedienungssystem treffen r unabhängige POISSONsche Anrufströme ein. Zur Bedienung eines Anrufes des i-ten Stromes wird eine zufällige Zeit benötigt, die der Verteilung $B_i(t)$ unterliegt. Zu jedem Zeitpunkt kann nur ein Anruf bedient werden. Eine Unterbrechung der Bedienung eines Anrufes wird nur nach Ablauf von h Zeiteinheiten seiner Bedienung zugelassen (falls natürlich seine Bedienung bis dahin nicht beendet wurde). Es seien c_i die Wartekosten je Zeiteinheit der Anrufe des i-ten Stromes. Wir setzen voraus, daß die Bedienungszeit eines beliebigen Anrufes (mit Wahrscheinlichkeit 1) ein Vielfaches der Zahl h und durch eine gewisse Konstante beschränkt ist. Man gebe eine optimale zulässige Bedienungsreihenfolge der Anrufe im System an (die die mittleren Kosten je Zeiteinheit im stationären Gleichgewicht minimiert).

---

[1]) vgl. § 13, Kap. 4 (Anm. d. Herausgebers).

Hinweis. Man führe dieses Problem auf die vorhergehende Aufgabe zurück und setze

$$\tau_{ij} = h\,, \qquad q_{ij} = B_i(jh) - B_i(jh - h)\,.$$

Aufgabe 5 (Fortsetzung). Für $h \downarrow 0$ und $jh \to t$ zeige man, daß der optimale Prioritätsindex eines Anrufes der i-ten Priorität, der bereits t Zeiteinheiten bedient wurde, gleich

$$R_i(t) = c_i \sup_{x \geqq t} \frac{B_i(x) - B_i(t)}{\int\limits_t^x [1 - B_i(u)]\, du}$$

ist.

Hinweis. Es gilt

$$\sum_{k=j}^{s} q_{ik} = B_i(sh) - B_i(jh - h)\,;$$

$$\sum_{k=j}^{s} \tau_{ik} \sum_{m \geqq k} q_{im} = \sum_{k=j}^{s} [1 - B_i(kh - h)] \cdot h\,;$$

$$R_{ij} \to R_i(t)\,.$$

Aufgabe 6 (Fortsetzung). Es sei

$$B_i(x) = 1 - \exp\left\{- \int\limits_0^x \lambda_i(\tau)\, d\tau\right\}.$$

$\lambda_i(x)$ bedeutet die momentane Intensität der Beendigung der Bedienung eines Anrufes des i-ten Stromes in Abhängigkeit von den bereits für die Bedienung aufgewendeten Zeiteinheiten x. Wir setzen voraus, daß $\lambda_i(x)$ eine wachsende Funktion ist. Man zeige

$$R_i(t) = c_i \lambda_i(t)\,.$$

Aufgabe 7 (Fortsetzung). Es sei $\tau_i(t)$ die mittlere Restbedienungszeit eines Anrufes des i-ten Stromes in Abhängigkeit von den bereits für die Bedienung aufgewendeten Zeiteinheiten t. Wir setzen voraus, daß $\tau_i(t)$ eine fallende Funktion bezüglich t ist. Man zeige, daß man als optimalen Prioritätsindex für einen (i, t)-Anruf (d. h. für einen Anruf des i-ten Stromes, der bereits t Zeiteinheiten bedient wurde)

$$R_i(t) = \frac{c_i}{\tau_i(t)}$$

wählen kann.

Aufgabe 8 (Fortsetzung). Man gebe ein Beispiel für die Funktionen $B_i(t)$, $i = 1, \ldots, r$, an, so daß im System gleichzeitig (i_1, t_1)-Anrufe und (i_2, t_2)-Anrufe angetroffen werden können, außerdem $R_{i_1}(t_1) = R_{i_2}(t_2)$ gilt und die Funktionen $R_{i_1}(t)$, $R_{i_2}(t)$ differenzierbar sind und in den Punkten t_1, t_2 jeweils ein lokales Maximum besitzen. In diesem Fall legen wir die Bedienungsreihenfolge der Anrufe nicht nach dem maximalen Prioritätsindex fest. Man zeige, daß dies nicht zutrifft, falls die Bedingung der Aufgabe 6 und/oder 7 erfüllt ist.

Aufgabe 9. In diesem Kapitel wurde der Fall betrachtet, daß ein Anruf, der in der Phase α bedient wurde, mit der Wahrscheinlichkeit $p_{\alpha\beta}$ in die Warteschlange der Phase β gelangt, $\sum_\beta p_{\alpha\beta} \leqq 1$. Mit der Wahrscheinlichkeit $1 - \sum_\beta p_{\alpha\beta}$ verläßt ein solcher Anruf dagegen das System. Ein in der Phase α bedienter Anruf vergrößere nun die Warteschlange des Systems um den Vektor $l^{(\alpha)} = \{l_\beta^{(\alpha)}, \beta \in \Omega\}$. Es wird vorausgesetzt, daß die Verteilung dieses Vektors nicht von der Nummer des Bedienungsvorganges und von der vorangegangenen Entwicklung (seiner Realisierung) des Bedienungsprozesses abhängt. Es sei $\hat{p}_{\alpha\beta} = \mathsf{E} l_\beta^{(\alpha)}$, $\hat{P} = \{\hat{p}_{\alpha\beta}\}$. Mit $\gamma = \{\gamma_\alpha, \alpha \in \Omega\}$ bezeichnen wir die Lösung der Gleichung

$$(I - \hat{P})\, x = \beta\,.$$

Für $M \subseteq \Omega$ bezeichnen wir mit $\gamma(M) = \{\gamma_\alpha(M), \alpha \in M\}$ die Lösung dieser Gleichung, falls in der Matrix $I - \hat{P}$ die Zeilen und Spalten gestrichen werden, die den Phasen, die nicht in M eingehen, entsprechen und das gleiche auch mit den Komponenten der Vektoren x und β tun. Man zeige, daß die Hauptaussage des § 3 gültig bleibt.

Aufgabe 10. Man zeige, daß der Satz in § 3 gültig bleibt, falls die Poissonschen Eingangsströme durch stationäre Ströme ohne Nachwirkung ersetzt werden.

Aufgabe 11. Man zeige, daß die optimale Bedienungsreihenfolge im allgemeinen durch die Prioritätsindizes

$$R_\alpha = \max_{M \ni \alpha} \frac{c_\alpha - \sum_{\beta \notin M} p_{\alpha\beta}(M)\, c_\beta}{\gamma_\alpha(M)}, \alpha \in \Omega, \tag{8}$$

bestimmt wird (das Maximum erstreckt sich über alle Teilmengen $M \subseteq \Omega$, die $\alpha \in \Omega$ enthalten), wobei $p_{\alpha\beta}(M)$ die Übergangswahrscheinlichkeit von $\alpha \in M$ nach $\beta \notin M$ nach dem Verlassen der Menge M und $\gamma_\alpha(M)$ die mittlere Gesamtbedienungszeit einer Forderung (ohne Berücksichtigung der Wartezeit) beginnend in der Phase $\alpha \in M$ bis zum ersten Verlassen der Menge M ist. Man beachte, daß der Zähler in (8) der Erwartungswert der Veränderung der (Warte-)Kosten nach dem Anstreben aus der Menge M, von der Phase $\alpha \in M$ ausgehend, ist.

Hinweis. Der Beweis wird durch vollständige Induktion bezüglich der Anzahl der Elemente der Menge Ω geführt. Im vorliegenden Fall, wenn

$$\min_{\alpha \in \Omega} \frac{c_\alpha}{\gamma_\alpha} = \frac{c_{\alpha_1}}{\gamma_{\alpha_1}}, \qquad \Omega' = \Omega \setminus \{\alpha_1\}$$

und wenn $p'_{\alpha\beta}(M)$, $\gamma'_\alpha(M)$ jeweils die $p_{\alpha\beta}(M)$, $\gamma_\alpha(M)$ entsprechenden Größen für das System Ω' sind, genügt es zu zeigen, daß aus

$$R'_\alpha = \max_{\Omega' \supseteq M \ni \alpha} \frac{c'_\alpha - \sum_{\beta \in \Omega' \setminus M} p'_{\alpha\beta}(M)\, c'_\beta}{\gamma'_\alpha(M)}, \alpha \in \Omega',$$

$$c'_\alpha = c_\alpha - \gamma_\alpha \cdot \frac{c_{\alpha_1}}{\gamma_{\alpha_1}}$$

die Beziehungen

$$R_{\alpha_1} = \frac{c_{\alpha_1}}{\gamma_{\alpha_1}} \quad \text{und} \quad R_\alpha = R'_\alpha + \frac{c_{\alpha_1}}{\gamma_{\alpha_1}} \quad \text{für} \quad \alpha \neq \alpha_1$$

folgen.

Für $\alpha = \alpha_1$ erhalten wir tatsächlich aus $c_\beta/\gamma_\beta \geqq c_{\alpha_1}/\gamma_{\alpha_1}$ für sämtliche $\beta \in \Omega$ und aus

$$\gamma_\alpha = \sum_{\beta \in \Omega' \setminus M} p_{\alpha\beta}(M)\, \gamma_\beta + \gamma_\alpha(M) \tag{9}$$

die Ungleichung

$$c_{\alpha_1} - \sum_{\beta \in \Omega' \setminus M} p_{\alpha_1\beta}(M)\, c_\beta \leqq c_{\alpha_1} - \frac{c_{\alpha_1}}{\gamma_{\alpha_1}} \sum_{\beta \in \Omega' \setminus M} p_{\alpha_1\beta}(M)\, \gamma_\beta = \frac{c_{\alpha_1} \cdot \gamma_{\alpha_1}(M)}{\gamma_{\alpha_1}},$$

woraus sich $R_{\alpha_1} \leqq \frac{c_{\alpha_1}}{\gamma_{\alpha_1}}$ ergibt. Offensichtlich gilt aber stets $R_\alpha \geqq \frac{c_\alpha(M)}{\gamma_\alpha(M)} = \frac{c_\alpha}{\gamma_\alpha}$ für $M = \Omega$ und $\alpha \in \Omega$. Hieraus folgt $R_{\alpha_1} = \frac{c_{\alpha_1}}{\gamma_{\alpha_1}}$.

Es sei nun $\alpha \neq \alpha_1$. Weil für $\beta \in \Omega'$ und $M \subseteq \Omega'$

$$p'_{\alpha\beta}(M) = p_{\alpha\beta}(M), \quad \gamma'_\alpha(M) = \gamma_\alpha(M), \quad \gamma_\alpha = \sum_{\beta \in \Omega' \setminus M} p'_{\alpha\beta}(M)\, \gamma_\beta + \gamma'_\alpha(M) + p_{\alpha\alpha_1}(M)\, \gamma_{\alpha_1}$$

gilt (siehe (9)), ist

$$\frac{c'_\alpha - \sum_{\beta \in \Omega' \setminus M} p'_{\alpha\beta}(M)\, c'_\beta}{\gamma'_\alpha(M)} + \frac{c_{\alpha_1}}{\gamma_{\alpha_1}} = \frac{c_\alpha - \sum_{\beta \in \Omega \setminus M} p_{\alpha\beta}(M)\, c_\beta}{\gamma_\alpha(M)}.$$

Dies ergibt $R_\alpha = R_{\alpha_1} + \frac{c_{\alpha_1}}{\gamma_{\alpha_1}}$.

KAPITEL 6

BEDIENUNGSSYSTEME MIT ZEITTEILUNG (FORTSETZUNG)

§ 1. Systembeschreibung

Wie in Kap. 5 bezeichnen wir mit $\Omega = \{\alpha\}$ eine endliche Menge von Bedienungsphasen. Die Bedienung kann gleichzeitig nur in einer Phase erfolgen, und vor jeder Phase wird eine unbeschränkte Warteschlange zugelassen. Das Eintreffen der Forderungen von außen in der Warteschlange jeder Phase erfolgt gemäß unabhängiger POISSONscher Ströme. Die Bedienungszeiten der Forderungen in den einzelnen Phasen werden als untereinander und vom Eingangsstrom der Forderungen unabhängig vorausgesetzt.

Mit $B_\alpha(x)$ bezeichnen wir die Verteilungsfunktion der Bedienungszeit einer Forderung in der Phase $\alpha \in \Omega$.

Um für eine eintreffende Forderung die Folge der zu durchlaufenden Bedienungsphasen zu definieren, führen wir in Ω eine Halbordnung ein. Hierfür versehen wir die Menge Ω mit der Struktur eines gerichteten Graphen.

Wir setzen voraus, daß Ω ein Wald ist, der aus Bäumen besteht, die nur eine Wurzel besitzen und deren Orientierung auf die Wurzel weist. Das bedeutet, daß der Graph Ω keine Kreise enthält und in jeweils zusammenhängende Komponenten zerlegt werden kann, die sich als Bäume erweisen. Dabei besitzt jeder Baum nur eine Wurzel, und er ist in Richtung auf diese Wurzel orientiert. Die Wurzel eines Baumes wird als maximales Element in Bezug auf die anderen Knotenpunkte des betrachteten Baumes angenommen. Beispiele für derartige orientierte Wälder Ω werden in der folgenden Abbildung 6 angegeben.

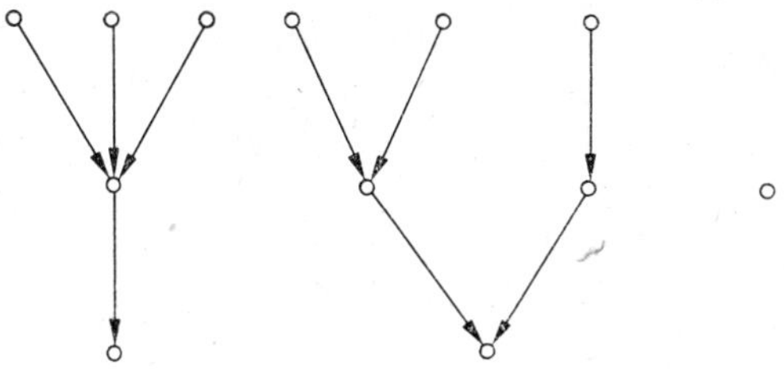

Abb. 6

Eine Forderung, die in der Phase α bedient wurde, begibt sich mit der Wahrscheinlichkeit $p_{\alpha\beta}$ in die Warteschlange der Phase β und verläßt mit der Wahrscheinlichkeit $1 - \sum_{\beta \in \Omega} p_{\alpha\beta}$ das System. Es wird vorausgesetzt, daß $p_{\alpha\beta} > 0$ die Beziehung $\alpha < \beta$ zur Folge hat.

Wir nehmen an, daß keine Unterbrechung der Bedienung innerhalb einer Phase zugelassen wird. Um das Funktionieren des Systems endgültig zu definieren, ist noch die Reihenfolge der Bedienung der Forderungen anzugeben. Die Wahl einer (nach einem gewissen Kriterium) optimalen Bedienungsreihenfolge der Forderungen ist das Ziel der Untersuchungen des vorliegenden Kapitels.

§ 2. Aufgabenstellung

Wir nehmen an, daß die Voraussetzungen 2 und 3 aus Kap. 5, § 3 über die Endlichkeit der ersten beiden Momente der Verteilungen $B_\alpha(x)$ und über das Vorliegen der Ergodizitätsbedingung erfüllt sind. Es sei vermerkt, daß die Voraussetzung 1 aus Kap. 5 automatisch auf Grund der in § 1 gemachten Voraussetzung über die Struktur der Matrix $P = \{p_{\alpha\beta}\}$ erfüllt ist.
In diesem Fall existiert der Grenzwert $\lim_{t\to\infty} \mathsf{E} l_\alpha(t) = \bar{l}_\alpha$ für jede Bedienungsreihenfolge, für die kein Stillstand des Systems, falls in ihm Forderungen vorhanden sind, zugelassen wird. Dabei ist $l_\alpha(t)$ die Schlangenlänge in der Phase α zum Zeitpunkt t (ohne Berücksichtigung der Forderung, die zum Zeitpunkt t gegebenenfalls bedient wird). Falls nun c_α die Wartekosten (je Zeiteinheit) in der Warteschlange der Phase $\alpha \in \Omega$ sind, dann sind

$$I = (c, \bar{l}) = \sum_{\alpha\in\Omega} c_\alpha \bar{l}_\alpha \tag{1}$$

die mittleren Kosten je Zeiteinheit im stationären Regime (für eine fest gewählte Bedienungsreihenfolge).

In Kap. 5, § 11, wurde für jedes $\alpha \in \Omega$ eine Zahl $R_\alpha = L(\alpha)$ definiert, die wir als Prioritätsindex der Phase α bezeichneten. Das Hauptergebnis von Kap. 5 besteht darin, daß eine optimale Bedienungsreihenfolge der Forderungen (die das Funktional (1) minimiert) wie folgt charakterisiert wird: Ist $R_\alpha > R_\beta$, dann erhält die Phase α gegenüber der Phase β Priorität; wenn dagegen zwei Phasen den gleichen Prioritätsindex besitzen, dann kann die Bedienungsreihenfolge innerhalb dieser Phasen beliebig gewählt werden. Das Problem, das in diesem Kapitel gelöst wird, besteht darin, effektivere Formeln zur Berechnung von R_α zu erhalten.

Es sei vermerkt, daß die optimale Bedienungsreihenfolge auf die folgende natürlichere Weise in der Sprache der Prioritätsindizes formuliert werden kann. Jeder Forderung, die sich zum betrachteten Zeitpunkt in der Phase $\alpha \in \Omega$ befindet, ordnen wir den Prioritätsindex R_α zu. Die optimale Bedienungsreihenfolge der Forderungen besteht dann in der Bevorzugung der Forderung mit dem größten Prioritätsindex.

§ 3. Formulierung des Hauptergebnisses

Es sei γ_α die mittlere Gesamtbedienungszeit einer Forderung (ohne Berücksichtigung der Wartezeit) von der Phase α an bis zum Verlassen des Systems. Es sei vermerkt, daß der Spaltenvektor $\gamma = \{\gamma_\alpha, \alpha \in \Omega\}$ durch die Matrix $P = \{p_{\alpha\beta}\}$ und den Spaltenvektor $\tau = \left\{\tau_\alpha = \int_0^\infty x \,\mathrm{d}B_\alpha(x), \alpha \in \Omega\right\}$ gemäß der Formel $\gamma = (I - P)^{-1}\,\tau$ bestimmt wird, wobei I die Einheitsmatrix mit der gleichen Dimension wie P ist.

Mit $p(\beta \mid \alpha)$ bezeichnen wir die Wahrscheinlichkeit dafür, daß eine sich in der Phase α befindende Forderung in der Phase β bedient werden wird. Man beachte: Falls es im gerichteten Wald Ω keinen Weg von α nach β gibt, dann gilt $p(\beta \mid \alpha) = 0$. Im entgegengesetzten Fall (d. h. für $\alpha < \beta$) gilt

$$p(\beta \mid \alpha) = p_{\alpha_0\alpha_1} \cdots p_{\alpha_{n-1}\alpha_n}, \quad \text{wenn} \quad [\alpha = \alpha_0, \alpha_1, \ldots, \alpha_n = \beta]$$

der entsprechende Weg ist.

Satz. *Jeder Forderung, die sich zu einem bestimmten Zeitpunkt in der Phase α befindet, ordnen wir die Zahl*

$$R_\alpha = \max_{\beta > \alpha} \left\{ \frac{c_\alpha - c_\beta p(\beta \mid \alpha)}{\gamma_\alpha - \gamma_\beta p(\beta \mid \alpha)}, \frac{c_\alpha}{\gamma_\alpha} \right\} \tag{1}$$

zu, die wir Prioritätsindex dieser Forderung nennen.
Somit wird jeder Forderung, die sich zu dem betrachteten Zeitpunkt im System befindet, ein Prioritätsindex zugeordnet. Die optimale Bedienungsreihenfolge der Forderungen (die das Funktional I minimiert) besteht in der Bevorzugung der Forderung mit dem größten Prioritätsindex.

Falls insbesondere für $\alpha < \beta$ die Ungleichung

$$\frac{c_\alpha}{\gamma_\alpha} \leqq \frac{c_\beta}{\gamma_\beta} \tag{2}$$

gilt, dann ist

$$R_\alpha = \frac{c_\alpha}{\gamma_\alpha} \text{ für sämtliche } \alpha \in \Omega\,. \tag{3}$$

Es sei vermerkt, daß $\gamma_\alpha - \gamma_\beta \cdot p(\beta \mid \alpha) \geqq \tau_\alpha = \int\limits_0^\infty x \, \mathrm{d}B_\alpha(x) > 0$ gilt. Außerdem ergibt sich (2) aus (3), falls für $\alpha < \beta$

$$p(\beta \mid \alpha) > 0 \tag{4}$$

gilt.

§ 4. Beispiele

Beispiel 1. In einem Bedienungssystem treffen r unabhängige POISSONsche Forderungenströme ein. Die Forderungen des i-ten Stromes werden nacheinander durch die i-te Serie von Geräten bedient. Vor jedem Gerät wird eine unbeschränkte Wartezeit zugelassen. Zu jedem Zeitpunkt erfolgt die Bedienung auf nicht mehr als einem Gerät. Eine Unterbrechung der Bedienung auf den einzelnen Geräten wird nicht zugelassen. Es seien c_{ij} die Wartekosten je Zeiteinheit vor dem (i, j)-ten Gerät, d. h. vor dem j-ten Gerät der i-ten Serie; τ_{ij} sei die mittlere Bedienungszeit auf dem (i, j)-ten Gerät.

Wir setzen voraus, daß für jedes i die Ungleichungen $c_{i1} \leqq c_{i2} \leqq \ldots$ erfüllt sind. Jeder Forderung, die sich in der Warteschlange vor dem (i, j)-ten Gerät befindet, ordnen wir den Prioritätsindex

$$R_{ij} = \frac{c_{ij}}{\sum\limits_{k \geqq j} \tau_{ik}}$$

zu.

Die optimale Bedienungsreihenfolge der Forderungen (die die mittleren stationären Kosten je Zeiteinheit minimiert) besteht dann in der Bevorzugung der Forderungen mit dem größten Prioritätsindex.

In der Tat ist im vorliegenden Fall $\Omega = \{\alpha = (i, j)\}$, wobei die Indizes i und j dem (i, j)-ten Gerät entsprechen. Die Menge Ω ist halbgeordnet, und zwar ist das Paar $\alpha = (i, j)$ genau dann mit dem Paar $\beta = (k, l)$ vergleichbar, wenn $k = i$ ist. In diesem Fall gilt $\alpha < \beta$, falls $j < l$. Weil $\alpha < \beta$ auf Grund der bezüglich $\{c_{ij}\}$ gemachten Voraussetzung $c_\alpha \leqq c_\beta$ zur Folge hat und $\gamma_\alpha = \sum_{k \geqq j} \tau_{ik}$ gilt, wenn $\alpha = (i, j)$ ist, folgt aus $\alpha < \beta$ die Beziehung $\frac{c_\alpha}{\gamma_\alpha} \leqq \frac{c_\beta}{\gamma_\beta}$. Aus dem Satz in § 3 erhalten wir in diesem Fall

$$R_\alpha = \frac{c_\alpha}{\gamma_\alpha} = \frac{c_{ij}}{\sum_{k \geqq j} \tau_{ik}} \quad \text{für} \quad \alpha = (i, j)\,.$$

Beispiel 2. Wir nehmen nun an, daß eine Forderung des i-ten Stromes mit der Wahrscheinlichkeit $\bar{q}_{ij}$ nur auf den ersten j Geräten der i-ten Serie bedient wird; $\sum_{j \geqq 1} \bar{q}_{ij} = 1$. Die Monotonie von c_{ij} bezüglich j wird im Gegensatz zu Beispiel 1 nicht vorausgesetzt. Wir setzen $q_{ij} = \sum_{k \geqq j} \bar{q}_{ik}$. In diesem Fall ist der Prioritätsindex einer Forderung, die sich in der Warteschlange vor dem (i, j)-ten Gerät befindet, gleich

$$R_{ij} = \max_{s \geqq j} \frac{c_{ij} q_{ij} - c_{i,s+1} q_{i,s+1}}{\sum_{k=j}^{s} \tau_{ik} q_{ik}}\,. \tag{1}$$

Hierbei wird vorausgesetzt, falls (i, n_i) das letzte Gerät der i-ten Serie ist, daß $q_{ij} = 0$ für $j > n_i$ ist, und c_{ij} kann für $j > n_i$ beliebig gewählt werden.

Ist $\alpha = (i, j)$, $\beta = (i, j + 1)$, dann gilt wirklich $p_{\alpha\beta} = \frac{q_\beta}{q_\alpha}$; in den übrigen Fällen ist $p_{\alpha\beta} = 0$. Außerdem erhalten wir für $\alpha < \beta$

$$p(\beta \mid \alpha) = \frac{q_\beta}{q_\alpha}, \qquad \gamma_\alpha = \frac{1}{q_{ij}} \sum_{k \geqq j} \tau_{ik} q_{ik}\,, \qquad \alpha = (i, j)\,,$$

und

$$\gamma_\alpha - \gamma_\beta p(\beta \mid \alpha) = \frac{1}{q_{ij}} \sum_{k=j}^{s} \tau_{ik} q_{ik} \quad \text{für} \quad \alpha = (i, j), \beta = (i, s + 1), j \leqq s.$$

Es genügt nun, den Satz in § 3 zu benutzen.

Beispiel 3. In einem Bedienungssystem treffen r unabhängige Poissonsche Forderungenströme ein. Zur Bedienung einer Forderung des i-ten Stromes wird eine zufällige Zeit mit der Verteilungsfunktion $B_i(x)$ benötigt. Zu jedem Zeitpunkt kann nur eine Forderung bedient werden. Eine Unterbrechung der Bedienung einer Forderung wird nur nach Ablauf von h Zeiteinheiten ihrer Bedienung zugelassen. Es seien $c_i(t)$ die Wartekosten je Zeiteinheit für eine (i, t)-Forderung, d. h. für eine Forderung des i-ten Stromes, die bereits t Zeiteinheiten bedient wurde. Wir setzen voraus, daß die Bedienungszeit (mit Wahrscheinlichkeit 1) ein Vielfaches von h und durch eine gewisse Konstante beschränkt ist.

Ein solches System läßt sich auf das im vorangegangenen Beispiel betrachtete System zurückführen, wenn

$$\tau_{ij} = h, \bar{q}_{ij} = B_i(jh) - B_i(jh - h), c_{ij} = c_i(jh - h)$$

gesetzt wird und die optimale Bedienungsreihenfolge durch die Prioritätsindizes (1) vorgegeben wird. Wegen

$$q_{ij} = 1 - B_i(jh - h), \sum_{k=j}^{s} \tau_{ik} q_{ik} = \sum_{k=j}^{s} [1 - B_i(kh - h)] \cdot h$$

gilt

$$R_{ij} = \max_{s \geqq j} \frac{c_i(jh - h)\,[1 - B_i(jh - h)] - c_i(sh)\,[1 - B_i(sh)]}{\sum_{k=j}^{s} [1 - B_i(kh - h)] \cdot h}.$$

Ist $h \downarrow 0$ und $jh - h = t$, dann konvergiert die rechte Seite gegen

$$R_i(t) = \sup_{x > t} \frac{c_i(t)\,[1 - B_i(t)] - c_i(x)\,[1 - B_i(x)]}{\int_t^x [1 - B_i(u)]\,du}.$$

Wenn also einer (i, t)-Forderung der Prioritätsindex $R_i(t)$ zugeordnet wird, dann besteht die optimale Bedienungsreihenfolge für das oben beschriebene System mit Unterbrechung in der Bevorzugung der Forderungen mit dem größten Prioritätsindex. Wenn insbesondere $\gamma_i(t)$ die mittlere Restbedienungszeit einer (i, t)-Forderung ist und die Funktion $\frac{c_i(t)}{\gamma_i(t)}$ für jedes i bezüglich t nichtfallend ist, dann gilt

$$R_i(t) = \frac{c_i(t)}{\gamma_i(t)}.$$

Dies ist dann der Fall, wenn $\gamma_i(t)$ bezüglich t fallend ist (d. h. je länger eine Forderung bereits bedient wurde, um so weniger verbleibt im Mittel bis zum Ende ihrer Bedienung) und wenn $c_i(t)$ bezüglich t nichtfallend ist.

Es kann jedoch vorkommen, daß sich im System gleichzeitig eine (i_1, t_1)-Forderung und eine (i_2, t_2)-Forderung mit $R_{i_1}(t_1) = R_{i_2}(t_2)$ befinden und die Funktionen $R_{i_1}(t)$, $R_{i_2}(t)$ in den Punkten t_1, t_2 jeweils ein echtes lokales Maximum besitzen. Dann legen wir die Bedienungsreihenfolge der Forderungen nicht nach dem maximalen Prioritätsindex fest. Dies trifft natürlich nicht zu, falls die Werte der lokalen Maxima für die Funktionen $R_i(t)$ unterschiedlich sind.

Beispiel 4. Für die in § 1 beschriebenen Bedienungssysteme wurde keine Unterbrechung der Bedienung innerhalb der Phasen zugelassen. Es sei nun $\Omega = \Omega_0 + \Omega_1$, innerhalb der Bedienungsphasen aus Ω_0 werde keine Unterbrechung zugelassen, innerhalb der Bedienungsphasen aus Ω_1 werde dies zugelassen. Wir betrachten eine Forderung, die sich in der Phase $\alpha \in \Omega_1$ befindet und in dieser Phase bereits $t \geqq 0$ Zeiteinheiten bedient wurde. Eine solche Forderung nennen wir (α, t)-Forderung. Es seien $c_\alpha(t)$ die Wartekosten je Zeiteinheit für eine (α, t)-Forderung, $\gamma_\alpha(t)$ sei die mittlere Bedienungszeit einer (α, t)-Forderung bis sie das System verläßt. Um die untenstehenden Formeln geschlossener formulieren zu können, werden wir auch im Fall $\alpha \in \Omega_0$ von (α, t)-Forderungen sprechen; t nimmt dann nur den Wert $t = 0$ an, und $c_\alpha(t) = c_\alpha$, $\gamma_\alpha(t) = \gamma_\alpha$. Somit gilt stets

$$(\alpha, t) \in \Omega^* = \Omega_0 \times \{0\} \cup \Omega_1 \times [0, \infty).$$

In Ω^* wird auf natürliche Weise eine Halbordnung eingeführt, und zwar ist $(\alpha, t) < < (\beta, x)$ gleichbedeutend mit $\alpha < \beta$ bzw. $\alpha = \beta$ und $t \leqq x$.

Einer (α, t)-Forderung ordnen wir den folgenden Prioritätsindex zu:

$$R_\alpha(t) = \sup_{(\beta,x) > (\alpha,t)} \left\{ \frac{c_\alpha(t) - c_\beta(x)\, p(\beta \mid \alpha)}{\gamma_\alpha(t) - \gamma_\beta(x)\, p(\beta \mid \alpha)}, \frac{c_\alpha(t)}{\gamma_\alpha(t)} \right\}.$$

Die optimale Bedienungsreihenfolge der Forderungen (die die mittleren stationären Kosten je Zeiteinheit minimiert) besteht dann in der Bevorzugung der Forderungen mit dem größten Prioritätsindex. Die Überlegungen, die in diesem Fall benutzt wurden, sind die gleichen wie in Beispiel 3.

Ist insbesondere $P = 0$, dann gilt

$$R_\alpha(t) = \sup_{x>t} \frac{c_\alpha(t)\,[1 - B_\alpha(t)] - c_\alpha(x)\,[1 - B_\alpha(x)]}{\int_t^x [1 - B_\alpha(u)]\, du} \quad \text{für} \quad \alpha \in \Omega_1,$$

$$R_\alpha(t) = \frac{c_\alpha}{\gamma_\alpha} \quad \text{für} \quad \alpha \in \Omega_0.$$

§ 5. Beweis des Satzes

Jeder Teilmenge von Phasen $M \subseteq \Omega$ entspricht ein Teilbedienungssystem, falls sämtliche in ihm auftretenden Indizes α und β zu M gehören. Man beachte, daß ein Teilgraph M eines Waldes Ω wiederum ein Wald ist. Weil ein Teilsystem eindeutig durch eine Teilmenge $M \subseteq \Omega$ bestimmt wird, werden wir es mit dem gleichen Symbol M bezeichnen. Insbesondere wird das ursprüngliche System mit Ω bezeichnet.

Den Beweis des Satzes führen wir durch vollständige Induktion bezüglich der Anzahl der Phasen der Teilsysteme $M \subseteq \Omega$. Falls ein Teilsystem nur aus einer Phase besteht, dann ist die Behauptung des Satzes trivial. Wir beweisen nun die Behauptung des Satzes für ein Teilsystem M unter der Bedingung, daß sie für sämtliche Teilsysteme mit einer kleineren Anzahl von Phasen gilt. Um keine neuen Bezeichnungen einführen zu müssen, nehmen wir $M = \Omega$ an.

Es sei $\min\limits_{\alpha\in\Omega} \frac{c_\alpha}{\gamma_\alpha} = \frac{c_{\alpha_1}}{\gamma_{\alpha_1}}$ für eine gewisse Phase $\alpha_1 \in \Omega$. Gemäß dem Satz aus Kapitel 5, § 3 kann man annehmen, daß jede Phase $\alpha \neq \alpha_1$ gegenüber der Phase α_1 bevorzugt wird und daß die Regel der Bevorzugung der Phasen aus $\Omega' = \Omega \setminus \{\alpha_1\}$ eine Prioritätenordnung für die Phasen des Teilsystems Ω' definiert, falls c_α durch $c'_\alpha = c_\alpha - \gamma_\alpha \frac{c_{\alpha_1}}{\gamma_{\alpha_1}}$ ersetzt wird. Die Größen, die das Teilsystem Ω' betreffen, werden wir mit einem Strich versehen.

Laut Induktionsvoraussetzung wird die Prioritätenordnung für die Phasen des Teilsystems Ω' mit Hilfe der Prioritätsindizes

$$R'_\alpha = \max_{\beta>\alpha} \left\{ \frac{c'_\alpha - c'_\beta p'(\beta \mid \alpha)}{\gamma'_\alpha - \gamma'_\beta p'(\beta \mid \alpha)}, \frac{c'_\alpha}{\gamma'_\alpha} \right\} \tag{1}$$

definiert mit α und $\beta \in \Omega'$. Wir setzen $R_\alpha = R'_\alpha + \frac{c_{\alpha_1}}{\gamma_{\alpha_1}}$ für $\alpha \neq \alpha_1$ und $R_{\alpha_1} = \frac{c_{\alpha_1}}{\gamma_{\alpha_1}}$. Man beachte, daß die rechte Seite von (1) für $\alpha = \alpha_1$ gleich Null ist. Dies folgt aus $c'_{\alpha_1} = 0$,

$c'_\beta \geqq 0, \gamma'_\alpha - \gamma'_\beta \cdot p'(\beta \mid \alpha) \geqq \tau_\alpha > 0$. Man kann deshalb annehmen, daß für $\alpha = \alpha_1$ und für sämtliche $\alpha \in \Omega'$ gilt $R_\alpha = R'_\alpha + \frac{c_{\alpha_1}}{\gamma_{\alpha_1}}$, wobei R'_α gemäß (1) definiert wird. Es genügt nun nachzuweisen, daß ein so definierter Prioritätsindex der Formel (1) in §3 genügt.

Fall 1: α ist nicht vergleichbar mit α_1 bzw. $\alpha \geqq \alpha_1$. Für $\beta > \alpha$ gilt dann $p'(\beta \mid \alpha) = p(\beta \mid \alpha), \gamma'_\alpha = \gamma_\alpha, \gamma'_\beta = \gamma_\beta$. Die Formel (1) in § 3 ergibt sich nun aus (1) und aus

$$\frac{c'_\alpha - c'_\beta p(\beta \mid \alpha)}{\gamma'_\alpha - \gamma'_\beta p'(\beta \mid \alpha)} + \frac{c_{\alpha_1}}{\gamma_{\alpha_1}} = \frac{c_\alpha - c_\beta p(\beta \mid \alpha)}{\gamma_\alpha - \gamma_\beta p(\beta \mid \alpha)}, \tag{2}$$

$$\frac{c'_\alpha}{\gamma'_\alpha} + \frac{c_{\alpha_1}}{\gamma_{\alpha_1}} = \frac{c_\alpha}{\gamma_\alpha}. \tag{3}$$

Fall 2: $\alpha < \alpha_1$. Falls $\alpha < \alpha_1 \leqq \beta$, dann gilt $p'(\beta \mid \alpha) = 0$. Man kann deshalb annehmen, daß sich das Maximum in (1) über alle β erstreckt, für die $\alpha < \beta \leqq \alpha_1$ gilt.

Es sei $\alpha < \beta < \alpha_1$. Dann gilt $p'(\beta \mid \alpha) = p(\beta \mid \alpha)$, und wegen $\gamma_\alpha = \gamma'_\alpha + \gamma_{\alpha_1} \cdot p(\alpha_1 \mid \alpha)$, $\gamma_\beta = \gamma'_\beta + \gamma_{\alpha_1} \cdot p(\alpha_1 \mid \beta)$ gilt

$$\gamma_\alpha - \gamma_\beta \cdot p(\beta \mid \alpha) = \gamma'_\alpha - \gamma'_\beta \cdot p(\beta \mid \alpha) + \gamma_{\alpha_1}[p(\alpha_1 \mid \alpha) - p(\beta \mid \alpha)\, p(\alpha_1 \mid \beta) =$$
$$= \gamma'_\alpha - \gamma'_\beta \cdot p(\beta \mid \alpha)\,.$$

Hieraus folgt für $\alpha < \beta < \alpha_1$ die Formel (2) und

$$\frac{c'_\alpha}{\gamma'_\alpha} + \frac{c_{\alpha_1}}{\gamma_{\alpha_1}} = \frac{c_\alpha - c_{\alpha_1} p(\alpha_1 \mid \alpha)}{\gamma_\alpha - \gamma_{\alpha_1} p(\alpha_1 \mid \alpha)} \quad \text{für} \quad \alpha < \alpha_1\,. \tag{4}$$

Ist dagegen $\alpha < \beta = \alpha_1$, dann gilt $p'(\beta \mid \alpha) = 0$, $\gamma'_\alpha = \gamma_\alpha - \gamma_{\alpha_1} \cdot p(\alpha_1 \mid \alpha)$ und deshalb

$$\frac{c_{\alpha_1}}{\gamma_{\alpha_1}} + \frac{c'_\alpha - c'_\beta p'(\beta \mid \alpha)}{\gamma'_\alpha - \gamma'_\beta p'(\beta \mid \alpha)} = \frac{c_\alpha - c_{\alpha_1} p(\alpha_1 \mid \alpha)}{\gamma_\alpha - \gamma_{\alpha_1} p(\alpha_1 \mid \alpha)}.$$

Für $\alpha < \alpha_1$ kann man also die Maximumbildung auf die β beschränken, für die $\alpha < \beta < \alpha_1$ gilt. Für solche α und β sind (2) und (4) erfüllt. Dies ergibt

$$R_\alpha = R'_\alpha + \frac{c_{\alpha_1}}{\gamma_{\alpha_1}} = \max_{\alpha < \beta \leqq \alpha_1} \frac{c_\alpha - c_\beta p(\beta \mid \alpha)}{\gamma_\alpha - \gamma_\beta p(\beta \mid \alpha)}. \tag{5}$$

Um aus (5) die Formel (1) in § 3 zu erhalten, genügt es nachzuweisen, daß

$$\frac{c_\alpha - c_{\alpha_1} p(\alpha_1 \mid \alpha)}{\gamma_\alpha - \gamma_{\alpha_1} p(\alpha_1 \mid \alpha)} \geqq \frac{c_\alpha}{\gamma_\alpha} \quad \text{für} \quad \alpha < \alpha_1\,, \tag{6}$$

$$\frac{c_\alpha - c_{\alpha_1} p(\alpha_1 \mid \alpha)}{\gamma_\alpha - \gamma_{\alpha_1} p(\alpha_1 \mid \alpha)} \geqq \frac{c_\alpha - c_\beta p(\beta \mid \alpha)}{\gamma_\alpha - \gamma_\beta p(\beta \mid \alpha)} \quad \text{für} \quad \alpha < \alpha_1 < \beta \tag{7}$$

gilt. Die Ungleichung (6) ergibt sich aus $\frac{c_\alpha}{\gamma_\alpha} \geqq \frac{c_{\alpha_1}}{\gamma_{\alpha_1}}$. Analog folgt aus $\frac{c_\beta}{\gamma_\beta} \geqq \frac{c_{\alpha_1}}{\gamma_{\alpha_1}}$

$$\frac{c_{\alpha_1}}{\gamma_{\alpha_1}} \geqq \frac{c_{\alpha_1} - c_\beta p(\beta \mid \alpha_1)}{\gamma_{\alpha_1} - \gamma_\beta p(\beta \mid \alpha_1)}.$$

Ist $p(\alpha_1 \mid \alpha) = 0$, dann ist auch $p(\beta \mid \alpha) = 0$ für $\alpha < \alpha_1 < \beta$. Die Ungleichung (7) ist deshalb in diesem Fall trivial. Ist dagegen $p(\alpha_1 \mid \alpha) > 0$, dann benutzen wir die Ungleichung

$$\frac{a}{b} \geqq \frac{a+c}{b+d} \quad \text{für} \quad \frac{a}{b} \geqq \frac{c}{d}, \qquad a \geqq 0, c \geqq 0, b > 0, d > 0\,. \tag{8}$$

Hierbei setzen wir im Fall, daß $\alpha < \alpha_1 < \beta$ gilt,

$$a = c_\alpha - c_{\alpha_1} p(\alpha_1 \mid \alpha),\; c = [c_{\alpha_1} - c_\beta p(\beta \mid \alpha_1)]\, p(\alpha_1 \mid \alpha) = c_{\alpha_1} p(\alpha_1 \mid \alpha) - c_\beta p(\beta \mid \alpha)\,,$$

$$b = \gamma_\alpha - \gamma_{\alpha_1} p(\alpha_1 \mid \alpha),\; d = [\gamma_{\alpha_1} - \gamma_\beta p(\beta \mid \alpha_1)]\, p(\alpha_1 \mid \alpha) = \gamma_{\alpha_1} p(\alpha_1 \mid \alpha) - \gamma_\beta p(\beta \mid \alpha)\,.$$

Die Ungleichung (8) geht dann in (7) über.

Die erste Behauptung des Satzes ist somit bewiesen. Wir weisen nun die übrigen Behauptungen nach. Es sei die Beziehung (2) aus § 3 erfüllt. Dann erhalten wir für $\beta > \alpha$ die Ungleichung

$$\frac{c_\alpha - c_\beta p(\beta \mid \alpha)}{\gamma_\alpha - \gamma_\beta p(\beta \mid \alpha)} \leqq \frac{c_\alpha}{\gamma_\alpha}, \tag{9}$$

was zusammen mit (1) in § 3 die Formel (3) in § 3 liefert.
Aus (4) in § 3 folgt außerdem die Äquivalenz der Ungleichungen (9) und $\frac{c_\alpha}{\gamma_\alpha} \leqq \frac{c_\beta}{\gamma_\beta}$.
Die Beziehung (2) in § 3 ergibt sich aber dann aus den Formeln (1), (3) und (4) in § 3.

KAPITEL 7

EINE STATISTISCHE METHODE ZUR SCHÄTZUNG DER CHARAKTERISTIKEN VON BEDIENUNGSSYSTEMEN

§ 1. Vorbemerkungen

1. Einleitung. Wir betrachten ein Wartesystem, in dem ein POISSONscher Anrufstrom mit der Intensität a eintrifft. Die Bedienungszeit eines Anrufes sei exponentiell verteilt mit dem Parameter b. Mit $\tau(\Theta)$ bezeichnen wir die mittlere Wartezeit auf den Bedienungsbeginn im stationären Regime als Funktion von $\Theta = (a, b)$. Die Bedienungstheorie erlaubt es in vielen Fällen, die Abhängigkeit einer gewissen Systemcharakteristik von den Parametern, die dieses System bestimmen, in geschlossener Form auszudrücken. So gilt im vorliegenden Fall

$$\tau(\Theta) = \begin{cases} \dfrac{\varrho}{1-\varrho} b^{-1}, & \text{falls} \quad \varrho = \dfrac{a}{b} < 1\,, \\ +\infty, & \text{falls} \quad \varrho \geqq 1\,. \end{cases}$$

Die Parameter a und/bzw. b sind jedoch bei konkreten Modellen häufig unbekannt, wenngleich die Beobachtungen $x = (x_1, \ldots, x_n)$ und $y = (y_1, \ldots, y_m)$ bekannt sein können, wobei x eine Folge von n aufeinanderfolgenden Pausenzeiten und y eine Folge der Bedienungszeiten von m Anrufen ist. In diesem Fall muß eine Aussage über den wahren Wert der Charakteristik $\tau(\Theta)$ in Abhängigkeit von der Beobachtung (x, y) getroffen werden. Manchmal geht man auf die folgende Weise vor. Durch x wird eine Schätzung $\hat{a}$ für a und durch y eine Schätzung $\hat{b}$ für b bestimmt. Als Schätzung für $\tau(\Theta)$ wird dann die Schätzung $\tau(\hat{\Theta})$ vorgeschlagen, wobei $\hat{\Theta} = (\hat{a}, \hat{b})$ ist. In diesem Kapitel wird eine statistische Methode zur unmittelbaren Schätzung der Charakteristik $\tau(\Theta)$ selbst angegeben. Als Schätzung für $\tau(\Theta)$ wird eine erwartungstreue Schätzung benutzt, die auf einer vollständigen hinreichenden (suffizienten) Statistik basiert.

2. Formulierung des statistischen Problems. Als Ausgangsmaterial für die statistische Untersuchung dient die Gesamtheit der Beobachtungsresultate x, die Realisierungen einer Zufallsgröße mit der Verteilung P_Θ, die von dem nichtbeobachtbaren Parameter $\Theta \in \Omega$ abhängt, darstellen. Die statistische Schlußweise hat eine durch die Beobachtungsresultate x bedingte Entscheidung bezüglich des wahren Wertes des nichtbeobachtbaren Parameters $\Theta \in \Omega$ zu bewirken.

Beispiel. Es sei $x = (x_1, \ldots, x_n)$, wobei die zufälligen Zahlen $x_1, \ldots, x_n$ unabhängig sind und jede von ihnen die Normalverteilung $\mathrm{N}(\mu, \sigma^2)$ besitzt. Dabei können μ und/bzw. σ^2 unbekannt sein. Wenn zum Beispiel μ und σ^2 unbekannt sind, dann wird für den nichtbeobachtbaren Parameter Θ

$$\Theta = (\mu. \sigma^2)$$

gewählt, und es gilt $\Omega = R_1 \times R_1^+$.

Als mathematisches Modell eines statistischen Experimentes kann ein stochastischer Automat dienen, der Eingangssignale in Ausgangssignale abbildet. Zur Beschreibung eines solchen Automaten werden wir:

$\Omega = \{\Theta\}$ als Menge der Eingangssignale,

$X = \{x\}$ als Menge der Ausgangssignale

interpretieren. Der Automat arbeitet nach der Vorschrift: Falls Θ das Eingangssignal ist, dann besitzt das Ausgangssignal x die Verteilung P_Θ,

Eingangssignal		Ausgangssignal
$\Theta \rightarrow$	$\mathsf{P}_\Theta(x)$	$\rightarrow x$.
Parameter		Beobachtung

Es ist erforderlich, durch das Ausgangssignal x und die „Übertragungsfunktion" P_Θ eine Entscheidung über das Eingangssignal zu fällen. Mit D bezeichnen wir die Menge der möglichen Entscheidungen bezüglich des wahren Wertes des Parameters Θ.

Beispiel 1. Die Entscheidung kann ein Punkt aus Ω sein; eine andere Variante ist $D = \Omega$.

Beispiel 2. Es sei $\Omega = \Omega_1 \cup \ldots \cup \Omega_s$, und mit d_i bezeichnen wir eine Entscheidung der Gestalt $\Theta \in \Omega_i$. Dann ist $D = \{d_1, \ldots, d_s\}$. Folglich müssen wir bei der Beobachtung x eine Entscheidung $\delta(x) \in D$ fällen. Die Funktion $\delta(x)$, die die Menge X der möglichen Beobachtungsresultate in den Raum D der möglichen Entscheidungen abbildet, wird *Entscheidungsfunktion* oder *Entscheidungsregel* genannt. Im allgemeinen betrachtet man anfangs nicht die gesamte Menge der Entscheidungsfunktionen, sondern man beschränkt sich auf eine gewisse Klasse Δ zulässiger Entscheidungsfunktionen.

Wir benötigen noch zusätzliche Vorschriften, die es uns erlauben, die Entscheidungsfunktionen zu ordnen, und die insbesondere anzeigen, welche von zwei beliebigen Entscheidungsfunktionen $\delta_1 = \delta_1(x)$ und $\delta_2 = \delta_2(x)$ gegenüber der anderen vorzuziehen ist.

3. Risikofunktion. Eine der Möglichkeiten, innerhalb der Entscheidungsfunktionen eine Halbordnung einzuführen, besteht in folgendem:
Es sei $L(d \mid \Theta)$ der Verlust bei der Annahme der Entscheidung $d \in D$, falls Θ der wahre Wert des nichtbeobachtbaren Parameters ist. Wenn wir die Entscheidungsfunktion $\delta = \delta(x)$ benutzen, dann beträgt der mittlere Verlust

$$R(\delta \mid \Theta) = \mathsf{E}_\Theta L(\delta(x) \mid \Theta) .$$

Die Funktion $R(\delta \mid \Theta)$ wird *Risikofunktion* oder mittleres Risiko bei Benutzung der Entscheidungsfunktion $\delta = \delta(x)$ genannt, falls der wahre Wert des nichtbeobachtbaren Parameters gleich Θ ist. Gewöhnlich wählt man in solchen Situationen eine Entscheidungsfunktion, die nach Möglichkeit dem minimalen mittleren Risiko entspricht.

4. Schwierigkeiten bei der Formulierung statistischer Probleme. Wir benötigen ein Kriterium, durch das sich die Entscheidungsfunktionen miteinander vergleichen lassen.

Wenn zum Beispiel für zwei Entscheidungsfunktionen $\delta_1 = \delta_1(x)$ und $\delta_2 = \delta_2(x)$ die Ungleichung

$$R(\delta_1 \mid \Theta) \leqq R(\delta_2 \mid \Theta)$$

für sämtliche $\Theta \in \Omega$ erfüllt ist (und zumindest für ein Θ die echte Ungleichung vorliegt), dann wird die Entscheidungsfunktion δ_1 (in dem angegebenen Sinne) gegenüber der Entscheidungsfunktion δ_2 vorgezogen.

Wenn für eine Entscheidungsfunktion δ^* die Ungleichung

$$R(\delta^* \mid \Theta) \leqq R(\delta \mid \Theta) \tag{1}$$

für alle $\Theta \in \Omega$ und für sämtliche Entscheidungsfunktionen δ erfüllt ist, dann ist es klar, daß die Entscheidungsfunktion δ^* gegenüber einem beliebigen δ vorgezogen wird. In diesem Fall wird die Funktion δ^* Entscheidungsfunktion mit gleichmäßig kleinstem Risiko genannt.

Beispiel. Es sei $\tau(\Theta)$ gemäß den Beobachtungsresultaten zu schätzen, wobei $\tau = \tau(\Theta)$ eine Abbildung von Ω in eine gewisse Menge D ist. In diesem Fall nennt man die Entscheidungsfunktion auch *Schätzung* für $\tau(\Theta)$. Eine Schätzung $\delta(x)$ heißt *erwartungstreu*, wenn $\mathsf{E}_\Theta \delta(x) = \tau(\Theta)$ für sämtliche Θ gilt. Wir setzen voraus, daß $D = R_1$ und $L(d \mid \Theta) = [d - \tau(\Theta)]^2$ ist.
Für eine erwartungstreue Schätzung $\delta(x)$ ist die Risikofunktion gleich der Varianz der Schätzung

$$R(\delta \mid \Theta) = \mathsf{E}_\Theta[\delta(x) - \tau(\Theta)]^2 = \operatorname{var}_\Theta \delta(x)\,.$$

Wir beschränken uns bei unseren Betrachtungen nur auf erwartungstreue Schätzungen. Die Klasse dieser Schätzungen bezeichnen wir mit Δ. Wenn $\delta^* \in \Delta$ und (1) für

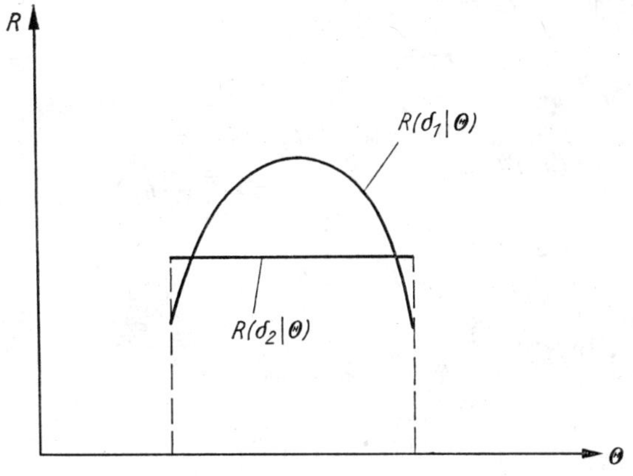

Abb. 7

sämtliche $\Theta \in \Omega$ und $\delta \in \Delta$ erfüllt ist, dann heißt die Schätzung δ^* erwartungstreue Schätzung mit minimaler Varianz.

Leider ist nicht jedes Paar von Entscheidungsfunktionen vergleichbar. In dem in Abb. 7 dargestellten Fall können wir zum Beispiel keiner der Entscheidungsfunktionen δ_1 bzw. δ_2 den Vorzug geben.
Somit entsteht die Notwendigkeit, die Entscheidungsfunktionen zu ordnen. Darin liegt die Hauptschwierigkeit bei der Formulierung statistischer Probleme.

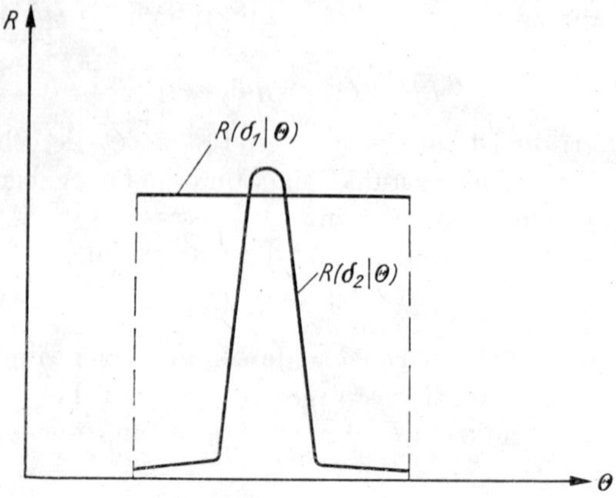

Abb. 8

5. Ordnung von Entscheidungsfunktionen. *A. Minimax-Zugang.* Eine einfache Methode, die es gestattet, die Entscheidungsfunktionen zu ordnen, besteht in folgendem. Für $\delta \in \Delta$ setzen wir

$$R(\delta) = \sup_{\Theta} R\,(\delta \mid \Theta)\,.$$

Wir ziehen nun eine Funktion δ_1 gegenüber δ_2 vor, falls $R(\delta_1) \leqq R(\delta_2)$ ist. Wenn dagegen für eine Entscheidungsfunktion δ^* die Ungleichung $R(\delta^*) \leqq R(\delta)$ für alle $\delta \in \Delta$ erfüllt ist, dann heißt δ^* *Minimax-Entscheidungsfunktion*. Eine solche Funktion gibt die zuverlässigste Garantie für kleine Verluste. Die Abbildung 8 erläutert die Unzulänglichkeit des Minimax-Zuganges: Nach diesem Zugang ist die Funktion δ_1 besser als δ_2, weil $\max_{\Theta} R(\delta_1 \mid \Theta) < \max_{\Theta} R(\delta_2 \mid \Theta)$ ist, obwohl die Funktion δ_2 geeigneter als δ_1 erscheint.

B. Bayesscher Zugang. Eine andere sehr wichtige Methode, die es gestattet, die Entscheidungsfunktionen zu ordnen, besteht im folgenden. Für δ setzen wir

$$R(\delta) = \int_{\Omega} R(\delta \mid \Theta)\, \mathrm{d}\mu(\Theta)\,,$$

hierbei wird μ entweder

a) als a-priori-Verteilung des Parameters Θ oder
b) als Wichtung (genauer, als Verteilung der Wichtung), die der Statistiker verschiedenen Θ zuschreibt,

interpretiert,

Eine Entscheidungsfunktion δ^* heißt BAYESsch, falls gilt

$$R\,(\delta^*) = \min_{\delta} R(\delta)\,.$$

Es gibt einige prinzipielle Aussagen, die für die Vorteile dieses Zuganges sprechen. Die Bedeutung einer dieser Aussagen besteht darin, daß es (unter hinreichend allgemeinen Bedingungen) für jede Entscheidungsfunktion δ eine BAYESsche Entscheidungsfunktion δ' gibt (die einer gewissen a-priori-Verteilung des Parameters Θ entspricht), die geeigneter als die Entscheidungsfunktion δ in dem Sinne ist, daß $R(\delta' \mid \Theta) \leqq R(\delta \mid \Theta)$ gleichmäßig bezüglich $\Theta \in \Omega$ gilt.

Der Mangel des BAYESschen Zuganges besteht darin, daß außer der Betrachtung des Parameters Θ als Zufallsgröße noch die a-priori-Verteilung dieses Parameters benötigt wird. In der Regel besitzen wir jedoch keine zuverlässige Information über die a-priori-Verteilung des Parameters Θ, und die Deutung als „Vertrauenswürdigkeit" eines gegebenen Wertes Θ unterliegt keiner zahlenmäßigen Abschätzung.

6. Hinreichende Statistik. Jede Funktion $T = T(x)$ der Beobachtungen x wird *Statistik* genannt. Dabei wird zusätzlich noch von einer Statistik gefordert, daß sie eine Zufallsgröße ist, falls x eine Zufallsgröße ist. Diese zusätzliche Bedingung ist äquivalent mit der Bedingung der Meßbarkeit der Abbildung $T = T(x)$, die den meßbaren Raum X in einen gewissen meßbaren Raum Y abbildet.

Eine Statistik $T = T(x)$ heißt *hinreichend* für eine Familie von Verteilungen

$$\mathcal{P} = \{\mathsf{P}_\Theta, \Theta \in \Omega\}$$

auf dem Stichprobenraum X (bzw. hinreichend für den Parameter Θ, falls es klar ist, von welcher Familie von Verteilungen die Rede ist), wenn die bedingte Verteilung der Zufallsgröße x unter der Bedingung $T(x) = t$ nicht von Θ abhängt.
Es ist natürlich vorauszusetzen, daß die statistischen Schlußfolgerungen über den Parameter Θ auf Grund einer Beobachtung x über eine hinreichende Statistik $T(x)$ von x abhängen. Man beachte, daß die Statistik $T(x) = x$ hinreichend ist und daß man in der Regel eine hinreichende Statistik $T = T(x)$ von möglichst kleinem Umfang (eine sogenannte minimal hinreichende Statistik, deren Umfang nicht mehr verringert werden kann) wählt. Das Verfahren zur Bestimmung einer hinreichenden Statistik beruht auf der folgenden Behauptung: Dafür, daß eine Statistik $T = T(x)$ hinreichend ist, ist notwendig und hinreichend, daß die Dichte $p(x \mid \Theta)$ der Verteilung P_Θ (bezüglich eines Maßes auf X, das für sämtliche Θ ein und dasselbe ist) die Gestalt

$$p(x \mid \Theta) = g\big(T(x) \mid \Theta\big) \cdot h(x) \tag{2}$$

besitzt, wobei der erste Faktor von Θ abhängen kann, von x aber nur über $T(x)$ abhängt, der zweite Faktor dagegen nicht von Θ abhängt.

Ist $x = (x_1, \dots, x_n)$, wobei $x_1, \dots, x_n$ unabhängige und im Intervall $(0, \Theta)$ mit einem nichtbekannten rechten Endpunkt Θ gleichverteilte Zufallsgrößen sind, dann ist die Statistik $T(x) = \max(x_1, \dots, x_n)$ hinreichend.

Oder: Ist $x = (x_1, \dots, x_n)$, wobei die Zufallsgrößen $x_1, \dots, x_n$ unabhängig sind und jede von ihnen der Normalverteilung $N(\mu, \sigma^2)$ unterliegt, dann ist die Statistik $T = (T_1, T_2)$ mit

$$T_1(x) = \bar{x} = \frac{1}{n} \sum_{i=1}^{n} x_i\,,$$

$$T_2(x) = s^2 = \frac{1}{n-1} \sum_{i=1}^{n} (x_i - \bar{x})^2$$

hinreichend für den Parameter $\Theta = (\mu, \sigma^2)$.
Wenn $T = T(x)$ eine hinreichende Statistik und $p(\Theta)$ die Dichte einer a-priori-Verteilung sind, dann hängt die a-priori-Verteilung des Parameters Θ über $T(x)$ von x ab. Unter Berücksichtigung von (2) erhalten wir tatsächlich für die Dichte der a-posteriori-Verteilung

$$p(\Theta \mid x) = \frac{p(\Theta)\, p(x \mid \Theta)}{\sum\limits_{w \in \Omega} p(w)\, p(x \mid w)} = \frac{p(\Theta)\, g\big(T(x) \mid \Theta\big)}{\sum\limits_{w \in \Omega} p(w)\, g\big(T(x) \mid w\big)}\,.$$

Es gilt natürlich auch die umgekehrte Behauptung. Somit hängt die a-posteriori-Verteilung genau dann über $T(x)$ von x ab, wenn $T(x)$ eine hinreichende Statistik ist.

Manchmal ist es bequemer, eine äquivalente Definition der hinreichenden Statistik zu benutzen. Eine Statistik $T(x)$ wird hinreichend genannt, wenn die Wahrscheinlichkeit $\mathsf{P}_\Theta(E)$ für jedes $\Theta \in \Omega$ über die Menge $T(E) = \{T(x) : x \in E\}$ von der (meßbaren) Menge $E \subseteq X$ abhängt, d. h. wenn gilt

$$\mathsf{P}_\Theta(x \in E) = \mathsf{P}_\Theta(T(x) \in T(E)) .$$

7. Hinreichende Bedingung für die Existenz einer Entscheidungsfunktion mit gleichmäßig kleinstem Risiko. Es sei D eine konvexe Teilmenge eines Vektorraumes, und für jedes $\Theta \in \Omega$ sei die Verlustfunktion $L(d \mid \Theta)$ bezüglich $d \in D$ (von unten) konvex. Ferner sei $\delta = \delta(x)$ eine beliebige Entscheidungsfunktion. Mit δ^* bezeichnen wir eine Entscheidungsfunktion, für die $\delta^*(x) = h(T(x))$ gilt mit

$$h(T) = \mathsf{E}_\Theta\{\delta(x) \mid T(x) = T\} = \mathsf{E}_{\Theta T}\delta(x) . \tag{3}$$

Hierbei ist $T(x)$ eine hinreichende Statistik. Es ist klar, daß der letzte Ausdruck nicht von Θ abhängt, weil $T(x)$ eine hinreichende Statistik ist. Dann gilt

$$R(\delta \mid \Theta) \geqq R(\delta^* \mid \Theta) \quad \text{für alle} \quad \Theta \in \Omega .$$

Diese Behauptung folgt aus der Jensenschen Ungleichung. Man beachte, daß $\delta^*(X)$ über eine hinreichende Statistik von x abhängt. Außerdem gilt

$$\mathsf{E}_\Theta\delta(x) = \mathsf{E}_\Theta\delta^*(x) .$$

Wir führen nun noch den Begriff der vollständigen Statistik ein. Man sagt, daß ein System von Verteilungen $\mathcal{P} = \{\mathsf{P}_\Theta\}$ vollständig ist, wenn aus $\mathsf{E}_\Theta f(x) = 0$ für alle Θ folgt, daß $\mathcal{P}$- fast überall $f(x) = 0$ (d. h., die Menge der x, für die $f(x) \neq 0$ ist, hat für jedes der Maße $\mathsf{P}_\Theta \in \mathcal{P}$ das Maß Null). Es sei nun $T = T(x)$ eine gewisse Statistik, und es sei $\mathcal{P}^T = \{\mathsf{P}_\Theta^T\}$, wobei P_Θ^T die Verteilung der Statistik $T(x)$ ist, wenn x gemäß P_Θ verteilt ist. Die Statistik $T = T(x)$ heißt *vollständig*, falls die Familie von Verteilungen $\mathcal{P}^T$ vollständig ist. Die Statistik $T(x)$ heißt *beschränkt vollständig*, wenn die Funktionen $f(x)$ aus der Klasse der beschränkten Funktionen ausgewählt werden.

Satz. *Falls*

a) *eine vollständige hinreichende Statistik $T = T(x)$ existiert,*

b) *die Verlustfunktion $L(d \mid \Theta)$ für jedes $\Theta \in \Omega$ bezüglich $d \in D$ (von unten) konvex ist, wobei D eine konvexe Teilmenge eines Vektorraumes ist,*

c) *die Klasse Δ der erwartungstreuen Entscheidungsfunktionen für $\tau(\Theta)$ nicht leer ist,*

dann existiert eine ($\mathcal{P}$-fast überall) eindeutig bestimmte Entscheidungsfunktion $\delta^* \in \Delta$, so daß

$$R(\delta^* \mid \Theta) \leqq R(\delta \mid \Theta)$$

für alle $\Theta \in \Omega$ und alle $\delta \in \Delta$ ist. Dabei hängt

a) *$\delta^* = \delta^*(x)$ über die hinreichende Statistik $T(x)$ von x ab,*

b) *δ^* nicht von der konkreten Form der Verlustfunktion ab.*

Beweis. Es sei $\delta \in \Delta$. Wir setzen $\delta^*(x) = h(T(x))$, wobei $h(T)$ durch (3) gegeben ist. Es ist $\delta^* \in \Delta$. Auf Grund der Vollständigkeit der hinreichenden Statistik $T(x)$ ist die Entscheidungsfunktion δ^* eine eindeutig bestimmte Schätzung aus Δ, die über $T(x)$ von x abhängt (falls es noch eine Entscheidungsfunktion $\delta_1 = \delta_1(x) = \varphi(T(x)) \in \Delta$

gibt, dann gilt $\mathsf{E}_\Theta(\delta^* - \delta_1)(x) = 0$ für alle Θ, d. h. $\delta_1(x) = \delta^*(x)$ $\mathcal{P}$-fast überall. Somit hängt δ^* nicht von $\delta \in \Delta$ und nicht von der Verlustfunktion $L(d \mid \Theta)$ ab.

8. Hinreichende Bedingung für die Vollständigkeit einer Statistik. Wir geben eine hinreichende Bedingung dafür an, daß eine Statistik $T(x)$ vollständig (und hinreichend) ist. Es sei

$$\mathrm{d}\mathsf{P}_\Theta(x) = c(\Theta) \exp\left\{\sum_{j=1}^{k} \Theta_j T_j(x)\right\} \mathrm{d}\mu(x) ,$$

und $\Omega \subseteq R_k$ enthalte zumindest einen Punkt aus R_k zusammen mit einer gewissen Umgebung dieses Punktes. Dann erweist sich die Statistik $T(x) = \{T_1(x), \ldots, T_k(x)\}$ als vollständig (und hinreichend). Hinsichtlich des Beweises verweisen wir auf [83]. Es ist klar, daß man $c_j(\Theta)$ anstelle von Θ_j schreiben kann, wobei die Vektorfunktion $\{c_1(\Theta), \ldots, c_k(\Theta)\}$ eine stetige eineindeutige Abbildung von Ω in eine gewisse Teilmenge von R_k darstellt, die zumindest einen Punkt aus R_k zusammen mit einer gewissen Umgebung dieses Punktes enthält.

9. Satz von Basu ([83]). *Es sei T eine beschränkt vollständige Statistik und U eine beliebige Statistik. Folgende zwei Behauptungen sind äquivalent:*

a) *Die Statistiken T und U sind für jedes $\Theta \in \Omega$ unabhängig.*

b) *Die Verteilung der Statistik U hängt nicht von $\Theta \in \Omega$ ab (eine solche Statistik U heißt nichtparametrisch, s.* [115]).

§ 2. Eine Schätzmethode

Die Beobachtungen $x_1, \ldots, x_n$ seien unabhängig und identisch verteilt mit der Verteilungsfunktion $F_\Theta(t)$. Wir setzen voraus, daß eine vollständige hinreichende Statistik existiert und daß die Schätzung $\delta_t^*(x) = F_x^*(t)$, $x = (x_1, \ldots, x_n)$, für jede feste Zahl t die beste Schätzung für die Funktion $\tau_t(\Theta) = F_\Theta(t)$ des Parameters Θ ist. Unter der *besten* Schätzung werden wir eine erwartungstreue Schätzung verstehen, die über eine vollständige hinreichende Statistik $T(x)$ von x abhängt. Wie wir wissen, ist eine solche erwartungstreue Schätzung von minimaler Varianz und zusätzlich eine gleichmäßig beste erwartungstreue Schätzung für jede konvexe Verlustfunktion (in der Klasse sämtlicher erwartungstreuer Schätzungen).

Wenn sich nun die Funktion $\tau(\Theta)$ in der Form

$$\tau(\Theta) = \int_0^\infty F_\Theta(t)\, \mathrm{d}A(t) \tag{1}$$

darstellen läßt und wenn $\Omega = R_1^+ = \{\Theta : \Theta \geqq 0\}$ ist, dann dient

$$\delta^*(x) = \int_0^\infty F_x^*(t)\, \mathrm{d}A(t) \tag{2}$$

als beste Schätzung für $\tau(\Theta)$. In der Tat, $\delta^*(x)$ hängt über $T(x)$ von x ab, und es gilt für sämtliche $\Theta \geqq 0$

$$\mathsf{E}_\Theta \delta^*(x) = \int_0^\infty \mathsf{E}_\Theta F_x^*(t)\, \mathrm{d}A(t) = \int_0^\infty F_\Theta(t)\, \mathrm{d}A(t) = \tau(\Theta) .$$

Wir zeigen, daß die Funktion $F_x^*(t)$ für jedes x eine Verteilungsfunktion ist. Es sei

$$\delta_t(x) = \begin{cases} 1, & x_1 > t\,, \\ 0, & x_1 < t\,. \end{cases}$$

Dann erweist sich $\delta_t = \delta_t(x)$ als erwartungstreue Schätzung für $\tau_t(\Theta)$. Auf Grund des Punktes 7 des vorhergehenden Abschnittes ist deshalb

$$\delta_t^*(x) = h_t(T(x))\,,$$

wobei

$$h_t(T) = \mathsf{E}_\Theta(\delta_t(x) \mid T(x) = T) = \mathsf{P}_\Theta(x_1 < t \mid T(x) = T)\,,$$

und die Funktion $h_t(T)$ ist für jedes T eine Verteilungsfunktion bezüglich t.

Im folgenden wird gezeigt, wie sich $F_x^*(t)$ für jedes t bestimmen läßt. Die Funktion $F_x^*(t)$ werden wir beste empirische Verteilungsfunktion nennen.

Die vorhergehenden Überlegungen bleiben gültig für den Fall, daß x_i Vektoren sind und $F_\Theta(t)$ für jedes Θ eine mehrdimensionale Verteilungsfunktion ist.

Beispiel 1. Es sei $F_\Theta(t) = 1 - \mathrm{e}^{-\Theta t}$, $t \geqq 0$; $\Theta > 0$. Wie im folgenden gezeigt wird, ist $F_x^*(t)$ für jedes x der Wert der Beta-Verteilung $B(1, n-1)$ im Punkt $\dfrac{t}{x_1 + \dots + x_n} = \dfrac{t}{n\bar{x}}$. Es sei

$$\tau(\Theta) = \int_0^\infty A(t)\, \mathrm{d}F_\Theta(t) = \Theta \int_0^\infty \mathrm{e}^{-\Theta t} A(t)\, \mathrm{d}t\,.$$

Für $\tau(\Theta) = \dfrac{1}{1+\Theta}$ erhalten wir zum Beispiel $A(t) = 1 - \mathrm{e}^{-t}$ und für $n \geqq 2$

$$\delta^*(x) = \int_0^\infty A(t)\, \mathrm{d}F_x^*(t) = (n-1) \int_0^1 (1 - \mathrm{e}^{-n\bar{x}u})\,(1-u)^{n-2}\, \mathrm{d}u\,.$$

Beispiel 2. Die Beobachtungen $x_1, \dots, x_n$ seien unabhängig, und jede von ihnen habe die Verteilung $F_a(t) = 1 - \mathrm{e}^{-at}$, $a > 0$. Ferner seien die Beobachtungen $y_1, \dots, y_m$ untereinander und von den Beobachtungen $x_1, \dots, x_n$ unabhängig, und jede von ihnen habe die Verteilung $G_b(t) = 1 - \mathrm{e}^{-bt}$, $b > 0$; $x = (x_1, \dots, x_n)$, $y = (y_1, \dots, y_m)$, $\Theta = (a, b)$. Mit $F_x^*(t)$ und $G_y^*(t)$ bezeichnen wir die besten empirischen Verteilungsfunktionen für die jeweiligen Fälle.

Wir bestimmen die beste Schätzung für

$$\tau(\Theta) = \frac{\varrho}{1+\varrho} = \frac{a}{a+b}\,, \qquad \varrho = \frac{a}{b}\,.$$

Wir bemerken, daß gilt

$$\tau(\Theta) = \int_0^\infty F_a(t)\, \mathrm{d}G_b(t)\,.$$

Als beste Schätzung für $\tau(\Theta)$ dient deshalb

$$\delta^*(x, y) = \int_0^\infty F_x^*(t)\, \mathrm{d}G_y^*(t)\,.$$

Tatsächlich: Es genügt, die Erwartungstreue der Schätzung $\delta^*(x, y)$ nachzuweisen,

$$\mathsf{E}_\Theta \delta^*(x, y) = \int_0^\infty \mathsf{E}_\Theta F_x^*(t)\; \mathrm{d}\mathsf{E}_\Theta G_y^*(t) = \int_0^\infty F_a(t)\, \mathrm{d}G_b(t) = \tau(\Theta).$$

Man beachte: Falls $\tau(\Theta)$ eine echt gebrochen-rationale Funktion von ϱ ist, zum Beispiel

$$\frac{\dfrac{\varrho^k}{k!}}{1+\dfrac{\varrho}{1!}+\dots+\dfrac{\varrho^n}{n!}}, \qquad 0 \leqq k \leqq n,$$

dann können wir die für $\tau(\Theta)$ beste Schätzung $\delta^*(x, y)$ erhalten, indem wir $\tau(\Theta)$ in Partialbrüche zerlegen.

In den folgenden Abschnitten wird die Form der besten empirischen Verteilungsfunktion $F_x^*(t)$ für den Fall $F_\Theta(t) = 1 - e^{-\Theta t}$, $\Theta > 0$, bei verschiedenen Arten der Beobachtung von Zufallsgrößen mit der Verteilungsfunktion $F_\Theta(t)$ angegeben. Um diesen Abschnitten eine gewisse selbständige Bedeutung zu verleihen, ist in ihnen nicht die Rede von der Schätzung von $F_\Theta(t)$ für jedes t, sondern von der Schätzung der „Elementzuverlässigkeit" $R_\Theta(t) = 1 - F_\Theta(t)$. Wenn $R_x^*(t)$ die entsprechende Schätzung für $R_\Theta(t)$ ist, dann gilt $F_x^*(t) = 1 - R_x^*(t)$.

§ 3. Schätzung der Zuverlässigkeit im Fall einer Exponentialverteilung; Aufgabenstellung

Zur Bestimmung der Zuverlässigkeit eines Elementes, dessen Lebenszeit die Exponentialverteilung $1 - e^{-\Theta x}$, $x \geqq 0$, mit einem unbekannten Parameter $\Theta > 0$ besitzt, wird ein Versuch mit N Elementen durchgeführt.

Wir betrachten folgende Versuchspläne:

Plan 1. Der Versuch wird mit Ersetzen eines ausgefallenen Elementes bis zum Auftreten des r-ten Ausfalles durchgeführt.

Plan 2. Ohne Ersetzen bis zum Zeitpunkt des r-ten Ausfalles.

Plan 3. Mit Ersetzen bis zum Zeitpunkt T.

Für jeden Versuchsplan ist (gemäß den Versuchsergebnissen) eine erwartungstreue Schätzung $\hat{R}(t)$ mit minimaler Varianz für die Zuverlässigkeit $R(t) = e^{-\Theta t}$ zu finden, wobei t vorgegeben ist.

§ 4. Formulierung des Ergebnisses

Für sämtliche Versuchspläne sei

S — die Gesamtlebenszeit aller bis zum Abbruch des Versuches untersuchten Elemente;

s — die Gesamtlebenszeit der untersuchten Elemente, die bis zum Abbruch des Versuches (einschließlich) ausgefallen sind;

r — die Anzahl der bis zum Abbruch des Versuches ausgefallenen Elemente.

Im folgenden werden für jeden Versuchsplan erwartungstreue Schätzungen $\hat{R}(t)$ mit minimaler Varianz für $R(t) = e^{-\Theta t}$ (t fest) angegeben.

Für die Pläne 1 und 2.

$$\hat{R}(t) = \left(1 - \frac{t}{S}\right)_+^{r-1}, \qquad r \geqq 1\,;$$

hierbei ist $(z)_+ = \max(0, z)$; $(z)_+^0 = 0$ bzw. 1 in Abhängigkeit davon, ob $z \leqq 0$ bzw. $z > 0$.

Für den Plan 3.

$$\hat{R}(t) = \left(1 - \frac{t}{NT}\right)^r$$

für jedes $t \geqq 0$, falls $z^0 = 1$ für jede reelle Zahl z gesetzt wird.

Bemerkung. 1. Für $t > NT$ ist die Schätzung $\hat{R}(t)$ unsinnig, weil sie ihre Werte innerhalb des Intervalls [0, 1] annehmen kann.

2. Im folgenden wird gezeigt, daß $\hat{R}(t)$ eine erwartungstreue Schätzung mit minimaler Varianz für $R(t)$ in der Klasse der beschränkten Schätzungen ist.

§ 5. Beweis für den Plan 1

A. Wir benötigen den folgenden

Satz. *Es seien $z_1, \ldots, z_r$ unabhängige Zufallsgrößen, die die Exponentialverteilung $1 - e^{-\Theta z}$, $z \geqq 0$, mit einem unbekannten Parameter $\Theta > 0$ besitzen. Dann dient*

$$\hat{R}(t) = \left(1 - \frac{t}{z_1 + \ldots + z_r}\right)_+^{r-1}, \qquad r \geqq 1\,,$$

als erwartungstreue Schätzung mit minimaler Varianz für $R(t) = e^{-\Theta t}$ (t fest).

Beweis. Die Statistik $s = z_1 + \ldots + z_r$ erweist sich als vollständige hinreichende Statistik. Wir betrachten die Schätzung

$$\delta = \delta(z_1, \ldots, z_r) = \begin{cases} 0, & \text{falls } z_1 < t\,, \\ 1, & \text{falls } z_1 \geqq t\,. \end{cases}$$

Diese Schätzung ist erwartungstreu für die Funktion $R(t) = e^{-\Theta t}$ des nichtbeobachtbaren Parameters Θ, weil

$$\mathsf{E}_\Theta \delta = \mathsf{P}_\Theta(z_1 \geqq t) = e^{-\Theta t}$$

ist. Als die gesuchte Schätzung für $R(t)$ dient aber dann

$$\delta^*(S) = \mathsf{E}_\Theta\{\delta \mid z_1 + \ldots + z_r = S\}\,.$$

Wir bestimmen diese Schätzung. Es ist klar

$$\delta^*(S) = \mathsf{P}_\Theta(z_1 \geqq t \mid z_1 + \ldots + z_r = S) =$$

$$= \mathsf{P}_\Theta\left(\frac{z_1}{z_1 + \ldots + z_r} \geqq \frac{t}{S} \mid z_1 + \ldots + z_r = S\right).$$

Ist $r = 1$, dann gilt $z_1 = S$ und deshalb $\delta^*(S) = 0$ bzw. 1 in Abhängigkeit davon, ob $t > S$ bzw. $t \leqq S$ gilt, was mit der Behauptung des Satzes für diesen Fall übereinstimmt. Es sei nun $r > 1$. Weil die Zufallsgrößen $\dfrac{z_1}{z_1 + \ldots + z_r}$ und $z_1 + \ldots + z_r$

unabhängig sind (man kann sich davon durch direktes Ausrechnen oder durch Benutzung des Satzes von Basu überzeugen), gilt

$$\delta^*(S) = \mathsf{P}_\Theta\left(\frac{z_1}{z_1 + \dots + z_r} \geqq \frac{t}{S}\right).$$

Außerdem hängt die rechte Seite nicht von Θ ab, und man kann insbesondere $\Theta = 1$ annehmen. Es ist wohlbekannt, daß die Zufallsgröße

$$\xi = \frac{\xi_1}{\xi_1 + \xi_2}$$

die Beta-Verteilung $B(\lambda_1, \lambda_2)$ besitzt, falls die Zufallsgrößen ξ_1 und ξ_2 unabhängig sind und jeweils die Gamma-Verteilung $G(\lambda_1)$ bzw. $G(\lambda_2)$ besitzen. Im vorliegenden Fall sind die Zufallsgrößen $\xi_1 = z_1$, $\xi_2 = z_2 + \dots + z_r$ unabhängig und besitzen jeweils die Gamma-Verteilungen $G(1)$ und $G(r-1)$, $r > 1$. Die Zufallsgröße $\dfrac{z_1}{z_1 + \dots + z_r}$ besitzt also die Beta-Verteilung $B(1, r-1)$, die für $0 \leqq x \leqq 1$ gleich $1 - (1-x)^{r-1}$ ist. Folglich gilt

$$\delta^*(S) = \begin{cases} \left(1 - \dfrac{t}{S}\right)^{r-1} & \text{für } 0 \leqq \dfrac{t}{S} \leqq 1\,, \\ 0 & \text{für } \dfrac{t}{S} > 1\,, \end{cases}$$

was zu zeigen war.

B. Es seien $x_1, \dots, x_r$ die Längen der aufeinanderfolgenden Intervalle zwischen benachbarten Zeitpunkten des Ausfallens von Elementen (für den Plan 1). Dann sind die Zufallsgrößen $x_1, \dots, x_r$ unabhängig, und jede von ihnen besitzt die Exponentialverteilung $1 - e^{-N\Theta x}$, $x \geqq 0$.

Dabei ist die Gesamtlebenszeit aller bis zum r-ten Ausfall untersuchten Elemente gleich $S = N(x_1 + \dots + x_r)$.
Wir setzen $z_k = Nx_k$; $k = 1, \dots, r$. Die Zufallsgrößen $z_1, \dots, z_r$ sind dann unabhängig, und jede von ihnen besitzt die Verteilung $1 - e^{-\Theta z}$, $z \geqq 0$. Dabei gilt $S = z_1 + \dots + z_r$.

Durch Anwendung des Satzes aus Punkt A auf die Zufallsgrößen $z_1, \dots, z_r$ erhalten wir, daß

$$\hat{R}(t) = \left(1 - \frac{t}{S}\right)_+^{r-1}$$

eine erwartungstreue Schätzung mit minimaler Varianz für die Elementzuverlässigkeit $R(t) = e^{-\Theta t}$ (t fest) ist.

§ 6. Beweis für den Plan 2

Es seien wiederum $x_1, x_1 + x_2, \dots, x_1 + x_2 + \dots + x_r$ die aufeinanderfolgenden Zeitpunkte des Ausfallens von Elementen bis zum Versuchsabbruch (für den Plan 2). Die Zufallsgrößen $x_1, \dots, x_r$ sind dann unabhängig, und x_k besitzt die Exponentialverteilung

$$1 - \exp\{-(N - k + 1)\,\Theta x\}\,, \qquad x \geqq 0\,.$$

Die Gesamtlebenszeit aller bis zum r-ten Ausfall untersuchten Elemente ist dabei gleich

$$S = Nx_1 + (N-1)\,x_2 + \dots + (N-r+1)\,x_r\,; \qquad r \leqq N\,.$$

Wir setzen $z_k = (N-k+1)\,x_k$, $1 \leqq k \leqq r$. Die Zufallsgrößen $z_1, \dots, z_r$ sind dann unabhängig, und jede von ihnen besitzt die Verteilung $1 - \mathrm{e}^{-\Theta z}$, $z \geqq 0$. Dabei gilt $S = z_1 + \dots + z_r$.

Wir wenden wiederum die Behauptung des Punktes A in § 5 auf die Zufallsgrößen $z_1, \dots, z_r$ an und erhalten, daß

$$\hat{R}(t) = \left(1 - \frac{t}{S}\right)_+^{r-1}$$

die gesuchte Schätzung ist.

§ 7. Beweis für den Plan 3

Es sei $\nu(T)$ die Anzahl der bis zum Zeitpunkt T ausgefallenen Elemente für den Plan 3. Falls $\nu(T) = r$ und $x_1, \dots, x_r$ die Längen der aufeinanderfolgenden Intervalle zwischen zwei benachbarten Zeitpunkten des Ausfallens von Elementen bis zum Zeitpunkt T sind, dann hängt die Verteilung des zufälligen Vektors $(x_1, \dots, x_r)$ nicht von Θ ab, s. Kap. 1, § 12. Folglich ist $\nu(T)$ eine hinreichende Statistik.

Es ist offensichtlich

$$\mathsf{P}_\Theta\big(\nu(T) = r\big) = \frac{\lambda^r}{r!}\,\mathrm{e}^{-\lambda}; \qquad r = 0, 1, \dots; \lambda = N\Theta T.$$

Hieraus folgt, daß $\nu(T)$ eine vollständige Statistik ist (die Verteilung der Zufallsgröße $\nu(T)$ gehört zur Exponentialfamilie von Verteilungen).

Es genügt nun, sich noch davon zu überzeugen, daß für

$$\hat{R}(t) = \left(1 - \frac{t}{NT}\right)^{\nu(T)} \tag{1}$$

die Beziehung

$$\mathsf{E}_\Theta \hat{R}(t) = \mathrm{e}^{-\Theta t} \tag{2}$$

erfüllt ist. In der Tat gilt

$$\mathsf{E}_\Theta \hat{R}(t) = \sum_{r \geqq 0} \left(1 - \frac{t}{NT}\right)^r \cdot \frac{\lambda^r}{r!}\,\mathrm{e}^{-\lambda} = \mathrm{e}^{-\lambda}\,\mathrm{e}^{\lambda - \lambda(t/NT)} = \mathrm{e}^{-\lambda(t/NT)} = \mathrm{e}^{-\Theta t}\,.$$

Bemerkung. Zur Formel (1) kann man auf die folgende Weise gelangen. Wir setzen $\nu = \nu(T)$ und beachten dabei

$$\mathsf{E}\nu(\nu-1)\dots(\nu-k+1) = \sum_{r \geqq k} \frac{r!}{(r-k)!}\,\frac{\lambda^r}{r!}\,\mathrm{e}^{-\lambda} = \lambda^k\,.$$

Wir ermitteln deshalb eine Schätzung für $R(t)$ der Form

$$\hat{R}(t) = \sum_{k \geqq 0} a_k \nu^{(k)}\,,$$

wobei $\nu^{(k)}$ die k-te faktorielle Potenz der Zahl ν ist, d. h. $\nu^{(0)} = 1$, $\nu^{(k)} = \nu(\nu-1)\dots(\nu-k+1)$ für $k \geqq 1$. Die Koeffizienten $a_0, a_1, \dots$ bestimmen wir unter Benutzung der Beziehung (2) für alle $\Theta > 0$. Wir erhalten

$$\mathsf{E}_\Theta \hat{R}(t) = \sum_{k \geqq 0} a_k \lambda^k = e^{-\Theta t} = e^{-\alpha\lambda} = \sum_{k \geqq 0} (-1)^k \frac{\alpha^k}{k!} \lambda^k ;$$

$\alpha = \dfrac{t}{NT}$; für alle $\lambda > 0$. Hieraus ergibt sich

$$a_k = (-1)^k \frac{\alpha^k}{k!} .$$

Dann gilt aber

$$\hat{R}(t) = \sum_{k=0}^{\nu} a_k \nu^{(k)} = \sum_{k=0}^{\nu} \frac{\nu!}{(\nu - k)!} (-1)^k \frac{\alpha^k}{k!} =$$

$$= \sum_{k=0}^{\nu} \binom{\nu}{k} (-1)^k \alpha^k = (1 - \alpha)^\nu = \left(1 - \frac{t}{NT}\right)^{\nu(T)} .$$

Aufgabe 1. Die Zufallsgrößen ξ, η, ξ^*, η^* seien unabhängig und besitzen jeweils die Verteilungen F_a, G_b, F_x^*, G_y^*. Man zeige, daß für das Beispiel 2 in § 2 die Schätzung

$$\delta^*(x, y) = \mathsf{P}(\xi^* \leqq \eta^*)$$

für

$$\tau(\Theta) = \mathsf{P}_\Theta(\xi \leqq \eta) = \frac{a}{a + b}$$

erwartungstreu mit minimaler Varianz ist.

Aufgabe 2 (Fortsetzung). Falls B eine Borelsche Teilmenge der Ebene ist, dann ist die Schätzung

$$\delta^*(x, y) = \mathsf{P}((\xi^*, \eta^*) \in B)$$

für

$$\tau(\Theta) = \mathsf{P}_\Theta((\xi, \eta) \in B)$$

erwartungstreu mit minimaler Varianz.

Aufgabe 3. Man dehne die Ergebnisse der Abschnitte 3–7 auf den Fall aus, daß die Lebenszeit eines Elementes eine Gamma-Verteilung mit einem unbekannten Skalenparameter besitzt.

ANHANG

§ 1. Lebesgue-Stieltjes-Integral

Der Begriff des Lebesgue-Stieltjes-Integrals wird als bekannt vorausgesetzt (s. [44], [111]). Wir erinnern nur an einige Sätze.

A. Es sei $g(x)$ eine auf $(-\infty, \infty)$ definierte reellwertige Funktion. Man sagt, daß $g(x)$ eine Borel-*meßbare Funktion* ist, wenn die Menge $\{x : g(x) < c\}$ für jede reelle Zahl c Borelsch ist.

Falls $g(x)$ eine beschränkte Borel-meßbare Funktion auf $(-\infty, \infty)$ und $A(t)$ eine Funktion auf $(-\infty, \infty)$ mit beschränkter Variation sind, dann existiert das Lebesgue-Stieltjes-Integral

$$\int_{-\infty}^{\infty} g(x)\, \mathrm{d}A(x)\,.$$

B. Eine Funktion $A(t)$ nennen wir regulär im Punkt x_0, wenn in diesem Punkt der linksseitige und der rechtsseitige Grenzwert $A(x_0 \pm 0)$ existieren und wenn

$$A(x_0) = \tfrac{1}{2}[A(x_0 - 0) + A(x_0 + 0)]\,.$$

Falls $A(x)$ und $B(x)$ Funktionen mit beschränkter Variation auf $[a, b]$ sind und falls jede dieser Funktionen in den Punkten des Intervalls $[a, b]$ stetig ist, in denen die andere Funktion nicht regulär ist, dann gilt

$$\int_a^b A(x)\, \mathrm{d}B(x) + \int_a^b B(x)\, \mathrm{d}A(x) = [A(x)\, B(x)]_{a-0}^{b+0} =$$
$$= A(b + 0)\, B(b + 0) - A(a - 0)\, B(a - 0)\,.$$

Hierbei werden die Integrale im Lebesgue-Stieltjesschen Sinne aufgefaßt (sie existieren, weil jede der Funktionen $A(x)$ und $B(x)$ beschränkt und Borel-meßbar ist). Es wird vorausgesetzt, daß die Funktionen $A(x)$ und $B(x)$ links von a und rechts von b soweit definiert sind, daß man von der Regularität in den Punkten a und b sprechen kann (s. [44], S. 161]).

C. Falls die Variation von $A(x)$ auf $[a, b]$ endlich und falls $B(x)$ stetig differenzierbar sind (hinreichend ist die absolute Stetigkeit), dann gilt

$$\int_a^b A(x)\, \mathrm{d}B(x) = \int_a^b A(x)\, B'(x)\, \mathrm{d}x\,.$$

Hierbei wird das rechte Integral im Lebesgueschen Sinne aufgefaßt.

§ 2. Laplace- und Laplace-Stieltjes-Transformation

Wir betrachten die Klasse S der (komplexwertigen) Funktionen $A(t)$ einer reellen Variablen t, die den folgenden Bedingungen genügen:

1. $A(t) = 0$ für $t < 0$, und in jedem Intervall $[0, T]$ ist $A(t)$ von beschränkter Variation.

2. Für jede Funktion $A(t)$ existieren reelle Zahlen s_0 und A, so daß gilt

$$|A(t)| \leqq A\, e^{s_0 t} .$$

Aus diesen Bedingungen folgt die Existenz von

$$\int_0^\infty e^{-st} A(t)\, dt = \varphi(s)$$

für jedes s mit $\operatorname{Re} s > s_0$. Die Funktion $\varphi(s)$ heißt LAPLACE-*Transformierte* der Funktion $A(t)$.

A. Die Funktion $\varphi(s)$ ist in der Halbebene $\operatorname{Re} s > s_0$ analytisch.

B. Es seien $\varphi_1(s)$und $\varphi_2(s)$ die LAPLACE-Transformierten der Funktionen $A_1(t)$ und $A_2(t)$ aus S, und es sei $\varphi_1(s) = \varphi_2(s)$ für $\operatorname{Re} s > s_0$. Dann gilt in allen Stetigkeitspunkten der Funktionen $A_1(t)$ und $A_2(t)$

$$A_1(t) = A_2(t) .$$

C. Es sei $A(t) \in S$. Wir setzen

$$\alpha_T(s) = \int_0^T e^{-st}\, dA(t) .$$

Auf Grund der Sätze B und C in § 1 gilt

$$\alpha_T(s) = e^{-st} A(t)\Big|_{0-0}^{T+0} + s \int_0^T e^{-st} A(t)\, dt .$$

In der Halbebene $\operatorname{Re} s > s_0$ ist die Funktion

$$\alpha(s) = \lim_{T\to\infty} \alpha_T(s) = \int_0^\infty e^{-st}\, dA(t) = s \int_0^\infty e^{-st} A(t)\, dt$$

analytisch. Die Funktion $\alpha(s)$ heißt LAPLACE-STIELTJES-*Transformierte* der Funktion $A(t)$ aus S.

D. Aus Satz B und aus der Beziehung

$$\alpha(s) = s \int_0^\infty e^{-st} A(t)\, dt$$

folgt, falls $\alpha(s)$ für $\operatorname{Re} s > s_0$ die LAPLACE-STIELTJES-Transformierte der Funktionen $A_1(t)$ und $A_2(t)$ aus S ist, dann gilt in allen Stetigkeitspunkten von $A_1(t)$ und $A_2(t)$

$$A_1(t) = A_2(t) .$$

E. Wir geben einige oft benutzte Formeln an. Zuerst führen wir eine Bezeichnung ein. Steht zwischen zwei Funktionen das Symbol $\mathrel{\dot{=}}$, zum Beispiel $A(t) \mathrel{\dot{=}} \alpha(s)$, so bedeutet dies, daß die Funktion, die rechts steht, die LAPLACE-STIELTJES-Transformierte der linksstehenden Funktion ist.

Es sei $A(t) \mathrel{\dot{=}} \alpha(s)$ und $B(t) \mathrel{\dot{=}} \beta(s)$. Dann gilt:

1. $\alpha(s) = s \int_0^\infty e^{-st} A(t)\, dt$;

2. $A'(t) \mathrel{\dot{=}} s\alpha(s) - sA(0)$, vorausgesetzt, daß $A'(t)$ eine Funktion von beschränkter Variation und $A(t)$ eine absolut stetige Funktion in jedem Intervall $[0, T]$, $T > 0$, ist;

3. $\int_0^t e^{-ax}\,dA(x) \doteqdot \alpha(s+a)$;
4. $\int_0^t A(x)\,dx \doteqdot \frac{\alpha(s)}{s}$;
5. $A * B(t) \doteqdot \alpha(s)\,\beta(s)$.

F. Falls ξ eine nichtnegative Zufallsgröße mit der Verteilungsfunktion $A(t)$ ist, dann gilt

$$\mathsf{E}e^{-s\xi} = \int_0^\infty e^{-st}\,dA(t) = \alpha(s)$$

(E ist das Symbol der Erwartungswertbildung). Falls sich ξ als Summe vollständig unabhängiger nichtnegativer Zufallsgrößen darstellen läßt

$$\xi = \xi_1 + \dots + \xi_n, \quad \mathsf{P}(\xi_k < t) = A_k(t)\,, \qquad k = 1, \dots, n\,,$$

und

$$\alpha_k(s) = \mathsf{E}\,e^{-s\xi_k}\,,$$

dann gilt

$$\alpha(s) = \alpha_1(s) \dots \alpha_n(s)$$

und

$$A(t) = A_1 * \dots * A_n(t)\,,$$

wobei $*$ das Symbol der (STIELTJESschen) Faltung ist, d. h.

$$A * B(t) = \int_0^t A(t-x)\,dB(x) = \int_0^t B(t-x)\,dA(x)\,.$$

G. Es seien $A(t)$, $A_1(t)$, $A_2(t)$, ... Verteilungsfunktionen und $\alpha(s)$, $\alpha_1(s)$, $\alpha_2(s)$, ... die entsprechenden LAPLACE-STIELTJES-Transformierten. Dann gelten folgende, den Zusammenhang von $A(t)$ und $\alpha(s)$ charakterisierende Beziehungen (hergeleitet von LEVY und CRAMÉR):

1. $A_1(t) \equiv A_2(t)$ ist äquivalent mit $\alpha_1(s) \equiv \alpha_2(s)$;
2. $A_n(t) \to A(t)$ (in den Stetigkeitspunkten von $A(t)$) ist äquivalent mit $\alpha_n(s) \to \alpha(s)$;
3. außerdem ist dafür, daß eine Folge von Verteilungsfunktionen $\{A_n(t)\}$ gegen eine gewisse Verteilungsfunktion $A(t)$ konvergiert, notwendig und hinreichend, daß die Folge $\{\alpha_n(s)\}$ für jedes $s = i\tau$ gegen einen Grenzwert $\alpha(s) = \alpha(i\tau)$ konvergiert, der für $\tau = 0$ stetig bezüglich τ ist. Wenn diese Bedingung erfüllt ist, dann stimmt der Grenzwert $\alpha(i\tau)$ mit der LAPLACE-STIELTJES-Transformierten der Verteilungsfunktion $A(t)$ im Punkt $s = i\tau$ überein.

H. Notwendig und hinreichend dafür, daß eine Funktion $\alpha(s)$, die in der Halbebene $\operatorname{Re} s \geqq 0$ definiert ist, als LAPLACE-STIELTJES-Transformierte einer gewissen Verteilungsfunktion aufgefaßt werden kann, ist (Satz von BOCHNER-CHINTSCHIN):

1. Die Funktion $\varphi(\tau) = \alpha(i\tau)$, $-\infty < \tau < \infty$, ist stetig im Punkt $\tau = 0$, und es gilt $\varphi(0) = 1$.
2. $\varphi(\tau)$ ist eine positiv definite Funktion, d. h., für beliebige komplexe Zahlen $a_1, \dots, a_n$ und beliebige reelle Zahlen $\tau_1, \dots, \tau_n$ gilt $\sum_{i,j} a_i \bar{a}_j\,\varphi(\tau_i - \tau_j) \geqq 0$.

§ 3. TAUBERsche Sätze

A. Wenn der Grenzwert $\lim\limits_{t \downarrow 0} A(t)$ existiert, dann ist

$$\lim_{t \downarrow 0} A(t) = \lim_{s \to \infty} \alpha(s)\,, \qquad \alpha(s) = s \int_0^\infty e^{-st} A(t)\, dt\,.$$

Wenn der Grenzwert $\lim\limits_{t \to \infty} A(t)$ existiert, dann ist

$$\lim_{t \to \infty} A(t) = \lim_{s \downarrow 0} \alpha(s)\,.$$

Die umgekehrte Aussage gilt nicht. Zu ihrer teilweisen Umkehrung dienen die sogenannten TAUBERschen Sätze.

B. Es sei $A(t)$ eine nichtnegative Funktion, und das Integral

$$\varphi(s) = \int_0^\infty e^{-st} A(t)\, dt$$

konvergiere für $\operatorname{Re} s > 0$, wobei der Grenzwert

$$\lim_{s \to \infty} s^\lambda \varphi(s) = A \quad \text{bzw.} \quad \lim_{s \downarrow 0} s^\lambda \varphi(s) = A$$

bei Änderung von s entlang der reellen Achse existiere. Dann gilt jeweils

$$\lim_{T \downarrow 0} T^{-\lambda} \int_0^T A(t)\, dt = A \quad \text{bzw.} \quad \lim_{t \to \infty} T^{-\lambda} \int_0^T A(t)\, dt = A\,.$$

C. Falls der Grenzwert $\lim\limits_{n \to \infty} a_n = a$ existiert, dann existiert auch der Grenzwert

$$\lim_{z \uparrow 1} (1 - z) \sum_{n \geqq 0} a_n z^n = a\,.$$

Die umgekehrte Aussage gilt nicht.

D. Falls die Grenzwerte

$$\lim_{z \uparrow 1} (1 - z) \sum_{n \geqq 0} a_n z^n = a$$

und

$$\lim_{n \to \infty} n(a_n - a_{n-1}) = 0$$

existieren, dann existiert auch der Grenzwert $\lim\limits_{n \to \infty} a_n = a$

E. Allgemeine TAUBERsche Sätze kann man im Buch von N. WIENER [127] finden.

§ 4. Methode von WIENER-HOPF

Wir werden die Idee der Methode von WIENER-HOPF mit Hilfe des folgenden einfachen Beispiels darlegen. Es seien die Funktionen $\omega_+(s)$ und $\omega_-(s)$ zu bestimmen, die der homogenen Funktionalgleichung

$$\alpha(s)\, \omega_+(s) + \beta(s)\, \omega_-(s) = 0 \tag{1}$$

im Gebiet $\sigma_- < \operatorname{Re} s < \sigma_+$ der komplexen Ebene $\mathfrak{C}$ genügen, wobei die Funktionen $\omega_+(s)$ bzw. $\omega_-(s)$ in den Halbebenen $\operatorname{Re} s > \sigma_-$ bzw. $\operatorname{Re} s < \sigma_+$ analytisch seien. Außerdem wird gefordert, daß die Funktionen $\omega_+(s)$ und $\omega_-(s)$ in den entsprechenden Halbebenen gewissen Endlichkeitsbedingungen genügen (zum Beispiel, daß die Funktionen $\omega_+(s)$ und $\omega_-(s)$ in den entsprechenden Halbebenen beschränkt sind oder exponentielles Wachstum besitzen). Über die Funktionen $\alpha(s)$ und $\beta(s)$ wird nur vorausgesetzt, daß sie in dem genannten Bereich analytisch sind und der Einfachheit wegen keine Nullstellen besitzen.

Man kann zwei Schritte bei der Lösung dieser Gleichung mit der Methode von Wiener-Hopf unterscheiden.

Der erste Schritt besteht in der Faktorisierung, d. h. in der Bestimmung einer Funktion $K_+(s)$, die analytisch ist und in der Halbebene $\operatorname{Re} s > \sigma_-$ keine Nullstellen besitzt, und einer Funktion $K_-(s)$, die analytisch ist und in der Halbebene $\operatorname{Re} s < \sigma_+$ keine Nullstellen besitzt, so daß im Gebiet $\sigma_- < \operatorname{Re} s < \sigma_+$ die Beziehung

$$\frac{\alpha(s)}{\beta(s)} = \frac{K_+(s)}{K_-(s)}$$

erfüllt ist. Dabei geht die Gleichung (1) über in die Gleichung

$$\omega_+(s)\, K_+(s) = -\,\omega_-(s)\, K_-(s)\,. \tag{2}$$

Der zweite Schritt besteht in der Ausnutzung gewisser (schwacher) Varianten des Satzes von Liouville. Die Gleichung (2) kann beispielsweise zur Definition einer Funktion $F(s)$ dienen, die in der rechten Halbebene $\operatorname{Re} s > \sigma_-$ gleich der linken Seite der Gleichung (2) und in der Halbebene $\operatorname{Re} s < \sigma_+$ gleich der rechten Seite der Gleichung (2) ist. Falls zusätzlich bekannt ist, daß zum Beispiel

$$|\omega_+(s)\, K_+(s)| \leqq M_1\, |s|^n \quad \text{für} \quad \operatorname{Re} s > \sigma_-\,,$$
$$|\omega_-(s)\, K_-(s)| \leqq M_2\, |s|^m \quad \text{für} \quad \operatorname{Re} s < \sigma_+$$

gilt, dann ist die Funktion $F(s)$ ein Polynom, dessen Grad nicht größer als der ganze Teil von $\min(n, m)$ ist. Hieraus ermitteln wir $\omega_+(s)$ und $\omega_-(s)$. Die Koeffizienten des Polynomes werden mittels zusätzlicher Bedingungen bestimmt.

Im folgenden werden ein Satz über die Existenz der Faktorisierung und der Satz von Liouville formuliert. Man beachte, daß die Funktionen $K_+(s)$ und $K_-(s)$ manchmal leicht erraten werden können.

Satz 1. *Es sei $f(s)$ eine im Gebiet $\sigma_- < \sigma < \sigma_+$ analytische Funktion der Variablen $s = \sigma + i\tau$, so daß*

$$|f(s)| \leqq M_\varepsilon\, |s|^{-p}\,, \qquad p > 0\,,$$

falls $\sigma_- + \varepsilon \leqq \sigma \leqq \sigma_+ - \varepsilon$, $\varepsilon > 0$. Dann gilt für $\sigma_- < \lambda < \sigma < \mu < \sigma_+$

$$f(s) = f_+(s) + f_-(s)\,,$$

$$f_+(s) = \frac{1}{2\pi i} \int\limits_{\lambda - i\infty}^{\lambda + i\infty} \frac{f(z)}{z - s}\, dz\,,$$

$$f_-(s) = \frac{1}{2\pi i} \int\limits_{\mu - i\infty}^{\mu + i\infty} \frac{f(z)}{z - s}\, dz\,,$$

wobei $f_+(s)$ *in der Halbebene* $\operatorname{Re} s > \lambda$ *und* $f_-(s)$ *in der Halbebene* $\operatorname{Re} s < \mu$ *analytisch sind.*

Der Beweis ergibt sich aus der CAUCHYschen Integralformel, angewandt auf das Rechteck mit den Eckpunkten $\lambda \pm iA$ und $\mu \pm iA$ für $A \to +\infty$.

Satz 2. *Falls* $\ln K(s)$ *den Bedingungen des Satzes 1 genügt (insbesondere, falls* $K(s)$ *analytisch im Bereich* $\sigma_- < \sigma < \sigma_+$ *ist, keine Nullstellen hat und* $K(s) \to 1$ *für* $|s| \to \infty$ *und* $\sigma_- + \sigma \leqq \sigma \leqq \sigma_+ - \varepsilon$ *gilt), dann läßt sich* $K(s)$ *darstellen als* $K(s) = K_+(s) \cdot K_-(s)$, *wobei* $K_+(s)$ *bzw.* $K_-(s)$ *analytisch und beschränkt sind sowie keine Nullstellen besitzen für* $\sigma > \sigma_- + \varepsilon$ *bzw.* $\sigma \leqq \sigma_+ - \varepsilon$.

Aus Satz 1, angewandt auf die Funktion $f(s) = \ln K(s)$, ergibt sich tatsächlich

$$\ln K(s) = \frac{1}{2\pi i} \int\limits_{\lambda - i\infty}^{\lambda + i\infty} \frac{\ln K(z)}{z - s} dz + \frac{1}{2\pi i} \int\limits_{\mu - i\infty}^{\mu + i\infty} \frac{\ln K(z)}{z - s} dz = f_+(s) + f_-(s) ,$$

wobei die Funktionen $f_+(s)$ bzw. $f_-(s)$ beschränkt und analytisch für $\sigma \geqq \sigma_- + \varepsilon$ bzw. $\sigma \leqq \sigma_+ - \varepsilon$ sind (λ kann man beliebig nahe an σ_- wählen, analog kann man μ beliebig nahe an σ_+ wählen). Es genügt nun

$$K_+(s) = \exp\{f_+(s)\} , \qquad K_-(s) = \exp\{f_-(s)\}$$

zu setzen. Dann gilt

$$\ln K(s) = \ln K_+(s) + \ln K_-(s)$$

bzw.

$$K(s) = K_+(s) \cdot K_-(s) .$$

Satz 3. (Satz von LIOUVILLE). *Falls die ganze Funktion* $f(s)$ *der Bedingung*

$$f(s) \leqq M\, |s|^\alpha , \qquad \alpha \geqq 0 ,$$

genügt, dann ist $f(s)$ *ein Polynom, dessen Grad nicht größer ist als der ganze Teil der Zahl* α.

Dieser Satz ergibt sich aus der CAUCHYschen Ungleichung

$$|a_n| = \frac{M(R)}{R^n}$$

für die Koeffizienten der Zerlegung

$$f(s) = \sum_{n \geqq 0} a_n s^n .$$

Hierbei ist

$$M(R) = \max_{|s| = R} \{|f(s)|\} .$$

Folgerung. *Wenn die komplexe Ebene* $\mathfrak{C}$ *durch vom Nullpunkt ausgehende Strahlen in die Sektoren* $K_1, \ldots, K_n$ *zerlegt wird, dann ist jede ganze Funktion* $f(s)$, *die der Bedingung*

$$|f(s)| \leqq M_i\, |s|^{\alpha_i} , \qquad \alpha_i \geqq 0,\ s \in K_i,\ i = 1, \ldots, n,$$

genügt, ein Polynom, dessen Grad den ganzen Teil der Zahl $\min(\alpha_1, \ldots, \alpha_n)$ *nicht übersteigt.*

§ 5. WALDsche Identität

Wir betrachten die Summe einer zufälligen Anzahl zufälliger Summanden $\sum_{k=1}^{n} \xi_k$. Wir setzen voraus, daß

1. $\xi_1, \xi_2, \ldots$ paarweise unabhängige Zufallsgrößen sind,
2. $\mathsf{E}\xi_i = m$, $\mathsf{E}\,|\xi_i| < c < \infty$,
3. n eine Zufallsgröße ist, die nichtnegative ganzzahlige Werte annimmt und unabhängig von den Zufallsgrößen ξ_i für $i \leqq n$ ist,
4. $\mathsf{E}n < \infty$.

Dann gilt die WALD*sche Identität*

$$\mathsf{E}\left(\sum_{k=1}^{n} \xi_k\right) = m\mathsf{E}n\,.$$

Wir geben einen einfachen Beweis dieser Identität an, der von A. N. KOLMOGOROW und J. W. PROCHOROW [75] vorgelegt wurde. Wir setzen $p_k = \mathsf{P}(n = k)$ und

$$\sigma_k = \begin{cases} 0, & \text{falls} \quad n < k \\ 1, & \text{falls} \quad n \geqq k\,, \end{cases}$$

$$\zeta_n = \sum_{k=1}^{n} \xi_k = \sum_{k \geqq 1} \sigma_k \xi_k\,,$$

dann ist σ_k eine Zufallsgröße, die von ξ_k unabhängig ist, und $\mathsf{P}(\sigma_k = 1) - \mathsf{P}(n - k)$. Weil außerdem

$$|\mathsf{E}\sigma_k\xi_k| = |\mathsf{E}\sigma_k \mathsf{E}\xi_k| \leqq c\mathsf{P}(n \geqq k) = c \cdot \sum_{i \geqq k} p_i\,,$$

d. h.

$$\sum_{k \geqq 1} |\mathsf{E}\sigma_k\xi_k| \leqq c \sum_{k \geqq 1} kp_k = c\mathsf{E}n < \infty$$

ist, erhalten wir

$$\mathsf{E}\zeta_n = \sum_{k \geqq 1} \mathsf{E}\sigma_k\xi_k = m \sum_{k \geqq 1} \mathsf{E}\sigma_k = m \sum_{k \geqq 1} \mathsf{P}(n \geqq k) = m \cdot \mathsf{E}n\,,$$

was zu beweisen war.

§ 6. Lösung der WIENER-HOPF-Gleichung in einem normierten Ring

Es sei $\mathfrak{R}$ ein kommutativer normierter Ring mit dem Einselement e, $P: \mathfrak{R} \to \mathfrak{R}$ ein linearer Operator und $Pe = e$. Die folgenden drei Bedingungen an den Operator P sind äquivalent:

1. $2\,P(a \cdot Pa) = Pa^2 + Pa \cdot Pa$ für jedes $a \in \mathfrak{R}$.
2. $P(a \cdot Pb) + P(b \cdot Pa) = P(ab) + Pa \cdot Pb$ für beliebige $a, b, \in \mathfrak{R}$.
3. $P\mathfrak{R}$ und $(I - P)\,\mathfrak{R}$ sind Teilringe des Ringes $\mathfrak{R}$; $P^2 = P$.

Hierbei bezeichnet I den Einheitsoperator.

1. ⇒ 2. Es genügt, in die in 1. auftretende Gleichung $a + b$ anstelle von a einzusetzen.

2. ⇒ 3. Wenn in 2. $b = e$ gesetzt wird, erhalten wir $P^2a = Pa$ für jedes $a \in \mathfrak{R}$, d. h., P ist ein Projektionsoperator. Es sei $a, b \in P\mathfrak{R}$, dann gilt $Pa = a$, $Pb = b$ und auf Grund von 2. ergibt sich

$P(ab) = P(a \cdot Pb) = Pab + Pa \cdot Pb - P(b \cdot Pa) = Pa \cdot Pb = a \cdot b$, d. h. $ab = = P(ab) \in P\mathfrak{R}$, und $P\mathfrak{R}$ ist somit ein Teilring. Es sei $a', b' \in (I - P)\mathfrak{R}$. Wir zeigen, daß $a'b' = (I - P)(a'b') \in (I - P)\mathfrak{R}$ gilt, d. h., $(I - P)\mathfrak{R}$ ist ein Teilring. Es seien a und b Elemente aus $\mathfrak{R}$, so daß $a' = a - Pa$, $b' = b - Pb$.
Auf Grund von 2. und wegen $P(Pa \cdot Pb) = Pa \cdot Pb$ gilt

$$P(a'b') = P\{(a - Pa)(b - Pb)\} = Pab - P(a \cdot Pb) - P(b \cdot Pa) + P(Pa \cdot Pb) = 0.$$

Hieraus folgt $a'b' = (I - P)\, a'b'$.

3. $\Rightarrow$ **1.** ergibt sich aus $P^2 = P$ und $P(a - Pa)^2 = 0$.

Für $f \in \mathfrak{R}$ betrachten wir nun die folgende Gleichung für g_∞

$$g_\infty = P(f \cdot g_\infty)\,. \tag{1}$$

Dies ist ein Analogon der WIENER-HOPF-Gleichung in einem normierten kommutativen Ring. Ohne Einschränkung der Allgemeinheit werden wir $\|f\| = 1$ voraussetzen. Wenn wir auf die Gleichung (1) die Methode der iterativen Näherungen

$$g_{n+1} = P(f \cdot g_n)\,, \qquad n \geqq 0,\ g_0 = e\,,$$

anwenden und $g = g(z) = \sum_{n \geqq 0} g_n z^n$, $|z| < 1$, setzen, dann erhalten wir $g_\infty = \lim_{z \uparrow 1} (1 - z)\, g$. Das Element $g \in \mathfrak{R}$ genügt der Gleichung

$$g - zP(f \cdot g) = e\,, \tag{2}$$

die wir *homogen* nennen werden, im Unterschied zur Gleichung

$$g - zP(f \cdot g) = h\,, \qquad Ph = h\,, \tag{3}$$

die *inhomogen* genannt wird. Die Einschränkung $Ph = h$ ist nicht wesentlich, weil wir im entgegengesetzten Fall, falls wir $\bar{g} = g - h$, $\bar{h} = zP(f \cdot h)$ setzen, zu der analogen Gleichung $\bar{g} - zP(f \cdot \bar{g}) = \bar{h}$ gelangen.

Eine Elementarfunktion von Elementen des Ringes, wie zum Beispiel $\exp g$, $\ln(e + g)$ bzw. $(e - g)^{-1}$, wird als Grenzwert der entsprechenden TAYLOR-Reihe aufgefaßt. Dabei versteht man die Konvergenz im Sinne der Norm des Ringes.

Satz 1. *Es sei die Bedingung 1. erfüllt. Dann besitzt die inhomogene Gleichung* (3) *eine eindeutig bestimmte Lösung, die sich in der Form*

$$g = g^* P\{[(e - zf)\, g^*]^{-1} h\} \tag{4}$$

darstellen läßt, wobei g^* die eindeutig bestimmte Lösung der homogenen Gleichung (2) *ist.*

Satz 2. *Jede der Bedingungen 1—3 ist der folgenden Bedingung 4 äquivalent: Die homogene Gleichung* (2) *besitzt eine eindeutig bestimmte Lösung, die sich* (*für jedes $f \in \mathfrak{R}$ mit $\|f\| = 1$*) *in der Form*

$$g = \exp\{-P \ln(e - zf)\} = \exp\left(\sum_{n \geqq 1} \frac{Pf^n}{n} z^n\right) \tag{5}$$

darstellen läßt.

Beweis des Satzes 1. 1. Die Existenz und Eindeutigkeit einer Lösung der Gleichung (3), das heißt der Gleichung (2), folgt aus

$$(I - zPF)\, g = h \quad \text{bzw.} \quad g = (I - zPF)^{-1} h, \qquad |z| < 1\,,$$

wobei F ein Operator ist, der durch die Vorschrift $Fg = fg$ für $g \in \mathfrak{R}$ definiert wird. Dabei ist zu berücksichtigen $||P|| = 1, ||F|| = ||f|| = 1$.

2. Wir zeigen

$$P[(e - zf)\, g^*]^{-1} = e\,.$$

Hierfür benutzen wir die Gleichung $P(e - zf)\, g^* = e$ und die Bedingungen 2—3. Wir setzen

$$a = [(e - zf)\, g^*]^{-1}\,, \qquad b = (e - zf)\, g^*\,, \qquad c = g^* Pa$$

und erhalten

$$P(e - zf)\, c = P(b \cdot Pa) = Pab + Pa \cdot Pb - P(a \cdot Pb) = e\,.$$

Unter Berücksichtigung der Gleichung $Pc = c$ (weil $g^* \in P\mathfrak{R}$, $Pa \in P\mathfrak{R}$, weil $P\mathfrak{R}$ ein Teilring ist und $P^2 = P$) ergibt sich hieraus $c - zP(fc) = e$, d. h., c ist eine Lösung der Gleichung (2). Auf Grund der Eindeutigkeit einer solchen Lösung erhalten wir $c = g$, d. h. $Pa = e$.

3. Wir beweisen, daß das durch die Formel (4) definierte Element g eine Lösung der Gleichung (3) ist. Weil sich auf Grund von Bedingung 3 die Gleichung $Pg = g$ ergibt, genügt es, $P(e - zf)\, g = h$ nachzuweisen. Unter Beibehaltung der Bezeichnungen des vorhergehenden Punktes erhalten wir, die Bedingung 2 benutzend,

$$P(e - zf)\, g = P(b \cdot Pa \cdot h) = P(abh) + Pb \cdot Pah - P(ah \cdot Pb) =$$
$$= P(abh) = Ph = h\,.$$

Beweis des Satzes 2. $1 \Rightarrow 4$ Wir werden die Äquivalenz der Bedingungen 1—3. benutzen. Wenn $g' = g'(z)$ die Ableitung des Elementes $g = g(z)$ nach z ist, dann ergibt sich aus (2)

$$g' - zP(f \cdot g') = P(f \cdot g)$$

und hieraus auf Grund von (4) und Bedingung 2

$$g' = gP\{[(e - zf)\, g]^{-1}\, Pfg\} = gP(e - zf)^{-1} f$$

bzw.

$$(\ln g)' = -P[\ln(e - zf)]\,, \qquad g(0) = e\,,$$

was gleichwertig mit (5) ist.

Ein anderer Beweis ergibt sich aus den folgenden Überlegungen. Auf Grund von Bedingung 3 ergibt sich

$$g = \exp\{-P \ln(e - zf)\} \in P\mathfrak{R}$$

und somit $Pg = g$. Es genügt deshalb nachzuweisen, daß $P(e - zf)\, g = e$. Für ein gewisses $a \in \mathfrak{R}$ gilt

$$(e - zf)\, g = \exp\{(I - P) \ln(e - zf)\} = e + (I - P)\, a\,.$$

Hieraus folgt auf Grund von $P^2 = P$ die Beziehung $P(e - zf)\, g = e$.

4. $\Rightarrow$ 1. Weil

$$(I - zPF)^{-1}\, e = g = \exp\{-P \ln(e - zf)\}\,,$$

ist, erhalten wir im Punkt $z = 0$, indem wir die linke und rechte Seite zweimal nach z differenzieren,

$$2P(f \cdot Pf) = Pf^2 + Pf \cdot Pf\,.$$

Da das Element $f \in \mathfrak{R}$ beliebig gewählt war, ergibt dies 1.

§ 7. Die SPITZERsche Identität

A. Es sei $u_1, u_2, \ldots$ eine Folge unabhängiger, identisch verteilter Zufallsgrößen $U_k = u_1 + \ldots + u_k$ seien ihre Partialsummen. Dann gilt für $|z| < 1$ die SPITZER*sche Identität,* die die Abhängigkeit der Verteilung der Zufallsgröße $\max(0, U_1, \ldots, U_n)$ von der Verteilung der Zufallsgröße $\max(0, U_n)$ ausdrückt:

$$\sum_{n \geqq 0} \omega_n(t)\, z^n = \exp\left[\sum_{n \geqq 1} \gamma_n(t) \frac{z^n}{n}\right]; \tag{1}$$

hierbei ist $\omega_n(t)$ bzw. $\gamma_n(t)$ die charakteristische Funktion der Zufallsgröße $\max(0, U_1, \ldots, U_n)$ bzw. $\max(0, U_n)$, d. h.

$$\omega_n(t) = \mathsf{E} \exp(it \max_{1 \leqq k \leqq n} U_k^+)\,, \qquad n \geqq 1, \qquad \omega_0(t) = 1\,;$$

$$\gamma_n(t) = \mathsf{E} \exp(it\, U_n^+)\,, \qquad n \geqq 1\,,$$

$$x^+ = \max(0, x) = \tfrac{1}{2}(x + |x|)\,.$$

Eine einfache Folgerung aus dieser Formel ist

$$\mathsf{E} \max_{1 \leqq k \leqq n} U_k^+ = \sum_{k=1}^{n} \frac{1}{k} \mathsf{E} U_k^+\,. \tag{2}$$

Eine andere wichtige Folgerung aus der Formel (1) ist die Gleichung

$$1 + \sum_{n \geqq 1} z^n \mathsf{P}\Big(\max_{1 \leqq k \leqq n} U_k \leqq 0\Big) = \exp\left[\sum_{k \geqq 1} \frac{z^k}{k} \mathsf{P}(U_k \leqq 0)\right]. \tag{3}$$

B. Grenzverhalten der Größe $\max(0, U_1, \ldots, U_n)$.

Es sei $a_k = \mathsf{P}(U_k > 0)$.

1. Ist $\sum_{k \geqq 1} \frac{a_k}{k} < +\infty$, dann sind (außer im Fall, daß $\mathsf{P}(u_i = 0) = 1$) die Beziehungen

$$\max_{1 \leqq k \leqq n} U_k^+ \to \sup_{k \geqq 1} U_k^+ = \max_{k \geqq 1} U_k^+ < +\infty\,, \tag{4}$$

$$\overline{\lim_{n \to \infty}}\, U_n = -\infty \tag{5}$$

mit Wahrscheinlichkeit Eins erfüllt. Dabei gilt

$$\omega(t) = \mathsf{E} \exp\Big(it \max_{k \geqq 1} U_k^+\Big) = \exp\left[\sum_{k \geqq 1} \frac{\gamma_k(t) - 1}{k}\right].$$

2. Ist $\sum_{k \geqq 1} \frac{a_k}{k} = +\infty$, dann gilt mit Wahrscheinlichkeit Eins

$$\max_{1 \leqq k \leqq n} U_k^+ \to \sup_{k \geqq 1} U_k^+ = \overline{\lim_{n \to \infty}}\, U_n = +\infty\,. \tag{6}$$

3. Sind $\mathsf{E}|u_i| < +\infty$ und $\mathsf{P}(u_i = 0) < 1$, dann entspricht der Fall 1. dem Fall $\mathsf{E} u_i < 0$ und der Fall 2 dem Fall $\mathsf{E} u_i \geqq 0$.

C. Aus der Behauptung B ergibt sich die folgende Form des starken Gesetzes der großen Zahlen für identisch verteilte Zufallsgrößen:

Es gilt $\mathsf{E} u_i = m$ *genau dann, wenn*

$$\sum_k \frac{1}{k} \mathsf{P}\left(\left|\frac{u_1 + \ldots + u_k}{k} - m\right| > \varepsilon\right) < +\infty$$

für jedes $\varepsilon > 0$ *ist.*

§ 8. Lösung eines linearen gewöhnlichen Differentialgleichungssystems mit Jacobischer Matrix

Satz. *Es sei*

$$A = \left[\begin{array}{ccc:cc} -\alpha_0 & \gamma_1 & 0 & 0 & 0 \\ \beta_1 & -\alpha_1 & \gamma_2 & 0 & 0 \\ 0 & \beta_2 & -\alpha_2 & 0 & 0 \\ \hdashline 0 & 0 & 0 & -\alpha_{n-1} & \gamma_n \\ 0 & 0 & 0 & \beta_n & -\alpha_n \end{array}\right],$$

wobei α_i, β_i, γ_i *reelle Zahlen mit* $\beta_i > 0$, $\gamma_i > 0$ *sind. Dann ist die Lösung* $x(t) = \{x_0(t), x_1(t), \ldots, x_n(t)\}^T$ *der Gleichung* $x'(t) = Ax(t)$ *mit den Anfangsbedingungen* $x_k(0) = \delta_{ik}$, *wobei* δ_{ik} *das* Kronecker-*Symbol und* i *eine gewisse Zahl der Folge* $\{0, 1, \ldots, n\}$ *bezeichnen, gegeben durch die Formel*

$$x_k(t) = x_{ik}(t) = \sum_{\lambda} \frac{M_i(\lambda)\, M_k(\lambda)}{\beta^{(i)}\gamma^{(k)} L_n(\lambda)}\, e^{\lambda t}, \qquad 0 \leqq k \leqq n\,, \tag{1}$$

wobei

$$\beta^{(i)} = \beta_0\beta_1 \ldots \beta_i\,, \qquad \beta_0 = 1\,,$$
$$\gamma^{(k)} = \gamma_0\gamma_1 \ldots \gamma_k\,, \qquad \gamma_0 = 1\,,$$
$$M_0(x) = 1\,, \qquad M_1(x) = x + \alpha_0\,,$$
$$M_{k+1}(x) = (x + \alpha_k)\, M_k(x) - \beta_k\gamma_k M_{k-1}(x)\,, \qquad 0 < k \leqq n\,, \tag{2}$$
$$L_n(x) = \sum_{h=0}^{n} \frac{M_k^2(x)}{\beta(k)\cdot\gamma(k)}$$

und die Summation sich über alle (reellen und verschiedenen) Wurzeln λ *des Polynoms* $M_{n+1}(x)$ *erstreckt.*

Bemerkung. Auf Grund dieses Satzes ist die Lösung $x(t)$ der Gleichung $x'(t) = Ax(t)$ mit einer beliebigen Anfangsbedingung $x(0) = \{x_0^0, x_1^0, \ldots, x_n^0\}$ durch die Formel

$$x_k(t) = \sum_{i=0}^{n} x_i^0 x_{ik}(t)$$

gegeben.

Beweis. Unter Benutzung von (2) läßt sich leicht nachweisen, daß die Wurzeln der Polynome $M_k(x)$, $k = 1, \ldots, n+1$, reell und voneinander verschieden sind und daß sich die Wurzeln der Polynome $M_k(x)$ und $M_{k+1}(x)$ abwechseln.
Es sei $u_k(s)$ die Laplace-Transformierte der Funktion $x_k(t)$,

$$u_k(s) = \int_0^\infty e^{-st}\, x_k(t)\, dt\,, \qquad k = 0, 1, \ldots, n\,.$$

Dann gilt

$$\int_0^\infty e^{-st}\, x_k'(t)\, dt = su_k(s) - \delta_{ik}\,,$$

und aus der Gleichung $x'(t) = Ax(t)$ erhalten wir

$$(sI - A)\, u(s) = \delta_i\,, \tag{3}$$

wobei $u(s) = \{u_0(s), u_1(s), \ldots, u_n(s)\}^T$, $\delta_i = \{\delta_{i0}, \delta_{i1}, \ldots, \delta_{in}\}^T$. I ist die Einheitsmatrix der Ordnung $n + 1$. Wir setzen

$$m_0(x) = 1\,, \qquad m_1(x) = x + \alpha_n$$

$$m_{k+1}(x) = (x + \alpha_{n-k})\, m_k(x) - \beta_{n+1-k}\gamma_{n+1-k} m_{k-1}(x)\,, \qquad 0 < k \leqq n\,.$$

$m_k(x)$ ist die Determinante der Matrix, die man aus $xI - A$ durch Streichung der oberen $n + 1 - k$ Reihen und der ersten $n + 1 - k$ Spalten erhält. Des weiteren beachte man, daß $M_k(x)$ die Determinante der Matrix ist, die man aus $xI - A$ durch Streichung der unteren $n + 1 - k$ Reihen und der letzten $n + 1 - k$ Spalten erhält. Durch Anwendung der Cramerschen Regel auf das System (3) erhalten wir

$$|sI - A|\; u_k(s) = \begin{cases} \beta_{i+1} \cdots \beta_k M_i(s)\, m_{n-k}(s)\,, & i < k\,, \\ M_i(s) \cdot m_{n-i}(s)\,, & i = k\,, \\ \gamma_{k+1} \cdots \gamma_i M_k(s)\, m_{n-i}(s)\,, & i > k\,. \end{cases}$$

Hierbei ist $|sI - A| = \det(sI - A) = M_{n+1}(s) = m_{n+1}(s)$. Die rechte Seite dieser Formel bezeichnen wir mit $M_{ik}(s)$. Dann läßt sich $u_k(s)$ als Quotient zweier Polynome darstellen:

$$u_k(s) = \frac{M_{ik}(s)}{M_{n+1}(s)}\,,$$

wobei die Ordnung des Polynoms $M_{ik}(s)$ kleiner als die Ordnung des Polynoms $M_{n+1}(s)$ ist. Wir zerlegen $u_k(s)$ in Partialbrüche, vorausgesetzt, daß die Wurzeln des Polynoms $M_{n+1}(s)$ voneinander verschieden sind:

$$u_k(s) = \sum_{\lambda} (s - \lambda)^{-1} \frac{M_{ik}(\lambda)}{M'_{n+1}(\lambda)}\,,$$

wobei sich die Summation über die Wurzeln des Polynoms $M_{n+1}(s)$ erstreckt.

Durch Ausführung der inversen Laplace-Transformation gelangen wir zu

$$x_k(t) = \sum_{\lambda} \frac{M_{ik}(\lambda)}{M'_{n+1}(\lambda)}\, e^{\lambda t}\,. \tag{4}$$

Wir entwickeln nun die Determinante der Matrix $xI - A$ bezüglich der Elemente der i-ten Spalte und erhalten

$$\begin{aligned} M_{n+1}(x) &= (x + \alpha_i)\, M_i m_{n-i} - \beta_i\gamma_i M_{i-1} m_{n-i} - \beta_{i+1}\gamma_{i+1} M_i m_{n-i-1} = \\ &= [(x + \alpha_i)\, M_i - \beta_i\gamma_i M_{i-1}]\, m_{n-i} - \beta_{i+1}\gamma_{i+1} M_i m_{n-i-1} = \\ &= M_{i+1} m_{n-i} - \beta_{i+1}\gamma_{i+1} M_i m_{n-i-1} \end{aligned}$$

bzw.

$$M_{n+1}(x) = M_i(x)\, m_{n+1-i}(x) - \beta_i\gamma_i M_{i-1}(x)\, m_{n-i}(x) \tag{5}$$

für $1 \leqq i \leqq n$.

Es sei λ eine Wurzel des Polynoms $M_{n+1}(x)$. Wir setzen vorläufig voraus, daß $m_i(\lambda) \neq 0$ für $i = 0, 1, \ldots, n$ gilt. Dann ist auch $M_i(\lambda) \neq 0$ für die gleichen Werte i. Für $i = 0$ gilt stets $M_0(\lambda) = 1$. Es sei $0 < i \leqq n$ und $M_i(\lambda) = 0$. Aus (5) ergibt sich dann

$$0 = \beta_i\gamma_i M_{i-1}(\lambda)\, m_{n-i}(\lambda)\,.$$

Weil $M_{i-1}(\lambda) \neq 0$, denn die Wurzeln der Polynome $M_i(x)$ und $M_{i-1}(x)$ wechseln sich ab (und das heißt, sie sind voneinander verschieden), gilt im Gegensatz zu der Voraussetzung $m_{n-i}(\lambda) \neq 0$ die Beziehung $m_{n-i}(\lambda) = 0$. Wir setzen also

$$m_i(\lambda) \neq 0, \; M_i(\lambda) \neq 0 \quad \text{für} \quad i = 0, 1, \ldots, n \tag{6}$$

voraus. Für $x = \lambda$ ergibt sich folglich aus (5)

$$\begin{aligned} M_n(\lambda)\, m_1(\lambda) &= \beta_n\gamma_n M_{n-1}(\lambda)\, m_0(\lambda)\,, \\ M_{n-1}(\lambda)\, m_2(\lambda) &= \beta_{n-1}\gamma_{n-1} M_{n-2}(\lambda)\, m_1(\lambda)\,, \\ &\ldots\ldots\ldots\ldots\ldots\ldots \\ M_{i+1}(\lambda)\, m_{n-i}(\lambda) &= \beta_{i+1}\gamma_{i+1} M_i(\lambda)\, m_{n-i-1}(\lambda)\,. \end{aligned}$$

Indem wir jeweils die linken und die rechten Seiten dieser Gleichungen miteinander multiplizieren und dabei (6) berücksichtigen, erhalten wir nach Kürzung

$$M_n(\lambda)\, m_{n-i}(\lambda) = \beta_n \ldots \beta_{i+1}\gamma_n \ldots \gamma_{i+1} M_i(\lambda)$$

bzw.

$$m_{n-i}(\lambda) = \frac{\beta^{(n)}\gamma^{(n)}}{\beta^{(i)}\gamma^{(i)}}\,\frac{M_i(\lambda)}{M_n(\lambda)}\,. \tag{7}$$

Die Definition der $M_{ik}(s)$ benutzend erhalten wir aus (7)

$$M_{ik}(\lambda) = \frac{\beta^{(n)}\,\gamma^{(n)}}{M_n(\lambda)}\,\frac{M_i(\lambda)\, M_k(\lambda)}{\beta^{(i)}\gamma^{(k)}}\,. \tag{8}$$

Falls wir zeigen

$$M'_{n+1}(\lambda) = \frac{\beta^{(n)}\,\gamma^{(n)}}{M_n(\lambda)} \sum_{i=0}^{n} \frac{M_i^2(\lambda)}{\beta^{(i)}\,\gamma^{(i)}}\,, \tag{9}$$

dann erhalten wir aus (4), (8) und (9) die Formel (1), die zu beweisen war. Weil $M_{n+1}(x) = |xI - A|$ ist, gilt

$$M'_{n+1}(\lambda) = \sum_{i=0}^{n} M_i(\lambda)\, m_{n-i}(\lambda)\,. \tag{10}$$

Wir benutzen dabei den folgenden Satz: Es sei $A(x)$ eine $n \times n$-Matrix, deren Elemente differenzierbare Funktionen von x sind. Mit $A_i(x)$, $1 \leqq i \leqq n$, bezeichnen wir die Matrix, die man aus $A(x)$ erhält, wenn die Elemente der i-ten Spalte (Reihe) durch ihre Ableitungen ersetzt werden. Dann gilt

$$[\det A(x)]' = \sum_{i=1}^{n} \det A_i(x)\,.$$

Die Formel (9) ergibt sich nun aus (10) und (7). Wir haben die Formel (1) also bewiesen unter der Voraussetzung, daß

$$m_i(\lambda) \neq 0 \quad \text{für} \quad i = 0, 1, \ldots, n\,, \quad \text{falls} \quad M_{n+1}(\lambda) = m_{n+1}(\lambda) = 0\,. \tag{11}$$

Falls diese Voraussetzung nicht erfüllt ist, dann können wir den Satz über die stetige Abhängigkeit der Lösung eines Differentialgleichungssystems von den Parametern benutzen und für diese Parameter die Elemente der Matrix A wählen. Wir bemerken, daß die Polynome $m_i(x)$, $i = 0, 1, \ldots, n$, nicht von α_0, β_1, γ_1 abhängen. Indem wir, falls dies notwendig ist, die zuletzt genannten Elemente verändern, können wir erreichen, daß die Bedingungen (11) erfüllt sind. Man beachte noch, daß $M_0(x) = 1$ und deshalb $L_n(\lambda) > 0$ gilt.

§ 9. POISSON-CHARLIERsche Polynome

Die durch die Gleichung

$$(1 - z)^x e^{az} = \sum_{k \geqq 0} p_k(x, a) \frac{(az)^k}{k!}, \qquad a > 0,$$

bestimmten Polynome $p_k(x, a)$, $k \geqq 0$, nennt man POISSON-CHARLIER*sche Polynome*. Wir verweisen darauf, obwohl wir nirgends davon Gebrauch machen werden, daß die Folge $\{p_k(x, a)\}_{k \geqq 1}$ eine Folge orthogonaler Polynome ist, die dem STIELTJESschen Differential $d\alpha(x)$ entsprechen, wobei $\alpha(x)$ eine nichtfallende Treppenfunktion mit den Sprüngen $\frac{a^k}{k!} e^{-a}$ in den Punkten $k = 0, 1, \ldots$ ist; s. [123].

Wir setzen

$$q_k(x) = q_k(x, a) = a^k p_k(-x, a), \qquad k \geqq 0,$$

und geben grundlegende Rekursionsformeln für die Polynome $q_k(x)$, $k \geqq 0$, an:

$$\left.\begin{aligned} &q_0(x) = 1 \\ &q_{k+1}(x) = a q_k(x) + x q_k(x + 1), \qquad k \geqq 0 \end{aligned}\right\} \tag{1}$$

$$\left.\begin{aligned} &q_0(x) = 1, \qquad q_1(x) = x + a \\ &q_{k+1}(x) = (a + k + x)\, q_k(x) - ak q_{k-1}(x). \end{aligned}\right\} \tag{2}$$

Des weiteren gelten die Formeln

$$q_{k+1}(x) = q_k(x) + k q_{k-1}(x + 1), \qquad k \geqq 1, \tag{3}$$

$$q_k(x) = a^k \left\{1 + \sum_{s=1}^{k} \binom{k}{s} x(x + 1) \ldots (x + s - 1)\, a^{-s}\right\}. \tag{4}$$

Wir setzen

$$A_k = \left[\begin{array}{ccc:cc} -a & 1 & 0 & 0 & 0 \\ a & -(a+1) & 2 & 0 & 0 \\ 0 & a & -(a+2) & 0 & 0 \\ \hdashline 0 & 0 & 0 & -(a+k+1) & k \\ 0 & 0 & 0 & a & -(a+k) \end{array}\right]$$

und erhalten mit Hilfe von (2)

$$q_{k+1}(x) = \det(xI - A_k), \tag{5}$$

wobei I die Einheitsmatrix der Ordnung $k + 1$ bezeichnet.
Aus den Beziehungen (2) ergibt sich sofort, daß die Polynome $q_k(x)$, $k \geqq 0$, nur reelle nichtnegative und voneinander verschiedene Wurzeln besitzen, wobei sich die Wurzeln der Polynome $q_k(x)$ und $q_{k-1}(x)$ abwechseln.

§ 10. LAGRANGEsche Umkehrformel

A. Satz über die implizite Funktion. Eine Funktion $f(z)$ der komplexen Variablen $z = (z_1, \ldots, z_n)$, die in einem Gebiet, das den Punkt $a = (a_1, \ldots, a_n)$ enthält, definiert ist, heißt *analytisch* in diesem Punkt, falls sich die Funktion $f(z) = f(z_1, \ldots, z_n)$ in einer gewissen Umgebung des Punktes a in eine Potenzreihe bezüglich der Variablen $z_1, \dots, z_n$ entwickeln läßt. Die Funktion $f(z) = f(z_1, \dots, z_n)$ heißt analytisch in einem Gebiet, falls sie in jedem Punkt dieses Gebietes analytisch ist.

A_1. Die Funktion $F(z, w)$ sei analytisch in einer gewissen Umgebung des Punktes (a, b), und es sei $\frac{\partial}{\partial w} F(a, b) \neq 0$. Dann existiert eine eindeutig bestimmte Funktion $w = w(z)$, so daß

a) $w(a) = b$,

b) die Funktion $w(z)$ analytisch in einer gewissen Umgebung des Punktes a ist,

c) in einer gewissen Umgebung des Punktes (a, b) die Beziehung

$$F\big(z, w(z)\big) \equiv 0$$

erfüllt ist.

A_2. Die im Punkt A_1 aufgestellte Behauptung bleibt gültig, falls

a) unter $F(z, w)$ eine Vektor-Funktion

$$F(z, w) = \{F_1(z, w), \dots, F_n(z, w)\}$$

verstanden wird,

b) z, w, a, b Vektoren der Gestalt

$$z = (z_1, \dots, z_p), \qquad a = (a_1, \dots, a_p),$$
$$w = (w_1, \dots, w_n), \qquad b = (b_1, \dots, b_n)$$

sind,

c) die Bedingung $\frac{\partial}{\partial w} F(a, b) \neq 0$ durch die Bedingung

$$\det\left\{\frac{\partial}{\partial w_i} F_j(a, b)\right\} \neq 0$$

ersetzt wird.

B. Die Lagrangesche Umkehrformel. Wir betrachten nun insbesondere die Gleichung $F(w, z) = z - wf(z) = 0$.
Wir setzen voraus, daß die Funktion $f(z)$ analytisch in einer gewissen Umgebung des Punktes $z = 0$ ist und $f(0) \neq 0$. Wegen

$$\frac{\partial}{\partial z} F(0, 0) = 1 - wf'(z)|_{(0,0)} = 1$$

hat die Gleichung $z - wf(z) = 0$ in einer Umgebung des Punktes $w = 0$ eine eindeutig bestimmte analytische Lösung $z = \sum_{k \geqq 1} a_k w^k$.
Dabei sind die Koeffizienten a_k durch die Formeln

$$a_k = \frac{1}{k!} \frac{d^{k-1}}{dz^{k-1}} [f(z)]^k|_{z=0}, \qquad k \geqq 1,$$

gegeben. Denn: Falls $g(z)$ eine in einer Nullumgebung analytische Funktion ist, dann gilt in einer gewissen Umgebung des Punktes $w = 0$

$$g(z) = g(0) + \sum_{k \geqq 1} b_k w^k,$$

$$b_k = \frac{1}{k!} \frac{d^{k-1}}{dz^{k-1}} [g'(z) f(z)]^k|_{z=0}, \qquad k \geqq 1.$$

C. Der Satz von Rouché. Manchmal kann bei der Definition einer komplexen, implizit vorgegebenen Funktion der Satz von Rouché benutzt werden.

Die Funktionen $f(z)$ und $g(z)$ seien analytisch in einem abgeschlossenen Gebiet, dessen Rand durch eine Jordansche Kurve Γ gegeben ist, und auf Γ gelte $|g(z)| < |f(z)|$. Dann besitzen die Funktionen $f(z)$ und $f(z) \pm g(z)$ keine Nullstellen auf Γ und die gleiche Anzahl von Nullstellen innerhalb des Gebietes, das durch Γ begrenzt wird.

§ 11. Einschränkung eines Prozesses

Es sei $\xi(t)$, $t \geqq 0$, ein stochastischer Prozeß mit Werten in einem meßbaren Raum $[X, \mathfrak{A}]$. Für $A \in \mathfrak{A}$ setzen wir

$$\begin{aligned} x_A(t) &= \text{Indikatorfunktion des Ereignisses } \{\xi(t) \in A\}, \\ \tau(t) &= \int_0^t x_A(u)\, du, \\ s(\tau) &= \inf\{t : \tau(t) = \tau\}. \end{aligned} \tag{1}$$

Definition. Den Prozeß $\xi_A(\tau) = \xi(s(\tau))$, $0 \leqq \tau < \tau(+\infty)$, nennen wir *Einschränkung* des Prozesses $\xi(t)$, $t \geqq 0$, bezüglich $A \in \mathfrak{A}$.

Diese Definition ist korrekt, falls

a) jede Realisierung des Prozesses $x_A(t)$, $t \geqq 0$, Lebesgue-meßbar (und damit auf Grund der Beschränktheit auf jedem endlichen Zeitintervall integrierbar) ist,

b) $\xi_A(\tau)$ für jedes τ eine Zufallsgröße ist.

Wir setzen voraus, daß der folgende Grenzwert existiert

$$p\text{-}\lim_{T\to\infty} \frac{1}{T} \int_0^T x_A(t)\, dt = \mathsf{P}(A) \quad \text{und daß} \quad \mathsf{P}(A) > 0\,. \tag{2}$$

Hierbei bezeichnet p-lim den Limes in Wahrscheinlichkeit. Wir vermerken, daß in diesem Fall $\mathsf{P}(\tau(+\infty) = +\infty) = 1$ gilt. Für $B \in \mathfrak{A}$ setzen wir

$$y_B(\tau) = \text{Indikatorfunktion des Ereignisses} \quad \{\xi_A(\tau) \in B\}.$$

Satz. Ist $B \subseteq A$, *dann folgt aus der Existenz eines der Grenzwerte*

$$p\text{-}\lim_{T\to\infty} \frac{1}{T} \int_0^T x_B(t)\, dt = \mathsf{P}(B)\,, \qquad p\text{-}\lim_{T\to\infty} \frac{1}{T} \int_0^T y_B(t)\, dt = \mathsf{P}_A(B)$$

die Existenz des anderen, und es gilt

$$\mathsf{P}_A(B) = \frac{\mathsf{P}(B)}{\mathsf{P}(A)}. \tag{3}$$

Beweis. 1. Wir zeigen zunächst, daß für jede Realisierung und für jedes $T \geqq 0$

$$\int_0^T x_B(v)\, dv = \int_0^{\tau(T)} y_B(u)\, du \tag{4}$$

gilt. Hierfür benutzen wir den folgenden Satz: *Es seien* $[X, \mathfrak{B}(X)]$, $[Y, \mathfrak{B}(Y)]$ *meßbare Räume, und* $f(\mu)$ *sei das durch das Maß* μ *auf* $[X, \mathfrak{B}(X)]$ *und durch die meßbare*

Abbildung $f: X \to Y$ induzierte Maß (unter einem Maß μ auf $[X, \mathfrak{B}(X)]$ verstehen wir eine nichtnegative abzählbar-additive Mengenfunktion auf $\mathfrak{B}(X)$, die möglicherweise den Wert $+\infty$ annimmt und die Eigenschaft $\mu(\emptyset) = 0$ besitzt). Dann gilt für eine beliebige nichtnegative meßbare Funktion φ auf Y, die den Wert $+\infty$ annehmen kann, die Gleichung

$$\int \varphi(f(x))\, \mathrm{d}\mu(x) = \int \varphi(y)\, \mathrm{d}(f(\mu))\,(y)\,.$$

In unserem Fall gilt wegen $y_B(u) = x_B(s(u))$, $s^{-1} = \tau$ und, in Übereinstimmung mit (1), wegen $\mathrm{d}\tau(v)/\mathrm{d}v = x_A(v)$ sowie $x_B(v)\, x_A(v) = x_B(v)$ die Beziehung

$$\int_0^{\tau(T)} y_B(u)\, \mathrm{d}u = \int_0^{\tau(T)} x_B(s(u))\, \mathrm{d}u = \int_0^{(s\circ\tau)(T)} x_B(v)\, \mathrm{d}\tau(v) = \int_0^{T'} x_B(v)\, x_A(v)\, \mathrm{d}v = \int_0^{T'} x_B(v)\, \mathrm{d}v\,,$$

hierbei ist $T' = (s \circ \tau)\,(T) \leqq T$. Zum Nachweis von (4) bleibt noch zu zeigen

$$\int_{T'}^{T} x_B(v)\, \mathrm{d}v = 0\,. \tag{5}$$

In Übereinstimmung mit der Definition der Funktion s existiert für jedes $\varepsilon > 0$ ein $T'' \geqq 0$, so daß

$$T' \leqq T'' \leqq T' + \varepsilon\,, \qquad \tau(T'') = \tau(T)$$

gilt, und weil die Funktion $\tau(t)$ stetig in t ist, gilt $\tau(T') = \tau(T)$, d. h., es gilt (5):

$$\int_{T'}^{T} x_B(v)\, \mathrm{d}v \leqq \int_{T'}^{T} x_A(v)\, \mathrm{d}v = \tau(T) - \tau(T') = 0\,.$$

Man beachte, daß $\tau \circ s\,(v) \equiv v$.

2. Auf Grund von (1), (4) gilt nun für $T > 0$

$$\frac{1}{T}\int_0^T x_B(v)\, \mathrm{d}v = \frac{1}{T}\int_0^T x_A(v)\, \mathrm{d}v \cdot \frac{1}{\tau(T)}\int_0^{\tau(T)} y_B(u)\, \mathrm{d}u\,.$$

Wir setzen $\mathsf{P}(A) = p$. Auf Grund von (2) existiert für $0 < \varepsilon < p$ und $0 < \delta < 1$ ein $T(\varepsilon, \delta)$, so daß mit Wahrscheinlichkeit $1 - \delta$ gilt

$$\left|\frac{1}{T}\int_0^T x_A(t)\, \mathrm{d}t - p\right| \leqq \varepsilon \quad \text{für} \quad T \geqq T(\varepsilon, \delta)\,.$$

Deshalb ist mit Wahrscheinlichkeit $1 - \delta$

$$T(p - \varepsilon) \leqq \tau(T) \leqq T(p + \varepsilon)\,,$$

$$\frac{1}{\tau(T)}\int_0^{\tau(T)} y_B(u)\, \mathrm{d}u \leqq \frac{1}{(p-\varepsilon)\,T}\int_0^{(p+\varepsilon)T} y_B(u)\, \mathrm{d}u \leqq \frac{2\varepsilon(p+\varepsilon)}{p(p-\varepsilon)} + \frac{1}{pT}\int_0^{pT} y_B(u)\, \mathrm{d}u\,,$$

$$\frac{1}{\tau(T)}\int_0^{\tau(T)} y_B(u)\, \mathrm{d}u \geqq \frac{1}{(p+\varepsilon)\,T}\int_0^{(p-\varepsilon)T} y_B(u)\, \mathrm{d}u \geqq -\frac{2\varepsilon(p-\varepsilon)}{p(p+\varepsilon)} + \frac{1}{pT}\int_0^{pT} y_B(u)\, \mathrm{d}u$$

für $T \geqq T(\varepsilon, \delta)$. Hieraus folgt

$$\left| \frac{1}{T} \int_0^T x_B(v)\, dv - \frac{1}{T} \int_0^T x_A(v)\, dv \cdot \frac{1}{pT} \int_0^{pT} y_B(u)\, du \right| \leqq \varepsilon \cdot \frac{4}{p - \varepsilon}$$

für $T \geqq T(\varepsilon, \delta)$ mit Wahrscheinlichkeit $1 - \delta$, woraus sich (3) ergibt.

§ 12. Verallgemeinerung der Kolmogorowschen Ungleichung

Es seien $\xi_1, \dots, \xi_n$ unabhängige Zufallsgrößen, deren Erwartungswerte gleich Null sind. Dann gilt für jedes $a > 0$ und für jedes $\alpha \geqq 1$

$$\mathsf{P}\left(\max_{1 \leqq k \leqq n} |\xi_1 + \dots + \xi_k| \geqq a \right) \leqq \frac{\mathsf{E}\, |\xi_1 + \dots + \xi_n|^\alpha}{a^\alpha}.$$

Beweis. Wir setzen

$$s_0 = 0, \qquad s_k = \xi_1 + \dots + \xi_k, \qquad k = 1, \dots, n;$$

$$A = \left\{ \max_{1 \leqq k \leqq n} |s_k| \geqq a \right\}; \qquad A_k = \left\{ \max_{0 \leqq i < k} |s_i| < a, |s_k| \geqq a \right\}; \qquad A = \sum_{k=1}^n A_k.$$

Dann gilt

$$\mathsf{E}\, |s_n|^\alpha \geqq \mathsf{E}\, \{|s_n|^\alpha I_A\} = \sum_{k=1}^n \mathsf{E}\{|s_n|^\alpha I_{A_k}\} = \sum_{k=1}^n \mathsf{E}\{|s_k + (s_n - s_k)|^\alpha I_{A_k}\}.$$

Wir schätzen jeden Summanden von unten ab. Für feste $\xi_1, \dots, \xi_k$ ist die Funktion $|s_k + x|^\alpha I_{A_k}$ bezüglich x (von unten) konvex. Aus der Jensenschen Ungleichung erhalten wir deshalb

$$\mathsf{E}^{(\xi_1, \dots, \xi_k)}\, |s_k + (s_n - s_k)|^\alpha I_{A_k} \geqq |s_k + \mathsf{E}^{(s_k)}(s_n - s_k)|^\alpha I_{A_k} = |s_k|^\alpha I_{A_k}.$$

Folglich gilt

$$\mathsf{E}\, |s_n|^\alpha \geqq \sum_{k=1}^n \mathsf{E}\, |s_k|^\alpha I_{A_k} \geqq a^\alpha \sum_{k=1}^n \mathsf{E} I_{A_k} = a^\alpha \mathsf{E} I_A = a^\alpha \mathsf{P}(A).$$

§ 13. Grenzwertsätze für homogene Markowsche Prozesse

13.1. Formulierung der Hauptergebnisse

1. Wir betrachten einen normierten Raum M mit der Norm $|\alpha|$ für $\alpha \in M$. Es sei M^+ ein konvexer Kegel in diesem Raum mit der Spitze im Punkt $0 \in M$. Für $\alpha \in M$ bedeutet die Schreibweise $\alpha \geqq 0$, daß $\alpha \in M^+$ ist. Für α und β aus M bedeutet $\alpha \geqq \beta$ bzw. $\beta \leqq \alpha$, daß $\alpha - \beta \geqq 0$ ist. Falls $\alpha \geqq \beta$ und $\alpha \neq \beta$, dann schreiben wir $\alpha > \beta$ bzw. $\beta < \alpha$.

Neben der starken Topologie, die durch die Norm des Raumes M induziert wird, sei noch eine Topologie gegeben, die wir schwache Topologie und die Konvergenz bezüglich dieser Topologie schwache Konvergenz nennen werden. Es wird vorausgesetzt, daß die schwache Topologie mit der Struktur des linearen Raumes M verträglich ist, d. h. die Abbildungen $(\alpha, \beta) \to \alpha + \beta$ und $(\lambda, \alpha) \to \lambda\alpha$ der Räume $M \times M$ und $R_1 \times M$ in M sind schwach stetig; hierbei ist R_1 der Raum der reellen Zahlen.

Das Symbol „ $\rightharpoonup$ " benutzen wir zur Bezeichnung der schwachen Konvergenz. Beispielsweise bedeutet $\alpha_n \rightharpoonup \alpha$, daß die Folge $\{\alpha_n\} \subseteq M$ schwach gegen $\alpha \in M$ konvergiert.

2. Einen linearen Operator $P: M \to M$ nennen wir *stochastisch*, wenn a) aus $\alpha \geqq 0$ die Beziehungen $P\alpha \geqq 0$ und $|P\alpha| = |\alpha|$ folgen und b) $|P\alpha| \leqq |\alpha|$ für alle $\alpha \in M$ gilt.
Wir betrachten eine Familie $\mathcal{P} = \{P^t, t \in T\}$ von stochastischen Operatoren mit der Halbgruppeneigenschaft $P^{t+s} = P^t P^s$ für alle t, $s \in T$. Hierbei ist $T = \{1, 2, \ldots\}$ bzw. $T = (0, \infty)$. Eine Halbgruppe $\mathcal{P} = \{P^t, t \in T\}$ stochastischer Operatoren nennen wir *kontraktiv*, wenn aus $\alpha \in M$ und $|\alpha| = |P^t\alpha|$ für alle $t \in T$ folgt, daß $\alpha \geqq 0$ oder $\alpha \leqq 0$.
Ein Punkt $\alpha \in M$ heißt *invariant* (bezüglich $\mathcal{P}$), wenn $P^t\alpha = \alpha$ für alle $t \in T$ gilt. Der Punkt $\alpha = 0$ erweist sich als trivialer invarianter Punkt.

3. Wir nehmen an, daß die folgenden Voraussetzungen V1—V3 erfüllt sind, die mit der Auswahl des Kegels M^+, der Norm in M, der schwachen Topologie und der Halbgruppe $\mathcal{P}$ zusammenhängen.

V1. Aus $\alpha \geqq 0$, $\beta \geqq 0$ folgt $|\alpha + \beta| = |\alpha| + |\beta|$.

V2. Für jedes $\alpha \in M^+$ ist die Menge $\{P^t\alpha, t \in T\} \subseteq M^+$ schwach kompakt in M^+.

V3. Falls $\alpha, \beta \in M$, $\alpha_n = P^{t_n}\alpha$, $\{t_n\} \subseteq T$, $t_n \to \infty$, $\alpha_n \rightharpoonup \gamma$, dann gilt $|\alpha_n - \gamma + \beta| \to$ $\to c - |\gamma| + |\beta|$, wobei $c = \lim_{n \to \infty} |\alpha_n|$.

Bei verschiedenen Behauptungen und Bemerkungen werden wir noch folgende Voraussetzung benutzen:

V4. Für jedes $\alpha \in M$ existieren zwei Punkte $\alpha^+ \geqq 0$ und $\alpha^- \geqq 0$, so daß $\alpha = \alpha^+ -$ $- \alpha^-$;

bzw. die schärfere Voraussetzung:

$\overline{\text{V4}}$. Für jedes $\alpha \in M$ existieren zwei Punkte $\alpha^+ \geqq 0$ und $\alpha^- \geqq 0$, so daß $\alpha = \alpha^+ -$ $- \alpha^-$ und $\max\{|\alpha^+|, |\alpha^-|\} \leqq |\alpha|$.

4. Satz 1. *Es sei $\mathcal{P} = \{P^t, t \in T\}$ eine kontraktive Halbgruppe stochastischer Operatoren. Dann gilt:*

(1) *Wenn kein nichttrivialer invarianter Punkt existiert, so folgt $P^t\alpha \rightharpoonup 0$ für $t \to \infty$ und jedes $\alpha \geqq 0$.*

(2) *Wenn ein nichttrivialer invarianter Punkt existiert, dann existiert ein eindeutig bestimmter invarianter Punkt π, der den Bedingungen $\pi \geqq 0$ und $|\pi| = 1$ genügt; dabei gilt für jedes $\alpha \geqq 0$ die schwache Konvergenz $P^t\alpha \rightharpoonup \lambda_\alpha \pi$, wobei λ_α eine reelle Zahl ist, $\lambda_\alpha \leqq |\alpha|$; falls aber $\alpha > 0$, dann gilt $\lambda_\alpha > 0$.*

Bemerkung 1. Falls V4 erfüllt ist, dann kann α in der Behauptung des Satzes 1 ein beliebiges Element aus M und nicht nur ein Element sein, daß der Bedingung $\alpha \geqq 0$ genügt.

Bemerkung 2. Diese Bemerkung verfolgt das Ziel, die Notwendigkeit der Forderung der Kontraktivität der Halbgruppe $\mathcal{P}$ zu unterstreichen. Im Zusammenhang damit verweisen wir auf die folgenden drei Aussagen:

(a) Für jedes $\alpha \in M$ gebe es zwei Elemente $\alpha^+ \geqq 0$ und $\alpha^- \geqq 0$, so daß $\alpha = \alpha^+ - \alpha^-$ und $|\alpha| = |\alpha^+| + |\alpha^-|$. Wenn nun ein nichttrivialer invarianter Punkt existiert und die Behauptung (2) des Satzes 1 erfüllt ist, dann ist die Halbgruppe $\mathcal{P}$ kontraktiv. In der Tat: Es sei $\alpha \in M$ und $|\alpha| = |P^t\alpha|$ für alle $t \in T$. Es ist zu zeigen, daß $\alpha \geqq 0$ oder $\alpha \leqq 0$ gilt. Wir haben $P^t\alpha^+ \rightharpoonup \lambda^+\pi$, $P^t\alpha^- \rightharpoonup \lambda^-\pi$, $P^t\alpha \rightharpoonup \lambda\pi$, wobei λ^+, λ^-, λ gewisse Zahlen mit den Eigenschaften $\lambda = \lambda^+ - \lambda^-$, $\lambda^+ \geqq 0$, $\lambda^- \geqq 0$ sind. Aus V3 folgt, daß

$$|P^t\alpha - \lambda\pi| \to |\alpha| - |\lambda|, \; |P^t\alpha^\pm - \lambda^\pm\pi| \to |\alpha^\pm| - \lambda^\pm .$$

Aus der Ungleichung

$$|P^t\alpha - \lambda\pi| = |(P^t\alpha^+ - \lambda^+\pi) - (P^t\alpha^- - \lambda^-\pi)| \leqq |P^t\alpha^+ - \lambda^+\pi| + |P^t\alpha^- - \lambda^-\pi|$$

folgt dann

$$|\alpha| - |\lambda| \leqq |\alpha^+| + |\alpha^-| - \lambda^+ - \lambda^-$$

bzw. $|\lambda^+ - \lambda^-| \geqq \lambda^+ + \lambda^-$, woraus sich ergibt, daß $\lambda^+ = 0$ und/oder $\lambda^- = 0$. Auf Grund der Behauptung (2) des Satzes ergibt dies $\alpha^+ = 0$ und/oder $\alpha^- = 0$.

(b) Es existiere ein invarianter Punkt $\pi \geqq 0$, $|\pi| = 1$, und für jedes $\alpha \geqq 0$, $|\alpha| = 1$, gelte $P^t\alpha \rightharpoonup \pi$. Falls darüber hinaus die Voraussetzung $\overline{\text{V4}}$ erfüllt ist, dann ist die Halbgruppe $\mathcal{P}$ kontraktiv.

Diese Behauptung ist ein Teil des unten angeführten Satzes 2.

(c) Für jedes $\alpha \geqq 0$ folge aus der schwachen Konvergenz $P^t\alpha \rightharpoonup \gamma$ die Konvergenz in der Norm, die Voraussetzung $\overline{\text{V4}}$ sei erfüllt, es existiere ein nichttrivialer invarianter Punkt, und die Behauptung (2) des Satzes 1 sei erfüllt. Dann ist die Halbgruppe $\mathcal{P}$ kontraktiv. Diese Behauptung läßt sich unmittelbar auf (b) zurückführen, wenn dabei V3 benutzt wird.

Bemerkung 3. In konkreten Fällen ist der Raum M gewöhnlich der Raum der (bezüglich der Variation) beschränkten regulären Maße auf einem lokal kompakten Raum mit abzählbarer Basis. Dabei ist M^+ die Menge der nichtnegativen Maße aus M, und die schwache Topologie entspricht der schwachen Konvergenz regulärer Maße. Damit Satz 1 für eine vorgegebene Operatorenhalbgruppe $\mathcal{P}$ gilt, genügt es, die Norm in M so zu wählen, daß die Operatoren aus $\mathcal{P}$ stochastische Operatoren und die Voraussetzungen V1—V3 erfüllt sind. Dann wird noch eine für den jeweils gegebenen konkreten Fall passende Bedingung benötigt, die der Kontraktivität der Halbgruppe $\mathcal{P}$ äquivalent ist. Darin bestehen auch die folgenden Untersuchungen, von denen man sich leiten lassen kann, um den Satz 1 (und auch die unten angeführten Sätze 2 und 3) in jedem konkreten Fall zu erhalten. Wir geben Beispiele an.

a) Für eine homogene Markowsche Kette kann man als Norm eines Maßes aus M seine Variation wählen. Der Operator der Übergangswahrscheinlichkeiten definiert dann einen stochastischen Operator, und die Voraussetzungen V1—$\overline{\text{V4}}$ sind automatisch erfüllt. Die Kontraktivität der Operatorenhalbgruppe ist dabei der Kontraktivität der Markowschen Kette äquivalent (s. § 7, Kap. 1).

b) Wenn dagegen der Zustandsraum eines homogenen Markowschen Prozesses der Euklidische Raum R^n ist, dann ist es oft günstig, als Norm in M

$$|\alpha| = \int_{R^n} |\alpha(K + x)| \, dx$$

zu wählen, wobei $K = (0,1)^n$ den n-dimensionalen Würfel und $K + x$ den um x verschobenen Würfel bezeichnet. Der Faltungsoperator zum Beispiel, aber auch die den

Abbildungen

$$(x_1, \ldots, x_n) \to (x_1^+, \ldots, x_n^+)\,,$$
$$(x_1, \ldots, x_n) \to (x_{(1)}, \ldots, x_{(n)})$$

entsprechenden Operatoren sind in der oben erwähnten Norm stochastische Operatoren. Zahlreiche MARKOWsche Prozesse, die in der Bedienungstheorie auftreten, können durch Operatoren beschrieben werden, die das Produkt von Operatoren der oben genannten Typen sind. Die Voraussetzungen V1—V4 sind hierbei erfüllt.

5. In diesem und im folgenden Punkt wird vorausgesetzt, daß V1—V3 und auch $\overline{\text{V4}}$ erfüllt ist.

Einen Punkt $\pi \in M$ nennen wir *ergodisch*, wenn er (bezüglich $\mathcal{P}$) invariant ist und wenn $\pi \geqq 0$, $|\pi| = 1$ sowie $P^t\alpha \rightharpoonup |\alpha|\,\pi$ für jedes $\alpha \geqq 0$ gilt. Die letzte Bedingung ist auf Grund von V2—V3 damit äquivalent, daß $|P^t\alpha - |\alpha|\,\pi| \to 0$ für jedes $\alpha \geqq 0$ gilt. Es ist klar; falls ein ergodischer Punkt existiert, dann ist er eindeutig bestimmt. Wir vermerken, daß $P^t\alpha (t \to \infty)$ für alle $\alpha \in M$ in der Norm gegen $(|\alpha^+| - |\alpha^-|)\,\pi$ konvergiert, falls π ein ergodischer Punkt ist, wobei α^+ und α^- gemäß V4 gewählt sind.

Den zu M dualen Raum bezeichnen wir mit $W = M^*$. Ein Funktional $w \in W$ nennen wir *positiv*, wenn $w(\alpha) = [w, \alpha] \geqq 0$ für jedes $\alpha \geqq 0$ gilt. Für zwei Elemente w_1 und w_2 aus W bedeutet die Schreibweise $w_1 \geqq w_2$ bzw. $w_2 \leqq w_1$, daß $w_1 - w_2$ ein positives Funktional ist. Die Schreibweise $w_1 > w_2$ bedeutet, daß $w_1 \geqq w_2$ und $w_1 \neq w_2$. Die Norm von $w \in W$ wird mit $||w||$ bezeichnet. Es sei ferner $(P^t)^*\colon W \to W$ der zu $P^t\colon M \to M$ duale lineare beschränkte Operator. Wir setzen $P^{*t} = (P^t)^*$. Dann ist $\mathcal{P}^* = \{P^{*t}, t \in T\}$ eine Halbgruppe von Operatoren. Ein Punkt $w \in W$ heißt *invariant* (bezüglich $\mathcal{P}^*$), falls $P^{*t}w = w$ für alle $t \in T$.

Satz 2. *In M existiere ein nichttrivialer invarianter Punkt. Dann sind die folgenden Behauptungen äquivalent:*

(1) *Es existiert ein ergodischer Punkt.*

(2) a) *$\mathcal{P}$ ist eine kontraktive Halbgruppe.*

b) *Ein invarianter Punkt ist in W bis auf einen reellen Faktor eindeutig bestimmt.*

Bemerkung 4. Wenn V4 anstelle von $\overline{\text{V4}}$ gefordert wird, dann folgt (1) aus (2), falls die Bedingung des Satzes 2 erfüllt ist. Der Beweis bleibt dabei unverändert.

6. Eine Halbgruppe $\mathcal{P} = \{P^t, t \in T\}$ stochastischer Operatoren nennen wir *irreduzibel*, wenn für beliebige $\alpha \in M$ und $w \in W$ aus $\alpha > 0$ und $w > 0$ die Existenz einer Zahl $t \in T$ folgt, so daß $[w, P^t\alpha] > 0$.

Satz 3. *In M existiere ein nichttrivialer invarianter Punkt. Dann sind die folgenden Behauptungen äquivalent:*

(1) *$\mathcal{P}$ ist eine kontraktive irreduzible Halbgruppe.*

(2) *Es existiert ein ergodischer Punkt π mit der Eigenschaft, daß $[w, \pi] > 0$ für jedes $w > 0$.*

Bemerkung 5. Wenn V4 anstelle von $\overline{\text{V4}}$ gefordert wird, dann folgt (2) aus (1), falls die Bedingung des Satzes 3 erfüllt ist.

7. Wenn insbesondere jede (in der Norm) beschränkte Menge aus M kompakt in M ist, dann folgt aus den Sätzen 1 und 2 unmittelbar, daß die Existenz eines ergodi-

schen Punktes mit der Kontraktivität der Halbgruppe $\mathcal{P}$ äquivalent ist. Mehr noch, es gilt der folgende

Satz 4. *Es sei* (E, ϱ) *ein kompakter metrischer Raum, und* $\mathcal{P} = \{P^t, t \in T\}$ *sei eine Familie von Operatoren, die in* E *wirken, die Halbgruppeneigenschaft* $P^{t+s} = P^t P^s$ *besitzen und der Bedingung*

$$\varrho(P^t\alpha, P^t\beta) \leqq \varrho(\alpha, \beta) \quad \text{für alle} \quad \alpha, \beta \in E \quad \text{und} \quad t \in T$$

genügen. Hierbei ist $T = \{1, 2, ...\}$ *bzw.* $T = (0, \infty)$. *Dann sind die folgenden Behauptungen äquivalent:*

(1) *Es existiert ein eindeutig bestimmter (bezüglich* $\mathcal{P}$*) invarianter Punkt* $\pi \in E$, *wobei* $\varrho(P^t\alpha, \pi) \underset{t\to\infty}{\longrightarrow} 0$ *für jedes* $\alpha \in E$ *gilt.*

(2) *Ist* $\alpha, \beta \in E$ *und* $\varrho(\alpha, \beta) = \varrho(P^t\alpha, P^t\beta)$ *für alle* $t \in T$, *dann gilt* $\alpha = \beta$.

13.2. Beweis des Satzes 1

In diesem Abschnitt wird vorausgesetzt, daß die Halbgruppe $\mathcal{P}$ kontraktiv ist und daß die Voraussetzungen V1—V3 erfüllt sind.

Lemma 1. *Sind* $\alpha \in M$ *und* $P^{t_k}\alpha \rightarrow \varrho$ *(für* $t_k \to \infty$*), dann gilt* $\gamma \geqq 0$ *oder* $\gamma \leqq 0$.

Beweis. Es gelte $|P^t\alpha| \downarrow c$ für $t \to \infty$. Gemäß V3 haben wir dann $|P^{t_k}\alpha - \gamma| \to \to c - |\gamma|$. Ist nun $\tau \in T$, dann gilt

$$|P^{t_k}\alpha - \gamma| \geqq |P^{t_k+\tau}\alpha - P^\tau\gamma| \geqq |P^{t_k+\tau}\alpha| - |P^\tau\gamma| \geqq c - |P^\tau\gamma|\,,$$

woraus wir $c - |\gamma| \geqq c - |P^\tau\gamma|$ bzw. $|\gamma| \leqq |P^\tau\gamma|$ erhalten. Folglich gilt $|\gamma| = |P^\tau\gamma|$ für jedes $\tau \in T$. Hieraus und aus der Kontraktivität der Halbgruppe $\mathcal{P}$ folgt $\gamma \geqq 0$ oder $\gamma \leqq 0$.

Lemma 2. *Sind* $P^{t_k}\alpha_1 \rightarrow \gamma_1$, $P^{t_k}\alpha_2 \rightarrow \gamma_2$ *und* $\gamma_2 \neq 0$, *dann gilt* $\gamma_1 = \lambda\gamma_2$, *wobei* λ *eine reelle Zahl ist.*

Beweis. Gemäß Lemma 1 gilt $\gamma_i \geqq 0$ oder $\gamma_i \leqq 0$ für $i = 1,2$. Es genügt den Fall zu betrachten, in dem $\gamma_1 \geqq 0$ und $\gamma_2 > 0$ sind. Weil für jede reelle Zahl λ' die Beziehung $P^{t_k}(\alpha_1 - \lambda'\alpha_2) \rightarrow \gamma_1 - \lambda'\gamma_2$ erfüllt ist, ergibt sich auf Grund des Lemmas 1 die Ungleichung $\gamma_1 - \lambda'\gamma_2 \geqq 0$ oder $\leqq 0$. Es sei $\lambda = \sup\{\lambda' : \gamma_1 - \lambda'\gamma_2 \geqq 0\}$. Wir zeigen, daß λ eine endliche Zahl ist und daß $\gamma_1 = \lambda\gamma_2$ gilt. Ist $\lambda' \geqq 0$, dann folgt aus $\gamma_1 - \lambda'\gamma_2 \geqq 0$ und V1 $|\gamma_1| \geqq |\lambda'| \cdot |\gamma_2|$. Folglich ist λ endlich. Für jede Zahl $\varepsilon > 0$ gilt $\gamma_1 - (\lambda + \varepsilon)\gamma_2 \leqq 0$, $\gamma_1 - (\lambda - \varepsilon)\gamma_2 \geqq 0$, d. h. $0 \leqq \gamma_1 - \lambda\gamma_2 + \varepsilon\gamma_2 \leqq 2\varepsilon\gamma_2$. Hieraus erhalten wir $|\gamma_1 - \lambda\gamma_2| - \varepsilon|\gamma_2| \leqq |\gamma_1 - \lambda\gamma_2 + \varepsilon\gamma_2| \leqq 2\varepsilon|\gamma_2|$. Folglich ist $|\gamma_1 - \lambda\gamma_2| \leqq \leqq 3\varepsilon|\gamma_2|$ und somit $\gamma_1 = \lambda\gamma_2$.

Lemma 3. *Ist* $\tau \in T$ *und für ein* $\alpha \in M$ *die Gleichung* $P^\tau\alpha = \alpha$ *erfüllt, dann ist* α *ein invarianter Punkt.*

Beweis. Für jede ganze Zahl $m \geqq 1$ gilt $P^{m\tau}\alpha = \alpha$ und deshalb $|\alpha| \geqq |P^t\alpha| \geqq \geqq |P^{m\tau}\alpha| = |\alpha|$ für $t \leqq m\tau$, d. h. $|\alpha| = |P^t\alpha|$ für jedes $t \in T$. Hieraus folgt $\alpha \geqq 0$ oder $\alpha \leqq 0$. Es sei $\alpha \geqq 0$.

Für $s \in T$ gilt dann $P^\tau(P^s\alpha) = P^s(P^\tau\alpha) = P^s\alpha$, woraus sich $P^\tau\beta = \beta$ für $\beta = P^s\alpha - \alpha$ ergibt und als weitere Konsequenz $\beta \geqq 0$ oder $\beta \leqq 0$.

Ist $P^s\alpha - \alpha \geqq 0$, dann folgt gemäß V1 aus $P^s\alpha = \alpha + (P^s\alpha - \alpha)$ die Beziehung $|P^s\alpha| = |\alpha| + |P^s\alpha - \alpha|$.

Wegen $\alpha \geqq 0$ ergibt sich nun $|P^s\alpha| = |\alpha|$ und deshalb $|P^s\alpha - \alpha| = 0$, d. h. $P^s\alpha = \alpha$. Der Fall $P^s\alpha - \alpha \leqq 0$ wird in analoger Weise behandelt. Somit gilt $P^s\alpha = \alpha$ für jedes $s \in T$.

Lemma 4. *Wenn in M kein nichttrivialer invarianter Punkt existiert, dann gilt $P^t\alpha \rightharpoonup 0$ für $\alpha \geqq 0$.*

Beweis. Weil die Menge $\{P^t\alpha, t \in T\} \subseteq M^+$ schwach kompakt in M^+ ist, genügt es zu zeigen, daß aus $P^{t_k}\alpha \rightharpoonup \pi_0$ die Beziehung $\pi_0 = 0$ folgt. Es sei $\tau \in T$. Das Diagonalauswahlprinzip benutzend kann man eine Folge $\{t_k'\} \subseteq \{t_k\}$ finden; so daß die schwache Konvergenz $P^{t_k'+m\tau}\alpha \rightharpoonup \pi_m$ für jede ganze Zahl $m \geqq 0$ vorliegt. Wir werden $\{t_k'\} = \{t_k\}$ annehmen.

Es sei $\pi_0 \neq 0$, d. h. $\pi_0 > 0$. Gemäß Lemma 2 ergibt sich $\pi_m = \lambda_m\pi_0$, wobei λ_m eine reelle Zahl ist. Wir zeigen

$$|\pi_m| \leqq |\alpha|, |\pi_{m+1} - P^\tau\pi_m| = |\pi_{m+1}| - |\pi_m|\,, \qquad m = 0, 1, 2, \ldots\,. \tag{1}$$

Aus $|P^t\alpha| \downarrow c$ folgt $|P^{t_k+m\tau}\alpha| \downarrow c$ und $|P^{t_k+(m+1)\tau}\alpha| \downarrow c$. Gemäß V3 ergibt sich deshalb $c - |\pi_m| \leftarrow |P^{t_k+m\tau}\alpha - \pi_m| \geqq |P^\tau(P^{t_k+m\tau}\alpha - \pi_m)| = |P^{t_k+(m+1)\tau}\alpha - \pi_{m+1} + (\pi_{m+1} - P^\tau\pi_m)| \to c - |\pi_{m+1}| + |\pi_{m+1} - P^\tau\pi_m|$, woraus wir $|\alpha| - |\pi_m| \geqq c - |\pi_m| \geqq 0$ und $c - |\pi_m| \geqq c - |\pi_{m+1}| + |\pi_{m+1} - P^\tau\pi_m|$ erhalten. Zusammen mit $|\pi_{m+1} - P^\tau\pi_m| \geqq |\pi_{m+1}| - |\pi_m|$ liefert dies (1). Aus (1) folgt $0 < |\pi_0| \leqq |\pi_1| \leqq \ldots$ bzw. $1 = \lambda_0 \leqq \lambda_1 \leqq \lambda_2 \leqq \ldots$ bzw. $0 < \pi_0 \leqq \pi_1 \leqq \pi_2 \leqq \ldots$.
Weil $|\pi_m| = \lambda_m\, |\pi_0| \leqq |\alpha|$ und $|\pi_0| > 0$ gilt, ist die Zahlenfolge $\{\lambda_m\}$ beschränkt. Es sei $\lambda_m \uparrow \lambda$. Wir setzen $\pi = \lambda\pi_0$. Dann gilt $\pi_m \leqq \pi$ und $|\pi - \pi_m| = (\lambda - \lambda_m)\, |\pi_0| \to 0$.

Schließlich weisen wir nach, daß $P^\tau\pi = \pi$ gilt. Tatsächlich ist $|\pi - P^\tau\pi| \leqq |\pi - \pi_{m+1}| + |\pi_{m+1} - P^\tau\pi_m| + |P^\tau(\pi_m - \pi)| \leqq |\pi - \pi_{m+1}| + (|\pi_{m+1}| - |\pi_m|) + |\pi_m - \pi| \to 0$, d. h. $|\pi - P^\tau\pi| = 0$.
Gemäß Lemma 3 folgt hieraus, daß π ein invarianter Punkt ist, und aus der Voraussetzung des vorliegenden Lemmas erhalten wir $\pi = 0$. Dies widerspricht wegen $\pi \geqq \pi_0$ der Annahme $\pi_0 > 0$.

Lemma 5. *Wenn ein nichttrivialer invarianter Punkt existiert, dann gibt es einen eindeutig bestimmten invarianten Punkt π, der den Bedingungen $\pi \geqq 0$ und $|\pi| = 1$ genügt; dabei besitzt jeder invariante Punkt die Gestalt $\lambda\pi$, wobei λ eine reelle Zahl ist.*

Der Beweis ergibt sich unmittelbar aus den Lemmata 1 und 2, wenngleich er auch ohne Benutzung der Eigenschaft V3 geführt werden kann.

Lemma 6. *Es existiere ein nichttrivialer invarianter Punkt. Dann liegt für jedes $\alpha \geqq 0$ die schwache Konvergenz $P^t\alpha \rightharpoonup \gamma$ vor, wobei γ ein invarianter Punkt ist.*

Beweis. Weil die Menge $\{P^t\alpha, t \in T\} \subseteq M^+$ schwach kompakt in M^+ ist, genügt es zu zeigen, daß aus $P^{t_k}\alpha \rightharpoonup \gamma$ und $P^{t_k'}\alpha \rightharpoonup \gamma'$ folgt, daß γ und γ' invariante Punkte sind und $\gamma = \gamma'$ gilt. Es sei π der invariante Punkt aus Lemma 5. Wegen $\pi = P^{t_k}\pi \rightharpoonup \pi \neq 0$ folgt aus Lemma 2, daß $\gamma = \lambda\pi$ gilt. Analog wird nachgewiesen, daß $\gamma' = \lambda'\pi$ gilt. Hierbei sind λ und λ' gewisse reelle Zahlen.

Aus $|P^t\alpha| \downarrow c$ folgt $|P^{t_k}\alpha| \downarrow c$. Analog folgen aus $|P^t\alpha - \gamma'| = |P^t(\alpha - \gamma')| \downarrow c_1$ die Beziehungen $|P^{t_k}\alpha - \gamma'| \downarrow c_1$ und $|P^{t_k'}\alpha - \gamma'| \downarrow c_1$. Auf Grund von V3 erhalten wir aber unter Berücksichtigung von $P^{t_k}\alpha - \gamma' \rightharpoonup \gamma - \gamma'$ die Beziehung $c - |\gamma| \leftarrow |P^{t_k}\alpha - \gamma| = |(P^{t_k}\alpha - \gamma') - (\gamma - \gamma')| \to c_1 - |\gamma - \gamma'|$, woraus sich die Gleichung

$c - |\gamma| = c_1 - |\gamma - \gamma'|$ ergibt. Außerdem gilt

$$c - |\gamma'| \leftarrow |P^{t'_k}\alpha - \gamma'| \rightarrow c_1 ,$$

was die Beziehung $c_1 = c - |\gamma'|$ liefert. Mit Hilfe dieser beiden Gleichungen gelangen wir zu $|\gamma - \gamma'| = |\gamma| - |\gamma'|$. Analog wird $|\gamma' - \gamma| = |\gamma'| - |\gamma|$ bewiesen. Hieraus folgt, daß $|\gamma - \gamma'| = 0$, d. h. $\gamma = \gamma'$ gilt.

Lemma 7. *Wenn ein nichttrivialer invarianter Punkt existiert, dann gilt für $\alpha > 0$ die Beziehung $P^t\alpha \rightarrow \gamma$, wobei γ ein nichttrivialer invarianter Punkt ist und $|\gamma| \leqq |\alpha|$ gilt.*

Beweis. Weil $|P^t\alpha| = |\alpha|$ für jedes $t \in T$ ist, folgt aus V3 die Konvergenz $|P^t\alpha - \gamma| \rightarrow$ $\rightarrow |\alpha| - |\gamma|$ und insbesondere $|\alpha| \geqq |\gamma|$. Auf Grund des Lemmas 6 ist also nur noch $\gamma \neq 0$ zu beweisen. Es sei $\gamma = 0$ und π der invariante Punkt aus Lemma 5. Man kann annehmen, daß $|\alpha| = 1$ gilt. Aus V3 erhalten wir

$$2 = |P^t\alpha| + |\pi| \geqq |P^t\alpha - \gamma - \pi| \downarrow |\alpha| + |\pi| = 2 ,$$

d. h. $|P^t(\alpha - \pi)| = 2$ für jedes $t \in T$. Weil die Halbgruppe $\mathcal{P} = \{P^t, t \in T\}$ kontraktiv ist, gilt $P^t(\alpha - \pi) = P^t\alpha - \pi \geqq 0$ bzw. $P^t\alpha - \pi \leqq 0$ für jedes $t \in T$.

Wegen $|P^t\alpha| = |\pi|$, $P^t\alpha \geqq 0$ und $\pi \geqq 0$ erhalten wir gemäß V1 die Gleichung $P^t\alpha = \pi$ und somit $P^t\alpha \rightarrow \pi = \gamma \neq 0$. Satz 1 ergibt sich nun unmittelbar aus den Lemmata 4 bis 7.

13.3. Beweis des Satzes 2

1. (1) ⇒ (2).

a) Es sei $\alpha \in M$ und α^+, α^- gemäß $\overline{\text{V4}}$ gewählt. Dann folgt aus $|P^t\alpha^\pm - |\alpha^\pm|\,\pi| \rightarrow 0$

$$|P^t\alpha| = |(P^t\alpha^+ - |\alpha^+|\,\pi) - (P^t\alpha^- - |\alpha^-|\,\pi) + (|\alpha^+| - |\alpha^-|\,\pi)| \rightarrow$$
$$\rightarrow |(|\alpha^+| - |\alpha^-|)\,\pi| = ||\alpha^+| - |\alpha^-|| .$$

Falls nun $|\alpha| = |P^t\alpha|$ für jedes $t \in T$ gilt, dann ist $|\alpha| = |P^t\alpha| = ||\alpha^+| - |\alpha^-||$, woraus sich auf Grund von $\overline{\text{V4}}$ $\alpha^+ = 0$ bzw. $\alpha^- = 0$, d. h. $\alpha \geqq 0$ bzw. $\alpha \leqq 0$ ergibt. Die Halbgruppe $\mathcal{P}$ ist somit kontraktiv.

b) Durch die Gleichung $\pi^*(\alpha) = |\alpha^+| - |\alpha^-|$ definieren wir ein Funktional π^* auf M. Wir weisen nach, daß dieses Funktional linear und beschränkt ist, d. h. $\pi^* \in W$. Es sei α, $\beta \in M$. Dann folgt aus $\alpha + \beta = (\alpha^+ + \beta^+) - (\alpha^- + \beta^-) = (\alpha + \beta)^+ -$ $- (\alpha + \beta)^-$ die Gleichung $(\alpha^+ + \beta^+) + (\alpha + \beta)^- = (\alpha^- + \beta^-) + (\alpha + \beta)^+$, woraus wir unter Berücksichtigung von V1

$$|\alpha^+| + |\beta^+| + |(\alpha + \beta)^-| = |\alpha^-| + |\beta^-| + |(\alpha + \beta)^+|$$

erhalten. Hieraus folgt

$$\pi^*(\alpha + \beta) = |(\alpha + \beta)^+| - |(\alpha + \beta)^-| = (|\alpha^+| - |\alpha^-|) + (|\beta^+| - |\beta^-|) =$$
$$= \pi^*(\alpha) + \pi^*(\beta) ,$$

d. h., π^* ist ein lineares Funktional. Offensichtlich gilt $||\pi^*|| = 1$.

Wir weisen nach, daß π^* ein (bezüglich $\mathcal{P}^*$) invarianter Punkt aus W ist. Für beliebige $\alpha \in M$ und $t \in T$ gilt

$$[P^{*t}\pi^*, \alpha] = [\pi^*, P^t\alpha] = [\pi^*, P^t\alpha^+] - [\pi^*, P^t\alpha^-] =$$
$$= |P^t\alpha^+| - |P^t\alpha^-| = |\alpha^+| - |\alpha^-| = [\pi^*, \alpha] ,$$

d. h. $P^{*t}\pi^* = \pi^*$ für jedes $t \in T$.

c) Es sei nun w ein invarianter Punkt aus W. Wir zeigen, daß es eine Zahl λ gibt, so daß $w = \lambda\pi^*$ gilt. Auf Grund von V2 genügt es nachzuweisen, daß $[w, \alpha] = \lambda[\pi^*, \alpha] = \lambda\,|\alpha|$ mit $\lambda = [w, \pi]$ für jedes $\alpha \geqq 0$ gilt. Wegen

$$[w, P^t\alpha - |\alpha|\,\pi] = [w, P^t\alpha] - \lambda\,|\alpha| = [P^{*t}w, \alpha] - \lambda\,|\alpha| = [w, \alpha] - \lambda\,|\alpha|$$

und

$$|[w, P^t\alpha - |\alpha|\,\pi]| \leqq \|w\|\,|P^t\alpha - |\alpha|\,\pi| \to 0$$

gilt

$$[w, \alpha] = \lambda\,|\alpha|\,.$$

2. (2) $\Rightarrow$ (1).

a) Gemäß Satz 1 ergibt sich für jedes $\alpha \in M$ die Konvergenz $P^t\alpha \to \lambda(\alpha)\cdot\pi$, wobei $\lambda(\alpha) = \lambda(\alpha^+) - \lambda(\alpha^-)$ eine von α abhängende Zahl ist (die nicht von der Wahl der Punkte $\alpha^+ \geqq 0$ und $\alpha^- \geqq 0$ abhängt, $\alpha = \alpha^+ - \alpha^-$). Das Funktional $\lambda(\cdot)$ ist linear, und wegen $P^t\alpha \to \lambda(\alpha)\cdot\pi$ ergibt sich gemäß V3

$$|P^t\alpha - \lambda(\alpha)\,\pi| \to \lim_{t\to\infty} |P^t\alpha| - |\lambda(\alpha)| \leqq |\alpha| - |\lambda(\alpha)|\,,$$

d. h. $|\lambda(\alpha)| \leqq |\alpha|$. Somit ist $\lambda(\cdot)$ auch beschränkt.
Wir bezeichnen dieses Funktional mit $\lambda^* \in W$. Wir zeigen, daß λ^* ein invarianter Punkt aus W ist.
Weil $P^t\alpha \to \lambda(\alpha)\,\pi$, $P^t(P^s\alpha) = P^{t+s}\alpha \to \lambda(\alpha)\,\pi$, $P^t(P^s\alpha) \to \lambda(P^s\alpha)\,\pi$ für beliebige $\alpha \in M$ und $s \in T$ erfüllt ist, gilt $\lambda(\alpha) = \lambda(P^s\alpha)$, d. h.

$$[P^{*s}\lambda^*, \alpha] = [\lambda^*, P^s\alpha] = \lambda(P^s\alpha) = \lambda(\alpha) = [\lambda^*, \alpha]\,.$$

Somit gilt $P^{*s}\lambda^* = \lambda$ für jedes $s \in T$.

b) Weil λ^* und π^* invariante Punkte aus W sind, folgt aus $[\lambda^*, \pi] = 1 = [\pi^*, \pi]$ und aus der Eindeutigkeit eines invarianten Punktes aus W mit der Genauigkeit bis auf einen konstanten Faktor, daß $\lambda^* = \pi^*$ gilt. Für $\alpha \in M$, $\alpha \geqq 0$, erhalten wir deshalb $P^t\alpha \to [\lambda^*, \alpha]\cdot\pi = [\pi^*, \alpha]\cdot\pi = |\alpha|\cdot\pi$, d. h., der Punkt π ist ergodisch.

13.4. Beweis des Satzes 3

1. (1) $\Rightarrow$ (2).

a) Wir zeigen $\lambda^* = \pi^*$. Weil für $\alpha \geqq 0$ die Beziehung $[\pi^* - \lambda^*, \alpha] = |\alpha| - [\lambda^*, \alpha] \geqq 0$ erfüllt ist, gilt $w = \pi^* - \lambda^* \geqq 0$. Ist $w > 0$, dann existiert auf Grund der Irreduzibilität der Halbgruppe $\mathcal{P}$ ein $t \in T$, so daß $[w, P^t\pi] = [w, \pi] > 0$. Es ist aber $[w, \pi] = [\pi^*, \pi] - [\lambda^*, \pi] = 1 - 1 = 0$. Folglich gilt $w = 0$, d. h. $\lambda^* = \pi^*$.

b) Auf Grund des Satzes 1 liegt für jedes $\alpha \in M$ die Konvergenz $P^t\alpha \to [\lambda^*, \alpha]\cdot\pi$ vor. Es ist aber $\lambda^* = \pi^*$; deshalb gilt $P^t\alpha \to |\alpha|\cdot\pi$ für jedes $\alpha \geqq 0$, d. h., π ist ein ergodischer Punkt. Es genügt nun zu beachten, daß aus der Irreduzibilität der Halbgruppe $\mathcal{P}$ die Ungleichung $[w, \pi] > 0$ für jedes $w \in W$, $w > 0$, folgt.

2. (2) $\Rightarrow$ (1).

Aus der Existenz eines ergodischen Punktes π folgt auf Grund des Satzes 2 die Kontraktivität der Halbgruppe $\mathcal{P}$. Es bleibt nachzuweisen, daß die Halbgruppe $\mathcal{P}$ irreduzibel ist. Es sei $W \ni w > 0$ und $M \ni \alpha > 0$. Weil

$$|[w, P^t\alpha - |\alpha|\,\pi]| \leqq \|w\|\,|P^t\alpha - |\alpha|\,\pi| \to 0\,,$$

gilt $[w, P^t\alpha] \to |\alpha|\,[w, \pi]$. Wegen $|\alpha| > 0$ und $[w, \pi] > 0$ existiert dann ein $t \in T$, so daß $[w, P^t\alpha] > 0$ ist.

13.5. Beweis des Satzes 4

(1) $\Rightarrow$ (2). Ist $\varrho(\alpha, \beta) = \varrho(P^t\alpha, P^t\beta)$ für jedes $t \in T$, dann gilt $\varrho(\alpha, \beta) \leqq \varrho(P^t\alpha, \pi) + \varrho(P^t\beta, \pi) \to 0$ für $t \to \infty$, d. h. $\varrho(\alpha, \beta) = 0$ bzw. $\alpha = \beta$.

(2) $\Rightarrow$ (1). Es sei $\alpha \in E$. Aus der Menge $\{P^t\alpha, t \in T\}$ wählen wir eine Folge $\{P^{t_k}\alpha\}$ aus, die gegen ein gewisses Element $\pi \in E$ konvergiert. Falls π ein invarianter Punkt ist, dann gilt auf Grund von $\varrho(P^t\alpha, \pi) = \varrho(P^t\alpha, P^t\pi) \leqq \varrho(P^{t_k}\alpha, P^{t_k}\pi) = \varrho(P^{t_k}\alpha, \pi) \to 0$ für $t_k \geqq t \to +\infty$ die Beziehung $P^t\alpha \to \pi$. Außerdem ist der invariante Punkt π eindeutig bestimmt, so daß, falls π und π' invariante Punkte sind, aus $\varrho(\pi, \pi') = \varrho(P^t\pi, P^t\pi')$ für jedes $t \in T$ die Gleichung $\pi = \pi'$ folgt. π hängt somit nicht von der Wahl des Punktes α ab.

Es genügt also, die Invarianz des Punktes π zu beweisen. Wir setzen $\tau_k = t_{k+1} - t_k$. Man kann annehmen, daß $\tau_k \to \infty$ gilt (anderenfalls wählen wir eine entsprechende Teilfolge). Wir weisen nach, daß $P^{\tau_k}\pi \to \pi$ gilt. Tatsächlich ist

$$\varrho(P^{\tau_k}\pi, \pi) \leqq \varrho(P^{\tau_k}\pi, P^{\tau_k+t_k}\alpha) + \varrho(P^{\tau_k+t_k}\alpha, \pi) \leqq \varrho(\pi, P^{t_k}\alpha) + \varrho(P^{t_{k+1}}\alpha, \pi) \to 0$$

für $k \to \infty$. Es sei $\tau \in T$ und $\varrho_k = \varrho(P^{\tau_k+\tau}\pi, P^{\tau_k}\pi)$. Aus der Voraussetzung des Satzes erhalten wir $\varrho(P^\tau\pi, \pi) = \varrho \geqq \varrho_1 \geqq \varrho_2 \geqq \ldots$. Wenn nun gezeigt wird, daß $\varrho = \varrho_1 = \varrho_2 = \ldots$ ist, dann gilt $\varrho(P^\tau\pi, \pi) = \varrho(P^tP^\tau\pi, P^t\pi)$ für jedes $t \in T$, d. h. $P^\tau\pi = \pi$, d. h., π ist ein invarianter Punkt.

Es ist also noch $\varrho_k \to \varrho$ zu beweisen. Auf Grund von $\varrho(P^{\tau_k+\tau}\pi, P^\tau\pi) \leqq \varrho(P^{\tau_k}\pi, \pi)$ folgt aus $P^{\tau_k}\pi \to \pi$ die Beziehung $P^{\tau_k+\tau}\pi \to P^\tau\pi$. Deshalb gilt

$$\varrho \geqq \varrho_k \geqq \varrho(P^{\tau_k}\pi, P^\tau\pi) - \varrho(P^{\tau_k+\tau}\pi, P^\tau\pi) \geqq$$
$$\geqq \varrho(P^\tau\pi, \pi) - \varrho(P^{\tau_k}\pi, \pi) - \varrho(P^{\tau_k+\tau}\pi, P^\tau\pi) \to (P^\tau\pi, \pi) = \varrho.$$

13.6. Beweis der Sätze aus § 7 des Kapitels 1

1. Es sei M der normierte Raum l_1 der absolut konvergierenden Zahlenfolgen $\alpha = \{\alpha(0), \alpha(1), \ldots\}$ mit der Norm $|\alpha| = \sum_{i\geqq 0} |\alpha(i)|$. Als den Kegel M^+ wählen wir die Menge der $\alpha \in l_1$, für die $\alpha(i) \geqq 0$ für alle $i \geqq 0$ gilt. Als schwache Topologie in M wählen wir die Topologie, die durch die schwache (koordinatenweise) Konvergenz in l_1 induziert wird. Die Halbgruppe $\mathcal{P} = \{P^t, t \in T\}$ der in M wirkenden stochastischen Operatoren definieren wir durch die Gleichungen

$$(P^t\alpha)(j) = \sum_{i\geqq 0} \alpha(i)\, p_{ij}^t, \qquad j = 0, 1, 2, \ldots .$$

Unter Berücksichtigung der Bemerkung 2 in § 13.1 entsprechen dann die Sätze 1 bis 3 in § 7, Kap. 1, den Sätzen 1–3. Dazu ist lediglich die Gültigkeit der folgenden Behauptungen nachzuweisen.

(a) Die Kontraktivität der Halbgruppe $\mathcal{P}$ ist der Kontraktivität der dazugehörigen Markowschen Kette äquivalent.

(b) Die Voraussetzungen V1–$\overline{\text{V4}}$ sind erfüllt. Darüber hinaus gelten:

E1. Aus $\alpha \geqq 0$, $\beta \geqq 0$ folgt $|\alpha + \beta| = |\alpha| + |\beta|$.

E2. Jede in der Norm beschränkte Menge ist schwach kompakt.

E3. Aus $\alpha_n \to \alpha$, $|\alpha_n| \to c$, $\beta \in M$ folgt $|\alpha_n - \alpha + \beta| \to c - |\alpha| + |\beta|$.

E4. Für jedes $\alpha \in M$ existieren eindeutig bestimmte Elemente $\alpha^+ \geqq 0$ und $\alpha^- \geqq 0$, so daß $\alpha = \alpha^+ - \alpha^-$ und $|\alpha| = |\alpha^+| + |\alpha^-|$.

(c) Die Irreduzibilität der Halbgruppe $\mathcal{P}$ ist der Irreduzibilität der MARKOWschen Kette äquivalent.

2. Wir beweisen die Behauptung (a). Die Halbgruppe $\mathcal{P}$ sei kontraktiv, und (i_1, i_2) sei ein Paar von Zuständen mit $i_1 \neq i_2$. Wir setzen $\varepsilon_i = (0, \ldots, 0, 1, 0, \ldots)$, wobei die Eins an der i-ten Stelle steht. Es sei $\alpha = \varepsilon_{i_1} - \varepsilon_{i_2} \in l_1$. Es existiert ein $t \in T$, so daß $|\alpha| > |P^t\alpha|$ (ansonsten wäre $\alpha \geqq 0$ bzw. $\alpha \leqq 0$, was nicht zutrifft), d. h.

$$|\alpha| - |P^t\alpha| = 2 - \sum_{j \geqq 0} |p^t_{i_1 j} - p^t_{i_2 j}| = \sum_{j \geqq 0} [(p^t_{i_1 j} + p^t_{i_2 j}) - |p^t_{i_1 j} - p^t_{i_2 j}|] > 0\,.$$

Weil jeder Summand der letzten Summe nichtnegativ ist, gibt es ein j, so daß $p^t_{i_1 j} + p^t_{i_2 j} - | p^t_{i_1 j} - p^t_{i_2 j}| > 0$ und somit $p^t_{i_1 j} > 0$ und $p^t_{i_2 j} > 0$.
Es sei nun umgekehrt die Kette kontraktiv. Die einem $\alpha \in l_1$ entsprechenden Punkte α^+ und α^- aus l_1 werden durch folgende Bedingung eindeutig bestimmt: $\alpha^+ \geqq 0$, $\alpha^- \geqq 0$, $\alpha = \alpha^+ - \alpha^-$, $|\alpha| = |\alpha^+| + |\alpha^-|$. Aus $\alpha^+(j) > 0$ folgt dabei $\alpha^-(j) = 0$.
Es sei $|\alpha| = |P^t\alpha|$ für alle $t \in T$. Es ist zu zeigen $\alpha^+ = 0$ und/oder $\alpha^- = 0$. Wegen

$$P^t\alpha = P^t\alpha^+ - P^t\alpha^-\,, \qquad P^t\alpha^+ \geqq 0\,, \qquad P^t\alpha^- \geqq 0\,,$$

$$|P^t\alpha| = |\alpha| = |\alpha^+| + |\alpha^-| = |P^t\alpha^+| + |P^t\alpha^-|$$

folgt aus $(P^t\alpha^+)(j) > 0$ davon $(P^t\alpha^-)(j) = 0$. Wir setzen $\alpha^+ > 0$ und $\alpha^- > 0$ voraus. Dann gibt es ein Paar von Zuständen (i_1, i_2), mit $\alpha^+(i_1) > 0$ und $\alpha^-(i_2) > 0$. Hieraus folgt

$$p^t_{i_1 j} > 0 \Rightarrow (P^t\alpha^+)(j) > 0 \Rightarrow (P^t\alpha^-)(j) = 0 \Rightarrow p^t_{i_2 j} = 0$$

für alle $t \in T$ und alle Zustände j. Das steht jedoch im Widerspruch zur Kontraktivität der MARKOWschen Kette. Folglich gilt $\alpha^+ = 0$ bzw. $\alpha^- = 0$.

3. Von den Eigenschaften E1—E4 weisen wir nur E3 nach, weil die übrigen Eigenschaften offensichtlich sind. Für $\alpha \in l_1$ und $K \subseteq I = \{0, 1, 2, \ldots\}$ setzen wir $|\alpha|_K = \sum_{i \in K} |\alpha(i)|$. Ferner setzen wir $K^* = I \setminus K$ und erhalten

$$\begin{aligned}|\alpha_n - \alpha + \beta| &= |\alpha_n - \alpha + \beta|_K + |\alpha_n - \alpha + \beta|_{K^*} \leqq \\ &\leqq |\alpha_n - \alpha|_K + |\beta|_K + |\alpha_n|_{K^*} + |\alpha|_{K^*} + |\beta|_{K^*} = \\ &= |\alpha_n - \alpha|_K + |\beta| + |\alpha_n| - |\alpha_n|_K + |\alpha|_{K^*}\,.\end{aligned}$$

Falls K eine endliche Menge ist (zum Beispiel $K = \{0, 1, \ldots, N\}$, dann gilt

$$\overline{\lim}\, |\alpha_n - \alpha + \beta| \leqq |\beta| + c - |\alpha|_K + |\alpha|_{K^*}\,.$$

Wenn nun $K \uparrow I$ (z. B. $N \to \infty$), dann gilt $\overline{\lim}\, |\alpha_n - \alpha + \beta| \leqq c - |\alpha| + |\beta|$.
Analog ist

$$\begin{aligned}|\alpha_n - \alpha + \beta| &\geqq |\beta|_K - |\alpha_n - \alpha|_K + |\alpha_n|_{K^*} - |\alpha|_{K^*} - |\beta|_{K^*} = \\ &= (|\beta|_K + |\alpha_n| - |\alpha_n|_K) - |\alpha_n - \alpha|_K - |\alpha|_{K^*} - |\beta|_{K^*}\,,\end{aligned}$$

und wir erhalten auf die gleiche Weise $\underline{\lim}\, |\alpha_n - \alpha + \beta| \geqq c - |\alpha| + |\beta|$.

4. Die Behauptung (c) ist offensichtlich. Es ist nur zu berücksichtigen, daß der zu M duale Raum W in diesem Fall der Raum m der beschränkten Zahlenfolge $w = \{w(0), w(1), \ldots\}$ mit der Norm $||w|| = \sup_{i \geqq 0} |w(i)|$ ist. Dabei ist $(P^{*t}w)(i) = \sum_{j \geqq 0} p^t_{ij} w(j)$ für alle $i \geqq 0$ und $[w, \alpha] = \sum_{i \geqq 0} w(i)\,\alpha(i)$ für $w \in W$, $\alpha \in M$.

LITERATUR

[1] Bascharin, G. P., Kokotuschkin, W. A. — Башарин, Г. П., Кокотушкин, В. А.: Über Bedingungen des verschärften statistischen Gleichgewichts für komplizierte Bedienungssysteme (Об условиях усиленного статистического равновесия для сложных систем массового обслуживания), Проблемы передачи информации 7 (1971), 3, 67—75.

[2] Bharucha-Reid, A. T.: Elements of the theory of Markov processes and their applications, McGraw Hill, New York/Toronto/London 1960.

[3] Borowkow, A. A. — Боровков, А. А.: Grenzwertsätze für mehrkanalige Bedienungssysteme bei starker Belastung (Предельные теоремы для нагруженных многоканальных систем массового обслуживания), Теория вероятностей и ее применения 9 (1964), 398 (Vortragszusammenfassung).

[4] —, Einige Grenzwertsätze der Bedienungstheorie (Некоторые предельные теоремы теории массового обслуживания), Теория вероятностей и ее применения **9** (1964), 608—625, **10** (1965), 409—437.

[5] —, Asymptotische Analyse einiger Bedienungssysteme (Асимптотический анализ некоторых систем обслуживания), Теория вероятностей и ее применения **11** (1966), 675—682.

[6] —, Stochastic processes in queueing theory, Springer-Verlag, Berlin/Heidelberg/New York 1976 (Übersetzung aus dem Russischen, Наука, Москва 1972).

[7] Brumelle, S. L.: Some inequalities for parallel-server queues, Operations Res. **19** (1971), 402—413.

[8] Buslenko, N. P. — Бусленко, Н. П.: Simulation von Produktionsprozessen, Teubner-Verlag, Leipzig 1971 (Übersetzung aus dem Russischen, Наука, Москва 1964).

[9] Buslenko, N. P., Schrejder, J. A. — Бусленко, Н. П., Шрейдер, Ю. А.: Die Monte-Carlo-Methode und ihre Verwirklichung auf elektronischen Digitalrechnern, Teubner-Verlag, Leipzig 1964 (Übersetzung aus dem Russischen, Физматгиз, Москва 1961).

[10] Chintschin, A. J. — Хинчин, А. Я.: Arbeiten zur mathematischen Bedienungstheorie (Работы по математической теории массового обслуживания), Гос. изд.-во физ.-мат. литер., Москва 1963.

[11] Cohen, J. W.: Asymptotic relations in queueing theory, Stoch. Proc. Appl. **1** (1973), 107 bis 124.

[12] Cosmetatos, G. P.: Approximate equilibrium results for the multi-server queue (GI/M/r), Opns. Res. Quarterly **25** (1974), 625—634.

[13] —, Some approximative results for the multi-server queue (M/G/r) Opns. Res. Quarterly **27** (1976), 615—620.

[14] Cox, D. R.: Erneuerungstheorie, Oldenburg-Verlag, München/Wien 1966.

[15] Crane, M. A., Iglehart, D. L.: Simulating stable stochastic systems I. General multiserver queues, J. Assoc. Compt. Mach. **21** (1974), 103—113.

[16] —, Simulating stable stochastic systems II. Markov chains, J. Assoc. Compt. Mach. **21** (1974), 114—123.

[17] —, Simulating stable stochastic systems III. Regenerative processes and discrete event simulations, Operations Res. **23** (1975), 33—45.

[18] —, Simulating stable stochastic systems IV. Approximation techniques, Management Sci. **21** (1975), 1215—1224.

[19] Ermakow, S. M. — Ермаков, С. М.: Die Monte-Carlo-Methode und verwandte Fragen, Deutscher Verl. d. Wissenschaften, Berlin 1975 (Übersetzung aus dem Russischen, Наука, Москва 1977).

[20] Feller, W.: An introduction to probability theory and its applications, Vol. 1, Johne Wiley and Sons, New York/London 1961 (2. Aufl.).

[21] —, An introduction to probability theory and its applications, Vol. 2, John Wiley and Sons, New York/London/Sydney 1966.

[22] Ferschl, F., Zufallsabhängige Wirtschaftsprozesse, Physica-Verlag, Wien/Würzburg 1964.

[23] Fishman, G. S.: Estimation in multi-server queueing simulation, Operations Res. **22** (1974), 72—78.

[24] —, Statistical analysis of multi-server queueing systems, Opns Res. Quarterly **27** (1976), 1005—1013.

[25] Franken, P.: Einige Anwendungen der Theorie zufälliger Punktprozesse in der Bedienungstheorie I, Math. Nachr. **70** (1976), 303—319.

[26] —, A new approach to investigation of stationary queueing systems, submitted to Mathematics of Operation Research.

[27] —, A generalization of regenerative processes with applications to stable single server queues, submitted to Stoch. Processes Appl.

[28] Franken, P., Kalähne, U.: Existence, uniqueness and continuity of stationary distributions for queueing systems without delay submitted to Math. Nachr.

[29] Friedman, H. D.: Reduction methods for tandem systems, Operations Res. **13** (1965), 121—131.

[30] Gebhardt, D.: Die Auswertung von autokorrelierten Simulationsergebnissen, Z. f. Operations Res. **20** (1976), 105—114.

[31] Giloi, W.: Simulation und Analyse stochastischer Vorgänge, Oldenbourg-Verlag, München/Wien 1967.

[32] Gnedenko, B. W., Danieljan, E. A., Dimitrow, B. N., Klimow, G. P., Matwejew, W. F. — Гнеденко, Б. В., Даниелян, Е. А., Думитров, Б. Н., Климов, Г. П., Матвеев, В. Ф.: Prioritätsbedienungssysteme (Приоритетные системы обслуживания), Изд.-во Моск. Гос. Ун.-га, Москва 1973.

[33] Gnedenko, B. W., Kowalenko, I. N. — Гнеденко, Б. В., Коваленко, И. Н.: Einführung in die Bedienungstheorie, Akademie-Verlag, Berlin 1974 (Übersetzung aus dem Russischen, Наука, Москва 1966).

[34] Hammersley, J. M., Handscomb, D. C.: Monte Carlo methods, Methuen, London 1967.

[35] Hein, O.: Wartezeiten für beliebige Bedienungszeiten, Angew. Informatik **15** (1973), 281 bis 289.

[36] Iglehart, D. L.: Simulating stable stochastic systems V. Comparison of ratio estimators, Naval Res. Logist. Quart. **22** (1975), 553—565.

[37] —, Simulating stable stochastic systems VI. Quantile estimation, J. Assoc. Comp. Mach. **23** (1976), 347—360.

[38] Iwanow, G. A. — Иванов, Г. А.: Die Schlangenlänge von Prioritätssystemen im nichtstationären Regime (Длина очереди приоритетных систем обслуживания в нестационарном режине), Изд.-во Моск. Гос. Ун.-та, Москва 1973.

[39] Jaiswell, N. K.: Priority queues, Academic Press, New York/London 1968.

[40] Jansen, U., König, D.: Invariante stationäre Zustandswahrscheinlichkeiten für eine Klasse stochastischer Modelle mit funktionellen Abhängigkeiten, Math. Operationsforsch. Statist. **7** (1976) 497—522.

[41] Jansen, U. König, D. Nawrotzki, K.: A criterion of insensitivity for a class of queueing systems with random marked point processes, Math. Operationforsch. Statist., Ser. Optimization, **10** (1979).

[42] Jarowizki, N. W. — Яровицкий, Н. В.: Ausgangsströme und Mehretappenbedienung (Выходящие потоки и многоэтапное обслуживание), Dissertation, АН УССР, Киев 1962.

[43] Kalähne, U.: Existence, uniqueness and some invariance properties of stationary distributions for general single server queues, Math. Operationsforsch. Statist. **7** (1976), 557—575.

[44] Kamke, E.: Das Lebesgue-Stieltjes-Integral, Teubner-Verlag, Leipzig 1956.

[45] Kesten, H., Runnenburg, J. T.: Priority in waiting line problems, Proc. Koninkl. Nederl. Akad. wetensch. Ser. A., **60** (1957), 312—336.

[46] Kerstan, J., Matthes, K., Mecke, J.: Unbegrenzt teilbare Punktprozesse, Akademie-Verlag, Berlin 1974.

[47] Kingman, J. F. C.: On queues in heavy traffic, J. Roy. Statist. Soc. **B24** (1962), 381—392.

[48] —, The heavy traffic approximation in the theory of queues, Proc. Symposium Congestion Theory, edited by W. L. Smith and W. E. Wilkinson, Univ. North Carolina Press, Chapel Hill 1965, 137—169.

[49] —, On the algebra of queues, J. Appl. Probability **3** (1966), 285—326.

[50] —, Inequalities in the theory of queues, J. Roy. Statist. Soc. **B32** (1970), 102—110.

[51] Kleinrock, L.: Queueing systems, Vol. 1, John Wiley and Sons, New York/London/Sydney/Toronto 1975.

[52] —, Queueing systems, Vol. 2, John Wiley and Sons, New York/London/Sydney/Toronto 1976.

[53] Klimow, G. P. — Климов, Г. П.: Stochastische Bedienungssysteme (Стохастические системы обслуживания), Наука, Москва 1966.

[54] —, Minimisation d'une fonctionelle convexe continue donnée sur une multiplicité convexe compacte de l'espace vectoriel topologique, Acad. Roy. Belgique, Bull. Cl. Sci., 5E Ser. **54** (1968), 417—432.

[55] —, Einige gelöste und ungelöste Probleme der Bedienung in Seriensystemen (Некоторые решенные и нерешенные задачи в облуживании последовательной цепочкой приборов), Изв. АН СССР, Техн. кибернетика **1970**, 6, 88—92.

[56] —, Invariante Entscheidungen in der Statistik (Инвариантные выводы в статистике), Изд.-во Моск. Гос. Ун-та, Москва 1973.

[57] —, Bedienungssysteme mit Zeitteilung I (Сустемы обслуживания с разделением времени I), Теория вероятностей и ее применения **19** (1974), 558—576.

[58] —, Bedienungssysteme mit Zeitteilung II (Сустемы обслуживания с разделением времени II), Теория вероятностей и ее применения **23** (1978), 331—339.

[59] Klimow, G. P., Frank, L. S. — Климов, Г. П., Франк, Л. С.: Die Struktur eines stationären Stromes mit beschänkter Nachwirkung (Строение стационарного потока с ограниченным последействием), Теория вероятностей и ее применения **12** (1967), 134—141.

[60] Klimow, G. P., Mischkoi, G. K. — Климов, Г. П., Мишкой, Г. К.: Prioritätssysteme mit Orientierung (Приоритетные системы обслуживания ориентацией), Изд.-во Моск. Гос. Ун.-та, Москва 1978.

[61] Klimow, G. P., — Климов, Г. П., Grenzwertsätze für homogene Markowsche Prozesse (Предельные теоремы для однородных марковских процессов) Теория вероятностей и ее применения **23** (1978).

[62] Klimowa, E. Z. — Климова, Е. З.: Die Untersuchung eines einlinigen Bedienungssystems mit „Erwärmung" (Исследование однолинейной системы обслуживания с „разогревом"), Изв. АН СССР, Техн. кибернетика **1968**, 1, 91—97.

[63] Kobayaschi, H.: Application of the diffusion approximation to queueing networks I, J. Assoc. Compt. Mach. **21** (1974), 316—328.

[64] —, Application of the diffusion approximation to queueing networks II, J. Assoc. Compt. Mach **21** (1974), 459—469.

[65] König, D.: Verallgemeinerungen der Engsetschen Formel, Math. Nachr. **28** (1965), 145 bis 155.

[66] König, D., Jansen, U.: Eine Invarianzeigenschaft zufälliger Bedienungsprozesse mit positiven Geschwindigkeiten, Math. Nachr. **70** (1976), 321—364.

[67] König, D., Jansen, U., Kotzurek, M., Rabe, H.: Ergebnisse von Invarianzuntersuchungen für ausgewählte Bedienungs- und Zuverlässigkeitssysteme, Math. Operationsforsch. Statist. **7** (1976), 523—556.

[68] König, D., Matthes, K.: Verallgemeinerung der Erlangschen Formeln I, Math. Nachr. **26** (1963), 45—56.

[69] König, D., Matthes, K., Nawrotzki, K.: Verallgemeinerungen der Erlangschen und Engsetschen Formeln (Eine Methode in der Bedienungstheorie), Akademie-Verlag, Berlin 1967 (vgl. auch Anhang zu [33]).

[70] König, D., Rolski, T., Schmidt, V., Stoyan, D.: Stochastic processes with imbedded marked point processes (PMP) and their application in queueing, Math. Operationsforsch. Statist., Ser. Optimization, **9** (1978), 125—141.

[71] König, D., Schmidt, V.: Bedienungsmodelle mit stochastischen Abhängigkeiten, Math. Operationsforsch. Statist. 7 (1976), 607—639.

[72] König, D., Schmidt, V., Stoyan, D.: On some relations between stationary distributions of queue lengths and imbedded queue lengths in G/G/s queueing systems, Math. Operationsforsch. Statist. 7 (1976), 577—586.

[73] König, D., Stoyan, D.: Methoden der Bedienungstheorie, Akademie-Verlag, Berlin 1976.

[74] Kolmogorow, A. N., Fomin, S. W. — Колмогоров, А. Н., Фомин, С. В.: Reelle Funktionen und Funktionsanalysis, Deutscher Verl. d. Wissenschaften, Berlin 1975 (Übersetzung aus dem Russischen, Наука, Москва 1972).

[75] Kolmogorow, A. N., Prochorow, J. W. — Колмогоров, А. Н., Прохоров, Ю. В.: Über Summen einer zufälligen Anzahl zufälliger Summanden (О суммах случайного числа случайных слагаемых), Успехи мат. наук **4** (1949), 4, 168—172.

[76] Kopocinska, I.: GI/M/1 queueing systems with service rates depending on the length of queue, Zastos. Mat. **11** (1970), 265—279.

[77] Kopocinska, I., Kopocinski, B.: Queueing systems with feedback, Zastos. Math. **12** (1972), 373—384.

[78] Kowalenko, I. N. — Коваленко, И. Н.: Über eine Bedingung für die Unabhängigkeit der stationären Verteilungen von der Form des Verteilungsgesetzes der Bedienungszeit (Об условии независимости стационарных распределений от вида закона распределения времени обслуживания), Сб. ,,Проблемы передачи информации'', вып. II, АН СССР, Москва 1963.

[79] —, Einige Fragen der Zuverlässigkeitstheorie komplizierter Systeme (Некоторые вопросы теории надежности сложных систем), Сб. ,,Кубернетику — на службу коммунизму'', т. 2, Изд.-во ,,Энергия'', Москва/Ленинград 1964, 194—205.

[80] —, Einige analytische Methoden in der Bedienungstheorie (Некоторые аналитические методы в теории массового обслуживания), Сб. ,,Кибернетику на службу коммунизму'', т. 2, Изд.-во ,,Энергия'', Москва/Ленинград 1964, 325—338.

[81] Koxholdt, R.: Die Simulation, ein Hilfsmittel der Unternehmensforschung, Oldenbourg-Verlag, München/Wien 1967.

[82] Krampe, H., Kubat, J., Runge, W.: Bedienungsmodelle, Verlag Die Wirtschaft, Berlin 1974.

[83] Lehmann, E. L.: Testing statistical hypotheses, John Wiley and Sons, New York/London 1959.

[84] Lindley, D. V.: The theory queues with a single server, Proc. Cambridge Philos. Soc. **48** (1952), 277—289.

[85] Loynes, R. M.: The stability of a system of queues in series, Proc. Cambridge Philos. Soc. **60** (1964), 569—574.

[86] —, On the waiting time distribution for queues in series, J. Roy. Statist. Soc. 27 (1965), 491—496.

[87] Marshall, K. T.: Some inequalities in queueing, Operations Res. **16** (1968), 651—665.

[88] Matthes, K.: Zur Theorie der Bedienungsprozesse, Trans. 3rd Prague Conf. Inform. Theory, Statist. Decision Functions, Random Processes, Prag 1962, 513—528.

[89] Miyazawa, M.: Stochastic order relations among GI/G/1 queues with common traffic intensity, J. Operations Res. Soc. Japan **19** (1976), 193—208.

[90] Miyazawa, M.: Time and customer processes in queues with stationary inputs, J. Appl. Probability **14** (1977) 349—357.

[91] Mori, M.: Some bounds for queues, J. Operations Res. Soc. Japan **19** (1975), 193—208.

[92] Nawrotzki, K.: Markowsche zufällige markierte Ströme und ihre Anwendung auf Fragen der Bedienungstheorie (Марковские случайные маркированные потоки и их приложение к задачам теории массового обслуживания), Math. Operationsforsch. Statist. **6** (1975), 445—477.

[93] Naylor, T. H., Balintfy, J. L., Burdick, D. S., Chu, K.: Computer simulation techniques, John Wiley and Sons, New York/London/Sydney 1966.

[94] Newell, G. F.: Approximate stochastic behaviour of n-server service systems with large n, Lect. Notes in Econ. Math. Systems 87, Springer-Verlag, Berlin/Heidelberg/New York 1973.

[95] Obretenow, A., Dimitrow, B., Danieljan, E. — Обретенов, А., Димитров, Б., Даниелян, Е.: Bedienung und Prioritätsbedienungssysteme (Масово обслужване и приоритетни системи на обслужване), Изд.-во ,,Наука и изкуство'', София 1973.

[96] Page, E.: Queueing theory in OR, Butterworths, London 1972.

[97] Parodi, M.: Localisation des valeurs caracteristiques des matrices et ses applications, Gauthier-Villars, Paris 1959.

[98] Prochorow, J. W. — Прохоров, Ю. В.: Übergangserscheinungen in Bedienungsprozessen (Переходные явления в процессах массового обслуживания), Литов. математ. сборник **3** (1963), 199—206.

[99] Reiser, M., Kobayaschi, H.: Accuracy of the diffusion approximation for some queueing systems, IBM J. Res. Develop. **18** (1974), 110—124.

[100] Riordan, J.: Introduction to combinatorial analysis, John Wiley and Sons, New York/London 1958.

[101] Rolski, T.: On some inequalities for GI/M/n queues, Zastos. Mat. **13** (1972), 43—47.

[102] —, Order relations in the set of probability distribution functions and their application in queueing theory, Dissertationes Mathematicae **132**, Warszawa 1975.

[103] Rosenberg, W. J., Prochorow, A. I. — Розенберг, В. Я.: Прохоров, А. И.: Einführung in die Bedienungstheorie, Teubner-Verlag, Leipzig 1964 (Übersetzung aus dem Russischen, 2. Aufl., Сов. радио, Москва 1965).

[104] Saaty, T. L.: Elements of queueing theory, McGraw Hill, New York/Toronto/London 1961.

[105] Schassberger, R.: Warteschlangen, Springer-Verlag, Wien/New York 1973.

[106] —, On the equilibrium distribution of a class of finite-state generalized Semi-Markov processes, Mathematics of Operation Research **1** (1976), No. 4.

[107] —, Insensitivity of steady-state distributions of generalized semi-Markov processes I, Ann. Probability **5** (1977), 87—99.

[108] —, Insensitivity of steady-state distributions of generalized semi-Markov processes II, Ann. Probability **6** (1978), 85—93.

[109] —, Insensitivity of stationary probabilities in networks of queues, Research paper No. 332, The University of Calgary 1977.

[110] —, Closed networks of queues, Research paper No. 344, The University of Calgary 1977.

[111] Schilow, G. E., Gurewitsch, B. L. — Шилов, Г. Е., Гуревич, Б. Л.: Integral-Maß-Ableitung (Интеграл, мера, производная), Наука, Москва 1964.

[112] Sewastjanow, B. A. — Севастьянов, Б. А.: Ein Grenzwertsatz für Markowsche Prozesse und seine Anwendung auf Telefonverlustsysteme (Предельная теорема для марковских процессов и ее приложение к телефонным сустемам с отказами), Теория вероятностей и ее применения **2** (1957), 106—116.

[113] Šmith, W. L.: Renewal theory and its randifications, J. Roy. Statist. Soc., **B20** (1958), 243—284.

[114] —, On the distribution of queueing time, Proc. Cambridge Philos. Soc. **49** (1953), 449—461.

[115] Soler, J.-L.: Notion de liberté en statistique mathématique, Dissertation, Universität Grenoble, Grenoble 1970.

[116] Solowjew, A. D. — Соловьев, А. Д.: Das asymptotische Verhalten des Zeitpunktes des ersten Eintretens eines seltenen Ereignisses in einem regenerativen Prozeß (Асимптотическое поведение момента первого наступления редкого события в регенерирующэм процессе) Изв. АН СССР, Техн. Кибернитика, **1971**, 6, 79—89.

[117] Solowjew, A. D., Gnedenko, D. B. — Соловьев, А. Д., Гнеденко, Д. Б.: Abschätzung der Zuverlässigkeit komplizierter reparierbarer Systeme (Оценка надежности сложных восстанавливаемых систем) Изв. АН СССР, Техн. Кибернетика, **1975**, 3, 121—128

[118] Spitzer, F.: A combinatorial lemma and its applications to probability theory. Trans. Amer. Math. Soc. **82** (1956), 323—339.

[119] STÖRMER, H.: Semi-Markoff-Prozesse mit endlich vielen Zuständen, Lect. Notes in Operations Res. **34**, Springer-Verlag, Berlin/Heidelberg/New York 1970.

[120] STOYAN, D.: Qualitative Eigenschaften und Abschätzungen stochastischer Modelle, Akademie-Verlag, Berlin 1977.

[121] —, Queueing networks — insensitivity and a heuristic approximation, Elektron. Informationsverarb. Kyb. **14** (1978), 143—151.

[122] SYSKI, R.: Introduction to congestion theory in telephone systems, Edinburgh and London, Oliver and Boyd, 1960.

[123] SZEGÖ, G.: Orthogonal polynomials, Am. math. soc. colloquium publications **23**, New York 1959.

[124] TAKACS, L.: On a probability problem concerning telephone traffic, Acta Math. Acad. Sci. Hungar. 8 (1957), 319—324.

[125] WENDEL, J. G.: "Spitzer's formula: a short proof", Proc. Amer. Math. Soc. **9** (1958), 905 bis 908.

[126] WHITT, W.: Heavy traffic limit theorems for queues: A survey; in: Mathematical methods in queueing theory, Lect. Notes in Econ. Math. Systems **98**, Springer-Verlag, Berlin/Heidelberg/New York 1974.

[127] WIENER, N.: The Fourier integral and certain of its applications, Cambridge University Press, Cambridge 1933.

[128] WISKOW, O. W. — Висков, О. В.: Zwei asymptotische Formeln der Bedienungstheorie (Две асимптотические формулы теории массового обслужвания), Теория вероятностей и ее применения **9** (1964), 177—178.

[129] WISKOW, O. W., PROCHOROW, J. W. — Висков, О. В., Прохоров, Ю. В.: Die Verlustwahrscheinlichkeit eines Anrufes bei großer Stromintensität (Вероятность потери вызова при большой интенсивности потока), Теория вероятностей и ее применения **9** (1964), 99—104.

SACHVERZEICHNIS